KB059190

CIA의
비밀전쟁

THE WAY OF THE KNIFE

Copyright © 2013, Mark Mazzetti

All rights reserved

Korean translation copyright © 2017 by Samin Publishing Co.

이 책의 한국어판 저작권은 The Wylie Agency (UK) LTD와의 독점 계약으로
도서출판 삼인이 소유합니다. 저작권법에 의하여
한국 내에서 보호를 받는 저작물이므로 무단 전재와 복제를 금합니다.

CIA의 비밀전쟁

2017년 1월 16일 초판 1쇄 펴냄
2019년 1월 25일 초판 2쇄 펴냄

펴낸곳 도서출판 **삼인**

지은이 마크 마제티
옮긴이 이승환
펴낸이 신길순

등록 1996.9.16 제10-1338호
주소 03716 서울시 서대문구 연희로 5길 82(연희동 2층)
전화 (02) 322-1845
팩스 (02) 322-1846
전자우편 saminbooks@naver.com

디자인 디자인 지폴리

인쇄 수이북스
제책 은정제책

ISBN 978-89-6436-122-1 03390

값 17,000원

The Way of the Knife

CIA의 비밀전쟁

마크 마제티 지음 | 이승환 옮김

삼인

차례

주요 인물

미국 중앙정보국(Central Intelligence Agency, CIA)

찰스 앨런: 정보수집 담당 차장, 1998-2005

코퍼 블랙: 대테러리스트센터(CTC)장, 1999-2002

데니스 블레어: 군사지원부 부부장, 1995-1996; 국가정보국장(DNI), 2009-2010

리처드 블리: 알렉 지부(대테러리스트센터 내 빈라덴 담당 부서) 부장, 2009-2010

윌리엄 케이시: 국장, 1981-1987

두에인 듀이 클래리지: 작전 요원으로 대테러리스트센터 창설자

레이먼드 데이비스: CIA 계약인으로 2011년에 파키스탄에서 체포

포터 고스: 국장, 2004-2006

로버트 그레니어: 이슬라마바드 지부장, 1999-2002; 대테러센터장*, 2004-2006

마이클 헤이든: 국장, 2006-2009

스티븐 캡스: 부국장, 2006-2010

아트 켈러: 파키스탄에서 활동한 작전 요원, 2006

마이크: 대테러센터장, 2006-

로스 뉴랜드: 라틴아메리카와 동유럽에서 활동한 작전 요원; 이후 CIA 본부의 최고위 관리

리언 패네타: 국장, 2009-2011

제임스 패빗: 작전 담당 부국장, 1999-2004

데이비드 퍼트레이어스: 국장, 2011-2012; 미 중부사령부 사령관, 2008-2010

엔리케 프라도: 대테러리스트센터 작전 요원, 이후 블랙워터 직원

호세 로드리게스: 대테러리스트센터장, 2002-2004; 작전 담당 부국장, 2004-2007

조지 테닛: 국장, 1997-2004

국방부

로버트 앤드루스: 특수전 및 저강도 분쟁 담당 차관보 대리, 2001-2002

스티븐 캠본: 정보 담당 차관, 2003-2007

마이클 펄롱: 정보 작전에 관련된 국방부 관리로, 민간 첩보 작전을 감독한 인물

로버트 게이츠: 장관, 2006-2011

스탠리 매크리스털 장군: 합동특수전사령부(JSOC) 사령관, 2003-2008

윌리엄 맥레이븐 제독: 합동특수전사령부 사령관, 2008-2011

마이클 멀린 제독: 합동참모본부(JCS) 의장, 2007-2011

토머스 오코넬: 국방부 특수전 및 저강도 분쟁 담당 차관보, 2003-2006

리언 패네타: 장관, 2011-2013

도널드 럼스펠드: 장관, 2001-2006

---

* 대테러리스트센터(Counterterrorist Center, CTC)는 2005년에 대테러센터(Counterterrorism Center)
로 이름을 바꾸었다.

백악관
존 브레넌: 국토안보 및 대테러 담당 대통령 보좌관, 2009-2013
리처드 클라크: 대테러 담당 조정관, 1998-2001

파키스탄
샤킬 아프리디: CIA를 위한 정탐 활동에 고용된 파키스탄인 내과 의사
마흐무드 아흐메드 중장: 파키스탄 정보부(ISI) 부장, 1999-2001
알리 잔 아우락자이 중장: 파키스탄 연방이 통치하는 부족지역(FATA) 작전을 책임진 군사 지휘관
레이먼드 데이비스: 2011년 라호르에서 체포된 CIA 계약인
에흐산 울 하크 중장: 파키스탄 정보부장, 2001-2004
잘랄룻딘 하카니: 파키스탄 부족지역에 근거지를 두고 아프가니스탄 주둔 미군에 대한 공격을 수행한 범죄
　　　　　　　조직망의 지도자
아슈파크 파르베즈 카야니: 파키스탄 정보부장, 2004-2007; 육군참모총장, 2007-
바이툴라 메수드: 넥 무함마드 와지르가 죽은 뒤 파키스탄 탈레반 지도자
아사드 무니르 준장: ISI 페샤와르 지부장, 2001-2003
캐머런 먼터: 이슬라마바드 주재 미국 대사, 2010-2012
아흐마드 슈자 파샤 중장: 파키스탄 정보부장, 2008-2012
하피즈 무함마드 사이드: 라슈카르에타이바(Lashkar-e-Taiba, '순수함의 군대') 수장
넥 무함마드 와지르: 파키스탄 부족지역의 탈레반 지도자

예멘
이브라힘 알아시리: '아라비아 반도의 알카에다'(AQAP)에 속한 폭탄 제조 전문가
압둘라흐만 알아울라키: 안와르 알아울라키의 아들
안와르 알아울라키: 미국 시민으로 AQAP 조직원이자 급진적 설교자
알리 압둘라 살레: 대통령, 1990-2012

소말리아
아덴 하시 파라 아이로: 알샤바브 초기 지도자
셰이크 핫산 다히르 아웨이스: 이슬람법정연맹 지도자
미셸 아미라 발라린: 미국의 여성 사업가, 행정부의 계약인
살레 알리 살레 나브한: 2009년에 사망한 알카에다 동아프리카 세포의 케냐인 조직원
평화 복구와 대테러를 위한 동맹: CIA가 자금을 지원한 소말리아 군벌들의 연합체
알샤바브('청년들'): 이슬람법정연맹의 무장세력

저 너머의 전쟁

> "좋은 정보 활동이란 점진적이며 일종의 친절함에 의존한다고
> 콘트롤은 늘 설교했다. 암살대원들은 그의 이 규칙에서 예외였다.
> 그들은 점진적이지도 친절하지도 않았다."
>
> 존 르 카레, 『땜장이, 재봉사, 군인, 스파이』

파키스탄 경찰관들이 건장한 미국인 첩보원(spy)을 호송하여 사람들이 북적대는 심문실로 데려왔다.

휴대전화가 시끄럽게 울리고 경찰들이 우르두어, 펀자브어, 영어가 뒤죽박죽으로 섞인 언쟁을 주고 받는 틈바구니에서 수사관은 이 사건의 진상을 파악하려 했다.

"미국, 미국에서 왔다고요?"

"네."

"미국에서 왔고 미 대사관 소속이란 말이죠?"

"네." 미국인의 불안한 목소리가 실내의 잡담 위로 울려나왔다.

"제 여권요, 현장에서 경찰관한테 보여줬던 거…… 어디 있을 겁니다. 잃어버렸네요."

심문 과정을 찍은 불안정한 비디오 영상에 따르면, 그는 체크 무늬 무명 셔츠 밑으로 손을 뻗어 가느다란 끈에 매달아 목에 걸고 있던 신분 확인용

명찰을 한 뭉치 꺼냈다. 길에서 벌어진 혼란 속에서 그가 간신히 지켜낸 몇 안 되는 물건 중 하나였다.

"이건 오래된 명찰인데요. 이건 이슬라마바드요."

그는 책상 맞은편의 남자에게 명찰을 보여주고는 라호르 주재 미 영사관에 고용되어 있음을 증명하는 더 최근의 명찰을 뒤적여 찾았다.

전화가 울렸고, 붐비는 방 안의 경찰 중 하나가 재빨리 받았다.

"저희가 대사관 사람을 체포했습니다. 나중에 전화 드리겠습니다."

심문이 재개되었다.

"라호르의 총영사관에서 일하는 겁니까?"

"네."

"직책이……?"

"저, 저는 그냥 컨설턴트로 일합니다."

"컨설턴트요?" 책상 뒤의 남자는 회의적인 기색이었다. 그는 잠시 가만히 있더니 우르두어로 다른 경찰에게 불쑥 질문을 던졌다.

"이름이 뭐라고?"

"레이먼드 데이비스." 경찰관이 대답했다.

"레이먼드 데이비스요." 미국인이 확인해주었다. "앉아도 됩니까?"

"그러시오. 물 좀 드릴까?"

"물? 물 있어요?" 데이비스가 물었다.

방에 있던 다른 경찰이 웃었다. "물 먹고 싶다고요?"

"돈 없으면 물 없어요."

데이비스가 앉은 의자 뒤편으로 또 다른 경찰관이 사무실 안에 들어와 새로운 정보가 있는지 물었다.

"저 사람, 상황을 다 이해하고 있는 거야?[1] 방금 남자 둘을 죽였다는 것도?"

왕년에 서부 버지니아의 고등학교 미식축구 선수이자 레슬링 스타였고,

레이먼드 데이비스. ⓒAP Photo/Hamza Ahmed

육군 특전부대(Green Beret, 그린베레) 출신으로 한때 블랙워터의 용병이었으며, 지금은 파키스탄에서 활동하는 CIA 비밀공작원인 레이먼드 앨런 데이비스는 몇 시간 전 흰색 혼다 시빅의 운전석에 두툼한 체구를 밀어넣은 채 라호르의 빽빽한 교통 정체 속을 헤쳐나가고 있었다. 한때 무굴제국, 시크왕국, 영국의 지배를 받았던 도시 라호르는 파키스탄의 문화적 · 지적 수도였는데, 지난 십여 년 간 미국이 파키스탄에서 펼쳐온 비밀스런 전쟁에서는 변두리에 놓여 있었다.

하지만 2011년이 되자 파키스탄 내 이슬람 군대의 지도가 다시 그려졌고, 이전에는 서로 접촉이 거의 없었던 분파들이 서부 산악지대에 대한 CIA의 무인항공기(drone) 작전에서 살아남기 위해 새로운 동맹 관계를 굳건히 했다. 인도에 맞선 피의 공격을 몽상하는 데 기운의 대부분을 쏟아붓던 집단들이 알카에다 및 전 세계적인 성전에 갈증을 느끼는 다른 조직들과 연합하기 시작했다. 이 집단들 중 일부는 라호르에 깊게 뿌리를 내리고 있었고, 이것이 바로 레이먼드 데이비스와 CIA 1개 팀이 도시의 안전가옥에서 작전을 개시한 이유였다.

그러나 지금 데이비스는 자동차와 자전거와 인력거로 붐비는 교차로에서 검은 오토바이를 탄 채 총을 빼들고 자기 차로 다가오는 두 청년을 쏴버린 뒤 라호르 경찰서에 앉아 있는 것이었다. 데이비스는 반자동 글록 권총을 꺼내 몇 발의 총알을 앞유리를 통해 쐈고, 유리를 산산조각 낸 총알은 남자 한 명의 배, 팔, 그리고 몸 어딘가를 맞췄다. 다른 남자가 달아나자 데이비스는 차에서 내려 그의 등에 대고 여러 발을 쏘았다.

그는 무전으로 미 영사관에 도움을 청했고, 몇 분 뒤 일방통행 도로에서 역방향으로 달리는 토요타 랜드크루저가 눈에 들어왔다. 하지만 차는 오토바이에 타고 있던 파키스탄 청년 한 사람을 치어 사망케 하고는 그대로 가버렸다. 검은 마스크, 100여 발의 탄알, 성조기가 그려진 한 장의 천 등 각종 괴이한 개인 소지품들이 현장에 흩어져 있었다.[2] 데이비스의 차 안에 놓인 휴대전화에는 파키스탄 군사시설을 몰래 찍은 사진들도 들어 있었다.

이 낭패스러운 사건이 발생하고 나서 며칠 동안 CIA 책임자는 파키스탄의 정보기관 책임자와 전화로, 또는 사적으로 만나서 데이비스가 CIA를 위해 일했다는 것을 부인하며 거짓말을 하려 했다. 버락 오바마 대통령은 기자회견에서 "파키스탄에 있는 우리 외교관"을 석방할 것을 요청하는 한편 파키스탄에서 데이비스가 수행한 역할에 대해서는 모호한 태도를 보였다.[3] 총격 사건이 일어나기 바로 며칠 전에 파키스탄에 도착한 CIA 이슬라마바드 지부장은 미국은 데이비스의 석방을 위해 물러서지 않고 거래도 하지 말아야 한다고 주장하면서 현지의 미국 대사와 대놓고 맞섰다. 그는 파키스탄의 상황이 바뀌었으며 CIA와 파키스탄 정보기관이 우호적인 관계를 맺고 있던 시기는 지나갔다고 말했다.

이제부터 일은 모스크바 규칙(Moscow Rules), 다시 말해 냉전시대에 적들 사이에 행해지던, 불문율에 따르며 용서도 없는 첩보공작 방식에 따라 처리될 것이었다.[4]

당장에 이번 유혈 사건은 미국이 파키스탄에서 벌이는 은밀한 전쟁의 일환으로 혼란과 폭력의 씨를 뿌릴 방대한 규모의 비밀 군대를 보냈다는, 파키스탄의 북적거리는 시장통과 권력의 회랑 안에서 만들어지는 모든 음모설을 확인시켜주는 것처럼 보였다. 데이비스에게 희생된 사람 중 하나의 아내는 남편을 죽인 자가 법의 심판을 절대 받지 않을 것임을 확신하고 치사량만큼의 쥐약을 먹었다.

하지만 데이비스 사건은 더 커다란 이야기도 들려주고 있었다. 파키스탄에서 범죄자 추적을 위해 CIA에 고용된 이 전직 그린베레 대원은 공표된 전쟁지역과 멀리 떨어진 곳에서 십여 년 동안 분쟁을 벌인 뒤 변모한 미국 첩보기관의 얼굴이었다. 중앙정보국은 더 이상 외국 정부의 비밀을 훔치는 데 전념하는 전통적인 간첩기관이 아니라 인간 추적에 사로잡힌 조직, 살인 기계가 되어 있었다.

CIA가 군인으로 탈바꿈한 스파이들을 데리고 전통적으로 군과 관련되어 있던 일을 떠맡게 되자 그와는 정반대 현상도 나타났다. 미군 특공대들이 첩보 임무를 맡는다는, 9.11 이전이라면 워싱턴이 승인할 엄두도 못 냈을 방식을 통해 미군이 미국 대외 정책의 어두운 공간 속으로 흩어져 들어간 것이다. 9월 11일의 공격 이전에 국방부는 인적 첩보활동을 거의 하지 않았으며 CIA에게도 공식적으로는 살인이 허용되지 않았다. 9.11 이후 몇 년 동안 두 기관은 서로 큰 거래를 성사시켰고, 그리하여 군-정보 복합체가 미국의 새로운 전쟁 방식을 수행하기 위해 출범하였다.

아프가니스탄 전쟁과 이라크 전쟁의 역사적 형세는 이제 잘 알려져 있다. 하지만 9.11 공격 이후 미국이 시작한 '거대한 전쟁'의 어두운 이면에서는 십 년도 넘게 독립되고 병렬적인 전쟁이 벌어지고 있었다. 전 세계에 걸쳐 수행된 그림자 전쟁에서 미국은 살인 로봇과 특수전부대를 이용하여 적을 추적해왔다. 미국은 비밀 첩보망을 구축하기 위해 사략선私掠船(전시에 적의 상선을 나포할 수 있는 허가를 받은 민간 무장선박: 옮긴이)들에게 돈을 지불했고 변덕스러운 독재자들, 믿을 수 없는 외국 정보기관들, 오합지졸인 대리 군대에 의존했다. 미국이 지상군을 보낼 수 없는 곳에서는 주변적 인물들이 지나치게 큰 역할을 떠맡았다. 그들 중에는 파키스탄에서 비공식적인 첩보 작전을 펼칠 목적으로 이란-콘트라 추문에 관련된 CIA 인사와 짝을 이룬 줄담배꾼 국방부 관리도 있었고, 소말리아에 빠져든 끝에 자신을 고용해 그곳 알카에다 조직원들을 사냥하라고 국방부를 설득한 버지니아 말(馬) 농장의 여자 상속인도 포함되어 있었다.

전쟁은 파키스탄의 산맥에서 예멘과 북아프리카의 사막으로, 당장에라도 터질 것 같은 소말리아의 부족 간 전쟁에서 필리핀의 빽빽한 정글로, 여러 대륙에 걸쳐 확대되었다. 비밀전쟁의 기반은 보수적인 공화당 대통령이 마련했고, 자신이 물려받은 것에 매혹된 진보적(liberal) 민주당 대통령이 수용했다. 버락 오바마 대통령은 그것을 정부를 끌어내리고 다년간 미국의 점령을 요구하는 지저분하고 비용도 많이 드는 전쟁의 대안으로 여기게 되었다. 오바마의 가장 가까운 조언자 가운데 한 사람이며 오바마가 결국 CIA 책임자로 임명한 존 브레넌의 말을 빌리면 미국은 이제 '망치' 대신에 '수술용 칼'(scalpel)에 의존한다.

이 비유는 새로운 종류의 전쟁이 비용이나 실책을 동반하지 않고 골칫거리도 없는 외과 수술임을 암시한다. 그러나 그렇지 않다. 칼의 방식은 적을 제거한 만큼 적을 만들어냈다. 그것은 이전의 동맹자들 사이에 원한을 유발했으며 때로는 혼란에 질서를 가져오려고 시도했는데도 불안정에 기여했다. 또 미국이 하나의 국가로서 전쟁에 돌입하는 정상적인 작동 과정을 단축시켰고, 미국 대통령을 멀리 떨어진 땅에 사는 특정한 사람들의 생사를 좌우하는 마지막 결정권자로 바꿔놓았다. 이러한 방식의 전쟁은 오사마 빈라덴과 그가 가장 믿던 추종자들을 마침내 죽인 것을 비롯하여 많은 성공을 거두었다. 하지만 그것은 또한 전쟁 수행을 막는 장벽을 낮추었고, 그래서 지금 미국은 자국 역사 중 그 어느 때보다 지구의 극단에서 사람을 죽이는 작전을 벌이기가 쉬워졌다. 지금부터 하려는 것은 십 년 넘게 지속된 하나의 실험과 그 실험실에서 출현한 것에 관한 이야기이다.

리처드 디어러브 경은 9.11 공격이 발생한 지 불과 몇 주 뒤에 미래를 어렴풋이 엿보았다. 영국 비밀 정보기관 MI6의 수장인 디어러브는 영국의 가장 가까운 동맹에 대한 연대를 보여주기 위해 정보부 수뇌부를 대동하고 미국에 왔다. 디어러브가 버지니아 주 랭글리의 CIA 본부를 방문한 것은 CIA에게 알카에다 조직원들에 관한 MI6의 모든 파일을 열람하는 드문 기회를 제공하겠다는 영국 정보부의 의사를 직접 전달하려는 의도에서였다.

영국은 제2차 세계대전 중에 미국에게 어둠의 기술들을 가르쳤지만 첩보 사업에 대해서는 오랫동안 다르게 접근해왔다. 1943년에 윈스턴 처칠의 특수작전 집행부 구성원 중 한 사람은 "영국의 정책이 일반적으로 말해 장기적이고 꾸준한 반면 미국인의 기질은 빠르고 극적인 결과를 요구한다"고 불평한 적이 있었다. 그는 무기고를 파괴하거나 전화선을 끊고 적의 보급선에 지뢰를 매설하는 데 의존하는, CIA의 전신인 전략사무국(Office of Strategic Services, OSS)의 전략이 지닌 위험성을 지적했다. 그는 미국인들에게 두뇌보다는 돈이 많다면서 OSS가 "붉은 얼굴의 인디언을 상대하는 카우보이 놀이를 갈망하는 것"은 동맹 관계에 문제만 일으킬 것이라고 경고했다.[5]

프레더터 무인항공기. ⓒDino Fracchia/REA/Redux

디어러브는 고전적인 영국식 스파이 전통 속에서 자랐다. 영국 비밀 기관들이 전통적으로 새 인력을 모집하는 기반인 케임브리지대학교의 퀸스대학을 졸업했고 아프리카, 유럽, 워싱턴의 해외 지부에서 일했다. MI6의 수장으로서 그는 전임자들과 마찬가지로 내부 문건에 서명할 때면 자신의 암호명인 'C'를 전통에 따라 항상 초록색 잉크로 적어넣었다.

호출 부호 ASCOT-1을 지닌 비행기를 타고 워싱턴에 내린 지 얼마 지나지 않아 디어러브는 CIA 본부의 대테러리스트센터에 당도했다. CIA 직원들은 흰색 미쓰비시 트럭이 아프가니스탄의 도로를 따라 달리는 모습을 담은 비디오를 커다란 화면을 통해 보고 있었다. 디어러브는 미국이 원격 조종으로 전쟁을 수행할 능력을 발전시켰다는 것을 알았지만, 작전 중인 프레더터 무인항공기(Predator drone)를 본 적은 없었다.

몇 분이 지나자 미쓰비시 차량이 비디오 화면 중앙의 조준선에 잡혔고, 미사일의 폭발이 화면 전체를 하얗게 만들어버렸다. 몇 초 뒤의 사진은 뒤틀린 채 불타는 트럭의 잔해를 선명히 보여주고 있었다.[6]

디어러브는 몇 달 전부터 프레더터 프로그램을 감독하는 집단의 일원으로 일하는 노련한 요원 로스 뉴랜드를 포함한 CIA 직원들을 향해 몸을 돌렸다. 그는 쓴웃음을 지으며 말했다.

"별로 정정당당하지는 않군요, 안 그렇습니까?"

제1장

살인 면허

"당신은 테러범을 죽이려고 거기 있는 것이오,
적을 만들기 위해서가 아니라."

2001년 9월 14일, 파키스탄 대통령 페르베즈 무샤라프가
미국 대사 웬디 체임벌린에게

백악관 상황실의 불빛이 희미해지고 CIA 사람들이 슬라이드 상연을 시작했다. 사진들은 서두르며 찍은 것이었는데 화질이 안 좋고 초점도 맞지 않았다. 차에 타려 하거나 거리를 걸어가는 남자들의 사진이었다. 어두워진 방 안의 장면은 FBI 직원들이 커피를 홀짝거리며 폭력배 두목들의 사진이 차례로 지나가는 것을 지켜보는 마피아 영화와 닮아 있었다. 그러나 지금 이곳의 영상은 중앙정보국이 죽이자고 제안하는 사람들의 것이었다.

탁자 주위에 모인 사람들은 모두 부통령의 측근들로, 법률 고문 데이비드 애딩턴, 워싱턴에서 오래 일했고 '스쿠터'라는 별명으로 알려진 비서실장 루이스 리비도 있었다. 상석에 앉은 딕 체니 부통령은 강한 흥미를 갖고 악당들의 슬라이드 사진첩을 주시했다. 1970년대에 일련의 소름끼치면서도 때로는 웃기는 CIA의 암살 시도들이 폭로되는 바람에 백악관은 스파이 기관이 미국의 적을 처단하는 것을 금지한 바 있었는데, 그때 잃어버렸던 힘을 CIA에게 되돌려주는 은밀한 지시에 조지 W. 부시 대통령이 서

명한 지 몇 주 지나지 않은 2001년의 추운 늦가을날이었다. 그날 상황실에서 CIA는 새로 얻은 살인 면허를 어떻게 쓸 작정인지 백악관에 보고하는 중이었다.[2]

발표를 주도하는 두 CIA 직원 호세 로드리게스와 엔리케 프라도는 대테러리스트센터가 다른 나라에 소규모 암살단을 보내 부시 행정부가 죽이기로 지목한 사람들을 추적한 뒤 살해한다는 높은 등급의 기밀 프로그램을 위해 CIA 요원들을 모집하고 있다고 자리에 모인 사람들에게 말했다. 사진들 중 한 장에는 9.11 공격을 조직하는 것을 도왔다고 CIA가 믿는 인물로 독일에서 거리낌 없이 생활하는 시리아인, 마문 다르카잔리의 모습이 담겨 있었다. 또 파키스탄에서는 원자폭탄을 개발한 공로 덕분에 영웅이지만 서방에서는 이란, 리비아, 그밖의 따돌림받는 국가들에게 몰래 핵 기술을 전달한 악당인 압둘 카디르 칸 박사의 사진도 있었다. 사진마다 가까운 거리에서 찍음으로써 CIA는 무시무시하고 확실한 사항 하나를 강조하고 있었다. 사진을 찍을 만큼 가까이 갈 수 있다면 우리는 그들을 죽이기에 충분할 만큼 가까이 갈 수도 있다는 것을.

하지만 허세 뒤에는 대답하지 않은 질문들이 있었다. CIA 암살단은 어떻게 들키지 않은 채 독일, 파키스탄이나 다른 국가에 잠입할 수 있는가? 미국의 암살단이 정말 감시망을 짜서 지정된 시각에 목표물의 머리에다 총알을 박을 수 있는가? 정보국은 아무런 실행 계획도 세우지 않았지만, 로드리게스와 프라도는 작전에 관한 자세한 질문에 대답할 준비를 하고 백악관에 온 것이 아니었다. 그들은 그저 승인을 구하고 있을 뿐이었다.

체니는 그들에게 작업에 착수하라고 말했다.

중앙정보국이 그를 위해 랭글리에 있는 본부의 이름을 바꾸었던 전직 중앙정보장*의 아들인 조지 W. 부시 대통령은 위축되고 사기가 떨어져 냉전 시절 중앙정보국의 그림자에 불과한 첩보기관을 물려받았다. 하지만 2001년의 마지막 몇 달 동안 부시는 CIA에게 세계적인 범위에서 범인 수색의 책임을 맡겼고 CIA가 여기서 거둔 성과는 둔중하고 관료주의적인 국방부와는 상반되게 민첩하고 최고사령관의 요구에 응답하는 존재로 이 기관의 자체 이미지를 개선시켰다.

CIA는 이제 백악관의 지도에 따라 비밀전쟁을 수행하고 있었고, 한때 무시당하던 정보국의 대테러리스트센터(CTC)는 그 전쟁의 열광적인 지휘소가 되었다. 한때 랭글리의 많은 사람들에게 이 센터는 한층 위신이 서는 임무에서 실패한 뒤 앞길이 막혀버린 기이한 열성분자들의 집합소로 여겨지며 침체를 겪었다. 그러나 9.11 공격 이후 대테러리스트센터는 제 역사상 가장 극적인 확장을 시작했고, 그 뒤 10년에 걸쳐 CIA의 고동치는 심장이 될 터였다.

수백 명의 비밀 요원들과 분석관들이 아시아와 러시아 부서에서 옮겨와, CTC의 작전 중심부에 급히 만들어 쑤셔넣은 칸막이들의 미로 속으로 재배치되었다. 그 구조가 너무 복잡해서 사람들은 동료를 찾기 힘들 정도였다. 마분지로 만든 도로 표지판들이 '오사마 빈 도로'와 '자와히리 길'을 따라 자리잡은 칸막이들을 찾는 것을 돕도록 세워졌다.[3] 나중에는 센터의 출입구 위에도 표지가 나붙었는데 또 다른 테러가 며칠 뒤, 혹은 몇 분 뒤에 있을 수도 있다고 끊임없이, 또 억압적으로 일깨워주는 표지였다. 거기에는 오늘은 2001년 9월 12일이다라는 문장이 씌어져 있었다.

전쟁 초기 몇 달 동안의 회오리바람을 지도한 사람은 코퍼 블랙이었다. 수단의 수도 하르툼의 CIA 지부를 지휘하던 때부터 그 나라에서 망명생활 중이던 오사마 빈라덴을 잡는 데 집착해온 대담한 요원이었다. 블랙은 미

---

* 2005년 이전 중앙정보국장의 공식 직함은 중앙정보장(director of central intelligence, DCI)이었다.

친 과학자와 조지 패튼 장군을 뒤섞은 것 같은 인상으로 CIA 내부에 알려져 있었다. 9월 11일, 마지막으로 공중납치된 비행기가 랭글리로 향할지도 모른다며 일부에서 두려워할 때 블랙은 CTC 요원들이 정보국의 나머지 인원과 더불어 건물을 비우고 대피하는 것을 허락하지 않았다.

그 뒤로 몇 달 동안 CIA 국장 조지 테닛은 블랙을 곁에 두지 않은 채 백악관에 간 적이 거의 없었고, 알카에다 대원을 최대한 많이 죽여없애겠다는 블랙의 결심에 관한 신화가 만들어졌다.[4] 9.11 공격 이틀 뒤 백악관 대통령 집무실에서 열린 회의에서 부시는 블랙에게 아프가니스탄 군벌들과 연합해 탈레반과 싸울 준군사조직들을 아프가니스탄에 투입하는 것을 포함한 새 임무를 CIA가 수행할 태세가 되어 있는지를 물었다. 그러자 블랙은 귀신 같은 과장법을 사용하여 CIA가 알카에다를 처리했을 즈음이면 빈라덴과 그 추종자들의 "두 눈알 위로 파리가 걸어다니게" 될 것이라고 주장했다.[5] 그것은 부시가 듣고 싶은 종류의 말이었고, 그는 곧 허풍스러운 대테러리즘의 수장을 좋아하게 되었다. 그러나 대통령의 전쟁내각 구성원 중 일부는 남자다움을 과시하는 이 이야기에 움츠러들었고 블랙을 '눈알 위 파리 사나이'로 일컫기 시작했다.[6]

백악관의 중요한 인물들과 맞먹게 높아진 블랙의 지위는 CIA 내부의 알력, 그리고 그의 상관이자 블랙이 보기에 약하고 상상력이 모자란 제임스 패빗과의 끊임없는 싸움으로 이어졌다. 패빗은 정보국의 모든 해외 첩보 활동과 비밀공작 임무를 관할하는 부문인 공작부(Directorate of Operations)의 수장이었는데 블랙을 자기과시적인 인물이고 카우보이 같다고 생각했다. 그는 블랙이 CIA를 안 그래도 이 기관에 지속적인 말썽의 원인이었던 해외 공적을 쌓는 일에 연루시키려 지나치게 안달한다고 믿었고, 9.11 공격 몇 년 전에도 그들은 CIA가 아프가니스탄에서 빈라덴을 추적해 죽이기 위해 무장 프레데터를 받아들여야 할지를 놓고 심하게 싸운 바 있었다.

하지만 2001년 후반 아프가니스탄에서 CIA가 거둔 초기 전략의 성공은 블랙과 대테러리스트센터의 승리였고, 그것은 알카에다처럼 흩어진 조직에 맞서 작전을 펼치는 CIA 소규모 기간요원 집단의 장점을 CIA를 비방하는 자들에게 증명하는 것으로 보였다. CIA의 준군사요원으로 이루어진 팀들(여기에는 후에 그린베레가 합류한다)은 누더기의 집합 같은 아프가니스탄 민병대를 강력한 군대로 바꾸어놓았다. 녹슨 소비에트 시대의 장갑차와 말을 타고 아프가니스탄 민병대는 탈레반을 카불과 칸다하르에서 밀어냈다.

이 이상하고 새로운 분쟁은 또한 미국이 전쟁을 수행해온 방식을 뒤엎었다. 백악관에서 시작해 국방장관을 거친 뒤 전쟁 계획을 세우고 실행할 수백 명의 참모들을 거느린 4성 지휘관으로 전달되는 기존의 전시 명령체계는 조용히 포위당했다. CIA 국장은 이제 최소한의 인원만을 데리고 감독은 거의 받지 않으면서 은밀하고 전 세계적인 전쟁을 지휘하는 군사 지휘관이었다. 테넷은 아프가니스탄 내 CIA 준군사 팀들의 확대를 공격적으로 밀어붙이기 시작했고, 테러리스트들을 생포해 비밀 감옥에 가두고 조지 오웰의 소설에 나올 법한 가혹한 심문 방법의 대상으로 만드는 프로그램을 짜서 백악관으로 하여금 받아들이게 했다. 오직 부시, 체니와 백악관의 소규모 집단만이 누구를 생포하고 죽이고 살려줘야 할지에 대한 결정들을 감독하고 있었다.[7]

이것은 9.11 테러가 있기 몇 년 전 백악관의 상관들에게 CIA 요원들은 정책을 만드는 과정에서 멀리 떨어져 있어야 한다고 말하기를 좋아하던 테넷에게는 급격한 변화였다. 그는 랭글리에서 정보 평가를 생산하면 '강 건너' 백악관과 의회의 사람들이 이 평가에 기초한 결정을 내리는, 흡사 수도승 같은 스파이들의 이미지를 빚어냈다. 제임스 패빗은 나중에 9.11 위원회 조사관들에게 1980년대 이란-콘트라 추문의 한 가지 교훈은 "우리가 [랭글리에서] 정책에 관여하지 않는다는 것, 또 당신들도 우리가 그

런 일을 행하기를 바라지 않는다는 것"이라고 말하게 된다.[8]

그런 생각이 이미 일종의 쓸모 있는 신화였다면, 2001년 말의 CIA는 분명히 전쟁과 평화에 대한 번잡한 결정에서 멀리 떨어져 있다고 더 이상 주장할 수 없었다. 부시는 테넷에게 백악관 집무실에 매일 와서 대통령에 대한 일일 보고를 하라고 요구했는데, 낮은 등급의 분석관이 아니라 CIA 국장이 백악관에서 정기적으로 아침 보고를 하는 것은 이 기관의 창설 이래 처음 있는 일이었다. 그의 전임자들처럼 테넷은 대통령에게 접근하는 데 열심이었고, 매일 아침 그와 코퍼 블랙은 테러 음모들 및 음모자들의 목록을 들고 몰입한 청중에게 CIA가 국가를 보호하려고 내딛는 발걸음에 관하여 말해주러 백악관에 도착했다. 대통령과 함께하는 매일의 보고회는 테넷과 CIA를 모든 위협에 관한 정보에 탐욕스러운 식욕을 가진 백악관에게 필수불가결한 존재로 만들었다.

하지만 이처럼 높은 수준의 주목은 CIA가 생산하는 분석을 한층 협소하고 더욱 전술적으로 만드는 왜곡 효과를 내기 시작했다. 이제 수백 명의 CIA 분석관들이 테러리즘 분야에서 일하고 있었고, 이는 3천 명 가까운 미국인을 죽인 공격 직후임을 생각하면 이해할 만한 것이었다. 하지만 분석관들에게는 CIA에서 승진하는 길은 대통령이 어느 날 아침 일찍 집무실에서 보고받을지도 모르는 뭔가를 만들어낸다는 목표를 갖고 테러리즘에 관한 업무를 시작하는 것임이 이내 분명해졌다. 그리고 백악관이 가장 관심을 가졌던 것은 특정한 알카에다 조직원들의 행방에 대한 단서였지 무슬림 세계에서 알카에다가 받고 있는 지지의 수준이나 미국의 군사 및 정보 작전이 새 세대 무장대원들을 급진화하는 데 미칠 영향 같은 광범위한 주제가 아니었다. CIA는 이에 따라 활동의 초점을 맞추었다.

스파이 활동의 언어마저 점점 변하고 있었다. 원래 CIA의 공작관(case officer)들과 분석관들은 '표적화'(targetting)라는 용어를 어떤 외국 정부 관리가 정보를 얻기 위한 표적이 되어야 할지, 또는 어떤 외국인이 CIA 정보 제공자가 될 수 있을지 결정할 때 쓰곤 했다. 그런데 대테러리스트센터로 옮긴 분석관들에게 '표적화'는 매우 다른 것을 뜻하게 되었다. 그것은 미국에 위협이 될 것으로 여겨지는 사람을 추적해 생포하거나 죽이는 일을 의미했다.

코퍼 블랙과 제임스 패빗의 싸움은 격렬해졌고, 2002년 초에 블랙은 비밀 기관을 떠나 국무부에서 일자리를 잡기로 결심했다.[9] 그의 대타는 호세 로드리게스였는데, 대테러리스트센터 최고 간부진의 일원이자 블랙과 대조적으로 두드러지지 않는 사람이었다. 코퍼 블랙은 중동 경험이 있었고 오사마 빈라덴이 이끄는 테러 조직망에 대한 상세한 지식을 지닌 소수의 CIA 요원들 가운데 하나였던 반면, 로드리게스는 무슬림 세계에서 일해본 적이 없었고 아랍어도 할 줄 몰랐다. 하지만 그는 패빗과 가까운 사이였고, 어떤 비밀 요원들은 로드리게스가 애초에 패빗이 블랙을 감시하러 센터에 심어놓은 사람이라는 의심을 품었다. 푸에르토리코 출신이자 부모가 교사였던 로드리게스는 플로리다대 로스쿨을 졸업한 다음 1970년대 중반에 정보국에 들어왔다. 그의 비밀 활동 경력은 대부분 CIA가 1980년대에 니카라과, 엘살바도르, 온두라스에서 벌인 모험의 본거지였던 라틴아메리카 분과에서 쌓은 것이었다. 하지만 그때 로드리게스는 몇 년 동안 분과를 엉망으로 만든 이란-콘트라 사건에 말려드는 것을 피할 정도로 직급이 낮았다. 그는 비밀 기관 내부에서 꽤 인기가 있었지만 CIA의 동년배 집단에서 가장 뛰어난 공작관 가운데 한 사람으로 두각을 나타낸 적은 없었다. 그는 볼리비아와 멕시코를 포함한 여러 라틴아메리카 지부에서 일했고, 자신이 생각하기에 현장 작전의 사소한 부분까지 통제하는 랭글리의 관료들에게 불만을 터트리기를 즐기는 독불장군이라는 인상을 사람들 속에 심어주었다. 그는 승마를 매우 좋아했고, 멕시코시티의 지부장으로 있을 때

호세 로드리게스. ©AP Photo/CIA.

는 자신이 아끼는 말에게 '업무'(Business)라는 이름을 지어주고는 만약 랭글리에 있는 상사들 중 하나가 전화를 해서 자신의 행방을 물으면 "'업무' 때문에 밖에 나가 있다"고 대답하라는 지시를 부하들에게 내렸다.[10]

그가 1995년에 라틴아메리카 분과를 맡았을 때 이 부서는 다시 한 번 혼란에 휘말려 있었다. 로드리게스의 부임 직전에 클린턴 대통령의 두 번째 CIA 국장인 존 도이치가 "외국 국민들과의 긴밀하고 지속적인 접촉"이라는 완곡한 이유를 내세워 몇몇 공작관들을 해고했다. 달리 말하면 라틴아메리카에 주재하는 남성 요원들이 현지인과 혼외정사 관계를 가졌던 것인데, 이 문란한 행위는 그들을 협박에 취약하게 만들지 모른다는 우려가 있었다. 얼마 지나지 않아 로드리게스 자신도 곤경에 빠지고 말았다. 유년 시절 친구가 도미니카공화국에서 마약 혐의로 체포되자 로드리게스는 경찰이 감옥 안에서 친구를 구타하는 것을 중단시키려고 개입했다. 친구 때문에 외국 정부에 간섭하는 일은 CIA 라틴아메리카 분과 책임자로서의 이해에 명백히 반하는 것이었고, CIA의 감찰관은 로드리게스가 "판단력의 현저한 부족"을 보여준다고 질책했다. 그는 그 자리에서 쫓겨났다.[11]

하지만 2001년에 그의 경력은 되살아났고, 로드리게스는 친구 엔리케 프라도를 포함한 여러 명의 라틴아메리카 사람들과 함께 CIA의 새로운 전쟁 수행을 돕는 일을 맡았다. 그는 CIA 고위 간부들이 테넷의 회의 탁자에 둘러앉아 아프가니스탄과 다른 곳에서 벌어지는 작전에 관해 새로운 전장 정보를 전달받는 매일 오후 5시 회의에 정규적으로 참석하는 사람이 되었다. 로드리게스가 이 회의 도중에 즉석에서 내놓은 제안은 부시 행정부의 가장 치명적인 결정 가운데 하나가 된다.

회의에 모인 사람들 앞에 놓인 질문은 미군과 CIA 요원들이 아프가니스탄에서 사로잡은 탈레반 전투원들을 어떻게 해야 하느냐는 것이었다. 그들을 장기간 붙들어놓을 수 있는 곳은 어디인가? 회의는 다양한 CIA 직원들이 억류자들을 받아들일 용의가 있음 직한 국가를 제안하며 묘안을 짜내는 자리로 변했다. 한 요원은 세상의 밑바닥에 위치한 황량한 시설, 아르헨티나의 티에라 델 푸에고에 있는 우슈아야Ushuaia 감옥을 제안했다. 다른 이는 니카라과 해안 근처 카리브 해의 작은 두 반점 같은 콘Corn 섬을 제안했다. 하지만 이러한 제안들은 비현실적인 선택이라고 거부되었다. 마침내, 로드리게스가 거의 장난삼아 아이디어를 냈다.

"그럼, 관타나모 만에 넣어두면 되죠."

미국이 새로운 전쟁의 죄수들을 쿠바에 있는 미군기지에 수감하면 얼마나 피델 카스트로를 화나게 할지 생각하면서 탁자에 둘러앉은 모든 사람들이 웃었다. 하지만 생각해볼수록 관타나모는 말이 된다고 모두에게 여겨졌다. 그곳은 미국의 시설이었고, 다른 나라 같으면 정권이 바뀌어 미국의 죄수들을 내쫓기로 결정할 수도 있겠지만 거기서는 감옥의 운명이 위태로워지지 않을 터였다. CIA 직원들은 관타나모 만의 감옥이 미국 법원의 관할 밖에 있다는 사실도 계산했다. 그곳은 완벽한 장소로 보였다.

쿠바는 CIA가 새로운 미국 감옥을 위해 추천하는 최고의 후보지가 되었고 CIA는 당장 관타나모 만의 복합 감옥 건물 귀퉁이에 자기만의 비밀 감옥을 지으려고 했다. 최고의 보안 설비를 갖춘 이 감옥에 CIA 직원들은 딸기밭이라는 이름을 붙여주었는데 이는 죄수들이 아마도, 비틀즈가 노래한 대로(비틀즈 노래 〈Strawberry Fields Forever〉를 가리킨다: 옮긴이), "영원히" 거기 있을 것이기 때문이었다.[12]

워싱턴에서 7천 마일 떨어진 혼란스러운 전장에서 벌어지는 21세기의 첫 전쟁은 토끼 사육장 같은 CIA의 칸막이 방 안이나 국방부 맨 위층 목판으로 장식된 사무실의 깔끔한 파워포인트 발표회 자리에서 처음에 생각한 것보다 훨씬 너저분한 일로 드러나고 있었다. 2002년 초 아프가니스탄은 매일 총알이 날아다니는 전쟁도 희망찬 평화도 아닌, 군인들과 첩보원들 간의 경쟁과 불신에 포위된 불명확한 분쟁의 현장이었다. 오사마 빈라덴이 최근의 공습으로 죽었을지 모른다는 정보에 따라 동부 아프가니스탄 자와르 킬리의 동굴 지대에서 수십 명의 네이비실Navy SEALs과 해병대원들이 무덤을 파내는 데 8일을 쓴 것처럼, 미군의 임무는 자주 믿을 수 없는 출처에서 얻은 정보의 파편에 기초하고 있었다. 그들은 빈라덴의 시체를 찾아내 아프가니스탄전을 딱 3개월 만에 끝낼 이유를 제시하고 싶었다. 결국 몇몇 시체를 파냈지만 정작 찾던 것은 발견하지 못했다.[13]

때로는 CIA와 군대 사이의 형편없는 의사소통이 치명적인 결과를 낳았다. 1월 23일, 육군 그린베레는 어두운 밤에 칸다하르 북동쪽에서 100마일 떨어진 하자르 카담의 주거지 두 곳에 급습을 가했다. 언덕 옆에 위치한 여러 건물들로 구성된 곳이었다. AC-130 공격기가 머리 위를 선회할

때 두 팀이 동시에 공격을 개시했다.[14]

공격팀들이 건물 외벽에 구멍을 뚫자 딱딱 끊어지는 AK-47의 사격음이 건물들에서 터져나왔다. 미국인들은 응사하면서 방에서 방으로 이동하기 시작했는데 일부는 탈레반 무장대로 의심되는 사람들과 백병전을 벌이기도 했다. 임무가 끝날 때까지 미국인들은 주거지 안에 있던 40명 이상을 죽였고, AC-130은 그 건물들을 돌부스러기로 만들어버렸다.

하지만 병사들이 기지로 귀환했을 때 알게 된 것은 바로 며칠 전 CIA가 그 두 주거지에 사는 사람들을 탈레반에게서 전향시켜 다른 편을 위해 싸우도록 설득해두었다는 사실이었다. 그날 밤 건물들 중의 하나에 걸려 있던 것은 하미드 카르자이가 이끄는 아프가니스탄 새 정부의 깃발이었다. CIA는 그 주거지에 사는 수십 명의 아프가니스탄 사람들이 지금은 그들의 동맹자임을 특수전 임무대에게 전혀 말해주지 않았던 것이다.

아프가니스탄에서의 갈팡질팡은 부분적으로는 전쟁터에 흔한 혼란의 결과였지만, 미국의 새로운 분쟁에서 우위를 점하기 위한 국방부와 CIA 사이의 경쟁에서 비롯된 것이기도 했다. 국방부 장관 도널드 럼스펠드는 CIA의 준군사 팀이 가장 먼저 아프가니스탄에 들어갔다는 사실을 분하게 여겼다. 그린베레 팀원들이 나쁜 날씨와 아프가니스탄의 기지에 접근하는 데 관련된 몇 가지 난점 때문에 작전상의 지연을 겪은 것은 사실이었지만 럼스펠드를 자극한 것은 단순한 병참 문제가 아니었다. 이 침략을 처음부터 CIA가 고안하고 주도하면서 미군에게는 지원 역할을 맡겼다는 점이었다. 국방부 예산과 인력의 일부분만으로도 군보다 더 빠르게 움직이는 CIA의 능력은 럼스펠드를 괴롭혔다. 그는 이런 일이 다시 생기지 않도록 국방부의 관료주의를 정비하기 시작했다.

럼스펠드는 그가 보기에 완고할 뿐 아니라 자신들에게 중요한 무기체계를 보호하는 데 골몰한 편협한 군사기관들에 의해 지나치게 통제되는 국방부를 쇄신하려고 분투해온 터였다. 포드 행정부 당시 국방부 장관이었던 럼스펠드는 기업계에서 성공적인 변신을 겪은 뒤 국방부로 돌아왔다. 그는 제약회사 설Searle에서 뉴트라스윗, 오렌지 메타뮤실 같은 성공 상품을 출시하며 부를 축적했고, 국방부를 접수하자 비대해진 국방부에 민간 부문 사업의 법칙을 적용하겠다는 의도를 분명히 했다.

69세였던 럼스펠드는 곧 미국 역사에서 가장 늙은 국방장관이 될 것이었고, 국방부의 낭비에 대한 그의 잦은 불평은 대공황 시절 이야기를 끝없이 늘어놓는 할아버지와 비슷한 데가 있었다. 국방부를 개조하려는 그의 노력은, 장관이 되자 국방부의 문화를 바꾸기로 작심하고 그때까지 자신과 함께 포드자동차에서 일하던 '젊은 수완가들'(Whiz kids)을 데려왔던, 케네디와 존슨 정권의 국방부 장관 로버트 맥나마라와 즉시 비교되었다. 럼스펠드의 접근방식 탓에 뒷전으로 밀려난 일부 장성들은 럼스펠드가 다양한 군 기관들을 운영하기 위해 데려온 나이 든 재계 인사들을 '가르랑거리는 인사들'(Wheeze kids)이라고 불렀다. 2001년 9월 11일 아침 아메리칸 항공 77편이 국방부의 서쪽 정면에 충돌했을 때 군대는 값비싼 냉전시대의 무기들을 취소하려는 럼스펠드의 한결 야심찬 시도의 상당수를 이미 성공적으로 좌절시킨 상태였다.

워싱턴에는 럼스펠드가 부시 정권의 최고위 구성원 중 첫 번째로 사직할 것이라는 공론이 있었다. 하지만 일 년이 지나자 그는 부시 대통령의 내각에서 가장 눈에 띄고 인기 있는 사람이 되었다. 미국은 2012년 12월 탈레반을 아프가니스탄의 도시들 바깥으로 밀어냈는데, 여기에 사용된 럼스펠드의 혁신적인 전쟁 계획은 그에게 대중적인 신망을 가져다 주었고, 무뚝뚝하게 고자세로 진행하는 대언론 발표는 럼스펠드를 3천여 명의 미국인을 죽인 테러 공격에 대한 부시 정부의 복수를 공적으로 표상하는 얼굴로 만들었다. 럼스펠드는 전쟁의 목표들에 대해 말할 때 완곡한 단어를 사용하지 않았고 군사적인 상투어 속으로 빠져들지도 않았다. 그는 '탈레반을 죽이는 것'에 대해 말했다.

또한 럼스펠드는 새로운 전쟁의 대부분이 전쟁지역으로 선포된 곳에서 동떨어진, 세계의 어두운 구석들에서 치러질 것이라고 일찌감치 내다보았다. 이는 19세기 보병의 소규모 접전이나 1차 세계대전의 참호전, 2차 세계대전의 전차전과는 전혀 다르게 보일 터였다. 국방부는 군인들을 — 법과 관습에 따라 — 첩보원들만이 가는 것이 허용되었던 곳에 보내기 시작할 필요가 있었다. 예를 들어 당시 국방부에는 CIA의 대테러리스트센터와 같은 대테러리즘 전담부서가 없었으나 9.11 테러 이후 몇 주가 지났을 때 럼스펠드는 자기만의 부서를 만들겠다고 제안했다. 단지 규모가 더 클 뿐이었다. 럼스펠드는 CIA 국장 테넷을 수신자로 한 각서에 "내가 듣기로 CTC는 24시간 근무하기에는 너무 작더군요"라고 썼고, 국방부에 새로운 전쟁의 통제권을 부여할 완전히 새로운 조직, '테러리즘과 싸우는 합동정보 특수임무대'에 관한 그의 계획을 설명하는 제안서를 테넷에게 보냈다.[15]

나흘 뒤 럼스펠드는 새로운 전쟁의 범위에 관한 생각을 일급기밀 각서 형식으로 써서 부시 대통령에게 제출했다. 그는 전쟁이 지구적인 것이 될 것이며 미국이 그 전쟁의 궁극적인 목표들을 성취하는 데 앞장설 필요가 있다고 했다. 그는 대통령에게 "이 전쟁이 세계의 정치지도를 현저히 바꾸지 못한다면 미국은 목표를 달성하지 못할 것입니다"라고 썼다.[16]

국방부는 아직 이러한 전쟁을 적절히 수행할 조직이 없었고, 럼스펠드는 누구 못지않게 이를 잘 알고 있었다. 해야 할 일이 많이 있었다.

2002년 2월 초 맑게 갠 밤, 세 명의 아프가니스탄 남자와 어린 사내아이 하나가 흰색 트럭에서 뛰어내린 뒤 하늘로 먼지를 흩뿌리는 미군 헬기의 회전익에 옷자락을 부풀리며 어둠 속으로 달려나왔다. 그들은 총열

을 앞으로 겨눈 특수부대원 여럿이 접근해오자 손을 마구 흔들었다.[17]

북쪽으로 40마일 떨어진 칸다하르 비행장 안, 폭격으로 완전히 파괴된 여객 터미널 근처의 임시 작전지휘소에서 특수작전부대는 CIA의 드론이 제공하는 비디오 자료를 통해 임무가 펼쳐지는 광경을 지켜보고 있었다. 특수작전 지휘관인 해군 대위 로버트 하워드는 포로들에 관해 보고하려고 보안전화를 집어들어 쿠웨이트에 있는 상관을 찾았다. 그는 모두가 추적하던 탈레반 지도자, 물라 카이룰라 카이르콰가 드디어 체포되었다고 말했다.

통화 상대편에서는 긴 정적이 있었다. 마침내 쿠웨이트에서 폴 미콜라셰크 중장이 말했다.

"만약 그게 우리가 찾는 자들이 아니라면, 자네가 그들을 돌려보낼 수 있겠나?"

하워드는 지휘소 안의 다른 대원들에게 얼떨떨한 눈길을 보냈다. 그는 화를 억누르려고 숨을 고른 뒤, 조금 전에 수갑이 채워진 채 헬기에 실려 칸다하르 기지로 복귀 중인 피구금자들은 — 필요하다면 — 체포되었던 곳으로 되돌아갈 수 있다고 장군에게 확인시켰다.

미콜라셰크는 조금 전에 알게 되었지만 하워드가 아직 몰랐던 사실은 헬기에 탄 사람들이 물라 카이르콰와 그 측근들이 아니라는 것이었다. 탈레반 내무장관인 카이르콰는 파키스탄 국경을 막 넘은 다른 흰색 트럭에 타고 있었다. 그리고 CIA는 이를 알고 있었다.

아프가니스탄 전쟁은 4개월째에 접어들었고 미군은 더 많은 인원을 이 나라에 쏟아붓고 있었다. 카불에는 막 새 정부가 들어섰으며, 물라 카이르콰는 항복한 다음 CIA의 정보제공자가 되는 일에 관해 새 아프가니스탄 대통령의 이복형제 아흐메드 왈리 카르자이와 협상하느라 여러 날을 보냈다. 아흐메드 왈리 본인도 CIA에 고용되어 있었고(이 동맹 관계는 몇 년 뒤 CIA와 카불의 군대 사이에 빚어지는 긴장의 원인이 된다) 미국인 기관원들은 물라 카이르콰에게 체포와 관타나모 만에 새로 지어진 감옥에서 오래 썩는 일을 피할 수 있다는 메시지를 전달했다.

하지만 며칠간의 협상 뒤 물라 카이르콰는 미국인들을 믿어도 될지 확신이 서지 않았다. 그는 다른 탈레반 지휘관에게 전화를 걸어 파키스탄으로 도주할 계획이라고 털어놓았는데, 이 통화는 미군 첩보원들에게 도청되었다. 정보 장교들은 미콜라셰크에게 경보를 발했고 그는 칸다하르의 하워드 대위에게 탈레반 장관이 국경을 넘기 전에 생포하라고 지시했다. CIA의 프레더터 드론이 카이르콰가 탄 흰색 트럭의 움직임을 추적하는 동안 헬기들이 이륙해서 그를 잡으러 남쪽으로 향했다.

그러나 CIA는 다른 계획을 갖고 있었다. 아프가니스탄에서의 전쟁은 CIA에게 파키스탄 정보부(Inter-Services Intelligence, ISI)와 긴밀한 유대를 맺도록 강요했는데, CIA 요원들은 파키스탄 정보부원들로 하여금 물라 카이르콰를 생포하게 하여 정보원이 될 것을 설득할 수 있을지 모른다고 생각했다. 아니면 적어도 파키스탄 안에서 탈레반 지도자를 체포함으로써 세간의 이목을 끌 경우 이슬라마바드의 정부는 워싱턴의 호의를 얻을 수 있었다.

군 헬기가 칸다하르에서 이륙한 직후에 CIA의 드론은 헬기 안의 부대를 제 목표의 위치에 대해 까맣게 모르는 상태로 남겨둔 채 카이르콰의 트럭을 추적하는 임무에서 벗어났다. 특수전 지휘소에 있던 정보 장교들은 전화기에 대고 프레더터를 통한 감시를 재개하라고 소리를 질렀다. 몇 분 뒤 두 번째 CIA 프레더터가 도착했는데, 그것은 전혀 다른 흰색 트럭을 추적하기 시작했다.

물라 카이르콰와 측근들이 스핀 볼닥 사막의 국경을 거쳐 파키스탄을 향해 속도를 높여 이동하는 동안 CIA는 헬기 속의 특수부대원들을 잘못된 목표로 이끌고 있었다. 며칠 후, 카이르콰를 정보제공자로 돌아서게 하려는 여러 차례의 헛된 협상 끝에 파키스탄 보안군은 그가 숨어 있는 차만 마을의 가옥을 포위했다. 파키스탄 첩보원들은 그를 파키스탄 퀘타에 있는 CIA 요원들에게 넘겼고, 물라 카이르콰는 쿠바의 관타나모 만으로 향하는 긴 여정을 시작했다. 그는 그 섬에 세워진 감옥의 첫 수감자 가운데 한 사람이 되었다.[18]

한편, 체포되어 칸다하르의 구금 시설에 억류당했던 세 남자와 소년은 헬기에 다시 실려 그들의 트럭이 미국 헬기들에게 매복 공격을 받았던 자리에 남아 있는 곳을 향해 남쪽으로 40마일을 날아갔다. 헬기에는 이 아프가니스탄인들이 즉석에서 먹을 수 있는 전투식량 몇 상자도 실려 있었다. 억류된 사람들의 신념을 존중하여 돼지고기가 포함된 음식물은 제거되었다.

제2장

스파이들의 결혼

"파키스탄은 그런 문제를 언제나
흑백논리 속에서 바라보았소."[1]
2001년 9월 12일, 파키스탄 정보부장 마호무드 아흐메드 중장

여러 세대에 이르는 CIA 요원들은 버지니아 해안지대의 훈련시설인 '농장'에서 첩보활동의 첫 번째 교훈을 배우고 졸업했다. 그 교훈이란 우호적인 정보기관 따위는 없다는 것이었다. 다른 나라의 스파이 기관들은 뚫고 들어가야 할 곳이었고, 그곳 요원들은 자신의 모국을 상대로 첩보활동을 하며 미국을 위해 일하도록 '전향'시켜야 할 사람들이었다. 외국 정보기관들은 연합작전에서 유용할 수 있으나 절대로 완전히 믿을 수는 없었다. 작전을 벌일 때 연락 업무에 대한 의존도가 커질수록 작전이 망할 위험도 커졌다.

이는 CIA의 주요한 임무가 소비에트연방과 그 보호를 받는 국가들의 비밀들을 훔쳐오는 전통적인 해외 첩보활동이었던 냉전시대에 잘 먹혀든 철학이었다. 랭글리의 윗사람들은 소련이 미국에 대해 똑같은 행동을 하려고 하는 것을 알았으며 미국의 비밀들에 더 잘 접근하기 위해 모스크바가 해외 정보기관들에 첩보원을 심어놓았다는 사실도 알고 있었다. 외국 스파이들에게 가까이 접근하는 주요한 이유는 방첩 목적이었다. 타국 정보

기관이 CIA 내부에 얼마나 깊숙이 침투했는지 알아내고 첩자들이 너무 깊게 숨어버리기 전에 잡아내려는 것이었다.

그러나 새로운 전쟁의 지시사항들은 첩보 게임의 규칙들을 빠르게 바꾸어버렸다. CIA의 최우선 순위는 더 이상 외국 정부와 그 나라의 정보를 수집하는 것이 아닌 인간사냥이 되었다. 새 임무는 특정한 개인들에 대한 구체적인 정보를 얻는 것을 중요시했고, 그 정보가 어떻게 수집되었는지는 대수롭지 않은 문제였다. 그 결과, CIA는 곧바로 오랜 세월에 걸쳐 테러조직에 대한 서류를 쌓아온 외국 첩보기관들에게 한층 더 의존적이게 되었다. 다음 공격을 멈추기 위한 정보가 시급했던 CIA는 친구를 가려 사귀지 않았다. 9.11 테러 이후 초기 몇 년 동안, 불미스런 잔혹성의 역사를 지닌 첩보기관들, 예컨대 이집트의 무카바라트Mukhabarat, 요르단의 GID(Genenal Intelligence Directorate), 심지어 따돌림받는 국가였던 무아마르 카다피 시절 리비아의 정보기관과 CIA의 관계는 훨씬 더 가까워졌다.

이들 나라의 지도자 일부는 테러리스트를 뒤쫓는다는 껄끄러운 업무에 관해 미국에게 강의하기를 즐겼다. 2001년 10월 초 카이로에서 저녁식사를 하면서 이집트 대통령 호스니 무바라크는 도널드 럼스펠드에게 폭탄은 미국의 새 전쟁에 좋을 게 별로 없으며 미국은 "아프가니스탄 땅에서 동맹자들을 사들이는 데 돈을 써야" 한다고 충고했다. 자신의 나라에서 이슬람주의 운동을 분쇄하여 권력을 강화하는 데 보탬을 받은 현대판 파라오 무바라크가 테러리스트들에 맞설 새로운 전략을 암중모색하는 미국과 강건한 협력관계를 구축함으로써 많은 것을 얻어낼 수 있으리라고 보았다는 데는 의심의 여지가 없다. 그는 미사여구를 곁들여 테러리즘에 맞선 싸움은 "지구를 구하기 위해" 필요하다고 럼스펠드에게 말했다.[2]

하지만 당장 전쟁에 나선 CIA에게 파키스탄 정보부와의 관계보다 더 중요한 관계는 없었다. 몇 년 동안 이 관계는 실패한 결혼의 가장 나쁜 특성을 다 갖추고 있었다. 양쪽이 오래 전에 서로를 믿는 것을 그만뒀지만 갈라지는 일은 상상조차 할 수 없었던 것이다.

이런 식으로 첩보기관 간의 관계는 바로 미국-파키스탄 관계의 축소판이었다. 미국과 파키스탄 첩보원들이 아프가니스탄으로 총기를 반입해 무자헤딘이 소비에트 헬기들을 격추시키도록 훈련시켰던 1980년대의 CIA와 ISI 간 긴밀한 유대는 1990년대에 닳아버렸다. 워싱턴은 소련 이후의 아프가니스탄에 대해 흥미를 잃었고 파키스탄이 비밀리에 진행한 핵 프로그램에 대한 처벌로서 이슬라마바드에 가혹한 제재를 가했다. 파키스탄은 아프가니스탄 남부에서 온 반문맹의 파슈툰 부족 가운데 한 집단인 탈레반을 오랫동안 인도의 지원을 받아온 북부동맹(Northern Alliance) 구성 분파들에 대한 평형추로 키우기 시작했다.

ISI는 탈레반을 비록 이상하고 광신적이기는 할지언정 북부동맹이 아프가니스탄을 장악한 다음 서부 국경을 따라 인도의 대리국가가 되리라고 이슬라마바드가 두려워하는 것을 건설하는 사태를 막아줄 파슈툰족 동맹자로 보았다. 파키스탄군 장교들 또한 과거에 소련을 아프가니스탄에서 몰아내기 위해 스스로 행한 모든 것에도 불구하고, 자신들은 카불의 정부를 움직이는 줄을 쥘 합당한 권리를 갖고 있다고 생각했다.

파키스탄 정보기관이 탈레반에게 돈과 군사전략에 대한 조언 같은 원조를 제공하고 워싱턴에서 이슬라마바드로 가는 돈줄은 끊김에 따라, 1990년대에 이슬라마바드에 배치된 미국 관리들은 오사마 빈라덴을 넘기도록 카불의 탈레반 정부를 압박하라고 ISI에게 요구했을 때 자신들에게 아무런 영향력이 없다는 것을 발견했다. 1998년 말 알카에다가 케냐와 탄자니아의 미국 대사관에 동시적으로 폭탄을 터뜨리자 미국은 압박의 강도를 높였지만 파키스탄 첩보기관은 움직이지 않았다. 파키스탄 내 미국인들은 워싱턴에 그들의 낙심을 자세히 쓴 일련의 전문(cable)을 보냈다. 1998년 12

월 이슬라마바드에서 국무부로 날아온 한 전문은 "우사마 빈라딘: 파키스탄은 도움이 안 되는 쪽으로 기울고 있는 듯하다"라는 건조하고 절제된 제목을 달고 있었다.[3] 나중에 ISI 책임자가 되는 에흐산 울 하크 장군은 미국 외교관 한 사람이 모임에서 빈라덴의 이름을 꺼내자 퉁명스레 말했다.

"난 당신네 미국인들이 왜 그렇게 아프가니스탄을 걱정하는지 이해가 안 갑니다."[4]

2001년 9월 11일 아침, ISI 부장 마흐무드 아흐메드 장군은 워싱턴에 있는 미국 하원 정보위원회의 안전한 회의실에서 의원들과 만나고 있었다. 양쪽 볼 절반 이상을 덥수룩하게 뒤덮은 흰 턱수염을 기른 작고 다부진 체구의 아흐메드는 1999년 페르베즈 무샤라프 장군을 대통령으로 세운 군사 쿠데타 때 ISI를 접수한 인물이었는데, 탈레반에 동조하는 태도를 별로 숨기려고 하지도 않았다. 한번은 무샤라프 대통령에게 탈레반에 대한 파키스탄의 정책이 타국과의 관계를 해치고 있다고 보고한 파키스탄인 군사 분석가를 꾸짖기도 했다. 그가 한 말은 "탈레반은 아프가니스탄의 미래야"라는 것이었다.[5]

그날 아침 미국 의회에서 아흐메드는 정보위원회의 공화당 쪽 수뇌인 하원의원 포터 고스를 미국 남북전쟁의 잘 알려지지 않은 사실들에 대한 지식으로 즐겁게 해주면서 우호적인 대화를 나누고 있었다. 고스는 아흐메드에게 선물로 주려고 남북전쟁에 대한 책을 포장해 갖고 왔지만, 그들의 농담은 위원회 직원들이 의원들과 ISI 부장에게 두 번째 비행기가 방금 세계무역센터와 충돌했다는 소식을 전하려고 회의실로 뛰어들어오는 바람에 끊기고 말았다. "마흐무드의 얼굴은 잿빛이 되었다"고 고스는 회상한다. 파키스탄의 스파이 수장은 모여 있는 사람들에게 급히 양해를 구하고, 대기하던 대사관 차량에 뛰어올랐다.[6] 남북전쟁에 관한 책은 포장된 그대로 방 안에 남겨졌다.

다음 날 아침, 아흐메드 장군은 외교적 예의를 차릴 기분이 아닌 국무부 차관 리처드 아미티지의 사무실로 불려갔다. 전날 밤 부시 대통령은 미국은 테러리스트들과 그들의 후원자를 똑같이 취급할 것이라고 선언했고, 아미티지는 선악 이원론적인 용어를 사용하여 ISI가 처한 진퇴양난의 상황을 환기시켰다.

"파키스탄은 엄혹한 선택을 앞두고 있소. 우리와 같은 편이 되느냐 마느냐 하는 겁니다." 아미티지는 파키스탄 정보부장에게 그 결정에는 회색은 없고 흑과 백이 있을 뿐이라고 말했다.

아미티지의 무뚝뚝함에 기분이 상한 아흐메드는 비록 파키스탄이 테러리스트들과 '동침'한다고 오랫동안 비난받아왔지만 그 말보다 진실에서 멀리 있는 것은 없다고 응답했다. 자신의 나라는 미국을 망설임 없이 지원할 것이라면서 아미티지에게 "파키스탄은 그런 문제를 언제나 흑백 논리 속에서 바라보았다"고 단언했다. 아미티지는 미국이 파키스탄에 대한 요구사항을 담은 기다란 목록을 준비하고 있으며 이것은 이슬라마바드 안에 "깊은 자기성찰"을 불러일으킬 듯하다고 경고했다.[7]

CIA와 ISI의 결혼에 관한 조건은 다음날 의논이 이루어졌다. 아미티지는 아흐메드 장군에게 미국이 파키스탄 영공에 대한 무제한적 접근과 파키스탄 내부에서 군사 및 정보 작전을 수행할 능력을 갖기 원한다고 말했다. 미국은 또 파키스탄의 항구, 활주로, 아프가니스탄과 국경을 접하는 산속의 기지들에 접근하고 싶어 했다. 마지막으로 그는 ISI가 알카에다에 대해 갖고 있는 모든 정보를 CIA에게 넘기라고 요구했다.[8]

아흐메드는 아미티지의 요구 목록을 무샤라프에게 전달할 것이라고 다짐했다. 하지만 그는 파키스탄도 보답으로 뭔가를 원한다고 말했다. 알카에다에 맞선 작전을 지원하는 데 대한 변상을 받을 것이라는 확언이 그것이었다. 파키스탄이 탈레반에 등을 돌리고 서쪽 국경에서의 전쟁에 동의

한다면 그에 대한 보상이 필요할 터였다.

　이로써 제대로 기능하지 못하던 미국의 대 파키스탄 관계의 매개변수가 9.11 이후 시대에 설정되었다. 미국은 파키스탄 안에서 비밀스런 전쟁을 수행할 권리를 고집했고 이슬라마바드는 그 대가로 돈을 얻어내게 된 것이다. 무샤라프 대통령은 워싱턴의 요구 대부분에 응했지만 전부 받아들이지는 않았다. 예를 들어 그는 미국이 파키스탄의 핵이 있는 곳에 감시 비행을 할지 모른다고 우려하여 미국 항공기가 파키스탄 영공에서 비행할 수 있는 지역에 제한을 두었다. 또 대개의 군사 기지에 미국의 접근을 허용하지 않고 단지 두 공군기지, 발로치스탄 남서쪽 지역에 있는 샴시 기지와 신드 북쪽 지방의 자코바바드 기지에만 미군 인원을 배치하도록 했다.9 결국 워싱턴과 이슬라마바드 사이의 갱신된 서약은 양측 모두로 하여금 자신들이 얻는 것보다 포기한 것이 더 많다고 믿으면서 이후 몇 년 동안 끓어오를 비방과 원한을 만들어내도록 내버려두었다.

　워싱턴의 수사적 어구는 모호하지 않았으며 무샤라프는 그것을 알았다. 일생의 경력을 군에서 쌓아온 사람답게 그는 자신에게 주어진 선택을 워게임war game에 견주어 생각했다. 나중에 회고록에서 그는 만약 자신이 탈레반을 보호하기를 선택했다면 미국은 파키스탄을 테러리스트 국가라고 여겼을 것이며 파키스탄을 공격해 파키스탄군을 섬멸하고 핵 무기고를 강탈하려 했을 것이라고 썼다. 인도는 이미 아프가니스탄 전쟁을 위한 기지를 제공했고, 무샤라프는 미국이 곧 인도 북서부 암릿사르의 기지에서 전투임무 비행을 하리라는 것을 알았다. 폭격기들은 아프가니스탄으로 가는 길에 파키스탄 영토 위를 날아갈 것이며 치명적인 탑재 화물들을 배달한 뒤 되돌아올 터였다. 더 안 좋은 것은, 인도인들이 미국의 비호 아래 카슈미르에 대한 공세를 벌일 기회를 잡을 수 있다는 점이었다. 인도와 그 역사적 동맹인 러시아에 맞서 파키스탄과 미국이 오랫동안 제휴하게 만든 남아시아의 전략적 균형은 영원히 바뀔 수도 있었다. 파키스탄은 박살나고 빈곤한, 버림받은 국가가 될 것이었다.[10]

9월 19일 저녁에 무샤라프는 파키스탄 사람들에게 워싱턴의 요구에 어떻게 답했는지 이야기했다. 그는 빳빳한 군복을 입고 있었지만 얼굴은 초췌하고 핼쑥했는데 수하의 장성들, 민간인 정치가들, 종교 지도자들, 미국 외교관들과 가진 끝도 없는 모임의 결과였다. 텔레비전으로 방송된 그의 연설은 알카에다나 탈레반에 대한 비난이 아니었고, 무샤라프는 펜타곤과 세계무역센터에 대한 공격을 규탄하지도 않았다. 대신에 그는 미국을 돕는다는 자신의 결정을 협애한 민족주의적인 용어로 표명했다. 그에 따르면 인도는 이미 워싱턴에 전폭적인 지원을 하기로 약속했고 뉴델리에서는 "만약 아프가니스탄의 정권이 바뀐다면 그 정권은 반反 파키스탄 정권일 것"임을 확실히 하려는 결심이 서 있었다.[11] 그는 파키스탄이 가장 우선적으로 챙겨야 할 네 가지 사항이 있다고 말했다. 국경의 안전, 카슈미르 문제, 경제 회복, 그리고 '전략적 자산'의 보호였다.

목록의 마지막 사항은 파키스탄이 인도를 파괴하려고 만든 핵무기만을 언급한 것이 아니었다. 파키스탄군에게는 고려할 또 다른 '전략적 자산'이 있었다. 2001년에 아프가니스탄 탈레반과 무자헤딘 지도자 잘랄룻딘 하카니가 이끄는 민병대 조직망 같은 집단들은 파키스탄의 국방에 결정적인 요소로 여겨졌고, 무샤라프는 그날 밤 연설에서 여전히 탈레반을 인도에 맞서는 중요한 방벽으로 여기고 있음을 분명히 했다. 빈라덴을 포기하라고 물라 오마르에게 압력을 가하던 바로 그 시점에 무샤라프는 그 전술이 "아프가니스탄과 탈레반에 아무 손해를 입히지 않고" 위기에서 벗어나기 위한 길이라고 국민들에게 설명했다.

사실상, 상황은 흑백으로 나뉘어지지 않았다. 9.11 테러 1주일 후, 그리고 부시 대통령이 상하원 합동회의에서 탈레반을 가리켜 "살인을 원조하고 선동"했다고 비난하기 하루 전에도 무샤라프는 여전히 탈레반이 권력을 유지하기를 희망하고 있었다. 워싱턴은 무샤라프가 모든 포커 칩을 탁자 중앙에 밀어놓고 부시 정권에 걸었다는 믿음에서 위안을 얻어왔다. 사실 그는 훨씬 더 미묘한 차이를 간직한 전략을 구사했는데 이것은 십여 년간의 아프가니스탄 전쟁 이후에도 많은 미국 관리들이 식별에 어려움을 겪을 전략이었다.

ISI는 또 한 번의 잔혹한 아프가니스탄 전쟁, 특히 탈레반을 북부동맹의 타지크인들과 우즈베키스탄인들로 대체할지도 모르는 전쟁을 피할 수 있다는 희망을 여전히 품은 상태였다. 이슬라마바드로 돌아온 아흐메드 장군은 미 대사 웬디 체임벌린에게 복수심 때문에 전쟁을 시작하지는 말아 달라고 간청했다. 또 아프가니스탄에서 진정한 승리는 오직 협상을 통해서만 이루어질 수 있다고 말했다. "만약 탈레반이 제거되면 아프가니스탄은 군벌주의로 돌아갈 것"이라고 그는 주장했다.[12]

탈레반 지도자 물라 모함메드 오마르로 하여금 빈라덴을 포기하게 하려고 아흐메드 장군은 CIA에서 빌린 비행기를 타고 칸다하르로 날아갔다. 전직 무자헤딘 지휘관으로 소련과의 전쟁에서 눈 하나를 잃은 오마르는 아흐메드를 부시 정권의 심부름꾼이라고 조롱하며 요구를 거부했다. 자신의 오랜 ISI 후원자에게 그는 신랄한 질책을 가했다. "당신은 미국인을 즐겁게 하고 싶고, 나는 신을 즐겁게 하고 싶은 거요."[13]

아프가니스탄에 대한 전략은 처음부터 랭글리의 요원들과 이슬라마바드 지부 사람들 사이의 의견 차이를 낳으면서 CIA에 분열을 가져왔다. CTC 센터장 코퍼 블랙은 북부동맹을 즉시 무장시켜 카불을 향해 남쪽으로 밀어붙이라고 압박을 가했다. 하지만 이슬라마바드 지부장 로버트 그레니어는 그 계획에 맞서 싸웠다. 그는 인도와 러시아가 뒤를 봐주는 민병대를 무장시키려는 그 어떤 움직임이라도 몇 년간의 불신 후에 누그러진 파키스탄과의 관계를 곧바로 부숴버릴 수 있다고 경고했다.[14] 이러한 내부 싸움은 9.11 공격 후 3주가 지나 CIA 요원들이 워싱턴, 이슬라마바드, 탬파에 위치한 미군 중부사령부 본부를 연결한 화상회의에 참석하기 위해 국방부에 갔을 때 더욱 많은 사람들의 이목을 끌게 되었다.

이 회의에서 그레니어는 ISI가 빈라덴을 놓아버리라고 탈레반을 압박할 시간을 벌어주기 위해 북부동맹을 이용한 모든 지상 공세는 중지되어야 한다고 주장했다. 북부동맹을 후원하는 것은 아프가니스탄을 피비린내 나는 또 다른 내전으로 이끌 수 있다면서 당분간은 탈레반을 협상으로 이끌어내기 위한 항공 작전만으로도 충분하리라는 말을 덧붙였다. 그러나 코퍼 블랙이 아프가니스탄에서 CIA의 전쟁을 지휘하라고 지명한 CTC 요원 행크 크럼프턴은 그레니어가 순진하다고 생각했다. 크럼프턴의 관점에서 그레니어는 그저 ISI의 입장을 반영할 뿐이었고 '의존국에 대한 과신'의 나쁜 경우를 보여주고 있었다. 회의가 끝난 뒤 크럼프턴은 럼스펠드에게 그레니어가 완전히 잘못되었다고 이야기했다.[15]

그레니어가 ISI의 우려를 전달하고 있었을 수도 있지만, 그것들은 비합리적인 걱정이 아니었다. 몇 주일 동안 ISI 요원들은 이슬라마바드에 있는 CIA 요원들에게 아프가니스탄의 전쟁이 통제를 거칠게 벗어날 수도 있다고 귀띔하고 있었다. 그들에 따르면 전쟁은 이 지역의 미묘한 균형을 뒤엎을 것이며 인도와 파키스탄이 아프가니스탄 안에서 벌이는 전면적인 대리전으로 치달을지도 몰랐다.

협상이 질질 끌면서 9월이 지나고 10월이 되자 CIA는 북부동맹의 깃발 아래 싸웠던 군벌 지휘관들과 접촉할 목적으로 아프가니스탄에 소리 없이 준군사 팀들을 투입하기 시작했다. 그러는 동안 위협에 관한 정보가 급류처럼 중동과 남아시아의 CIA 지부에서 중앙정보국 대테러리스트센터로 밀려들어왔다. 미국이 아프가니스탄에 첫 폭탄을 떨어뜨리기 이틀 전인 10월 5일, 아미티지는 체임벌린 대사에게 아흐메드 장군과 즉시 만나라는 극비 전문을 보냈다. 그는 물라 오마르에게 단순한 메시지가 전해지길 원했고 아흐메드가 이를 전달하기를 바랐다. 아미티지는 만약 또 다른 공격이 아프가니스탄의 소행으로 밝혀지면 미국의 응답은 매우 파괴적일 것이라고 썼다. "탈레반 정권의 모든 기둥이 파괴될 것입니다."[16]

아프가니스탄에서 미국의 전쟁이 시작되고 하루 뒤, 무샤라프는 ISI에서 아흐메드 장군을 교체해버렸다. 워싱턴의 CIA 지도자들은 아흐메드 장군을 해고하라고 압박하고 있었고, 그의 후임자는 논란의 여지가 없는 선택이었다. 당시 페샤와르에서 군단을 이끌던 세련된 지휘관 에흐산 울 하크 장군은 1999년 무샤라프에게 정권을 쥐어준 군 지도자 비밀결사의 일원이었으며 아흐메드와는 다르게 탈레반에 대한 명백한 충성심이 없었다. 몇 주 뒤 그는 유엔에서 무샤라프와 부시가 9.11 공격 이후 처음으로 아프가니스탄에 대한 미국의 계획을 의논하러 만났을 때 무샤라프 옆에 앉아 있었다.

부시의 회담 준비를 하던 국무부 장관 콜린 파월은 무샤라프를 칭찬하면서 파키스탄 정부가 "탈레반을 버렸다"고 언명하는 메모를 대통령에게 써주었다. "9.11 이후 미국에 완전히 협조하겠다는 무샤라프 대통령의 결정은 상당한 정치적 부담을 무릅쓴 것이었음에도 교착상태에 있던 우리의 관계를 급격히 호전시켰습니다"라는 문장으로 시작하는 메모였다.[17] 지나고 나서 보면 파월의 분석은 순진했는데, 그것은 미국 관리들이 믿고 싶은 바였고 골라서 들은 이야기였다. 무샤라프는 전임 대통령 무함마드 지아울하크 장군이 1980년대에 미국인들과 맺었던 거래를 그가 그대로 되풀이한 것과 마찬가지로 파키스탄의 대외정책도 근본적으로 바꾸지 않았다. 무샤라프는 미국이 아프가니스탄에서 원하는 것을 얻도록 도울 것이고,

파키스탄은 두둑한 보수를 챙길 터였다.

무샤라프는 전쟁을 예방하지는 못했지만 전쟁이 짧게 끝나기를, 또 미국이 이웃 나라에서 빨리 떠나기를 바랐다. 이것이 유엔 회담에서 그가 부시에게 가져온 메시지였다. 오사마 빈라덴과 그 추종자들을 아프가니스탄에서 쫓아내기 위해 당신에게 필요한 일을 하되 미국이 여러 해 동안 그 나라에 머물지는 말라는 것이었다.[18]

나중에 밝혀진 대로, 파키스탄 사람들은 미국인들이 그들을 심하게 오해한 만큼이나 미국인들을 오해했다. 9.11 이후 몇 개월 동안 ISI 본부에서 일련의 정보 통신문이 워싱턴과 다른 지역의 파키스탄 대사관에 전달되었다.[19] ISI 분석관들은 지난 전쟁에서 소련이 철수하자마자 워싱턴이 아프가니스탄에 대한 관심을 잃었다는 지식에 기초하여 미국은 알카에다의 패배 이후 아프가니스탄에 장기적으로 전념할 계획을 갖고 있지 않다는 결론을 내렸다. 이는 1990년대에 ISI를 지휘했던 파키스탄의 퇴역 중장 아사드 두라니의 생각이기도 했다. 2001년 후반 ISI의 통신문들이 해외의 대사관들에 도착할 때 두라니는 사우디아라비아 주재 파키스탄 대사였다. 미국이 치르는 새로운 전쟁은 "아주 단기적인 일이 될 것으로 보였다"고 두라니는 몇 년 뒤에 술회했다.[20]

파키스탄 첩보원들은 여전히 그 점을 확인하려 애쓰고 있었고, 2001년 11월과 12월에는 얼마나 많은 탈레반 추종자들의 외곽층을 그 광신적인 핵심부와 분리해낼 수 있을지 판단하려고 아프가니스탄 부족 지도자들과 여러 차례 비밀 회동을 가졌다. 이슬라마바드에서 열린 한 모임에서 새로운 ISI 책임자 에흐산 울 하크 장군은 잘랄룻딘 하카니를 만났다. 울 하크는 이 나이 든 민병대 지도자의 충성심이 어느 정도인지를 가늠하려고 수도로 불렀던 것이다. 하카니는 소련에 맞선 전쟁을 치를 때 아프가니스탄에서 CIA의 가장 거대한 동맹자였지만 그 뒤로는 알카에다에 충성을 맹세했고 북부 와지리스탄 미란샤에 있는 자신의 근거지에 제멋대로 뻗어나가는 범죄의 제국을 세운 사람이었다.

모임을 갖는 동안 하카니가 입장을 바꾸지 않을 것임이 분명해졌다. 하카니는 미국의 아프가니스탄 침공은 과거 소련과의 전쟁과 다르지 않다고 울 하크 장군에게 말했다. 무서운 혜안으로, 그는 새로운 전쟁이 이전의 전쟁과 똑같이 전개될 것이라고 예견했다. 하카니는 자신이 미국 폭격기들을 막을 수는 없지만 결국 미국은 다수의 지상군을 투입해야 할 것이라고 했다. 그러면 자신은 미국인들과 동등한 처지가 되리라는 것이었다.[21]

울 하크 장군의 회상에 따르면 하카니는 미국이 도시를 전부 점령할 수는 있어도 모든 산맥을 점령할 수는 없다고 주장했다. "그래서 우리는 산으로 가서 저항할 것이오. 바로 소련에 맞설 때 그랬던 것처럼."

유명한 지휘관이 이슬라마바드에 있었다는 소식은 빠르게 미 대사관으로 퍼져나갔고, CIA 지부장 로버트 그레니어는 즉시 더 많은 정보를 얻기 위해 울 하크 장군을 방문했다. 울 하크는 하카니가 수도에 있었을 뿐 아니라 자신이 하카니를 만났다는 사실도 인정했다. 그는 회동에서 건질 만한 것이 전혀 없었기 때문에 CIA 지부장에게 굳이 이야기하려 하지 않았다고 했다.[22]

"내 생각에 그는 도움이 될 것 같지 않습니다." 울 하크의 말이었다.

ISI를 이끌어갈 새 장군을 내세우기는 했지만, 군 내부의 이슬람주의자에 대한 무샤라프의 숙청은 그 정도가 전부였다. 울 하크 장군이 군 정보 기관을 장악한 시점에 무샤라프는 울 하크가 비운 페샤와르의 육군 군단장 자리에 가까운 친구이자 오랫동안 탈레반에 동조해온 인물인 알리 잔 아우락자이 중장을 임명했다.

부산한 시장 도시 페샤와르는 파키스탄 북서부 국경주의 수도였고 영국인들이 '안정'(settled) 지역의 바깥쪽 가장자리에 위치한 지형을 보고 이름 붙인 땅이었다*. 페샤와르의 군단장 자리는 아우락자이 장군에게 연방정부가 다스리는 부족지역을 관리할 책무도 맡겨주었는데, 이 지역은 와지르족과 메수드족의 거친 남자들이 지배하는 험준한 산악지대여서 정부가 발부한 영장이 거의 의미가 없는 곳이었다.

영국은 인도 통치령의 일부였던 이 부족지역을 길들이는 데 거의 성공을 거두지 못하다가 결국 포기했다. 1897년 인도를 방문한 23살의 기자 윈스턴 처칠은 영국의 말라칸드 야전군과 함께 6주를 지낸 뒤 〈데일리 텔레그래프〉에 "산줄기에 잇닿은 산줄기들은 대서양의 물결이 연이어 밀려드는 광경을 보는 듯하며, 저 멀리 반짝반짝 빛나는 눈덮인 정상은 나머지 산보다 높이 솟은 하얀 물마루를 머리에 인 파도를 연상케 한다"고 꼭대기가 눈으로 덮인 산맥을 묘사한 특보를 써보냈다.[23]

처칠의 묘사는 이렇게 이어졌다. "해마다 흠뻑 쏟아지는 비가 흙을 씻어내린 탓에 산허리에는 헤아릴 수 없이 많은 물길들로 기이한 홈이 파였고 원시시대의 검은 바위가 사방에 노출되어 있다." 자연 환경이 처칠의 시대 이후 거의 변하지 않았듯이 부족지역의 사람들에게도 외부인들을 지독하게 불신하는 습관이 남아 있었다. 미래의 영국 수상이 관찰하기에 이곳은 "모든 사람이 서로 맞서고, 모두가 외부인에 맞서는" 곳이었다.

아우락자이 장군은 1999년의 쿠데타 배후에 있던 군의 또 다른 공모자로서 오래 전에 무샤라프에게 충성심을 증명한 적이 있었다. 몇몇 설명에 따르면 전직 수상 나와즈 샤리프의 집에 나타나 그의 얼굴에 총을 겨누고 군이 파키스탄을 책임지겠다고 말한 장본인이 아우락자이였다고 한다. 그는 부족지역에서 자라난 위세당당한 인물이었고, 파키스탄 정규군이 곧

---

* 파키스탄 정부는 '북서부 국경주'라는 이름을 나중에 '키베르 파크툰콰'(Khyber Pakhtunkhwa)로 바꾸었다.

착수할 임무를 위해 훈련받지 않았다는 것을 알기에 충분한 시간을 산악지대에서 보냈다. 그는 무샤라프에게 외국의 수많은 알카에다 공작원들이 국경을 넘어 파키스탄으로 도주해오고 있다는 것은 의심스러운 이야기라고 말했다.

그러나 이슬라마바드의 CIA 요원들은 생각이 달랐다. 파키스탄군이 부족지역으로 이동하고 몇 달 뒤 CIA 요원들은 아랍인 전사들의 산악지대 도착에 관한 지속적인 보고서를 ISI에 공급하기 시작했지만, 아우락자이 장군의 군 순찰대는 아무것도 찾아내지 못했다. CIA 이슬라마바드 지부장 그레니어는 그가 만난 아우락자이와 다른 파키스탄 관리들이 산악지대 마을들을 우르르 몰려다니는 파키스탄 군대가 부족의 반란을 촉발할 수도 있다며 걱정하더라고 말했다. 그 관리들은 알카에다가 9.11 공격을 계획한 아프가니스탄의 기지들에서 100마일도 떨어지지 않은 파키스탄에 새 근거지를 세웠다는 것을 믿고 싶지 않았다. 그레니어에 따르면 이것은 "불편한 사실"이었다.[24]

2004년에 은퇴할 때까지 페샤와르의 지휘권을 쥐고 있었던 아우락자이는 여러 해 동안 계속해서 부족지역 내 아랍 전사들의 존재를 부인했다. 2005년에는 한 기자에게 오사마 빈라덴이 파키스탄에 숨어있으리라는 생각은 순전한 억측이며 아랍 전사들이 부족지역에서 작전을 짜고 있다는 어떤 증거도 보지 못했다고 말했다. 파키스탄에서 빈라덴과 알카에다를 추적하는 일은 무의미하다는 것이었다.[25]

하지만 다른 사람들은 더 잘 알고 있었다. 아사드 무니르 준장은 9.11 공격이 발생하기 직전에 페샤와르의 ISI 지부장을 맡았는데 그 얼마 뒤부터 미국인들이 도착하기 시작했다. 처음에는 10여 명의 소수 인원이 와서 도시 안에 요새화된 미국 영사관을 세웠다. 그때가 2001년 말이었고, 이어 그들은 아프가니스탄의 전투에서 도망쳐나온 알카에다 공작원들을 파키스탄의 상대역들과 더불어 추적하러 왔다. 아사드 무니르와 함께 일하러 온 것이었다.

"나는 그 전에는 CIA 사람을 만나본 적이 없습니다." 무니르는 벤슨&헤지스 담배를 길게 빨아들이면서 회고했다. 늙어가는 인도 영화업계의 지도적 인물 같은 억센 인상의 얼굴을 담배 연기가 때때로 흐릿하게 만들었다. 그는 미국과 파키스탄의 첩보원들이 같은 적과 싸우는 것으로 보였던 9.11 이후의 초기 몇 년을 아쉬운 듯이 떠올렸다.

"우리는 그냥 친구 같았지요."

키스Keith라는 이름을 가진 CIA 요원이 이끄는 미국인들은 처음에는 무니르와 ISI 요원 대부분을 의심했다. 그러나 두 주일이 지나자 의심이 풀렸다고 한다.[26] 페샤와르는 CIA가 대규모 기지를 세울 수 있는 가장 서쪽의 도시였고, 2002년 중반에 이르기까지 CIA는 그곳 미 영사관을 첩보 작전의 중심지로 바꾸어놓았다. 지붕에는 안테나가 세워졌고 새 컴퓨터들이 설치되었으며 비밀 요원들이 신분을 숨긴 채 도착했다. 그곳은 외교적 전초기지인 체했지만 실제로는 스파이 지부였다.

무니르는 또 다른 '기술자들'이 온 것도 기억했다. 무니르는 몰랐겠지만 그 기술팀들은 비밀 요원들을 통신 도청을 위한 특수장비를 갖추게 하여 전 세계로 내보내는, '회색여우'(Gray Fox)라고 불리는 펜타곤의 비밀부대(공식 명칭은 육군정보지원대였고 버지니아의 포트벨보어에 주둔했다)의 일부였다. 그들이 도착하자 미국 및 파키스탄 팀들이 페샤와르와 부족지역에서 알카에다를 추적하는 데 사용하던 의심스러운 휴대전화 번호 목록의 분량이 급격히 늘어났다. 12개의 전화번호가 100개가 되고, 100개는 1,200개가 되었다. CIA와 ISI 모두가 이전에 들어보지도 못한 알제리인, 리비아인, 사우디인, 그리고 다른 사람들의 이름들이 명단에 속속 추가됨으로써 "목록이 미친 듯이 늘어났다"고 무니르는 말했다. 무니르와 미국인들이 쫓고 있던 대부분의 외국인들은 아프가니스탄 동부의 토라보라와 샤이콧 계곡에 대한 미국의 폭격 작전을 피해 2001년 12월과 2002년 4월 사이에 파키스탄으로 들어왔다. 아랍인, 우즈베크인, 체첸인, 기타 중앙아시아 국가의 토착민들이었다. 그들 중 일부는 페르시아 만 주변의 아랍 국가들로 돌아갈 길을 찾고 있었다. 어떤 이들은 그저 새로운 거주지를 구하고 있었고 그 지역의 파슈툰족 여자들과 결혼해 뿌리를 내리기 시작했다.

ISI와 CIA 공작원들은 도청한 대화 내용을 옮겨놓은 두꺼운 서류 더미를 날마다 열심히 들여다보면서 거기서 얻은 정보를 페샤와르 안팎의 전사들을 잡아낼 습격을 계획하는 데 사용했다. 도청으로 얻은 정보에는 한계가 있었고 전쟁에 대한 협소한 관점도 작용하여 페샤와르의 첩보원들은 더 많은 정보에 접근할 수 있었다면 결코 행하지 않았을 체포 작전을 때때로 벌였다. 예컨대 2003년 6월에 그들은 페샤와르 근처의 큰 공립 수영장에 있던 알제리인 공작원 아딜 하디 알자자이리의 휴대전화를 추적했다. 그들이 도착했을 때 수영장에는 백 명 넘는 사람들이 있었다. 알자자이리의 사진도 갖고 있지 않았기 때문에 그를 체포할 방법이 없었다. ISI 공작원 한 사람이 알자자이리의 것으로 의심되는 번호로 전화를 걸었고 턱수염을 기른 남자가 수영장 가장자리로 헤엄쳐 가서 벨이 울리는 휴대전화를 집어들려 하는 것을 보았다. 페샤와르 경찰 여럿이 수영복에서 물을 뚝뚝 떨어뜨리는 그 남자에게 달려들었다.[27]

그러나 그들이 우발적으로 체포한 사람은 이중첩자였다. 그들에게는 알려지지 않았지만 알자자이리는 영국의 MI6에게 알카에다에 관한 정보를 제공하는 사람이었다.[28] 이 알제리인은 관타나모 만으로 실려갔고 영국 정보기관은 정보원 하나를 잃었다.

세월이 흘렀어도 무니르는 그가 미국인 동반자들 역시 명예롭게 여기기를 바라는 규약을 준수하면서 스파이 활동의 많은 부분을 혼자만의 비밀로 지키고 있다. 그는 두 첩보기관이 한때 서로에게 보여준, 신뢰에 근접한 그 무엇이었을지도 모르는 존중심에 관해 생각한다. 무니르에 따르면 그 시절은 "매우 즐거운" 시간이었고, 그 뒤 몇 년 동안 이어진 의심의 세월 때문에 결코 되살릴 수 없으리라는 것을 그가 알고 있는 한순간이었다.

빈라덴의 심복 간부였던 칼리드 셰이크 모함메드와 람지 빈 알시브의 체포를 비롯해 아사드 무니르와 CIA 요원들이 페샤와르 안팎에서 이끈 작전들의 성공은 부시의 다수 최고위 관료들로 하여금 동반자 관계가 효과가 있다고 믿게 만들었다. 파키스탄 내 알카에다 사람들은 자국 영토에 CIA가 비밀 감옥을 짓는 것을 허가한 아프가니스탄, 태국, 루마니아와 같은 나라들로 신속하게 잡혀갔다. CIA는 이슬라마바드의 지원에 대한 지불 기한이 돌아올 때 ISI에 수백만 달러를 보내고 있었다. 이 방식은 파키스탄 사람들에게 수익성이 너무 좋아서 이슬라마바드에는 ISI가 생포를 도운 테러리스트 한 명마다 두 명의 새 테러리스트를 만들어내 부정한 돈벌이가 계속 돌아가게 해야 한다는 농담이 나돌 정도였다.

아사드 무니르가 보기에, 아프가니스탄 탈레반 및 하카니네트워크 Haqqani Network와의 유대를 그대로 유지하려던 2001년 당시 ISI의 막연한 야심은 2003년과 2004년에 이르러 이 집단들을 전쟁 이후의 아프가니스탄에서 이슬라마바드에 유리하게 활용하겠다는 면밀히 고안된 전략으로 변화했다. 파키스탄 분석관들은 오류를 저질렀음이 입증되었다. 전쟁이 단기간에 끝날 일이 아님이 드러났기 때문이다. 더 나아가 2003년 부시 정부의 이라크 침공 결정은 파키스탄군과 정보기관의 많은 사람들에게 워싱턴이 아프가니스탄에 흥미를 잃었고 다시 한 번 그 나라에서 혼란스럽게 빠져나갈 것임을 보여주는 증거였다. 파키스탄은 스스로를 지킬 필요가 있었다.

"미국인들은 '어떻게 시작하고 어떻게 끝낼 것인가?'라는 전체적인 계획 없이 아프가니스탄으로 왔습니다." 무니르는 말했다. "그 시점에 미국은 탈레반에 관심이 없었어요. 초점은 알카에다에 맞춰져 있었죠."

"파키스탄은 이 사람들, 미국인들은 아프가니스탄을 지키지 않을 거라는 점을 다시 생각해봤습니다. '그들은 떠날 테고 우린 아프가니스탄 사람들과 함께 살아야 한다'고 생각한 겁니다."

그는 말을 잠시 멈추고 담배를 또 한 모금 들이마셨다.

"우리에게는 우리만의 이해관계와 우리만의 안보에 대한 걱정이 있습니다."

제3장

첩보원

"우리는 온 세계에 걸쳐 새로운 공적을 쌓는 일을 계획해서 종군기장과 승진을 따내는 비밀 첩보원들의 연대(聯隊)가 필요하지 않다. 그들의 일은 스스로 번식하는 사업이다."

1976년, 상원의원 프랭크 처치

그리 오래지 않은 과거에 CIA가 살인 업무를 하지 않던 때가 있었다.

1970년대 후반 로스 뉴랜드가 CIA에 들어갔을 때 이 첩보기관은 외국에서 싸울 거리를 찾아다니고 있지 않았다. 뉴랜드는 대학원을 갓 졸업했고, CIA는 이 기관이 1947년 창립 이래 전개한 비밀 활동을 조사해온 의회의 위원회들에게 심각한 타격을 받아 휘청거리는 중이었다. 의회는 비밀 활동에 대한 통제를 강화하고 있었고, 해외 정권들을 전복시키거나 그지도자들을 죽이려 들기보다 그 나라의 기밀을 훔치는 데 — 전통적인 첩보활동에 — 다시 집중하라고 CIA 지도자들을 훈계했다.

CIA가 해외에서 벌이는 모험에 마침표를 찍으려는 활동을 펼쳤던 지미 카터 대통령이 스탠스필드 터너 제독을 랭글리에 배치한 데는 그가 보기에 미친 듯이 날뛰어온 첩보기관의 고삐를 죄려는 의도도 있었다. 뉴랜드와 함께 이 시기에 정보국에 들어온 공작관들의 세대는 CIA가 살인을 행하는 업무로 되돌아간다면 문제만을 일으킬 것이라는 말을 듣고 있었다.

경력이 끝날 때까지 뉴랜드는 사람의 목숨을 좌우하는 행동의 문제에 관해 이 기관이 한 바퀴 돌아 제자리로 돌아오는 모습을 볼 것이었고, 그는 CIA가 미국의 적에 대한 적극적인 사형집행인 역할을 받아들이는 것이 과연 지혜로운 일인지 의문을 제기하게 된다.

CIA는 비교적 단순한 임무를 띠고 설립되었다. 미국에 닥치는 다양한 위협에 관해 대통령이 매일 알 수 있도록 정보를 수집하고 분석한다는 것이었다. 트루먼 대통령은 이 기관이 미국의 비밀 군대가 되기를 원하지 않았지만 1947년에 만들어진 국가안전보장법의 애매한 조항이 CIA에게 "국가안보에 영향을 미치는 정보와 관련된 기타 기능과 의무를 수행"할 권한을 부여했기 때문에 미 대통령들은 이 '비밀 행동' 권한을 파괴 공작, 선전 활동, 선거 조작, 암살 시도를 위해 CIA를 파견하는 데 사용했다.[1]

처음부터 비판자들은 미국에 국방부와 분리된 첩보기관이 필요한지 의문을 품었다. 이에 맞서 기관의 독립성을 방어하던 CIA 국장들은 펜타곤에는 없지만 자신들은 갖고 있는 것을 내세웠다. 정보국은 해외에서 미국의 소행임을 드러내지 않으면서 은밀한 임무를 수행할 수 있는 비밀 요원 집단을 보유한다. 또 CIA는 대통령에게 직접 응답하고 그의 명령을 군대보다 더 빨리, 더 조용하게 집행할 수 있다. 대통령 집무실의 거주자들은 비밀공작에 수백 번이나 눈을 돌렸고 흔히 후회하게 되었다. 하지만 기억은 짧고, 새 대통령은 4년이나 8년마다 백악관에 도착하며, 그리하여 20세기 후반부에는 익숙한 순환의 양식이 생겨났다. CIA의 공격적인 작전에 대한 대통령의 승인, 그 작전의 세부사항이 노출되었을 때 의회의 너저분한 조사, 랭글리에서의 인원 정리와 자기반성, CIA가 위험을 기피한다는 비판, 그리고 또 다른 공격적인 비밀공작의 시기가 차례로 이어지는 것이었다. 때로는 대통령 임기의 첫 출발부터 이러한 순환이 시작되는 경우도 있었다. 존 F. 케네디 대통령은 집무실에서 맞은 첫 주에 CIA가 베트남에서 충분히 공세적이었다고 믿지 않는다고 자신의 고문들에게 말하면서 결과적으로 그 시대에 가장 거대하고 복합적인 비밀공작이 될 하노이에서의 비밀전쟁에 시동을 걸었다.[2]

암살 수행에 관한 CIA의 양면성은 이 첩보기관의 전신인 전략사무국(Office of Strategic Services, OSS)에 기원을 두었다. 1942년에 사나운 지휘관 윌리엄 도노번의 지도 아래 창설된 OSS는 일차적으로 준군사조직이었고 첩보기관으로서의 성격은 이차적이었다. 도노번의 '영광스런 아마추어들'은 2차 세계대전의 대부분을 철도를 파괴하고 다리를 폭파하며 유럽 전역戰域에서 나치에 맞서는 사람들을 무장시키면서 보냈다. 하지만 도노번마저도 종전 무렵 나치 지도자들을 죽일 암살자들을 훈련시킨다는 계획에 대해서는 두려움을 품었다. 1945년에 OSS는 아돌프 히틀러와 헤르만 괴링에서부터 대위 이상 모든 친위대 장교들에 이르는 독일 지도자들을 사냥할 100여 명의 독일군 탈영병을 훈련시켰다. 이 조직적인 살인을 목적으로 '십자가 계획'를 위해 일하는 요원들은 한 달에 200달러를 받을 예정이었다. 그러나 이 팀들은 결국 독일로 보내지지 않았다. 도노번은 그의 참모들에게 이와 같은 "대규모 암살" 계획은 "OSS에 단지 문제만을 초래할 것"이라고 썼다. 나치 수뇌들을 죽이는 대신 납치해 정보를 캐내는 심문을 해야 한다는 것이 도노번의 주장이었다. 그러나 전쟁은 납치가 실행되기 전에 끝났다.[3]

수십 년 뒤 아이다호 주의 프랭크 처치가 이끄는 상원 위원회는 원래 정보국이 국내에서 저지른 권한 오용, 이를테면 불법 도청 같은 것만을 조사할 의도를 갖고 있었다. 하지만 1975년 초 제럴드 포드 대통령은 기자들에게 즉석 발언을 하면서 조사가 지나치게 깊게 들어가면 외국 지도자들에 대한 CIA의 암살 시도 여러 건을 노출시킬지도 모른다는 말을 꺼내놓았다. 이 발언이 알려지자 처치위원회는 암살을 청문회의 주요 안건으로 삼았다.[4] 6개월 동안 상원의원들은 콩고에서 파트리스 루뭄바를 죽이려던 계획, 쿠바에서 피델 카스트로가 스노클링을 하는 곳 근처에 폭발물이 든 조개껍데기를 설치한 일에 관해 들었다. 이 청문회를 상징하는 이미지는 위원회 구성원들이 CIA가 독침 발사용으로 제작한 권총을 번갈아 만져보다가 배리 골드워터 상원의원이 권총 가늠자에 눈을 대고 허공에 조준하는 시늉을 할 때 만들어졌다. CIA 국장 윌리엄 콜비는 이 무기가 절대 사용된 적이 없다고 주장했지만 그 이미지는 오래갔다. 심지어 위원회가 일을 마무리 짓기도 전에 포드 대통령은 정부가 외국의 국가 수반이나 정치인들을 암살하는 것을 금지하는 대통령령에 서명했다.

　포드 대통령의 암살 금지는 자신의 후임자들에게 제한을 두어 미래의 대통령들이 너무 쉽게 흑색 작전에 끌려드는 사태를 막으려는 조치였다. 처치위원회는 CIA가 창립 이후 수십 년 동안 벌여온 모든 의심스러운 행동들에도 불구하고 쿠데타 시도나 외국 지도자 암살 같은 무모한 작전을 격려한 것은 항상 백악관이었다고 지적했다. CIA는 은밀성을 제공했고,

청문회에서 CIA가 독침 발사용으로 만든 권총을 들고 있는 프랭크 처치 상원의원. ⓒAP Photo/HLG.

은밀성은 언제나 미국 대통령들을 유혹했다.

처치 상원의원이 위원회의 최종 보고서에 썼듯이 "일단 비밀 활동의 능력이 확립되면 그것을 사용하라고 대통령에게 가해지는 압력은 어마어마하게 거세다."[5] 처치는 미국에 애당초 CIA가 필요하기나 한지 의문을 제기했다. 그는 "비밀 첩보원들(cloak-and-dagger men)의 연대"를 대통령의 처분에 맡겨두는 대신 국무부가 필요할 경우 비밀작전을 수행하기에 충분한 능력을 지닐 수 있을 것이며, 그럴 경우에도 "핵 학살을 방지하거나 문명을 구하는"[6] 정도의 심각한 비상사태가 발생했을 때에만 작전을 수행해야 한다고 보았다.

처치는 소원을 이루지 못했지만, CIA는 로스 뉴랜드가 코네티컷에 있는 트리니티대학을 졸업하던 1970년대 후반에 충분히 훈계를 들었다. 국제 사업가의 아들인 그는 그때까지의 인생 대부분을 남미와 스페인에서 보낸 덕에 스페인어를 유창하게 구사했다. 성장 과정과 국제 문제에 대한 흥미로 미루어 자신은 외교관의 길을 걸을 운명일지 모른다고 생각했지만 먼저 런던경제대학에서 석사 학위를 따기로 했다.[7]

1978년 12월, 마드리드 주재 미국 대사의 저택에서 열린 호화로운 파티에서 뉴랜드는 스파이로 뽑혔다. 스페인에 사는 부모를 만나러 런던에서 마드리드로 간 길이었는데, 파티 도중에 50대 초반의 남자가 접근하더니 자신은 대사관에서 일한다고 말했다. 15분간 영어와 스페인어로 대화를 나눈 뒤 남자는 뉴랜드에게 저택의 정원을 거닐며 개인적으로 이야기하지 않겠느냐고 물어왔다.

이 남자는 CIA 마드리드 지부장이며 첩보기관에서 쌓은 유명한 이력이 황혼기에 다다른 노련한 비밀 요원 네스터 산체스였다. 열렬한 반공주의자인 산체스는 CIA가 창설된 지 얼마 되지 않았을 때 들어가서 처치위원회가 조사한 수많은 비밀공작들의 중심에 있었다. 그는 과테말라에서 야코보 아르벤스 구스만에 맞선 1954년의 성공적인 쿠데타를 설계하는 것을 도왔고, 카스트로 암살 공작을 벌일 때는 쿠바인 요원에게 독약이 든 주사기를 필기구로 위장해 건네주기도 했다.[8]

산체스는 뉴랜드에게 좋은 CIA 공작관이 될 것 같다고 말했고, 정보국 런던 지부에 뉴랜드의 이름을 알려주었다. 3개월 뒤, 뉴랜드는 CIA 본부의 빈 방에 앉아 심리평가를 기다리고 있었다. 남자 하나가 들어와 앉더니 뉴랜드에게 단 두 가지 질문을 던졌다.

"그래, 자넨 멕시코에서 자랐다고?"

"네."

"엔칠라다와 토스타다의 차이가 뭔가?"(엔칠라다enchilada는 옥수수 빵에 고기를 넣고 매운 소스를 뿌린 음식이고, 토스타다tostada는 옥수수 빵을 튀긴 것: 옮긴이)

어리둥절해하면서도 뉴랜드는 두 요리의 차이를 설명했다. 멕시코 요리에 대한 짧은 대화를 나눈 다음 뉴랜드는 다음 면접에 가야 하므로 심리평가를 시작하는 것이 좋겠다고 면접관에게 정중하게 말했다.

"그랬더니 그 사람은 '아니, 다 끝났네'라고 하더군요". 로스 뉴랜드는 CIA에 있게 되었다.

그는 런던경제대학을 마치고 1979년 11월 5일 공식적으로 CIA에 들어갔다. 그날은 이란의 학생들이 미 대사관을 쑥대밭으로 만든 지 꼭 하루 뒤였고, 소련 공수부대원들이 다음 몇 달에 걸쳐 아프가니스탄을 침공할 수십만 병력의 선봉으로 카불에 발을 딛기 6주 전이었다. 이 두 사건은 CIA 본부, 특히 로스 뉴랜드의 동기 53명에게 충격을 주었다. 정보국의 최고위층은 무슬림 세계에서 쓰이지 않는 언어에 유창한 사람을 제외한 모든 훈련생들은 중동이나 중앙아시아의 임무를 위해 이동하라는 명령을 내렸다.

뉴랜드는 스페인어를 했기 때문에, '징집'에서 제외된 십여 명의 훈련생 가운데 하나였다. 뉴랜드가 공작관 훈련을 마쳤을 때는 로널드 레이건이 대통령이 되어 있었고 CIA는 라틴아메리카에서 새로운 관심사를 찾아냈다. 코카인이 국경을 넘어 미국으로 흘러들어오고 있었으며, 레이건 정부는 중앙아메리카에서 좌익 게릴라 운동의 힘이 커지는 데 깊은 우려를 품고 있었다. 뉴랜드는 이때 마드리드를 떠나 CIA의 라틴아메리카 분과를 맡은 네스터 산체스를 후견자 삼고 있었다. 본부에서 차지하는 높은 지위 덕분에 뉴랜드의 초기 경력을 인도할 수 있었던 산체스는 뉴랜드를 공작의 중심에 집어넣었다.

그는 먼저 그 무렵 전 세계 코카인의 수도였던 볼리비아로 보내졌고, 그곳 마약 조직들 안에 정보 출처를 확보하도록 지도받았다. 그는 볼리비아의 저지대에서 미국인 사업가로 행세하며 산타크루스 시의 마약 운반책들을 친구로 만드느라 많은 시간을 보냈다. 그들과 술을 마시고, 투계에 내기를 걸고, 그들의 아내와 정부 들을 만났으며, 정글로 들어가는 길 옆의 금세라도 무너질 듯한 방갈로에서 망고와 파인애플을 곁들인 오리를 먹으러 함께 차를 타고 도시 밖으로 나가기도 했다.

산타크루스에 머물지 않을 때면 그는 다음 번 쿠데타 시도를 기다리면서 볼리비아 수도인 라파스에 있었다. 볼리비아의 CIA 지부는 매번 쿠데타가 발생하기 전에 미리 예측한 데 자부심을 갖고 있었고 요원들은 자기네의 완벽한 실적을 날려버리고 싶지 않았다. 그러나 뉴랜드가 볼리비아에 있는 동안 또 한 번의 군사 쿠데타가 성공했을 때 이에 관한 기사가 〈뉴욕타임스〉에서 고작 단신 취급을 받는 것을 보고 그는 이 세상에서 자신의 위치가 현실적으로 어떤 것인지를 시원스레 깨달았다. 과거 네 번의 쿠데타 시도는 심지어 그 신문에 실리지도 않았다.

레이건 정부는 마약과의 전쟁에서 볼리비아 정부를 동반자로 인식하고 있었다. 하지만 볼리비아 마약 조직망 내부로 파고든 뉴랜드는 다수가 마약 조직의 급여 명단에 올라 있는 라파스 내 최고위층 관료들의 부패에 대한 정보 보고서를 쓰기 시작했다. 내무부 장관은 마약 두목들을 기소되지 않게 막아주었고 그들은 장관을 농장, 보석, 현금으로 매수했다. 그 보고서들은 라파스에 있는 미국 대사가 별로 읽고 싶지 않은 것이었다.

볼리비아에서의 경험은 뉴랜드로 하여금 단일한 목표에 — 여기서는 마약과의 전쟁에 — 봉사하도록 부패한 정부들을 떠받쳐주는 워싱턴의 정책이 어떻게 장기적인 미국의 이익을 잠식할 수 있는지를 처음으로 보게 해주었다. 그는 CIA가 정말 마약과의 전쟁 책임을 맡아야 하는지, 레이건 정부는 단지 지저분한 전쟁이 비밀리에 치러질 때 가장 좋다는 이유에서 정보국에 의존한 것은 아닌지 의문을 품기 시작했다. 20년 후 그는 테러리스트와의 전쟁에서 CIA의 역할에 대해 비슷한 의문을 갖게 된다.

뉴랜드가 볼리비아로 파견되었을 때 CIA 라틴아메리카 분과는 정보국의 공작부에서 비교적 한가한 구석을 차지하는 곳이었다. 하지만 이 분과는 뉴랜드의 한참 윗선에서 작용하는 역학 때문에 머잖아 CIA 내부의 중심이 된다. 1981년 6월, 네스터 산체스는 정보국을 떠나 국방부로 갔다. 후임자는 독한 술을 즐기고 출세를 위해 맹렬히 돌진하는 구세대 스파이 두에인 클래리지였는데, 로널드 레이건이 새로 임명한 CIA 국장 윌리엄 케이시가 바라는 유형에 정확히 들어맞는 인물이었다. 모두에게 '듀이'로 알려진 클래리지는 뉴햄프셔의 확고한 공화당 지지 가문에서 자랐고(그의 별명은 뉴욕 주지사 토머스 듀이에 대한 존경의 표시였다) 1955년 CIA에 들어가기 전에 브라운대학과 컬럼비아대학에서 학위를 얻었다. 그는 냉전의 여러 으슥한 전선에서 소련과 싸우기를 열망하고 있었다.[9] 1981년까지 그는 네팔, 인도, 터키, 이탈리아에서 사업가로 위장한 채 듀이 마론, 댁스 프레스턴 르배런 같은 가명을 쓰며 비밀 활동을 벌였다.[10] 혈기 넘치는 성격에 휜

정장 차림과 양복 주머니에 손수건 꽂는 것을 선호한 그는 더 젊은 비밀요원들의 마음을 끌어 자신을 따르게 만들었다. 그는 CIA의 비밀스런 임무를 가리켜 '대통령을 위한 행군'이라고 말하기를 좋아했지만 때로는 비밀공작들을 공격적으로 밀어붙여 국무부 외교관들을 화나게 했다.[11] 클래리지의 상관이었던 로마 대사 리처드 가드너는 그를 "얄팍하고, 정직하지 못한 사람"이라고 불렀다.[12]

1981년에 워싱턴으로 돌아온 클래리지는 케이시와의 관계를 신속하게 발전시켰다. 클래리지가 CIA 본부에 복귀한 첫 날 케이시는 그를 자신의 사무실로 불러 레이건 정부는 쿠바와 니카라과 산디니스타 정부가 중앙아메리카 전역, 특히 엘살바도르에 '혁명을 수출하는 것'을 걱정하고 있다고 말했다. 1주일도 안 돼 클래리지는 계획을 갖고 돌아왔다.

니카라과를 상대로 전쟁을 벌인다.

쿠바인들을 죽이기 시작한다.

OSS 출신인 케이시는 즉시 계획을 받아들였다. 그는 중앙아메리카에서 은밀한 전쟁을 벌이는 것을 승인하는, 대통령이 서명할 비밀 인가서의 초안을 작성하라는 지시를 클래리지에게 내렸다.[13] 대통령이 된 지 얼마 되지 않았는데도 로널드 레이건은 벌써 라틴아메리카에서, 또 소련군과 싸우는 무자헤딘에 대한 지원을 그 자신이 늘려준 아프가니스탄에서 비밀 활동을 가속화하고 있었다. 레이건은 순환의 새 차례를 시작하고 있었다. 곧 '위험을 기피하는' CIA가 다시 한 번 해외에서 비밀전쟁을 수행할 순서였다.

클래리지가 바로 중앙아메리카 전선의 책임자였고, 그는 정부에 저항하는 니카라과 반군에게 줄 총, 탄약, 나귀와 중화기를 사는 데 CIA의 비자금을 썼다. 그는 산디니스타 정부를 선점하여 그 정부가 미국의 뒷마당에서 영향력을 확산하는 것을 막아줄 게릴라 병력이 되도록 콘트라 반군을 증강하기 위해 국방부의 특수작전부대, 그리고 백악관 국가안전보장회의의 보좌관 올리버 노스 중령과 긴밀하게 협력했다. 니카라과를 위한 CIA의 예산은 아주 작았기 때문에, 클래리지와 정보국 라틴아메리카 전문가들은 미 해군이 하루 아침에 항공모함들에서 버리는 쓰레기의 가치가 CIA가 니카라과에서 1년 동안 써야 하는 액수보다 크다는 농담을 하곤 했다.[14]

로스 뉴랜드와 그 또래의 많은 CIA 요원들은 중앙아메리카의 전쟁을 첩보기관이 피해야 할 바로 그런 일이라고 보았다. 하지만 1985년 CIA 라틴아메리카 분과에서 뉴랜드가 맡은 업무는 그를 레이건 시대 비밀전쟁의 중심으로 데려갔다. 그는 CIA가 니카라과의 항구 여러 곳에 기뢰를 부설한 비밀작전이 벌어지고 나서 몇 달 뒤 코스타리카에 도착했는데, 이 작전은 의회의 분노를 폭발시켜 의원들로 하여금 CIA의 비밀공작 프로그램들을 어느 시점에 정보위원회에 알려야 할지를 규정하는 새로운 규칙들을 만들게 했다.[15]

듀이 클래리지가 진 한 잔에 시가 한 대를 피우며 생각해냈다고 주장하는 기뢰 작전은 그가 라틴아메리카 지부장 자리를 잃는 것으로 값을 치렀다. 그는 공작부 안에서 수평 이동해 유럽의 CIA 작전을 맡았다.

코스타리카에서 뉴랜드는 듀이 클래리지가 건설한 전쟁을 직접 보았다. 코스타리카의 CIA 요원들은 콘트라 반군이 벌이는 전쟁의 남부 전선을 관리했고 북부의 작전은 온두라스 바깥에서 벌어지고 있었다. 이미 의회가 레이건 정부의 니카라과 반군 지원을 금지한 뒤였지만 CIA 코스타리카 지부장인 조 페르난데스는 올리버 노스와 더불어 반군에게 보급품을 전달해주고 있었다.

뉴랜드가 맡은 일은 니카라과 경찰과 군의 상층부 관리들이 지닌 계획과 의도를 알아내기 위해 수도 마나과의 정부에 잠입하는, 전통적인 첩보활동에 속하는 임무였다. 그는 정보원들과 만나고 산디니스타 정부의 전략에 대한 정보 보고서를 작성했으며 그 보고서들을 랭글리로 연이어 보내지는 기밀 전문 편에 부쳤다.

그런데 이상한 것은 반군을 운용할 책임을 맡은 다른 CIA 요원들도 그와 똑같은 일을 하고 있었다는 점이다. 미국의 비밀 요원들은 콘트라 반군이 산디니스타 정권의 어떤 표적을 타격할지를 미리 결정한 다음 어떤 표적이 타격을 받을지 예측하는 정보 보고서를 쓰곤 했다. 보고서들은 워싱턴으로 전해졌고 당연하게도 그들의 예측은 대부분 맞아떨어졌다. 다시 말해 CIA는 자신들의 정보를 스스로 만들어내고 있었던 것이다.

뉴랜드는 회상한다. "나는 이건 미친 짓이라고 생각했어요. 우리가 배운 방식이 아닙니다. 하지만 그게 바로 준군사적인 상황에서 일하는 방식이죠."

미국이 니카라과에 기울인 노력은 이란에 호크 미사일을 판매한 돈이 콘트라 반군으로 흘러들어갔다는 폭로가 이루어지는 와중에 점차 밝혀졌는데, 이 거래는 베이루트에 억류된 미국인 인질들의 석방을 담보하기 위해 올리버 노스가 중개한 것이었다. 뉴랜드는 이란-콘트라 사건에 대한 수사가 자신의 전현직 상관들을 천천히 덫에 빠뜨리는 것을 지켜보았다. 그가 볼리비아에 근무할 때 지부장이었다가 온두라스 북부에서 콘트라 작전을 지휘하러 옮겨간 짐 애드킨스는 니카라과로 보급품을 나르는 헬기 비행을 승인했다는 사실이 드러나 정보국에서 해고되었다. 조 페르난데스는 1988년 6월 20일에 재판 방해와 거짓 진술을 한 혐의로 기소되었는데, 혐의는 결국 기각되었다. CIA에서 뉴랜드의 첫 후견자였던 네스터 산체스는 국방부에서 일할 때 불법 작전에 연루되었다는 의심을 받았으나 범죄 혐의로 기소되지는 않았다.

콘트라 작전의 대실패는 뉴랜드에게 혹독한 경험이었다. 그는 중앙아메리카에서 목격한 많은 것에 동의하지 않았지만, 백악관의 고위 관리들이 처벌을 피한 반면 정보국 요원들은 스스로를 방어하느라 피가 마르는 데 씁쓸해했다. 하지만 그것은 나중에 9.11 공격 이후 조지 W. 부시 대통령이

CIA 역사상 가장 광범위한 비밀공작 활동을 승인했을 때 그가 활용하게 될 교훈 하나를 심어주었다. 그 교훈이란? 모든 것을 서면으로 확보해두라는 것이었다.

"우리가 치명적 권한이니 구금 정책이니 하는 일들에 맞닥뜨렸을 때 나는 이걸 백악관이 서명했는지 확실히 점검했습니다." 뉴랜드는 이렇게 회상한다. "왜냐고요? 나는 진작에 겪어봤거든요."

이란-콘트라 반군 사건을 파헤치는 수사관들이 듀이 클래리지를 찾아내 위증 혐의로 기소하는 데는 5년이 더 걸릴 것이었다. 하지만 그런 일이 벌어지기에 앞서, 클래리지는 CIA나 국방부 모두 별로 관심을 두지 않던 위협에 대처하기 위해 정보국의 관료주의를 뒤엎자고 케이시를 설득했다. 그것은 이슬람의 테러였다.

1983년부터 2년 동안, 대부분의 미국인에게 생소한 이름을 가진 테러

이란-콘트라 추문에 관해 증언하다 위증으로 기소된 듀이 클래리지가 1991년 법원을 떠나는 모습. ©Paul Hosefros/The New York Times/Redux.

집단이 아연실색할 국제적 학살을 저질렀다. 공격은 베이루트 주재 미 대사관에 폭탄이 뚫고 들어와 8명의 CIA 요원들을 포함한 63명의 직원들을 살해하면서 시작되었다. 그해 하반기에는 미군의 무분별한 레바논 배치에 저항한다는 명분을 내세운 지하 테러집단 '이슬람 성전조직'(헤즈볼라가 당시에 사용한 가명이었다)의 지시에 따라 폭발물로 채워진 트럭 한 대가 베이루트의 막사에서 자고 있던 해병대원 241명의 목숨을 빼앗았다. 1985년 6월 TWA 847기를 납치한 레바논인들은 인질 석방이 교착상태에 빠져있을 때 미 해군 잠수부 한 사람을 살해했고, 1985년 10월에는 아부 압바스로 알려진 팔레스타인 테러리스트가 크루즈 선박 아킬레라우로Achille Lauro를 납치해 69세의 미국인 관광객 리언 클링호퍼를 죽였다. 시신은 배 밖으로 던져졌다.

대응책을 세우느라 고심하던 레이건 정부의 관리들은 현지의 암살자들로 이루어진 팀 여럿을 이용해 레바논인 테러리스트들을 추적하고 죽일 권한을 CIA에 부여하는 방안을 고려했다. 올리버 노스는 적 전투원을 압도적인 힘으로 '무력화'할 권한을 CIA에 준다는 내용을 포함한 대통령인가서 초안을 작성했다.[16] 케이시는 레바논 암살자들을 활용한다는 발상에 흥미를 보였지만 부국장은 깜짝 놀랐다. 1970년대 의회의 조사에서 얻은 흉터를 여전히 간직하고 있었으며 케이시가 쌓아올린 공적에 지긋지긋해져 있던 존 맥마흔은 계획을 듣고 격분했다. 그는 암살단을 조직하는 것은 포드 대통령의 암살 금지령에 대한 침해라고 확신했다. "국장님은 이 사람들한테 정보가 무슨 의미를 갖는지 아십니까?"[17] 그는 백악관 관료들을 지칭하며 케이시에게 물었다. "이건 폭탄을 던지는 거예요. 사람들을 날려버리는 거란 말입니다." 그는 테러리스트들을 죽이기 시작한다는 결정이 불러올 역풍은 백악관이 아니라 CIA에 밀어닥칠 것이라고 주장했다. "세상 사람들에게 이건 행정부 정책도 국가안전보장회의의 생각도 아니고 CIA

의 미친놈들이 벌인 짓으로 보일 것"이라고 그는 케이시에게 경고했다.

그러나 케이시는 맥마흔의 반대에 설득되지 않았고 올리버 노스의 제안을 뒷받침해주었다. 1984년 11월, 레이건 대통령은 CIA와 국방부의 합동 특수전사령부(Joint Special Operations Command, JSOC)가 레바논 암살자들을 훈련시키는 것을 승인하는 비밀 인가서에 서명했다.[18] 하지만 국무부와 CIA 보수파의 반대에 둘러싸인 레이건이 막판에 인가서를 철회하는 바람에 계획은 실행되지 않았다. 전 CIA 국장 리처드 헬름스는 은퇴자 신분으로 개입하여 조지 H. W. 부시 부통령의 한 보좌관에게 미국은 "테러리즘에 테러리즘으로 맞서 싸우는" 이스라엘 모델을 따르면 안 된다고 충고했다.[19]

케이시는 빈발하는 테러가 그것이 시작되었을 때만큼 빠르게 끝나길 바랐다. 그러나 일부 CIA 요원들은 케이시가 새로운 위협을 이해하지 못한다고 생각했고,[20] 1985년 크리스마스에 빈과 로마 공항의 엘알El Al 항공사 매표소에서 동시에 벌어진 유혈 공격은 테러리즘이 점차 사라질 것이라는 그 어떤 희망도 파괴해버렸다.[21] 각성제 암페타민을 복용한 팔레스타인 총잡이들은 그 학살극에서 19명을 죽였다. 이 공격의 끔찍함은 나타샤 심프슨이라는 이름을 가진 열한 살 난 미국 어린이의 죽음을 통해 미국인들에게 생생히 전해졌다. 테러리스트 하나가 아빠의 팔에 안겨 있던 여자아이를 가까운 거리에서 쏜 것이었다.

빈과 로마의 공격 직후 클래리지는 케이시에게 이슬람 테러리즘에 맞설 CIA의 새 작전을 제안했다. 정보국이 방어적으로 웅크리고 있다고 여긴 클래리지는 광범위한 새 전쟁을 시작하라는 국장의 승인을 얻어냈다.[22]

클래리지의 제안은 CIA 내부에 국제 테러리즘에만 전념할 헌신적인 집단을 만들자는 것이었다. 이는 비밀 요원들이 분석관들 옆에서 일하면서 가능성 있는 위협들에 대한 단서를 함께 꿰맞추고 테러리스트 지도자들을 생포하거나 죽이기 위한 정보를 모으는 '통합 센터'가 될 터였다. 지금 들으면 평범한 관료주의적 재조직안 같은 이 제안이 당시에는 매우 논쟁적인 것이었다. CIA는 실제로 분화되고 당파적인 문화를 지닌 까닭에 그곳 내부의 많은 요원들이 인정하는 것보다 더 공립 고등학교와 닮아 있다. 힘은 세지만 머리는 둔한 운동선수 같은 준군사요원들은 그들을 거칠고 좀 모자라는 덩치들처럼 여기는 괴짜 분석관들을 꺼리곤 한다. 피라미드의 꼭대기에는 자신들이 CIA의 진짜 일을 한다고 믿으며 본부의 책상물림들이 내리는 명령은 듣지 않는다고 자랑하기를 좋아하는 공작관들이 — 세계로 나가는 첩보원들이 — 자리잡고 있다.

중동 경험을 가진 비밀 요원들이 당장 클래리지의 발상에 반발하고 나섰다. 이슬람 세계의 미묘한 차이들을 이해하지 못하는 요원들이 센터에 배치되어 상황을 엉망으로 만들 것이며 해외에 있는 요원들이 뒷처리를 할 수밖에 없으리라는 것이었다. 테러리스트들을 쫓는 것은 경찰의 업무이며 CIA보다는 FBI에 더 어울리는 일이라고 그들은 콧방귀를 뀌었다. 마지막으로, 많은 요원들은 그저 클래리지를 믿지 않았고 센터는 세력 확장을 위한 기구일 뿐이라고 보았다. 그래서 대테러리스트센터는 긴장 속에 태어났는데, 이는 CIA가 9.11 공격 이후 이슬라마바드의 공작관들과 랭글리의 CTC 요원들 사이에서, 또 일방적으로 작전을 밀어붙이는 이들과 그 작전들은 외국 정보기관들과의 다치기 쉬운 관계를 망칠 수 있다고 경고하는 이들 사이에서 겪을 긴장과 비슷했다.

케이시가 내부의 반대를 무시하고 클래리지의 제안을 승인한 덕에 대테러리스트센터는 1986년 2월 1일에 작전을 시작했다. CTC의 탄생 서사는 익숙한 것이었다. 백악관이 답을 구할 수 없는 문제와 씨름하다가 CIA에게 해결을 맡겼다는 이야기였다. CIA는 이를 기쁘게 받아들였고.

CTC의 설립은 CTC 요원들이 처음부터 군의 특전부대와 긴밀히 협력하고 군대가 비밀 임무의 파트너가 되는 것을 용인했다는 점에서도 의의

가 있었다. 국방부의 특수전사령부는 CTC보다 1년 늦게 창설되었는데, 두 조직의 공작원들은 서로를 빌 도노번이 이끈 OSS의 정신에 물든 동류라고 보았다. CIA의 다른 부서들과는 달리 대테러리스트센터는 군을 멸시하지 않았다. 국방부 특공대원들은 CTC에 있는 테러리스트 사냥꾼들의 동반자였다.

대테러리스트센터가 작전을 개시했을 때는 국제 테러조직에 맞선 아무런 비밀작전도 진행되고 있지 않았고, CTC는 아부 니달이 이끄는 조직과 헤즈볼라에 침투하려고 델타포스 같은 육군 특수부대와 함께 작업하기 시작했다.[23] 레이건 대통령을 위해 일하는 법률가들은, 나중에 조지 W. 부시와 오바마 대통령의 법률가들이 똑같은 일을 하게 되듯이, 테러리스트들을 추적하고 살해하는 일이 1976년의 암살금지령을 위반하지 않는다는 비밀 법률 각서를 작성했다. 법률가들의 주장에 따르면 이들 테러리스트 집단은 미국인들에 대한 테러를 계획하고 있었으므로 그들을 죽이는 것은 암살이 아닌 자기방어가 될 것이었다.

하지만 법적 권한을 얻는 것은 단지 한 걸음을 내딛는 일일 뿐이었고 특정한 치명적 작전에 대한 정치인들의 허가를 보장해주지는 않았다. 대테러리스트센터가 세워진 초기의 몇 년 동안 백악관은 테러리스트들을 비밀리에 죽일 필요성에 관해 의회를 설득하는 데 쓸 정치적 자본이 거의 없었다. 이란-콘트라 사건에 관한 수사는 레이건 국가안보팀의 기력을 약화시켰고, 더 이상의 해외 공작은 안 된다고 촉구한 국가안보 보좌관 콜린 파월과 국무장관 조지 슐츠에게 더 많은 영향력을 실어주었다. 듀이 클래리지가 CTC 책임자일 때 부센터장이었고 나중에 그 센터를 맡게 되는 프레드 터코는 사람들한테 더 이상 싸울 의욕이 남아 있지 않았다고 회고했다. "레이건한테는 차량의 바퀴들이 빠져나가버린 셈이었죠."[24]

로스 뉴랜드는 이란-콘트라 추문이 정보국의 비밀 업무를 박살낸 데 냉소를 보내며 중앙아메리카의 정글을 떠났다. 하지만 상관들과는 달리 그는 실체가 드러나고 있는 이 사건에 휘말리지 않았을 뿐 아니라 도리어 승진을 했다. 그와 몇몇 동년배들은 동유럽에서 지부장을 맡아 정보국이 소련의 여러 위성국가들에서 펼치는 작전의 책임자가 되었다. 30대 초반의 나이로 뉴랜드는 동유럽과 소련을 관할하는 분과에서 CIA 역사 이래 최연소 지부장이 되었다. 1988년에 CIA는 동유럽을 그다지 위험 부담이 큰 지역으로 보지 않았던 것이다.

　뉴랜드는 이렇게 말했다. "그들은 아무 일도 일어나지 않을 거라고 확신했기 때문에 우리를 그리로 보냈습니다. 그러고는, 맙소사, 망했지요".

　1년도 안 가서 베를린 장벽이 허물어졌고 동유럽 도처에 혁명이 확산되었다. 루마니아의 CIA 최고위 요원으로서 뉴랜드는 니콜라예 차우셰스쿠 정권의 붕괴에 관해 부시 정부에 지속적으로 보고할 책임을 맡고 있었는데 차우셰스쿠는 1989년 크리스마스 일주일 전에 군중들이 거리에 넘쳐나자 아내와 함께 부쿠레슈티에서 달아났다. 크리스마스 당일, 루마니아 공수부대원들이 니콜라예와 엘레나 차우셰스쿠를 감금해둔 상태에서 뉴랜드는 최소한 재판 비슷한 것 없이는 부부를 처형하지 않도록 그 부대 장교들을 설득하고 있었다. '최소한', 그것이 바로 랭글리에 있는 뉴랜드의 상관이 루마니아 군대에게 하라고 지시한 말이었다. "그래서 우린 그들에게 재판을 거치라고 강요했고, 재판은 20분쯤 이어졌습니다." 형식상의 절차가 이뤄진 뒤 소대장은 총살 집행대를 구성할 세 명의 자원자를 구했다. 하지만 루마니아 독재자와 아내가 손을 등 뒤로 묶인 채 벽에 세워졌을 때 소대 전체가 총을 쏘아버렸다.

　냉전의 종식과 함께, CIA를 정의해주던 임무도 끝났다. 공산주의의 확산에 맞서는 일은 정보국에게 수십 년간 라틴아메리카, 중동, 유럽에서 벌인 광범위한 작전을 정당화하는 길잡이 별이었다. 국방부와 CIA에 대한 1990년대의 예산 삭감은 특히 정보국의 공작 부서에 가혹한 조치여서 해외 지부들은 문을 닫았고 CIA 공작관들의 전체 인원은 큰 폭으로 줄어들었다. 십여 년에 걸쳐 인간정보 수집에 대한 지출이 22퍼센트 깎였다.[25] 베이비붐 세대가 배출한 미국의 첫 대통령이자 한때 베트남 전쟁에 대한 저항자였던 클린턴 대통령은 천성적으로 CIA에 회의를 품고 있었고, 첫 번째 임기를 보낼 때 첩보기관 수장들에게 거의 시간을 내주지 않았다. 클린턴의 첫 CIA 국장인 제임스 울시 2세는 클린턴이 정보와 관련된 사안에 관심이 거의 없었으며 정보국장과 사적인 만남을 일 년에 단 한 번밖에 갖지 않았다고 말했다. "솔직히 말해서 우리는 대통령에게 거의 접근하지 못했어요." CIA를 떠난 뒤 그는 1994년 9월 훔친 세스나 기를 몰아 백악관 남쪽 잔디밭에 추락한 그 남자는 실은 대통령과 만남을 가지려 애쓰던 울시 자신이었다고 농담을 했다.[26]

정보국은 또 1980년대에 듀이 클래리지가 감독했던 라틴아메리카에서의 공격적인 작전들을 결산하는 일에 여전히 직면해 있었다. 1996년에는 정보감독위원회가 CIA의 자산에 속한 사람들이 과테말라에서 십 년도 넘게 저지른 광범위한 인권 침해를 상세히 기술한 보고서를 발간했다. 보고서는 1984년에서 1986년까지 몇몇 CIA 정보제공자들이 "정보국의 자산일 때 암살, 비합법적 처형, 고문, 납치 같은 심각한 인권 침해를 지시하고 계획하거나 참여한 혐의가 있으며 CIA는 당시에도 이 혐의 중 많은 부분을 알고 있었다"고 주장했다.[27] 과테말라에 대한 폭로는 그 뒤로 몇 년 동안 조금씩 새나와 CIA 국장 존 도이치로 하여금 정보국 공작관들이 불미스러운 인물들과 교제하는 것을 새로이 제한하는 조치를 취하게 했다. 한때 볼리비아에서 로스 뉴랜드와 함께 투계에 내기를 걸던 마약왕들은, 미국인들을 죽이려 시도할 테러리스트들과 마찬가지로, 이제 CIA 요원들에게 접근 금지 인물이 될 형편이었다.

매사추세츠공과대학에서 박사 학위를 받은 화학자인 도이치는 클린턴 대통령이 1995년에 제임스 울시를 CIA 국장 자리에서 치워버린 후에 국방부에서 랭글리로 왔다. 그는 비밀 요원들을 무모한 비밀 임무에 내보내는 일 대신 첩보위성과 해외 감청 초소 들을 건설하고 싶어 했다. 그는 정보국 공작부를 신뢰하지 않았고, 그쪽 인물들은 그를 숙주에 침투한 바이러스마냥 여겼다.

그가 주도한 계획 중 하나는 90년대 중반의 CIA에게는 다시금 중요하지 않게 된, 대테러리즘 이외의 사안들에 관해 군과 더 긴밀히 일하는 것이었다. 1991년 걸프전이 끝났을 때부터 국방부의 장성들은 CIA가 전쟁 전 사담 후세인 정권에 침투하는 데 쓸모가 없었으며 사막에서 이라크 군대를 뒤쫓는 군을 돕는 데에도 서툴렀다고 불평하고 있었다. 도이치는 CIA 요원들에게 지구 전역의 군 지휘소에서 일하면서 정보국이 지구적 위협에 대한 제 최선의 정보를 제공하고 있음을 확인시키라고 명령했다.

도이치는 군을 지원하는 CIA의 역할이 매우 중요하다고 여겨 1995년에는 국방부와의 연락관 기능을 할 최상급 직위를 만들 정도였고, 이는 군 고위 장교가 차지할 자리였다. 정보국 내 일각에서는 CIA 공작원을 군 지휘소 안에 심고 해군 장성들을 정보국 안에 두는 것은 인질 교환과 맞먹는 관료적인 조치라는 농담을 주고받았다.

CIA 일을 맡은 첫 군 장교는 해군 중장 데니스 블레어였는데, 메인 주 키터리 출신의 마르고 강인한 양키이자 1968년 해군 사관학교를 졸업하고 로즈Rhodes 장학생으로 영국 옥스퍼드대학에 가서 젊은 빌 클린턴과 친구가 된 사람이었다. 블레어는 부임하자마자 CIA의 비밀공작 실적에 비관적 견해를 지닌 3성 제독을 회의적으로 바라보는 CIA 요원들의 반발과 마주쳤다.

블레어가 보기에, 정보국은 미국에 문제만 일으키는 흑색 작전이 아니라 정보를 수집하고 분석하는 일에 초점을 맞춰야 했다. 몇 년 뒤 블레어는 "CIA 비밀공작의 역사를 되돌아보면, 만약 그 공작을 전혀 하지 않았을 경우 우리가 지금보다 더 나으면 나았지 분명 못하지 않았을 것이라고 주장할 수 있을 겁니다"라고 말하게 된다.[28]

랭글리 사람들 일부는 블레어를 국방부의 첩자로 보았다. 그러나 동시에 그의 존재는 국방부가 정보국을 흡수하고 CIA는 대통령의 충직한 정보기관으로서의 입지를 잃을 것이라는 더욱 큰 두려움을 야기했다. 듀이 클래리지의 말처럼 그들은 대통령을 위해 행군하는 사람들이었다.

블레어는 곧 그 당시 가장 큰 사안이었던 발칸 전쟁을 놓고 CIA 공작부와 여러 번 전투를 벌이게 된다. 그 싸움 중 하나는 CIA가 보스니아에 대한 정탐 활동을 위해 공군에서 빌려온 새로운 감시 도구, 호리호리하고 길쭉하며 벌레처럼 생긴 비행기 RQ-1 프레더터를 두고 벌어진 것이었다. CIA는 세르비아군의 진지에 대한 정찰에 프레더터를 보냈고, 정보국 고위 요원들은 백악관 안에 비디오 화면을 설치해 클린턴 대통령과 보좌관들이 드론이 실시간으로 보내오는 화면을 볼 수 있게 하자고 제안했다. 블레어는 CIA가 프레더터 개발을 주도한 점에는 경의를 표했지만 드론이 보내는 화면을 지켜보는 것은 대통령의 소중한 시간을 낭비하는 처사가 될 것이라고 생각했다. 그는 CIA 공작부가 그저 클린턴 대통령에게 새로운 장난감을 자랑하려는 심산이 아닌지 의심스러웠다.

"대통령께서 그걸로 뭘 하시겠소?"[29] 블레어는 그렇게 물었다고 기억한다. "그들은 '대통령이 보스니아에서 무슨 일이 벌어지는지 알고 싶어하실 경우 백악관에 전송할 필요가 있다'고 하더군요. 그래서 나는 '말도 안 되는 소리! 대통령은 이 작고 좁아터진 화면을 들여다보지 않으실 겁니다!'라고 대답했죠."

도이치가 결국 블레어의 편을 들어준 덕에 CIA가 백악관에 프레더터가 찍은 비디오를 제공하는 일은 없었다. 그것은 어리석은 다툼이었지만, 이 일화를 포함해 그가 정보국의 공작 부서와 벌인 싸움들은 공작부가 대통령 집무실로 곧바로 향하는 제 발길을 막는 그 누구라도 물어뜯으려 할 것임을 블레어에게 강력히 상기시켜주었다.

십 년도 더 지나 또 다른 민주당 대통령이 나타났을 때 블레어는 다시 한 번 CIA와 백악관 사이에 끼어들려고 했다. 이것은 그의 경력에 치명적인 작용을 하게 된다.

제4장

럼스펠드의 스파이

"우리는 우리만의 CIA를 창조한 것처럼 보였지만,
톱시(Topsy)처럼, 협조도 통제도 안 되는 조직을 만들어냈다."[1]
1982년, 국방부 차관 프랭크 칼루치

"우리 세계의 본성을 고려해 볼 때, 지금 같은 상황에서
국방부가 CIA에 전적으로 의존하는 데 가까워서는 안 되지 않겠습니까?"[2]
2001년, 국방부 장관 도널드 럼스펠드

2001년 11월에 미국의 그린베레 작전팀들, CIA 공작원들, 아프가니스탄 군벌들이 카불과 칸다하르에서 탈레반군을 격퇴하고 있을 때 도널드 럼스펠드는 노스캐롤라이나 주 페이엣빌에 널찍하게 자리잡은 군사기지로서 수많은 군 특전부대원들의 고향인 포트브래그Fort Bragg로 날아갔다. 이날은 럼스펠드가 특수부대 지휘관들과 만나 지금까지는 놀랍도록 쉬웠던 아프가니스탄 침공에 대해 감사를 표시하는 가운데 서로 따뜻하게 손을 맞잡도록 예정된 날이었다.

아침에 축하 행사와 파워포인트를 사용한 발표가 끝나자 럼스펠드는, 포트브래그를 가로지르며 포프 공군기지와 인접한 곳에 담장으로 둘러싸여 있는 건물지대를 향해 차량으로 이동했다. 이곳은 육군 델타포스 요원들과 흔히 실 팀식스SEAL Team Six로 불리는 해군 특수전 개발단 대원들로 구성된 고급기밀 조직, 합동특수전사령부(JSOC)의 기지였다. JSOC는 규모가 더 큰 미 특수전사령부(Special Operations Command, SOCOM)에 소속된

소규모 작전부대였는데 그 당시 국방부는 이러한 집단이 존재한다는 사실 조차 인정하기를 거부하고 있었다.

JSOC는 국방부 장관의 방문을 맞아 볼거리를 준비했다. 탐지되지 않고 특공대원들을 침투시키는 능력을 시연하기 위해 병사들은 비행기에서 뛰어내려 럼스펠드 장관 바로 앞에 착지했다. 그중 한 대원은 정장을 입고 서류가방을 든 채 강하한 뒤 낙하산을 벗어버리고 구두를 신은 차림으로 착륙 지점 밖으로 걸어나갔다. 럼스펠드는 '사격 가옥'에도 가서 인질구출 작전 연습을 구경했는데, JSOC 요원들이 인질은 다치게 하지 않고 납치범들을 죽이는 모의훈련이었다.[3] 럼스펠드는 금세 마음을 빼앗겼다.

그 시점에 특전부대는 부대를 방문한 관리들 앞에서 자랑을 펼치는 데 매우 익숙해져 있었다. 여러 해 전인 1986년, 하원의원 딕 체니는 포트브래그에서 델타포스 지휘관들과 만남을 갖고 델타포스가 가능성 있는 테러 위협에 관한 정보를 캐내는 데 데이터베이스를 어떻게 활용하는지에 관해 들은 적이 있었다. 렉시스넥시스LexisNexis(지금은 유비쿼터스라는 말로 지칭되는 뉴스 및 문서 데이터베이스로, 당시에는 신기한 것이었다)에 관한 발표를 듣던 체니는 발표하는 군인에게 데이터베이스에서 자기 이름을 찾아보라고 했다. 가장 먼저 나타난 것은 하원에서 체니가 발의한 법안에 관한 뉴스 기사였고 기사에는 다른 의원이 하루 전날 이 법안에 대해 반대표를 던지겠다면서 발언한 내용이 실려 있었다.

체니는 격노했다. 그는 상황장교에게 그 의원을 찾아내라고 지시하더니 작전실 안에서 전화기에 대고 그에게 소리를 질렀다. "우리는 자리를 정리해야 했습니다."[4] 당시 JSOC 수석 정보 장교였던 토머스 오코넬은 이렇게 말하면서, 체니가 특정 개인에 관한 정보를 수집하는 데이터베이스의 위력을 지켜볼 때와는 "판이하게 다른 사람"이 된 것 같았다고 기억했다. 그 순간이 지나자 "체니는 특수전 요원들을 상대하면서 편안해지더군요"라고 오코넬은 말했다.

그 17년 뒤 체니익 오랜 후견인인 도널드 럼스펠드 역시 포트브래그를 체니와 비슷하게 순례하며 미래를 어렴풋이 보았다고 생각했다. 그 여행에서 럼스펠드를 수행한 사람은 9.11 공격 이후 몇 주 동안 항상 럼스펠드 옆에 붙어 있던 로버트 앤드루스였다. 그는 국방부에서 민간인으로는 가장 높은 직위에서 특수전을 담당하는 관리였고, 단테의 『신곡』지옥 편에 나오는 베르길리우스처럼, 럼스펠드가 포드 정부에서 국방부 장관으로 첫 나들이를 했을 때에 비해 극적으로 커져버린 어둠의 세계를 빠져나오도록 럼스펠드를 안내하는 중이었다.

럼스펠드는 그보다 더 숙련된 안내인을 찾을 수 없었을 것이다. 사우스캐롤라이나 주 스파르탄버그의 평민 토박이인 앤드루스는 1960년 플로리다대학에서 화학공학 학위를 받았고 학군단(ROTC) 출신이었기 때문에 2년 동안만 군복을 입고 있겠다는 생각으로 육군에 입대했다. 하지만 1963년에 그린베레에 들어감으로써 특수전과 정보의 세계에 빠져들어 50년의 세월을 보내게 된다. 이듬해 그는 젊은 특전부대 대위로 베트남에 갔는데, 이는 북베트남에 맞서 파괴, 암살, 흑색선전을 벌이며 비밀스런 전쟁을 수행하는 기밀 특수부대의 일원으로 그가 겪은 2번의 파병 중 첫 번째였다. 공식적으로 베트남 군사원조사령부 연구관찰단(MACV-SOG)이라는 상냥한 관료주의적 명칭이 붙여진 이 집단은 미국이 OSS 시절 이래 수행한 가장 크고 복잡한 비밀작전들을 맡아 처리했다.[5]

베트남에서 돌아온 앤드루스는 1960년대 초기에 공산주의자들이 구축해 전쟁 중 남베트남인들과 미군의 허를 찌르는 데 사용한 남베트남 촌락의 광범위한 정보망에 관한 책 『마을 전쟁』을 썼다. 이 책은 거의 전적으로 생포된 북베트남군 및 베트콩 군인들에 대한 심문 보고서와 북베트남 망명자들의 진술을 바탕으로 씌어졌다. 앤드스루의 책은 CIA 내부에서 많이 읽혔고, 1975년 사이공이 북군의 손아귀에 떨어진 직후 그는 랭글리에 와 베트남에 대한 중앙정보국의 기밀 분석에서 불순물을 제거하는 팀을 이끌어달라는 요청을 받았다.

"본질적인 문제는 정보의 실패에 주목하는 것이었습니다." 베트남에서 미국의 문제는 특정한 군사적 실책에 못지않게 베트남인들의 문화와 심리에 대한 깊은 무지에 있었다고 깨달은 앤드루스는 이와 같이 회상했다. 그는 5년 동안 CIA에 있다가 방위산업체로 일자리를 옮겼고 『탑』(The Towers)을 포함한 일련의 첩보 소설과 미스터리 서적을 쓰기 시작했다. 이 책은 미국 안에서 테러리스트들의 음모를 막으려고 정신없이 뛰어다니는 전직 CIA 공작원 이야기였다. 표지에는 세계무역센터의 사진이 실려 있었다.

2001년 국방부에 돌아왔을 때 앤드루스는 64세였고, 그해 9월 25일 미 특수전사령부 사령관 찰스 홀랜드 장군이 알카에다에 맞선 군의 전쟁 계획을 처음 보고할 때 럼스펠드 옆에 앉아 있었다.[6] 럼스펠드는 홀랜드에게 아프가니스탄의 알카에다 요새를 넘어 전 세계에서 펼칠 군사 행동 계획을 갖고 오라고 지시해두었고, 회의 탁자에 보좌관들을 불러모았을 때는 그 일이 가능하다는 말을 들으리라 예상하고 있었다.

홀랜드가 지도를 보여주면서 오사마 빈라덴의 부하들이 숨어 있을 것으로 군이 추정하는 국가(아프가니스탄, 파키스탄, 소말리아, 예멘, 모리타니, 심지어 라틴아메리카 일부 국가)의 이름을 점검한 보고회 초반의 분위기는 희망적이었다. 이에 고무된 럼스펠드는 장군의 말에 끼어들었다.

"얼마나 빨리 이 나라들에서 작전을 개시할 수 있겠소?"

홀랜드는 숙고했다. 잠시 후 그는 성질 급한 국방장관이 듣고 싶지 않던 바로 그 말을 했다.

"음, 그건 어려운 것이, 저희에게는 행동으로 옮길 만한 그 어떤 정보도 없기 때문입니다."

다른 문제도 있었다. 특수전사령부는 이런 종류의 전쟁에서 — 또는 이 문제에 관한 어떤 전쟁에서도 — 싸울 준비가 전혀 되어 있지 않았다. 사령부의 일은 그저 특전부대들을 훈련시켜 전투를 벌일 준비를 갖추게 한 뒤 중동, 태평양, 그밖의 장소에 있는 국방부 산하 각 지역 군 본부에 보내는 것이었기 때문이다. 지역 사령관들은 자기네가 관할하는 지구상의 구역을 조바심 내며 보호했고 그들의 근거지 위에서 특수전사령부가 고유한 임무를 펼칠 전망은 어둡다고 보았다.

럼스펠드가 이번에는 납득할 만한 대답을 얻으리라 생각하면서 또 다른 질문을 던졌을 때 상황은 더욱 안 좋아졌다. 언제쯤 특수작전부대들이 아프가니스탄에 가서 전쟁을 시작할 수 있겠는가?

"저희가 CIA의 승인을 받을 때입니다." 홀랜드의 답변이었다.

로버트 앤드루스가 살펴보니 럼스펠드는 "천장에 머리라도 들이받을 듯한" 상태에 있었다. 단 몇 분 사이에 럼스펠드는 자신의 값비싼 특전부대들이 알카에다에 대한 아무런 정보도 없을 뿐 아니라 조지 테넷과 CIA의 허가를 받지 않고서는 전장에 나갈 수조차 없다는 말을 들은 것이었다.

이것이 9.11 테러 공격 이후 몇 달 동안 럼스펠드를 종종 낙담시킨 상황이었는데, 낙심이 워낙 잦아 한번은 미 중부사령부 지휘관이자 아프가니스탄 전쟁을 책임진 토미 프랭크스 장군에게 국방부가 CIA보다 몇 배나 크지만 군은 "누가 먹이를 입에 떨어뜨려주기만을 기다리는 둥지 안의 작은 새들"[7] 같다고 불평한 적도 있었다. 아프가니스탄 전쟁이 발발하고 며칠 후 그는 합참의장 리처드 마이어스 장군에게 신랄한 메모를 급히 휘갈겨 썼다. "우리 세계의 본성을 고려해 볼 때, 지금 같은 상황에서 국방부가 CIA에 전적으로 의존하는 데 가까워서는 안 되지 않겠습니까?"

럼스펠드는 정보기관에 대해 오랫동안 비판적이었다. 1998년에 미국에 대한 탄도미사일의 위협을 평가하는 독립 위원회 위원장이었을 때 그

미 국방장관 도널드 럼스펠드(왼쪽). 옆의 인물은 파키스탄 대
통령 페레즈 무샤라프. ⓒ AP Photo/Jason Reed, Pool.

는 테닛에게 이란과 북한의 미사일 능력에 대한 CIA의 판단을 격렬히 고
발하는 편지를 쓴 바 있었다. 그러나 지금 새로운 전쟁의 한가운데서 그는
누군가의 승인을 구할 필요도 없이 언제나 어디로나 작전요원을 보낼 수
있는 CIA의 능력을 자신이 부러워한다는 것을 깨달았다. "전투 방식에 변
화가 생긴 건 우리가 싸우고 싶어 한 전쟁을 위한 정보가 우리에게 없다는
걸 깨달았기 때문이라고 볼 수 있습니다." 앤드루스는 9.11 테러 이후 럼
스펠드가 내린 결정들에 관해 이렇게 설명했다.

럼스펠드는 유일한 답은 국방부를 좀 더 CIA처럼 만드는 것이라는 결론
을 내렸다.

도널드 럼스펠드의 근심이 완전히 새로운 것은 아니었다. 1980년 이란

의 거대한 소금사막 다슈테 카비르에서 엄청난 실패를 겪었을 때도 국방부는 자신만의 첩보 요원들을 더 많이 보유해야 한다고 결심한 바 있었다.

그해 4월, 테헤란의 미 대사관에 감금된 52명의 인질을 구출하려는 비밀 임무는 시작부터 뱀에 물린 것만 같았다. 구출 작전에 동원된 8대의 헬기 중 3대가 멀리 떨어진 가설 활주로로 가는 길에 기계적인 문제를 일으켰고, 다른 한 대는 집결 지점에 불시착했으며, 지휘관들이 임무를 중단하라는 명령을 내리고 얼마 뒤에는 모래폭풍에 갇힌 헬기 하나가 군 수송기와 충돌해 사막 하늘을 밝히며 폭발하는 바람에 8명의 군인을 죽이고 말았다.

군의 시각에서 볼 때 이란에서의 임무가 망쳐진 것은 단순히 순진한 예상과 형편없는 계획 수립, 실행상의 실패가 비극적으로 융합된 결과가 아니었다. 친구들이 사막에서 폭발로 죽는 모습을 지켜본 특공대원들이 생각하기에 '독수리발톱 작전'이 허사로 돌아간 데는 부분적으로 중앙정보국이 임무 도중 예상되는 사항에 관한 전술적 정보 제공에 실패한 탓도 있었다.

재앙과 같은 결말이 나기도 전부터 이 작전은 임무를 위한 정보를 어떻게 수집할지를 놓고 CIA와 군이 벌이는 싸움에 둘러싸여 있었다. CIA 국장 스탠스필드 터너가 국가안전보장회의 모임에서 정보국은 이란 내부에 정보 출처가 별로 없고 미국 신문들의 보도와 BBC 방송에 크게 의존한다고 애통해했듯이, CIA는 이미 이란 혁명의 원동력을 이해할 능력이 없음을 보여주었다.[8] 이 임무를 맡은 델타포스의 지휘관은 정보 수집을 위해 작전 이전부터 이란에 배치된 CIA 요원들을 믿지 않았고, 그래서 전직 그린베레 대원인 리처드 메도스를 인질들이 잡혀 있는 대사관 건물을 감시하도록 그 나라에 보냈다. 가짜 아일랜드 여권을 갖고 아일랜드 사투리로 웨스트버지니아 억양을 감춘 메도스는 유럽인 자동차 회사 대표 리처드 키스로 위장해 세관을 통과했다.

물론 미군은 구출을 실행하러 테헤란에 들어가지조차 못했다. 그러나 국방부에 있는 장성들은 특공 작전을 위한 통로 개척을 돕는 첩보 임무에 자기네 인원을 투입할 능력을 국방부가 갖지 못했다는 데 불만을 터뜨렸다. 1980년 12월 국방부 합동참모본부의 한 장군은 국방정보국(Defense Intelligence Agency, DIA) 국장에게 보내는 메모에서 "심각하고 지속적인 정보 부족", 또 "믿을 만한 관찰자" 집단의 필요성에 관해 기술했다.[9] 국방부가 이란 인질 구출을 위한 두 번째 시도의 계획을 짜는 동안 합참의장은 급히 그런 관찰자들로 모임 하나를 만들었다. 이는 현장작전단(Field Operation Group)으로 알려지게 되었다.

이 집단은 불운한 약칭 FOG를 가졌고('안개'라는 뜻으로도 읽히는 단어임을 염두에 둔 표현: 옮긴이) 해낸 일도 거의 없었다. 인질들은 1981년 1월, 또 다른 구출 시도를 필요 없게 만들며 레이건 대통령이 취임하는 날 석방되었다. 그러나 FOG가 해체된 후에도 육군참모총장 에드워드 마이어는 국방부에 영구적인 첩보원 집단이 필요하다고 보았고, 한 국방부 모임에 나가서는 "이란 인질극 같은 상황에 우리가 또 말려들어 거기서 무슨 일이 벌어지는지도 모르고 그 나라에 들어가지도 못하는 꼴은 앞으로 절대 보지 않겠소"라며 고함을 질렀다.[10] 이런 과정을 거쳐 군 정보지원대(Intelligence Support Activity, ISA)가 탄생했다.

1980년대 초의 이 프로그램들은 국방부가 인간정보라는 사안을 두고 처음으로 벌이는 승부가 아니었다. 그러나 첩보활동에 관한 이전의 노력들은 자주 중단되곤 했는데 이는 부분적으로 군인이 첩보원을 겸해서는 안 된다고 생각하는 최고위 장군과 제독 들의 반발 때문이었다.[11] 하지만 독수리발톱 작전의 실패는 국방부가 보유한 첩보 인력을 확충하기를 원하는 사람들, 특히 육군의 마이어 장군에게 더 큰 지렛대 구실을 해주었다. 정보지원대는 50여 명의 인원으로 펜타곤에 사무실을 꾸렸지만 그 다섯 배로 규모를 늘리겠다는 의욕을 품고 있었다. 그 부대의 공식 문장은 이란에서의 실패한 임무를 나타내는 다양한 상징들을 담고 있었고 『성경』 속 「이사야서」의 한 절, "내가 또 주의 목소리를 들으니 주께서 이르시되 내가 누구를 보내며 누가 우리를 위하여 갈꼬 하시니 그때에 내가 이르되 나를 보내소서"에서 따온 문구 '나를 보내소서'를 새겨두고 있었다.[12]

1981년에 창설될 때 ISA는 많은 은닉 예산을 보유했고, 자신만만하고 출세를 꿈꾸는 육군 대령을 지휘관으로 삼았으며, 합참의장에게 알릴 필요도 없이 비밀 첩보 작전을 수행할 수 있는 허가를 가지고 있었다. 이것들은 유독한 요리법을 위한 완벽한 재료였다. 비밀 작전의 세계는 A형 성격을 가진 사람들로 가득차 있고, 무제한적인 자금과 애매한 임무를 가진 비밀 부대는 합법적인 경계 끝까지 일을 밀고나가기 쉽다. 제리 킹 대령이 지휘하는 ISA도 예외는 아니었다.

거의 출발점부터 킹은 세계 곳곳에 걸쳐 기록에 남지 않는 수많은 작전들을 개시했다. 의심의 여지 없이 가장 화려한 것은 라오스에 갇혀 있다고 의심되는 미국인 전쟁포로들을 개인적으로 구출할 계획을 세운 퇴역 그린베레 대원에게 돈과 장비를 들이부은 작전이었다. 제임스 그리츠는 전쟁포로로 남겨졌을 가능성이 있는 사람들에 대한 정보를 수집하려고, 텍사스의 거물 로스 페롯이 대준 경비로 동남아시아를 여러 해 동안 여행하고 있었다. ISA 창설 직후인 1981년 초 그리츠는 중부 라오스에 있는 수용소에 수십 명의 전쟁포로들이 갇혀 있다는 확실한 증거를 찾았다고 믿었다. 그 정보는 몇 년 전에 찍힌 위성 사진에서 얻은 것이었는데 거기에는 'B'와 '52'처럼 보이는 형상이 나타나 있었고, 이것은 누구든 하늘에서 내려다 볼 사람에게 전쟁포로들이 보내는 신호일 가능성이 있었다.[13]

그는 구출 임무를 계획하기 시작했고 '벨벳 해머'라는 암호명까지 붙였다. 그리츠는 25명의 특전부대 퇴역자를 모아 플로리다의 캠프에서 훈련을 시켰고 라오스 진입 임무를 위한 기초작업차 또 다른 사람들을 태국으로 보냈다.[14] 그리츠가 임무를 수행할 준비를 마치자 ISA의 다수 대원들이 그와 접촉해 지원을 제공했다. 1만 달러의 가치가 있는 카메라 장비, 무전기들, 방콕행 비행기표, 전쟁포로 수용소에 대한 정보를 제공하는 현지 정보원들에 대한 거짓말 탐지 장비 같은 것이었다.[15] ISA는 그리츠의 팀들에게 위성 사진과 다른 정보들도 주었다.

킹 대령은 국방부 최고 관리들에게 알리지 않은 채 그리츠를 지원하고 있었다. 이것은 문제로 드러났는데, 합동참모본부가 오랫동안 비밀리에 라오스의 바로 그 수용소에 대한 자신들만의 구출 임무를 계획해왔기 때문이다. 합참의 계획은 라오스인 용병들로 이루어진 정찰대를 보내 태국에서 국경을 넘어 라오스로 들어가게 한 다음 정말로 그 수용소에 전쟁포로들이 붙잡혀 있는지 확인하게 한다는 것이었다. 그렇다는 증거를 찾는다면 국방부는 델타포스를 파견해 이란 인질 구출작전을 본딴 구조작전을

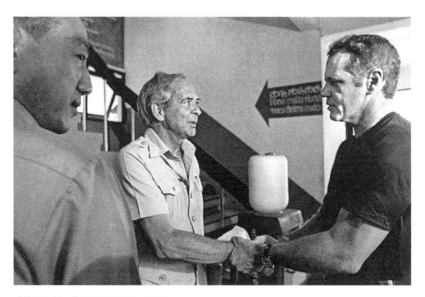

제임스 그리츠. ⓒAP Photo/Gary Mangkron.

펼 예정이었다.

국방부와 CIA의 수뇌부는 비밀리에 ISA의 지원을 받은 그리츠의 똑같은 구출 작전에 대해 알게 되자 부대를 폐쇄하겠다고 협박했다. 그들은 그리츠의 자유 활동은 공식적인 구출 작전을 위험에 처하게 했으며 킹 대령은 직무상의 범위를 넘어섰다고 생각했다. 결국 라오스의 캠프에 대한 구출 작전은 아무데서도 이뤄지지 않았고, 전쟁포로들이 그곳에 잡혀 있다는 분명한 증거 또한 발견되지 않았다. 국방장관 캐스퍼 와인버거는 국방부 감찰관에게 ISA의 모든 작전들을 조사하라고 지시했다. 그리츠와의 일화 외에도 ISA는 마누엘 노리에가 장군을 감시하기 위해 파나마시티에서 비밀작전을 몰래 벌이고 있었고, 세계 도처에서 비밀 군사 활동을 위해 활용된 위장 회사들의 광범위한 네트워크와도 주변부에서 연루되어 있었다.[16] '노란 과일'이라 불리는 프로그램의 일부인 이 네트워크는 몇 년 뒤 빛을 보게 되는 이란-콘트라 사건의 비밀스런 거래들이 가능하도록 도왔다.

ISA에 대한 감찰관의 보고서는 통렬했다. 보고서는 ISA를 어른의 감시가 거의 없었던 불량배 부대로 묘사했고 롤스로이스 자동차, 열기구, 모래밭용 소형차 같은 일련의 괴이한 구매품들을 포함한 낭비성 소비를 자세히 기록했다.[17] 이 보고서는 와인버거와 국방부 부장관 프랭크 칼루치 모두를 놀라게 했다. 1982년 5월에 칼루치는 이 보고서가 "극히 충격적"이었다고 쓴 메모를 남겼다. 칼루치는 CIA에서 국방부로 온 사람이었는데, 스탠스필드 터너 제독이 CIA 국장일 때 부국장을 지냈으며 감독받지 않는 다년간의 흑색 작전이 CIA에 타격을 입히는 것을 지켜본 바 있었다.

감찰관 보고서에 관한 칼루치의 메모에 따르면 "우리는 70년대의 교훈을 배웠어야" 하지만, 그러는 대신 "설명할 수 없는 조직을 만들었다."[18] 칼루치는 해리엇 비처 스토의 『톰 아저씨의 오두막』에 나오는 인물, 즉 소설 속의 아무도 그 출신과 성장과정에 대해 설명할 수 없는 어린 노예 여자아이 톱시를 비교에 끌어들인다. "우리는 우리만의 CIA를 창조한 것처럼 보였지만, 톱시처럼, 협조도 통제도 안 되는 조직을 만들어냈다."

다음 해에 미군이 인질로 붙잡힌 의대생 한 무리를 구출하려고 그레나다를 침공할 계획을 세울 때 임무를 맡은 지휘관은 ISA를 작전에 포함시키기를 거절했다. 그 부대와 지도자 킹 대령을 신뢰하지 않았기 때문이다. 1983년 10월 미국 특공대는 의대생들이 어디에 갇혀 있는지 거의 알지 못한 채 캐리비안 섬을 더듬거린 것으로 드러났다. 당시 CIA 라틴아메리카 분과장이었던 듀이 클래리지는 "그레나다에 대한 우리의 정보는 형편없었다"고 회고했다.[19] "우리는 사실상 어둠 속에서 작전을 벌이고 있었다."

ISA의 상황이 아직 충분히 나쁜 것이 아니었다면 CIA가 또한 그 부대의 작전을 무력화하려 애쓰고 있었다. CIA는 군대가 정보 제국을 건설하는 데 의구심을 갖는 한편, 군인들이 훌륭한 첩보원이 될 수도 있다는 생각은 묵살해버렸다. 이것은 국방부에 관해 랭글리가 품은 더 광범위한 불안감을 부분적으로 반영하고 있었다. 1947년 창립 당시부터 CIA는 국방부의 조그만 동생 격이었으며 워싱턴에서 벌어지는 예산 전쟁에서 국방부의 인력과 근력에 눌려 왜소해지곤 했다. CIA 국장은 돈이 많이 드는 미국의 정보 프로그램들을 통제하지도 않았다. 미국이 스파이 활동에 들인 비용의 80퍼센트를 차지하는 첩보위성들과 세계 곳곳의 감청 초소들은 국방부 예산으로 자금을 마련한 것이었다. 포드 대통령 아래서 첫 국방장관 임기를 보내는 동안 럼스펠드는 이들 프로그램에 자신이 돈을 대는 이상 통제도 자신이 맡을 것이라고 주장하면서 CIA 및 백악관과 자주 영역 다툼을 벌였다.

CIA 스스로 국방부보다 우위에 있다고 믿은 영역이 있다면 그것은 사람이 하는 첩보활동이었다. 그래서 국방부가 ISA 같은 프로그램을 만들었을 때 CIA의 다수 인사들은 이를 기관의 존재에 대한 직접적인 위협으로 보았다. CIA 지도자들은 의회 정보위원회 위원들의 귀에 국방부의 첩보원들은 아마추어들이며 해외 CIA 공작관들에게 발이 걸려 넘어지고 있다고 속삭였다. 비밀공작이 실패할 수도 있고, 비밀 요원이 죽을지도 모른다고 했다.

물론 CIA가 국방부의 첩보활동을 약화시키려 애쓰고 있다는 사실은 군 지도자들로 하여금 CIA는 더더욱 믿지 않고 자신들의 첩보 작전은 더 한 층 확장하기를 원하도록 만들었다. 1983년 '탱크'로 알려진 국방부 보안 회의실의 어느 모임에서 CIA 국장 윌리엄 케이시가 합동참모본부 쪽 사람들과 만났을 때 마이어 대장은 여느 때와 다름없이 CIA가 군을 돕기 위해 한 일이 아무것도 없다고 불평하고 있었다. 케이시는 자신의 전임자 스탠스필드 터너 제독도 군인이었음을 지적하며 장군을 조용히 시키려 했다. 하지만 마이어 대장은 전혀 받아들이지 않았다. "케이시 씨, 당신이 하는 말은 사실입니다. 하지만 그 개새끼는 CIA에 있던 시간 내내 군대를 위해 쥐뿔도 한 게 없었단 말이오."[20]

감찰관의 보고서 이후에도, 그리고 칼루치가 킹 대령의 집단을 제거하려고 노력했는데도 정보지원대는 사라지지 않았다. 도리어 그 부대는 국방부의 첩보공작을 급격히 확장하려고 럼스펠드가 기울인 노력의 주춧돌이 된다. 2001년 후반에 이르러 ISA는 회색여우라는 암호명 아래 서부 파키스탄에서 아사드 무니르를 비롯한 파키스탄 첩보원들과 함께 일하는 비밀 첩보 부대로 진화한 상태였다. 버지니아 주 포트벨보어의 워싱턴 순환도로 바로 너머에 위치한 회색여우는 해외 임무를 비밀리에 수행하는 수백 명의 요원들로 구성되었다. 그들은 닿기 힘든 곳에 도청 장치를 설치하는 데 특화되어 있었고, 이 장치들은 일단 설치되면 국가안보국(Nationsl Security Agency, NSA)이 세계 전역에 세운 거대한 감청기지와 연결될 수 있었다.

그러나 2001년에 이 집단은 별로 거론되지도 않는 변두리 조직이었기 때문에 '버지니아 북부의 비밀 군대'라는 별명이 붙었다. 럼스펠드는 회색여우의 지휘관을 처음 만나 이 집단이 수행하는 작전의 세부적인 내용을 알게 되자 "만약 내가 9.11 이전에 당신들이 이 모든 걸 하고 있다는 걸 알았다면 전부 감옥에다 집어넣었을 거야"라고 말했다.[21] 그러나 럼스펠드는 이제 국방부의 다소 변변찮은 인간첩보 능력을 향상시키고 더 낫게 조정하는 데 골몰하고 있었으므로 회색여우의 예산을 늘리라고 지시하는 한편, 2001년 11월 포트브래그를 방문했을 때 자신에게 그토록 깊은 인상을 주었던 비밀 부대인 합동특수전사령부와 첩보부대가 더욱 긴밀히 협조하라고 명령했다. 그날 이후 럼스펠드는 합동특전사가 지구적인 전쟁을 치르기 위해 자신에게 필요한 바로 그 비밀부대라고 보고 있었다.

그러나 2001년의 JSOC는 국제적 규모의 분쟁을 위한 럼스펠드의 근위대가 될 위치에 있지 않았다. 델타포스와 실 팀식스는 대원이 수백 명밖에 되지 않는 틈새 부대여서 그들만으로는 이틀보다 긴 기간의 작전을 지속할 수 없었다. 델타포스는 거의 인질구출 임무만을 위해 훈련했으며, 실 팀식스는 미국의 핵무기고를 확보하는 임무가 주어질 경우를 대비한 훈련을 받는 데 몇 년을 썼다. 두 부대 모두 몇 주나 몇 달 동안 지속되는 광범위한 작전을 위한 훈련을 받지 않았고 장비도 갖고 있지 않았다.

"럼스펠드는 [JSOC가] 어디든 진입해서 죽일 사람은 죽이고 구할 사람은 구할 능력이 있다는 걸 막 알게 된 거죠 — 이걸 왜 안 쓴단 말인가?" 로버트 앤드루스가 말했다. "그가 깨닫지 못한 건 그 부대가 지속적인 전투 작전들을 위해 만들어지지 않았다는 것입니다."

그러나 럼스펠드는 JSOC의 독립성에 매력을 느꼈다. 합동특수전사령부는 자기 구역에 관해 걱정하는 어떤 4성 장군의 통제 아래 위치하지 않고 국방장관과 대통령에게 직접 응답하는 타격부대가 될 수 있었다. CIA 공작부와 흡사하게, 완고한 군사 관료주의의 무게를 짊어지지 않은 조직이 될 수 있었다. 럼스펠드는 만약 사령부에 돈을 퍼부어 델타포스와 실 팀식스의 인원을 확대하고 장기간의 해외 배치에 충분한 장비를 사도록 한다면 JSOC를 사실상 어디든지 보낼 수 있으리라 예상했다.

하지만 그가 그렇게 하는 것이 합법적이기는 한가? 국방부의 활동은 미국 연방법전 제10편에 의해 통치되고 있으며, 의회는 역사적으로 군이 전쟁지역으로 선포된 곳 밖에서 작전을 벌이는 것을 제한하려고 노력해왔다. 이는 부분적으로 전장 너머에서 작전하는 미군 병사들이 생포될 경우 통상적인 제네바협약의 보호를 받지 못하고 간첩으로 간주되어 재판에 처해질 수 있음을 우려한 데서 비롯한 노력이었다. 이와 대조적으로, 대통령은 CIA(연방법전 제50편의 지배를 받는)에게 요원을 세계 어디로든 보내도록 명령할 수 있다.[22] 그 규정들 아래서 미국 정부는 CIA 요원이 적성국가에서 간첩 혐의로 잡힐 경우 그의 활동에 대해 아는 바를 모조리 부인하고 그를 감옥에서 썩게 내버려둘지도 모른다.

1980년대의 이란-콘트라 추문 이후 의회는 비밀공작에 더 많은 제한을 가하려 했다. 1991년의 '정보수권법'(Intelligence Authorization Act)은 모든 비밀 활동이 그 활동의 필요성을 설명한 대통령의 서면 인가에 의해 승인되어야 하며, 백악관은 그 인가서가 CIA에 교부된 뒤 이를 곧바로 하원과 상원의 정보위원회에 알려야 한다고 규정하고 있었다. 그런데 이 법은 분명한 허점을 지녔다. 군 스스로는 "전통적인 군사 활동"이라고 여기는 비밀작전을 수행하고 있을 경우 국방부에게 이 부담스러운 요구사항들을 면제해주었던 것이다.

이 법은 "전통적인 군사 활동"을 구성하는 것이 무엇인지에 관해 거의 아무런 안내도 제공하지 않았는데, 이는 부분적으로 조지 H. W. 부시의 백악관과 국방부가 말을 애매하게 만들기로 의회에 성공적인 로비를 했기 때문이다. 이 활동은 궁극적으로 "진행 중"이거나 "예상되는" 적대행위와 연결되어 군이 수행하는 모든 작전들이라고 정의되었다.[23] 달리 말해, 국방부는 만약 미국이 어떤 나라 안에서 지금 전쟁 중이거나 미래의 어느 시점에 전쟁을 치를 것임을 입증할 수만 있다면 세계 어느 나라로든 군대를 보내는 것을 정당화할 수 있었다.

이 불가사의한 규정들은 9.11 테러가 나고 며칠 뒤 의회가 부시 대통령에게 지구 전역에서 전쟁을 벌일 전면적인 권한을 부여할 때까지 십여 년동안 거의 논의되지 않았다. 그때 만들어진 '무력사용권'(Authorization for Use of Military Force, AUMF) 조항들에 따르면 미국은 어느 '특정한 나라'와 전쟁 중인 것이 아니라 알카에다가 활동하는 나라 '안에서' 전쟁 중이었다. 이 잣대는 실제로 럼스펠드에게 지구적 전쟁 수행을 위해 구하던 권한을 안겨주었다.

국방장관이 이 새로운 힘들을 행사하기까지는 여전히 시간이 걸렸다. 2001년 후반 카불이 함락되자 국방부 고위 지도자들의 기운은 즉시 이라크 침공 계획을 세우는 데로 돌려졌다. 국방부는 파키스탄 같은 알카에다의 안전한 은신처를 넘어선 다른 어떤 곳에서 알카에다를 사냥할 수 있을지를 알아내는 데 어려움을 겪고 있었다. 필요한 일은, 대테러 세계의 용어로, 테러리스트를 '찾아내서 고착하고 끝장내는'(find, fix, finish) 것이었다. 그러나 몇 년 뒤 럼스펠드가 인정한 대로 "우리는 끝장낼 능력을 가지고 있었다. 다만 대상을 찾아서 고착할 수 없었을 뿐이다."[24]

럼스펠드와 그의 팀은 2003년 상반기에 상당한 자신감을 느끼고 있었다. 처음에 이라크 침공은 새로운 전쟁 방식에 대한 럼스펠드의 견해 중많은 부분을 확증해주는 것으로 보였다. 한 달도 채 안 걸린 바그다드를 향한 진군은, 기술의 진보가 무력 자체보다 기동성을 강조한 전쟁 계획과짝을 이루면 21세기 전쟁에서 승리할 수 있다는 국방장관의 철학을 시험하면서, 비교적 소규모의 침공군이 수행했다. CIA 정보에 대한 럼스펠드의 회의적인 시각은 또 그로 하여금 날것의 정보를 걸러내 사담 후세인이 이슬람 테러리스트들과 연합했다는 것을 증명할 작은 사무실(정책 담당 차관 더글러스 페이스가 감독하는)을 침공 1년 전 국방부 안에 개설하게 했다. 미군이 바그다드에 이르렀을 때 럼스펠드의 많은 보좌관들은 후세인과 오사마 빈라덴의 연결 관계를 밝혀 침공을 사후적으로 정당화할 결정적인 증거를 찾는 것은 시간문제라고 확신했다. 궁극적으로 미군은 그런 증거를 찾지 못했고, 럼스펠드 정보 사무실의 판단은 신임이 크게 떨어졌다.

그러나 사담 후세인이 사라지고, 시리아가 부시 정부의 '정권 교체' 전략의 다음 목표가 되어야 하는지에 관한 정부 내 의견이 갈리면서, 럼스펠드의 지구적 특수전 전쟁 계획은 심화되었다. 로버트 앤드루스는 국방부를 떠났고, 럼스펠드는 그 자리에 역시 베트남에서 준군사전 경력을 쌓은 전직 회색여우 지휘관 토머스 오코넬을 앉혔다. 오코넬은 CIA가 주도했고 논란이 많았던 '불사조 계획'(Phoenix Program)의 군사 고문으로 1970년에 베트남에 배치되었는데 이 계획은 베트콩 지도자들을 생포하고 암살하는 방식으로 전쟁의 형세를 바꾸려 한 것이었다. 그는 성년이 된 뒤 대부분의 삶을 특수전 및 정보의 세계에서 보냈으며 1986년 하원의원 딕 체니가 JSOC를 방문했을 때 사령부의 수석 정보 장교였다.

그가 럼스펠드와 치른 면접이 특별히 순조롭게 이루어진 까닭은 주로 국방부의 권한과 특전부대들의 역할에 대한 오코넬의 견해가 정확히 럼스펠드가 듣고 싶어 하던 것이었기 때문이다.

"우리가 전쟁 중이라면 왜 내 사람들을 CIA의 권한 아래 두어야 하는 것이오?"[25] 면접 초반에 럼스펠드는 오코넬에게 물었다.

오코넬은 재빨리 대답했다. "그럴 필요 없습니다. 장관님께선 원하는 대로 세계 어디로든 미군을 보낼 권한을 갖고 계십니다."

의회가 정보를 수집하거나 살해 작전을 펼치기 위해 지구적 전쟁을 수행할 광범위한 권한을 국방부에 주었으므로 럼스펠드는 이를 사용해야 한다는 것이 오코넬의 속마음이었다. 그는 베트남전 당시 닉슨 대통령이 캄보디아와 라오스가 적 전투원들의 은신처가 되었다고 믿고 그 나라들에 은밀하게 폭격 작전을 시작했을 때와 상황이 비슷하다고 보았다. 오코넬의 생각에 둘 사이의 차이는 이제 의회가 국방부에게 알카에다 전투원들이 숨어 있다고 여겨지는 곳이면 어디든 군대를 파견하도록 허가해준 덕에 럼스펠드는 닉슨이 가졌던 것보다도 큰 권한을 갖고 있다는 점이었다.

그 시점에서, CIA와의 싸움에 유리한 위치를 차지하게 해줄 수단을 찾던 럼스펠드는 이질적인 요소들로 구성되고 종종 무계획적이던 정보수집 작전 전체를 하나의 사무실 안에 통합하기로 마음먹었다. 그는 충성스러운 보좌관 스티븐 캠본을 첫 국방부 정보 담당 차관으로 지명해 총명하고 쉽게 발끈하는 이 인물에게 국방부의 모든 첩보활동을 감독할 엄청난 힘을 주었다. 럼스펠드는 자신과 부장관이 죽거나 직무 수행이 불가능한 처지에 빠졌을 때를 대비해 국방부 서열에서 민간인들의 승계 순위를 개편하려고까지 했다. 정보 담당 차관 캠본은 첫 순위에 놓였고 럼스펠드 바로 옆의 사무실을 받았다.

럼스펠드는 캠본을 도울 차관보 자리에는 1980년의 실패한 인질 구출 작전 때 이란의 사막에 있었던 델타포스 출신 윌리엄 제리 보이킨 중장을 임명했다. 보이킨은 거듭난 기독교인으로서 자신의 신앙을 드러내는 데 거리낌이 없었고 무슬림 극단주의자들에 맞서는 전쟁에 관해『성경』의 용어로 말하곤 했다. 그는 이를 종종 '사탄'에 맞서는 전쟁이라 불렀고, 자신이 1990년대 초 소말리아 군벌을 추적할 때 그것이 성공하리라는 것을 알았던 이유는 "자신의 신은 진짜 신이고 소말리아인들의 신은 우상이기 때문"이라고 교회 신자들에게 말한 적도 있었다.

보이킨은 군대를 법적 권한 끝까지 밀어붙이는 일에서도 복음주의적이었다. 1980년대 베이루트 인질 사태 이후로 그는 국방부의 관료들이 델타포스 같은 부대를 쓰는 데 너무 소심하다고 여겨 낙담하고 있었다.[26] 오코넬에게 그러했듯이 럼스펠드는 보이킨과 면접을 하면서도 전쟁지역 바깥에 군대를 보낼 국방장관의 권한이 어디까지인지에 관한 질문을 퍼부었다. 보이킨은 오코넬과 흡사하게 당신은 권한을 갖고 있고 그것을 써야 하며 군대를 CIA의 통제 아래 둘 필요가 없다는 대답을 내놓았다.[27]

2004년 여름, 9.11위원회가 최종보고서에서 CIA의 모든 준군사적 기능을 빼앗아야 한다며 비밀전투를 수행할 단 하나의 기관으로 국방부를 추천했을 때, 비정규전을 위한 제국을 건설하려는 럼스펠드의 노력은 추진력을 얻었다. 위원회는 오사마 빈라덴을 죽이지 못한 CIA의 무능을 맹비난했고 정보국의 비밀공작이 혼란에 빠져 있다고 생각했다. 위원들은 CIA에게 외국 정보 기관에 대한 의존성을 줄여 정보 수집력을 향상시키고, 분석 방식을 재정비하며, 선전 활동처럼 '비군사적인' 비밀공작들을 수행하라고 권했다. 위원회가 보기에 비밀전쟁과 드론 공격은 국방부의 일이었다.

위원회는 2004년 7월에 발간된 최종보고서에서 "그 값어치가 돈으로 매겨지든 사람으로 측정되든, 미국은 비밀 군사작전을 수행하고 비밀리에 원격 미사일을 운용하며 비밀리에 외국 군대나 준군사조직을 훈련시키는 두 개의 분리된 역량을 구축할 형편이 아니"라고 권고했다.

그것은 물론 럼스펠드의 생각과 일치했다. 보고서가 발간되고 며칠 뒤 그는 톰 오코넬에게 무엇이 그 권고를 이끌어냈는지 더 많은 정보를 가져오라고 요구했다. 전직 해군 장관이자 9.11위원회 위원인 존 리먼과 이야기를 나눈 오코넬은 CIA의 준군사작전이 "엉망이 되었다"는 것을 위원회가 발견했다고 보고했다. 오코넬은 리먼의 말을 빌려 9.11위원회는 CIA가 "위험을 감수하기를 꺼리고" "기회가 생겼을 때 방아쇠를 당기는 것을 주

저한다"는 사실에 충격을 받았다고 럼스펠드에게 보내는 메모에 썼다. 리먼이 오코넬에게 말한 바에 따르면, 가장 큰 문제는 추적해 죽이는 작전의 능력을 국방부가 보유했는데 권한은 CIA에게 주어져 있다는 것이었다.[28]

럼스펠드는 캠본에게 위원회의 권고가 법으로 제정될 가능성을 조사해 보라고 지시했고, 얼마 뒤 캠본은 CIA 작전이 더더욱 축소되어야 하는지에 관한 한층 깊숙한 질문을 던지고 있었다. 2004년 9월 하순에 캠본은 럼스펠드에게 "전투 지휘관의 작전 활동과 다르지 않은 활동"이라고 볼 수 있는 비밀공작을 '하나라도' CIA가 수행하는 것이 합당한지 확신하지 못한다고 썼다. 어쩌면 국방부가 비밀공작마저 맡아야 할지 모른다는 이야기였다. 캠본에 따르면 문제는 CIA가 비밀공작과 분석을 둘 다 책임지고 있는 탓에 특정한 비밀공작의 효능을 평가할 때 '편견'을 만들어낼 수 있다는 점이었다. 달리 말해, CIA는 자신이 한 일을 스스로 채점하게 되어 있었다.[29]

이기적이었을지는 몰라도 이러한 관점은 좀 더 심오한 질문의 핵심에 도달한 것이었다. 알카에다에 맞서 표적을 살해하는 작전을 책임진 기관이 알카에다의 역량에 그 작전이 미치는 영향에 관한 공정한 평가를 제공할 수 있을까? 이는 몇 년 뒤 오바마의 관리들이 CIA가 파키스탄에서 무인항공기를 통한 전쟁을 가속화할 때 마주칠 질문이었다.

결국에 가서, 럼스펠드와 CIA 국장 포터 고스는 모두 부시 대통령에게 국방부가 CIA에게서 비밀 군사작전을 억지로 빼앗아올 필요는 없다고 조언했다. 럼스펠드는 '전통적 군사 활동'의 깃발 아래서 — CIA가 똑같은 것을 하고 있더라도 — 자신이 원하는 일을 할 수 있다고 확신하게 되었다. 고스도 백악관 관료들에게 9.11위원회의 권고를 고려하지 말라고 촉구하며 CIA의 영토를 수호하기 위한 조용한 로비 활동을 벌였다. 이는 국방부와 CIA가 잠시 동안이나마 합의를 얻어낸 순간이었는데 두 기관 사이의 싸움이 끝났음을 뜻하는 것일 리는 없었다.

2004년에 이미 JSOC 요원들로 이루어진 소규모 팀들이 남미와 아프리카와 아시아와 중동 등 세계 전역에서 첩보 임무를 펼치기 시작했다. 그들은 이슬람 전투원 집단에 대한 정보를 수집하러 프랑스로 갔고, 어떤 팀은 대원 하나가 술집에서 싸움질을 하다가 총을 꺼내드는 통에 급히 파라과이를 떠나야 했다. 이 프로그램을 감독하는 일을 도운 전직 국방부 관리는 이렇게 말했다. "우리가 데리고 있던 이 친구들은 제임스 본드처럼 되려고 애쓰면서 돌아다녔지만 그게 썩 잘 되지는 않았죠."

그 팀들 중의 일부로서 군사연락반이라는, 위험하지 않게 들리는 이름을 가진 요원들은 미 대사관 안에 배치되었다. 다른 이들은 은밀히 외국에 잠입해 그 나라의 미국 대사나 CIA 지부장에게 알리지 않은 채 첩보 임무를 시작했다. 이제 세계 전체가 교전지역이었으므로 국방부 관리들은 특수작전팀들이 민간인 대사가 아니라 군의 지휘관들에게 응답해야 하리라고 생각한 것이다.

어느 날 오후, 요르단 주재 미 대사 에드워드 넴이 사무실에 앉아 있을 때 대사관 국방무관이 들어와 쪽지 한 장을 책상에 올려놓았다. 그것은 국방부에서 보낸 메시지였는데 국방무관에게 직접 전해졌고 오직 그만이 보게 되어 있었다.[30] 쪽지의 내용은 군 정보팀이 곧 요르단에 도착해 요르단 정권의 안정성에 대한 정보를 수집할 예정이라는 것이었다. 요르단에서 국방부가 벌이는 활동을 대사나 CIA 지부장이 절대 알아서는 안 된다는 말도 적혀 있었다.

대사의 사무실에 앉아 있는 국방무관은 물론 이 경고를 무시했다. 이 만남 뒤 대사는 즉시 CIA 지부장에게 알려주었는데, 넴의 기억에 따르면 지부장은 "화가 나서 길길이 뛰고 있었다".

제5장

성난 새

"이건 정치적인 전쟁이고 죽이는 데 차별을 두라고 요구합니다.
최고의 살인무기는 칼이겠지만 우리가 그런 식으로 할 수는 없지요.
최악의 무기는 비행기입니다."

베트남에 파병된 미군의 존 폴 반 중령

CIA 대테러리스트센터의 작전실 안에 있던 요원들은 시바 여왕의 전설적인 출생지인 예멘 마리브 지역의 사막 도로 위를 토요타 랜드크루저가 덜컹거리며 굴러가는 모습을 찍은 비디오를 보고 있었다. 먼지투성이 사륜 자동차 안에 여섯 명이 구겨넣어진 불편한 여정이었지만 2002년 11월의 그날 그 트럭의 어떤 점도 예멘 경찰이나 군인들의 의심을 사지 않았을 것이다. 그러나 트럭 뒷자리에 있던 카에드 살림 시난 알하레시의 휴대전화가 예멘 최고의 지명수배자인 이 남자의 위치를 노출시키고 말았다. 그리하여 그들의 머리 위로 CIA의 무장 프레데터가 비행 중이었다.

미국은 2000년에 아덴 만에서 재급유를 받던 구축함 U.S.S 콜에 폭탄을 터뜨려 17명의 수병들을 살해한 사건의 배후인물 가운데 하나로 알하레시를 지목했다. 이 공격은 알하레시를 부시 정부가 죽이기로 점찍은 알카에다 공작원 목록의 맨 꼭대기 근처에 올려놓았고, 2002년 봄 예멘에 발을 디딘 미 특수작전부대 팀들은 알하레시에 대한 추적을 우선 사항으로 삼았다. 그러나 알하레시는 1980년대 아프가니스탄에서 벌어진 무자헤딘 전쟁의 노련한 전사였고, 소련과 싸울 때 배우지 않았던 모든 생존 기술을 10여 년 동안 UAE의 비밀경찰과 예멘 대통령 알리 압둘라 살레에게 충성하는 기습부대를 피해 숨어다니며 연마했다. 2000년에 오사마 빈라덴은 콜 구축함을 폭파할 계획을 짜고 알카에다 훈련장을 개설하라며 알하레시를 예멘으로 보냈다. 알하레시는 몇 번이나 예멘군에게 사로잡히기 직전에 탈출해서 살레 대통령을 당황시켰다.

변덕스러운 살레는 새로운 전쟁을 치르는 미국 편을 들 때 생겨날 경제적 이익을 즉각 알아보았지만 부시 정부에게 자신이 내건 조건에 따르라고 고집을 부렸다. 1970년대 이래 다수 부족 간 피의 반목과 시아파 분리주의자들을 잘 조종하여 용케도 예멘의 권력을 유지해온 그는 뭔가 보답을 받지 않고는 미국이 자기 나라 안에서 비밀전쟁을 시작하게 놔두지 않으려 했다. 9.11 테러 두 달 뒤 워싱턴으로 간 그는 부시 대통령, 럼스펠드, CIA 국장 조지 테넷과 만나 400만 달러의 원조를 놓고 언쟁을 벌였다. 그는 소규모의 미국 특전부대들이 예멘에 오는 것을 허락했지만 오직 자기 방어 목적으로만 무기를 발포해야 한다고 주장했다.[1] 펜타곤은 살레에게 말하지 않은 채 통신 도청에 특화된 육군 첩보대 회색여우의 공작원들을 특공대원들과 함께 보냈다.

그런데 살레는 프레더터에 관해서는 흔쾌한 태도를 보였다.

2002년 봄, 에드먼드 헐 대사는 무인항공기의 예멘 비행에 관한 동의를 구하러 예멘 대통령에게 면담을 요청했다. 그때쯤이면 헐은 살레의 제멋대로인 기분이 어떤 식으로 움직이며 대화 중 언제 첩보기관의 관심사를 내밀어야 제일 좋을지에 관해 충분히 알고 있었다. 며칠 전 랭글리에서 도착한 몇 명의 CIA 요원들은 드론이 작동하는 법을 만화로 보여주는 비디오와 노트북 컴퓨터를 가지고 왔다. 이 비디오에는 헬파이어 미사일이 자동차와 진흙 건물을 타격하는 그래픽 자료들도 담겨 있었다. 살레는 이를 지켜보면서 웃음을 지었는데, CIA가 아프가니스탄 외부에서 프레데터를 사용하려고 준비하는 첫 번째 장소가 예멘이라는 데 자랑스러워하는 것 같았다.[2]

그러나 여전히 미국인들은 휴대전화 번호를 다섯 번이나 바꿔가며 감시를 피한 알하레시를 찾아내야 했다. 회색여우 팀이 그중 몇 개를 밝혀냈지만 알하레시는 전화를 삼가며 사용할 만큼 언제나 조심스러웠다.[3] 그랬는데 11월 4일에 감시망이 처음으로 대어를 낚았던 것이다.[4]

랜드크루저 뒷자리에 있던 휴대전화는 하늘로 신호를 쏘아올렸고, 회색여우 요원들은 메릴랜드 주 포트미드에 있는 국가안보국 본부의 분석관들에게 긴급 전문을 보냈다. 이와 별도로 CIA는 홍해를 사이에 두고 예멘과 마주보고 있는 지부티의 드론 기지에서 무장 프레데터를 급파했다. 프레데터가 랜드크루저 위로 움직이자, 포트미드에 있는 한 분석관의 귀에는

예멘 대통령 알리 압둘라 살레(중앙). ⓒAP Photo/Canadian Press, Tom Hanson.

휴대전화로 트럭 운전수에게 지시를 내리는 알하레시의 목소리가 들려왔다. 알하레시가 트럭에 있음을 확인한 CIA는 이제 그 차량에 미사일을 쏠 것을 승인받았다.[5] 프레더터에서 발사된 미사일은 트럭을 파괴해 그 안에 있던 사람들 모두를 죽였다. 카이드 살림 시난 알하레시의 신원은 잔해 속에서 발견된, 몸에서 떨어져 나간 한쪽 다리의 두드러진 표식을 통해 확인되었다.[6]

살레 대통령의 정부는 거짓 사유를 유포하는 데 재빨랐다. 트럭에 실려 있던 가스통이 폭발을 일으켰다고 둘러댄 것이다. 그러나 대테러리스트센터 내부의 사람들에게 그 순간의 중요성은 사라지지 않았다. 그것은 9.11 테러 이래 CIA가 전쟁지역으로 선포된 곳 바깥에서 처음으로 표적살인(targeted killing)을 수행한 사례였다. 부시 대통령이 2001년 9월 CIA에게 부여한 전면적인 권한을 사용하여 비밀 요원들은 알하레시의 움직임에 대한 정보를 조직적으로 수집했고 그런 다음 냉정하게 대전차 미사일로 그가 탄 차량을 불태워버린 것이다.

그때 CIA의 많은 사람들은 원래 자신들이 무장 드론을 원한 적이 없다는 사실을 잊어버리고 있었다. 그것은 둔하고 섬세하지 않은 살인 도구로 여겨졌고, CIA의 많은 이들은 정보국이 암살 업무에서 오래 전에 손을 뗀 것을 기뻐했다. 예멘 공격이 있기 일 년쯤 전까지도 드론을 사용해 테러리스트를 죽이는 것이 도덕적인지를 놓고 스파이들 사이에 맹렬한 토론이 여전히 벌어지고 있었다. 오랫동안 CIA 분석관이었고 프레더터의 강력한 옹호자였던 찰스 앨런은 나중에 이 시기 전체를 "피 튀기는 싸움"으로 묘사하게 된다.[7]

처치위원회의 폭로와 포드 대통령의 암살 금지 이후 정보국에 들어온 로스 뉴랜드 세대의 요원들은 1990년대 후반이 되자 랭글리에서 지도적 위치까지 올라갔다. 처치위원회 이후 세대의 권력을 향한 상승은 CIA가 전 세계에서 수행할 비밀공작의 종류를 선택하는 데 직접적인 영향을 끼쳤다. CIA가 옛날 같은 전쟁으로 돌아가는 데 대한 반감이 반영되어 정보국의 준군사적 영역은 쇠약해졌다. CIA는 정당하게 오사마 빈라덴을 죽일 수 있느냐를 두고도 나뉘어졌다. 대테러리스트센터장을 지낸 한 인물은 9.11 테러 몇 년 전이었다면 자신은 빈라덴을 죽이라는 직접 명령을 거부했을 것이라고 나중에 9.11위원회에 진술한다.[8]

"CIA 안에서 통합된 견해는 '우리는 비밀공작을 하기 싫다. 만약에 비밀공작을 벌인다면 그것이 깔끔하고 깨끗하길 원한다. 우리는 사람들을 죽이는 일에 엮이고 싶지 않다. 왜냐하면 우리는 그런 사람들이 아니기 때문이다. 우리는 모사드Mossad가 아니다'라는 것이었습니다"라고 클린턴과 부시 정권 모두에서 백악관의 대테러리즘 관련 최고위 관리로 일했던 리처드 클라크는 말했다.

뉴랜드가 비밀 작전의 현장을 떠나 본부에서 CIA의 국방부 연락관이라는 상급 관리직을 맡은 2000년에 빈라덴은 케냐와 탄자니아의 미 대사관에 대한 1998년의 폭탄 테러에서 시작해 2년 뒤 예멘에서의 콜 구축함 공격에 이르기까지 자신이 선택한 시간과 장소에 타격을 가할 수 있다는 것을 반복적으로 보여주었다. 클린턴 정부는 알카에다의 지도자가 어떤 시각에 어디 있는지 알아내 다른 장소로 가버리기 전에 죽이는 일에 관해서라면 좋은 구상이 거의 없었다.

백악관 상황실 안에서 빈라덴에 대한 토론은, 다른 방식 대신 특정한 살해 방식을 채택함으로써 1976년의 암살 금지령를 위반하는 것은 아닌지에 대한 추상적인 논쟁으로 변했다. 클라크는 국가안보 보좌관 샌디 버거가 이런 논쟁 때문에 너무나 분개한 나머지 방 안에 있는 모든 사람들에게 소리를 질렀던 모임을 기억했다. "그는 '그래서 당신들은 빌 클린턴이 토마호크 미사일로 빈라덴을 죽이는 건 진짜 좋은데, 빌 클린턴이 7.62mm 총알로 두 눈 한가운데를 쏴서 죽이는 건 나쁘다는 겁니까? 토마호크랑 M16으로 죽이는 거랑 도대체 무슨 차이가 있는지 알려주시죠?'라고 따졌어요."

"버거는 금방이라도 심장마비에 걸릴 것 같더군요. 땀범벅에 얼굴이 빨개져서 사람들한테 소리를 지르고 있었으니까요."

클린턴 대통령은 선택의 여지가 많지 않다는 점이 기쁘지 않았다. 클린턴은 합참의장 휴 셸턴 대장에게 이렇게 말했다. "갑자기 헬리콥터에서 한 떼의 검은 닌자들이 밧줄을 타고 알카에다의 캠프 한가운데로 내려온다면 그 자들을 엄청 놀라게 할 텐데 말이죠."9

마음대로 부릴 닌자들이 없었으므로 국방부는 아프가니스탄을 향해 기습적으로 토마호크 순항 미사일을 쏠 수 있는 두 척의 잠수함을 아랍 해에 배치하는 데 동의했다. 그러나 빈라덴의 소재에 대한 최신 정보가 없는 한 잠수함은 거의 쓸모가 없었고, 최고위 제독들은 잠수함들을 다른 곳으로 옮기라고 요구하기 시작했다.

CIA는 미국인들에게 정보를 제공하는 탈레반 정보원을 한 사람 보유하고 있었지만, 그의 정보는 종종 하루 정도 늦었고 백악관이 아프가니스탄에 대한 미사일 공격을 승인하기에는 불충분했다.10 좋은 방안을 찾아 헤매다가 비밀 요원들은 비행선이나 열기구를 제작해 3만 피트 높이에서 아프가니스탄의 사진을 찍는 안을 놓고 미국인 방위산업 하청업자들과 만났지만, 만일 힌두쿠시 산맥에서 바람이 세차게 불어와 비행선을 경로에서 수백 마일 벗어나 중국으로 — 어쩌면 원자로 위로 — 밀려나게 했을 때 빚어질 외교적 참사를 고려해 그 구상은 폐기했다.

클라크는 조지 테닛뿐 아니라 CIA 공작부장 제임스 패빗과도 냉랭한 사이였던 터라 새 아이디어를 위해 그들을 돌아서 가기로 결정했다. 그는 40년 동안 정보국에 있었고 그 당시 60대 중반이었던 CIA 고위 분석관 찰스 앨런을 불렀다. 똑똑하고 인습 타파적이며 성깔 있는 앨런은 정보국의 옛 전투에서 얻은 흥터들을 간직하고 있었다. 이란-콘트라 추문은 그의 경력에 적잖은 타격을 입혔다. 하지만 그는 1990년에 사담 후세인이 쿠웨이트를 침공할 것이라고 예측하며 외로운 목소리를 냄으로써 CIA 분석관들 사이에서 전설 비슷한 존재로 떠오르기도 했다. 클라크는 앨런에게 아프가니스탄 내 첩보활동을 위한 다양한 선택지에 대해서 독립적인 평가를 해보라고 요청했다.[11]

앨런은 발상에 도움을 얻으려고 국방부에 가서 합동참모본부에서 일하는 장교들과 만났다. 그들은 산꼭대기에 거대한 망원경을 설치해 알카에다가 화학무기를 실험했던, 잘랄라바드 근처 빈라덴의 데룬타 훈련장을 겨냥한다는 식의 무리한 구상들을 논의했다. 하지만 더 현실적인 방안도 있었다. 앨런은 공군이 사막에서 실행해온 일련의 비밀 실험들에 대해 들었다. 국방부 장교 말로는 CIA가 드론을 이용해 빈라덴을 찾을 가능성이 있었다.

2000년 무렵이면 MQ-1 프레더터는 전자 첩보활동의 실험적 주변부에서 일하는 군 기술자들과 정보 분석관들의 작고 괴짜스러운 동아리 속에서는 잘 알려져 있었다. 프레더터는 이미 발칸 전쟁에서 세르비아군 집결지를 탐지해 보스니아 세르비아계 지도자들을 추적함으로써 첩보 도구로서 얼마쯤 성공을 거두었다. 드론 조종사들은 CIA가 트럭 두 대 분량의 양털 담요를 대가로 빌린 알바니아의 격납고 밖에서 비행기를 조종했다. 드론이 찍은 비디오는 대충 만든 이메일 링크를 통해 조종사들과 연락을 취하던 CIA 국장 제임스 울시 2세의 사무실로 보내졌다.[12] 울시는 하원의원 찰리 윌슨한테서 간신히 이 프로젝트의 자금으로 쓸 소액의 숨겨진 돈을 얻어낼 수 있었는데, 술을 많이 마시는 이 텍사스 의원도 일찍이 1980년대에 아프가니스탄에서 벌어진 CIA의 전쟁에 자금을 대려고 비슷한 예산

상의 속임수를 쓴 바 있었다.[13]

발칸의 산악 지형은 조종사가 비행기에 직접적인 신호를 보내 드론을 조종하는 '가시선可視線(line of sight)' 기술로 드론을 날려보내는 것을 불가능하게 했기 때문에 1990년대에 군은 공중을 날아다니는 위성으로 신호를 중계해 프레더터를 조종하는 진보를 이루어냈다. 그러나 프레더터는 무기를 실을 수 없었다. 이것은 또 호리호리한 벌레같이 생겼고, 날아다니는 잔디깎이 비슷한 소리를 내는 시끄러운 엔진을 갖고 있었다. 대부분의 비행기들과는 다르게 이 무인항공기의 안정판은 하늘 방향이 아니라 밑으로 향해 있었으며, 그 때문에 어느 주요한 무기업계 잡지는 프레더터에 대한 기사를 처음 내보내면서 거꾸로 된 사진을 실었다.[14] 그러나 공군 조종사 특유의 문화 속에 있던 소수의 장교들은 무인 체계의 잠재성을 보았고 프레더터를 옹호하기 시작했다.

앨런은 백악관의 리처드 클라크에게 프레더터라는 아이디어를 갖고 돌아왔다. 그들은 테넷과 패빗 둘 다 반대하리라는 것을 알았으므로 프레더터를 아프가니스탄으로 보낼 계획이 대충이라도 꿰맞춰질 때까지 두 사람에게 이 선택지에 관해 입을 닫고 기다렸다. 테넷에게 말하지 않은 채 클라크는 백악관 회의를 소집해 프레더터의 가장 열렬한 옹호자들인 찰리 앨런, CTC 수장 코퍼 블랙, CTC 내에서 '알렉 지부'(Alec Station)라는 암호명을 지닌 빈라덴 추적 부서의 책임자 리처드 블리를 초대했다.

아프리카의 여러 CIA 지부에서 일한 노련한 공작관 블리는 알렉 지부를 맡은 직후인 1999년에 북부동맹의 지도자 아흐마드 샤 마수드와의 접촉선을 다시 연결하기 위해 아프가니스탄의 판즈시르 계곡에 팀을 이끌고 간 적이 있었는데, 마수드는 9.11 테러 바로 이틀 전 알카에다에 의해 죽음을 당했다.[15] 블리는 영리하고 열정적인 사람이었지만 때로는 무뚝뚝해서 동료들 중 일부로 하여금 그를 냉담하다고 여기게 했다. 그는 소련에 맞선 비밀공작의 방향을 놓고 정보국 방첩 분야의 전설적인 수장 제임스 앵글턴과 갈등을 빚었던 CIA 소련 분과장의 아들로 태어나 CIA의 자식으로 자랐다.[16] 데이비드 블리는 앵글턴과의 싸움에서 이겼고 1970년대 KGB 고위직에 수십 명의 첩자들을 심는 방식으로 KGB를 성공적으로 뚫어냈다. 이제 그때와는 매우 달라진 CIA 전쟁의 전선에 아들이 서 있는 것이었다.

2000년 전몰장병 추모일의 주말에 클린턴의 국가안보 보좌관 샌디 버거는 CIA가 프레더터를 가지고 너무 오랫동안 흥정을 했다고 여겨 드론 비행에 대한 결정을 내리라고 요구했다. 그러자 CIA 부국장 존 고든 장군은 랭글리에서 급히 회의를 마련했는데 이 회의는 금방 소리 지르기 시합으로 퇴보했다. 이미 프레더터라는 선택지에 관해 전해 들었던 패빗은 아프가니스탄에 대한 CIA의 첩보 비행에 반대한다는 뜻을 분명히 했다. "어디를 드론 기지로 삼을 거요?" 그는 물었다. "만약 격추당한다면?" 패빗은 CIA가 자신만의 공군을 운용해서는 안 된다고 주장했다. 한 참석자에 따르면 그 모임은 "정말로 추한 현장"이 되었다.

회의가 끝난 뒤 앨런은 패빗의 반대에 관해 말해주려고 클라크에게 전화를 걸었다. 클라크는 패빗의 걱정은 웃기는 것이며 그 계획은 거의 아무런 위험이 없음을 보여준다고 생각했다. 그는 앨런에게 말했다. "프레더터가 격추당하면 조종사는 집에 가서 자기 아내랑 떡을 치겠죠. 괜찮아요. 이건 전쟁포로 문제가 없잖아요."[17]

며칠 뒤 프레더터에 관해 들은 테닛 역시 회의적이었고, 그는 우즈베키스탄의 독재자 이슬람 카리모프에게 CIA가 아프가니스탄 국경 근처 구 소련 공군기지에 프레더터를 배치할 테니 허락해달라고 요청하는 일이 달갑지 않았다. 그때만 해도 CIA가 세계 어디에나 군대와 비슷한 형태의 기지를 세운다는 구상은 미친 짓이자 비밀공작에 배정된 제한된 예산의 소모로 보이기 십상이었다.

그런데 6월에 접어들자 클라크가 논쟁에서 이겼고, 백악관은 우즈베키스탄에 있는 카르시카나바드 공군기지로 프레더터들을 옮기는 것을 승인했다. 하지만 CIA 요원들에게는 다른 문제가 있었다. 드론을 날리기에 충분한 위성 대역폭을 어떻게 얻느냐 하는 문제였다. 그때 공군 엔지니어들은 위성에서 신호를 중계하고 독일에 있는 지상 중계소가 다시 이를 전달케 함으로써 수천 마일 떨어진 곳에서 프레더터를 조종할 방법을 고안해 둔 상태였다. CIA 요원들은 랭글리의 개조된 트레일러로 전송되는 동영상 화면을 통해 프레더터의 비행을 관찰했다. 그러나 정보국은 여전히 상업 위성 회사들한테서 대역폭을 빌려야 했는데, 이것이 예상보다 어려운 일로 드러났다. 새로운 언론사들이 시드니 올림픽 경기 중계를 준비하느라 모든 위성 대역폭을 빨아들이는 바람에, CIA가 무선응답기 공간을 대여해 줄 위성 회사들을 미친 듯이 찾아 헤매는 동안 프레더터들은 거의 이륙을 하지 못했다.[18]

첩보 비행은 2000년 9월에 시작되었고, CIA는 산맥의 겨울 바람이 프레더터의 약한 기체에 부딪쳐 비행을 너무 위험하게 하기 이전인 가을에 아프가니스탄 상공에서 열 번이 넘는 드론 임무를 수행했다. 클라크는 랭글리의 주차장에 세워둔 트레일러로 전송되는 비디오를 보러 여러 번 갔다. "그건 그냥 공상과학 소설이었어요. 믿을 수가 없었지." 어느 날 칸다하르 근방에 있는 빈라덴의 타르나크 농장 훈련소 상공을 비행하던 프레더터는 훈련소로 들어가는 트럭 행렬을 포착했다. 길고 흰 겉옷을 입은 키 큰 남자가 내려서 걸어갔다. 영상의 화질은 선명하지 않았지만 CIA에서 비디오 화면을 둘러싸고 서 있던 모든 사람들은 카메라가 빈라덴을 비추고 있다고 확신했다.

CIA 분석관들은 잠수함에서 미사일을 발사할 승인을 얻으려고 급히 국방부와 백악관에 알렸다. 그러나 국가안전보장회의의 관리들은 빈라덴이 최소한 6시간 — 미사일 발사의 규약에 따른 절차를 거쳐 토마호크 미사일이 아라비아 해의 잠수함에서 남부 아프가니스탄까지 날아가는 데 걸리는 시간 — 동안 타르나크 농장에 머물 것인지 알아내라고 요구했다. CIA는 단서가 없었고, 그래서 샌디 버거와 그의 참모들은 공격을 승인하기를 거부했다.[19] CIA에게는 오직 두 가지 선택지밖에 없었다. 빈라덴이 앞으로 6시간 동안 어디 있을 것인지를 미리 알아내거나, 지금 당장 알카에다 지도자를 추적해 죽일 무기를 찾아내거나.

인디언스프링스 공군 보조비행장은 당시 라스베이거스에서 북서쪽으로 35마일쯤 떨어져 네바다 사막에 자리잡은 조그맣고 퇴락해가는 기지였다. 이곳은 2차 세계대전 때 지어졌다가 국방부에게 잊혀져버린, 시대에 뒤진 수많은 군 전초기지들 중 하나였다. 1950년대와 60년대에 기지는 근방에서 이루어지는 지하 핵실험들을 위한 보급의 중심지였고, 인디언스프링스에 배치된 헬기들은 종종 방사능 누출을 감시하기 위해 머큐리와 유카 평원의 실험지점을 비행하곤 했다. 공군의 시범 비행대인 선더버즈가 가끔 훈련할 때를 빼면 인디언스프링스는 황량한 벽지였다.

이 기지는 새 때문에도 문제였다. 인디언스프링스 위의 하늘은 새들로 가득했고, 공군은 새들이 제트엔진에 끼여 치명적인 추락사고를 야기할 수 있다고 우려해 이 기지에서 전투기의 이륙 횟수를 제한했다. 그러나 드론 실험장으로서 인디언스프링스는 이상적이었다. 무인항공기는 새들보다 훨씬 빠른 속도로 비행하지 않기 때문이었다. 그래서 인디언스프링스에서는 한 무리의 시험 조종사들이 프레데터를 추격자에서 살인기계로 바꾸려고 시도하고 있었다.

기지에 있는 단층 숙소는 벽에 석면이 채워져 있어 철거될 예정이었고,

프레더터 팀은 매일 아침 라스베이거스 외곽에 임대한 집에서 인디언스 프링스의 버려진 교회 건물 안에 설치된 지휘소로 출근했다.[20] 2000년과 2001년에 이 기지에 있었던 프레더터 조종사들 중 하나인 커트 호스Curt Hawes는 CIA가 빈라덴을 죽이는 데 프레더터를 사용하기를 긴급히 원했기 때문에 드론의 시험비행이 속도를 냈다는 점을 자신들도 어렴풋이 알고는 있었지만 기지 사람들은 워싱턴에서 벌어지는 논쟁의 세부적인 내용과 격리되어 있었다고 회고한다.

이 프로그램에 대한 자금은 오하이오 주 데이턴의 라이트패터슨 공군 기지에 주둔하면서 군을 위한 비밀 정보 계획들을 발전시킬 책임을 맡은 공군의 기밀 부서 빅 사파리Big Safari 사무실을 통해 전달되었다. 빅 사파리의 임무는 준비 중인 특정 무기들을 평상시보다 더 빨리 현장으로 투입하기 위해 국방부 관료주의를 단축하는 것이었는데, 이는 무기들이 때로는 완전히 준비되기도 전에 전쟁터로 갔다는 것을 의미했다. 일부 조종사들이 감자머리 인형(Mr. potato head doll)의 산만한 생김새에 비유하곤 했던 엉터리 제어판을 지닌 2000년의 초기형 프레더터가 바로 그와 같은 사례였다. 중요한 디자인 결함 가운데 하나는 드론의 엔진을 끄는 단추가 헬파이어 미사일을 발사하는 단추에서 고작 1/4 인치 떨어져 있다는 점이었고, 이것은 치명적인 결과로 이어지는 실수를 낳을 수 있었다.

게다가 더 큰 문제는 미사일 발사가 드론 그 자체에 대해서는 무슨 작용을 할지 아무도 확신할 수 없었다는 것이다. 미사일의 힘이 비행 중에 기체를 파열시키거나 프레더터의 날개들을 찢어버리려나? 2001년 1월에 이를 알아보기 위해 캘리포니아의 차이나 레이크 사막에서 시험이 실시되었다. 부시 대통령이 취임한 지 3일 후에, 공군 엔지니어들은 프레더터를 조그만 산꼭대기에 설치한 콘크리트 판 위에 체인으로 묶은 뒤 드론에서 헬파이어 미사일을 발사했다. 미사일은 경로상에 있는 목표 전차를 타격했고,

프레더터는 피해를 받지 않았다.[21] 실전 비행 시험은 계속될 수 있었다.

2001년 2월 16일 동트기 몇 시간 전, 커트 호스는 인디언스프링스의 비려진 교회에 있는 지휘소를 떠나 사막으로 20마일을 운전해서 갔다. 그는 전날 밤 라스베이거스의 방에 앉아서 마음속으로 비행 전 점검할 사항의 목록을 다시 검토했다. 또 눈을 감은 채, 프레더터의 조종간을 통제하고 미사일을 발사할 때 자신의 두 손이 만들어낼 움직임을 연습해보았다.[22]

획기적인 시험을 둘러싼 드라마가 조종사는 살아남을 수 있을까 하는 걱정과 아무런 관련이 없었던 경우는 미국의 비행 역사에서 아마 이번이 처음이었을 것이다. 그래서 2월 16일 아침에 커트 호스는 척 예거Chuck Yeager(1947년 세계 최초로 음속 비행에 성공한 미군 조종사: 옮긴이)가 음속의 장벽을 깨려고 노력하다 가장 근래에 죽은 시험 조종사가 그 자신이 되지 않기를 바라면서 벨 X-1기의 조종석에 비집고 앉았을 때와 같은 심정으로 잠을 깨지는 않았다. 호스는 어쨌든 아무 위험도 감수하지 않았고, 그것이 바로 이 비행이 분수령이 되는 이유다. 미국은 아무도 실제로 전쟁터에 나가지 않기를 요구하는 전쟁을 위한 신무기를 발전시키고 있었던 것이다.

시험은 사막의 바람이 가장 고요할 때인 이른 아침으로 예정되어 있었다. 해가 뜬 직후 호스는 인디언스프링스의 활주로에서 드론을 발진시킨 팀한테서 프레더터의 통제를 넘겨받았다. 그는 드론을 지금까지 헬파이어 미사일이 발사된 가장 높은 고도인 2,000피트로 천천히 내려오게 했다. 그는 사막에 있는 표적 전차를 가리키는 레이저빔의 도움을 받아 조준선을 정렬했는데, 이 레이저는 지상에 있는 육군의 한 계약인이 움직이고 있었다. 그는 버튼을 눌러 헬파이어 미사일을 발사했다.

호스가 기억하는 것은 침묵이었다. 그는 조종사였지만 자신의 비행기에서 몇 마일이나 떨어져 있었다. 그는 헬파이어 미사일의 로켓 엔진이 불붙는 소리나 미사일을 발사했을 때 비행기에 가해지는 충격도 느끼지 못했다. 비디오 화면은 미사일의 열기가 남기는 흔적을 따라 깜빡였고 그는 미사일이 표적인 전차를 정확히 타격하기 위해 나아가는 것을 지켜보았다.

기술자들은 시험에 진짜 탄두를 쓰지 않기로 결정했고, 그래서 폭발은 없었다. 모의 미사일은 전차 포탑의 정중앙에서 6인치 오른쪽을 맞추어 장갑을 움푹 패이게 하는 한편 포탑을 30도 돌려놓았다.[23] 시험은 완전무결한 성공이라는 판정을 받았다. 오전 7시가 되자 시험은 완료되었고 프레데터 팀은 성공을 축하하는 아침식사를 하러 인디언스프링스 기지에 인접한 작은 카지노에서 만났다.

공군 지도자들은 들떴고, 5일 뒤 두 번째 시험을 할 때는 국방부에 여러 장성들을 모이도록 주선해 네바다에서 보낸 영상 자료로 헬파이어 발사를 보게 했다. 커트 호스는 이번에는 위성을 사용해서 프레데터를 조종했다. 이것은 그가 손에 쥔 조종간의 움직임과 비행기의 실제 움직임 사이에 2초의 시차를 만들었다. 따라서 프레데터를 조종하기가 한층 어려웠지만 다시 한 번 헬파이어는 표적을 정확히 맞추었다. 이날은 미사일에 진짜 탄두를 달았고, 그것이 목표물을 찾았을 때 작은 불덩어리가 아침 하늘로 솟아올랐다.

원격 제어되는 무장 분쟁의 시대는 화려한 팡파르가 울리지 않는 가운데 시작되었다. 공군은 짤막한 보도자료를 배포했고 이는 라스베이거스 지역 신문에 자그맣게 실렸다. 네바다 출신 의원이 프레데터 팀을 축하하려고 전화를 걸어왔지만 기술자와 조종사 들은 시험을 촬영할 것이라는 소문이 돌던 CNN 보도진이 나타나지 않아 실망했다. CIA 관리들은 작전 전체를 비밀에 부치려 애쓰고 있었고 공군이 보도자료까지 낸 데에 화가 났다. CNN은 끝내 기지 방문을 허락받지 못했다.

커트 호스는 이런 뒷이야기를 전혀 알지 못했다. '다른 관계자들'이 그의 업무를 비밀로 유지하려고 개입했다는 것이 그가 들은 전부였다.

그러나 이 '다른 관계자들'은 무장한 드론으로 무엇을 해야 할지 결정하지 못했다. 미사일 시험이 성공한 뒤에도 CIA 최고위층은 오사마 빈라덴을 쫓기 위해 아프가니스탄으로 무장 프레데터를 보내야 할지를 두고 의견이 갈라져 있었다. CIA 공작부를 이끄는 패빗은 1인으로 편성된 그리스 합창단(Greek chorus. 고대 그리스에서 연극 도중에 나와 말과 노래로 극중 상황을 해설하던 배우들: 옮긴이)처럼 CIA가 프레데터 사업을 운영하는 것을 강하게 반대하는 주장을 폈다. 그는 은닉 예산을 드론 구입이 아니라 공작관들을 더 많이 뽑는 데 쓰고 싶었다. 그는 9.11 테러 이후 대테러 사업에 이미 수십억 달러를 들이부은 마당이라 유별나 보이는 질문, 즉 프레데터에 들일 200만 달러가 CIA와 국방부 중 어느 곳의 예산에서 나갈 것이냐는 질문를 반복해서 던지곤 했다.

하지만 그는 테넷의 다른 참모들 역시 공유하고 있었던 훨씬 더 깊은 우려를 표명하기도 했다. CIA가 암살 임무에 복귀하는 것은 정확히 어떤 영향을 미칠 것인가? 당시 CIA 부국장 존 맥러플린은 이렇게 말했다. "치명적인 권한을 얻을 때 딸려오는 문화적 변화를 과소평가해서는 안 됩니다. 사람들이 내게 '그거 별일 아니야'라고 말하면 나는 '당신은 누굴 죽여본 적이 있소?'라고 묻죠. 그건 별일입니다. 세상사에 관해서 다르게 생각하기 시작하는 겁니다."

더구나 미국은 자신이 착수할지 말지 논쟁을 벌이는 바로 그 일을 가지고 다른 나라들을 꾸짖고 있었다. 2000년과 2001년 팔레스타인 사람들의 제2차 봉기(intifada) 와중에 이스라엘 정부가 하마스 지도자들을 죽이고 있을 때 이스라엘 주재 미국 대사 마틴 인디크는 말했다. "미국은 특정 인물을 표적으로 삼는 암살에 분명하게 반대해왔습니다. 그것은 사법 절차를 밟지 않은 살인이며 우리는 그것을 지지하지 않습니다."[24]

조지 테넷은 양면적인 태도를 보였고 CIA가 아닌 군이 전쟁 무기의 방아쇠를 당겨야 한다고 거듭 이야기했다. 그런데 어느 날 프레더터 공격을 CIA 요원이 관할해야 하는지를 놓고 토론을 벌이던 중 찰스 앨런과 정보국 서열 3위인 앨빈 버지 크론가드가 서로 자신이 방아쇠를 당기겠다고 나섰다. 이는 테넷을 격앙시켰다. 그는 헬파이어 미사일을 발사할 권한은 그들에게 없고 자신도 마찬가지라며 앨런과 크론가드를 꾸짖었다고 후일 9.11위원회를 상대로 진술했다.[25]

프레더터에 관한 그 모든 토론이 벌어지는 동안 테넷 가까이 앉아 있던 존 캠벨 중장은 이상한 종種이 치르는 전투 의례를 관찰하는 인류학자와 닮은 데가 있었다. 그는 공군에서 경력을 쌓았고 1년 전 여름 CIA의 군사지원부장을 맡아 랭글리에 왔다. 캠벨은 CIA가 프레더터를 받아들여야 한다고 굳게 믿었지만, 지금은 무장 드론을 둘러싼 2001년 여름의 내부 투쟁을 돌이켜보면서 당시 정보국이 스스로 어떤 존재가 되기를 원하는지에 관한 가장 기본적인 질문들과 씨름하고 있었음을 이해한다.

"군대 문화에서는 합법적인 명령을 따를 경우 — 장교로서 합법적인 명령에 복종하는 건 당연합니다만 — 당신이 하는 일에 개인적 책임을 지지 않게끔 거의 완전한 보호를 장기적으로 받습니다. CIA는 달라요. 그들은 훨씬 적게 보호받지요. 그들은 '본인은 당신이 이 일들을 하는 것을 승인한다'는 내용과 대통령의 서명이 적힌 종이쪽을 받아들고 그 대통령 인가서의 규정 아래 작전을 벌일 수 있습니다. 그럼 다음 정권이 들어와서는 사법부가 그 명령은 의문의 소지가 있으며 심지어 불법일지도 모른다고 결정하고 — 그러곤 뭐겠습니까? — 그 사람들은 자신이 한 행동에 직접 책임을 지게 되는 거죠."

"구체적으로 개인들을 표적 삼는 프레더터 같은 사안은 미래에 미칠 파문에 대해서 온갖 걱정을 다 하게 만든다"고 캠벨은 말했다.

당시 캠벨 아래서 부부장을 맡은 사람은 프레더터를 둘러싼 다툼의 앞줄에 있던 로스 뉴랜드였다. 뉴랜드는 회의에 앉아서 익숙한 순환이 또 한 바퀴 이루어지는 것을 지켜보고 있음을 깨달았다. '위험을 기피하는' CIA가 다시 한 번 비밀전쟁으로 돌아갈 참이었던 것이다. 그는 프레더터 사업을 지지했고 부시 정권이 빈라덴을 죽이기 위해 가능한 한 빨리 그것을 사용해야 한다고 생각했지만 다른 한편으로는 볼리비아에서 마약 수사관으로 활동하던 시절을 떠올리지 않을 수 없었다. 다른 어느 기관도 그 일을 하고 싶어하지 않았기 때문에 준비되지 않은 CIA가 마약 운반책들을 쫓는 임무를 맡았었다. 20년이 지나 뉴랜드는 테러리즘을 두고 똑같은 일이 벌어지는 광경을 볼 수 있었다.

몇 주 뒤 9.11 테러가 3천 명 가까운 미국인들의 목숨을 빼앗자 암살, 비밀공작, 미국의 적을 추적하는 작업에서 CIA를 적절히 사용하는 법에 관한 곤란한 질문들은 빠르게 쓸려나갔다. 몇 주일 안 지나 CIA는 아프가

로스 뉴랜드.(로스 뉴랜드의 호의로 사진 수록.)

니스탄에서 수십 차례의 드론 공격을 벌이기 시작했다.

미국은 무장한 프레더터가 비밀전쟁을 위한 궁극적인 무기라는 것을 알아냈다. 그것은 조용히 죽이는 도구였고, 전투에서의 책임에 대한 일반적 규칙에 매여 있지 않은 무기였다. 무장 드론은 미국 대통령이 기자들과 독립적 감시단체들이 갈 수 없는 멀리 떨어진 마을과 사막의 캠프를 공격하라는 지시를 내릴 수 있게 했다. 연단에 서 있는 대변인이 공공연히 입에 담는 일은 거의 없었지만 이 공격들은 미국인의 생명을 위험에 빠지게 하지 않으면서 미국의 힘을 과시하고 싶어하는 양당 정치인들에게 개인적으로 응원을 받았다.

전쟁의 양상을 바꿀 수 있는 기술은 드물다. 이전 세기의 첫 절반 동안 전차와 항공기는 세계가 전투를 치르는 방식을 변화시켰다. 다음 50년은 국가들이 사용하는 경우가 절대 없도록 하기 위한 원칙들을 탄생시킬 정도로 무서운 힘을 가진 무기인 핵탄두와 대륙간 탄도미사일이 지배했다. 무장 드론의 출현은 이 계산법을 뒤집었다. 전쟁은 바로 위험이 없어 보였기 때문에 가능했던 것이다. 전쟁을 막는 장벽은 낮아졌고, 원격 제어의 시대가 시작되었으며, 살인 드론은 CIA 내부에서 열광의 대상이 되었다.

2002년 여름에 로스 뉴랜드는 CIA 본부에 있는 작은 선물가게에 들렀다. 그는 친구들에게 줄 선물을 찾으러 CIA 로고가 새겨진 머그잔, 양털웃옷, 티셔츠로 가득한 선반의 대열 속을 걷고 있었다. 그러다 예상치 못한 물건을 발견했다. 왼쪽에 작은 드론이 수놓여진 골프 셔츠였다. 프레더터는 여전히 CIA의 최고 기밀에 속하는 사업들 중 하나였지만 지금 이 첩보기관은 드론의 이미지를 기념품으로 팔고 있었다.[26]

그해 늦게 예멘에서 알하레시를 죽인 것은 CIA가 고분고분한 외국 동맹과 함께라면 전쟁지역을 훨씬 넘어 전쟁을 수행할 수 있음을 보여주었다.

부시의 관료들이 예멘에서의 공격에 대해 너무나 기뻐한 나머지 그 공격에 대한 소식은 빠르게 새어나가, 가스통이 폭발을 일으켰다는 예멘 관료들의 얄팍한 해명에 구멍을 내버렸다. 국방부 부장관 폴 울포위츠는 한 술 더 떠 CNN 방송에서 그 공격을 칭찬하기도 했다.

살레 대통령은 울포위츠의 발언에 관해 듣자 분노했다. 자신의 정부가 바보와 거짓말쟁이처럼 보이게 되었으므로 그는 예멘에 있는 미국 첩보원들과 외교관들더러 자기 사무실로 당장 오라고 했다.[27] 그러고는 그들에게 워싱턴이 비밀을 유지할 수 없었기 때문에 예멘에서 벌이는 미국의 숨겨진 전쟁은 축소될 것이라고 통보했다. 프레더터 비행을 즉시 멈추라는 명령도 내렸다.

이후 9년 가까이는 그 명령대로 되었다. 다만 이런 상황은 예멘이 혼란에 빠지고 살레가 권력에 대한 장악력을 조금씩 잃어감에 따라 다른 미국 대통령이 예멘 상공에 드론을 되돌려놓으라고 지시하는 2011년까지 지속되지는 않을 것이었다. 그때 살레는 무슨 반대를 할 처지가 아니었다.

제6장

진정한 파슈툰족

"언제나 하늘에서 뭔가 떨어지거든요."

페르베즈 무샤라프

"저 새가 왜 나를 따라다니지?"

넥 무함마드 와지르는 남부 와지리스탄의 흙으로 지은 건물 안에서 추종자들에게 둘러싸여 위성전화로 BBC 기자와 이야기하고 있었다. 칠흑같은 긴 머리카락을 가진 이 젊은 지휘관은 창밖을 보다 뭔가가 햇빛을 받아 반짝거리며 공중을 맴도는 것을 눈치챘다. 그는 부하 한 사람에게 저 번쩍이는 금속 물체가 뭔지 물어보았다.[1]

얼마 전 파키스탄 군대를 맥없이 무릎 꿇린 넥 무함마드는 CIA의 추적을 받고 있었다. 파키스탄 부족지역에서 모두가 인정하는 록 스타처럼 등장한 그는 2004년 봄 정부군에 맞설 군대를 세워 결국 파키스탄 당국을 협상장으로 나오게 만든 와지르 부족의 자신만만한 일원이었다. 그의 부상은 파키스탄 지도자들을 놀라게 했고, 이제 그들은 그의 죽음을 원하고 있었다.

29세의 넥 무함마드는 소련에 맞선 전쟁 동안 자기네 아버지들을 원조했던 ISI에 충성을 바칠 이유가 없다고 여기는 파키스탄의 무자헤딘 2세대에 속했다. 부족지역의 많은 파키스탄인들은 9.11 테러 이후 무샤라프 대통령이 워싱턴과 맺은 동맹에 경멸어린 눈길을 던졌고 파키스탄군이 미군(그들 관점에서는 소련과 똑같이 아프가니스탄에서 침략 전쟁을 시작한)과 전혀 다를 바 없다고 보았다.[2] 넥 무함마드는 파키스탄 정부로 하여금 다가올 몇 년 동안 점점 자라날 문제에 대한 첫 경험을 하게 해주었다. 그 문제란 교전 상태가 서부 산악지대를 넘어 파키스탄의 가장 크고 중요한 도시들 주변에 있는 안정 지역까지 범위를 확장하는 것이었다. 이는 이슬라마바드가 결국 통제하지 못하게 될 교전 상태였다.

남부 와지리스탄의 분주한 상업 중심지 와나 근처에서 태어난 넥 무함마드는 어린 시절 연방정부가 통치하는 부족지역의 문맹 청소년들을 교육하기 위해 1980년대에 세워진 신학교들 중 하나에 다녔다.[3] 그는 5년 후 중퇴했고 1990년대 초기를 자동차 좀도둑, 와나 시장의 소매상 노릇을 하며 보냈다. 그는 그 무렵 격심했던 아프가니스탄 내전에서 아흐마드 샤 마수드의 북부동맹을 상대로 아프가니스탄 탈레반 편에 서서 싸우려고 모병에 응한 1993년에 자신의 소명을 발견했다.

그는 지휘관들이 후퇴 명령을 내려도 전투에서 절대 물러서지 않음으로써 명성을 얻어 탈레반 군대의 위계서열 속을 빠르게 올라갔다.[4] 전쟁터에 나선 그는 길고 가는 얼굴, 쇄골 맨 위를 쏠고 있는 헝클어진 턱수염, 흰 터번에서 흘러내린 검은 머리로 이목을 끌었다. 그는 전형적으로 초췌한 부족 전투원이기보다 파슈툰족의 체 게바라처럼 보였다.

넥 무함마드는 2001년과 2002년 아프가니스탄에 쏟아지던 미국 폭탄의 탄막을 피해 파키스탄으로 들어온 아랍과 체첸의 알카에다 전투원들을 상대로 집주인 역할을 할 기회를 잡았다. 현지 부족민들은 이들에게 피난처를 제공하는 것을 종교적 의무로 여겼으나, 어떤 사람들은 그늘을 만들어주는 거대한 나무들과 가파른 강 계곡이 있는 농업 지역 와나 및 샤카이의 안전한 숙소에 이들을 머물게 한 뒤 부풀린 임대료를 받아 이익을 챙긴 잠재성도 발견했다. 넥 무함마드에게 그것은 단숨에 돈을 얻어들일 수단이었지만 그는 그 전투원들을 써먹을 다른 용도도 찾아냈다. 그는 그들의 도움을 받아 다음 2년 동안 아프가니스탄과의 경계지대에 있는 파키스탄 국경수비대 시설과 미군 중화기 기지에 잇따른 공격을 가했다.[5]

이슬라마바드의 CIA 요원들은 와지리스탄 부족민들에 의지해 아랍과 체첸 전투원들을 넘겨받으라고 파키스탄 첩보원들을 재촉했다. 그러나 파슈툰 부족의 관습은 그러한 배신 행위를 금지하고 있었다. 마지못한 무샤라프는 군대에게 험악한 산맥 안으로 들어가 이 외국인들을 잡아내고 넥 무함마드 일당에게 가혹한 형벌을 집행하라는 명령을 내렸다. 와자리스탄에 대한 군의 개입은 처음이 아니었지만 이번에는 무샤라프에게 새로이 화급한 사정이 있었다. 2003년 후반에 알카에다의 2인자 아이만 알자와히리가 미국인들을 돕는 파키스탄 대통령을 죽이라고 파트와fatwa(이슬람법의 해석과 적용에 관해 권위 있는 법학자들이 제출하는 의견으로, 막대한 강제성을 갖는 칙령 구실을 한다: 옮긴이)를 발령한 것이었다. 암살자들은 2003년 12월에 두 번에 걸쳐 무샤라프를 죽이는 데 성공할 뻔했고, 무샤라프는 산악지대에서 신속하고 혹독한 군사 작전을 펼쳐야 파키스탄 영토에 대한 공격을 멈출 수 있다고 생각했다.

하지만 그것은 시작에 지나지 않았다. 2004년 3월, 파키스탄 공격헬기와 포병부대가 와나와 그 주변 마을을 뭉개버렸다. 정부군은 대피하는 민간인들이 탄 소형 트럭을 포격했고 부족민들이 외국인 전사들을 숨겼다고 의심되는 주거지를 파괴했다. 한 부족민은 기자에게 파키스탄군이 자기 집을 노략질하면서 옷가지는 물론이고 베갯잇과 구두약까지 가져갔다고 전했다.[6] 이 전투를 이끈 사프다르 후사인 중장은 작전이 대성공을 거두었다고 발표했다. 그는 전투원들의 기지와 복잡한 통신장비가 들어찬 땅굴망을 파괴했다고 말했다.

그러나 파키스탄 정부에게 이 전투는 아무런 가치가 없었다. 사상자가 예상보다 많았다. 군이 넥 무함마드와 다른 두 고위 전투원들이 관할하는 요새를 포위해 벌인 3월 16일의 한 전투에서는 15명의 국경수비대원과 1명의 육군 병사가 전사했다. 군인 14명이 인질로 잡혔고 수십 대의 군용 트럭, 야포, 장갑차가 부서졌다. 이슬라마바드의 영향력 있는 모스크인 랄 마스지드의 성직자들은 남부 와지리스탄 사람들에게 군대의 공세에 저항하라고 요구하는 한편 파키스탄군은 이슬람식 장례를 치르지 못할 것임을 알리는 성명을 공포했다. 이 지시에 따라 부모들 중 일부는 죽은 아들의 시신을 인계받기를 거부했다.[7] 군대가 산악지대에 배치되는 데 처음부터 반대했던 와지리스탄의 부족민들은 와나에 대한 무차별적인 공격에 분격했다. 국경수비대 초소에 대한 공격이 증가했고, 이슬라마바드는 빠져나갈 방법을 찾기 시작했다.

2004년 4월 24일, 무샤라프 대통령의 군 사절단이 넥 무함마드의 부하들이 기다리고 있는 와나 근처 샤카이의 이슬람학교에 도착하자 파슈툰 부족민들은 원을 이루어 춤을 추고 북을 두드렸다. 무샤라프가 얼마나 평화를 원하는지를 보여주기 위해 후사인 장군이 직접 왔다. 부족민들은 전통적인 평화의 표시로 군인들에게 AK-47 소총을 선물했고, 후사인 장군은 넥 무함마드와 포옹한 뒤 그의 목에 밝은 빛깔의 화환을 걸어주었다. 사진사들과 텔레비전 촬영기사들이 이 사건을 기록에 담는 동안 두 남자는 나란히 앉아 차를 마셨다.

형식적인 절차가 끝나자 장군은, 전통 의상을 입고 납작한 모직 파쿨 모자를 쓴 차림으로 맨땅에 책상다리를 하고 앉은 사람들에게 연설을 했다. 장군은 군중에게 미국이 아프가니스탄에서 전쟁을 시작한 것은 어리석었다고 지적했다. "미국의 세계무역센터에 비행기가 충돌했을 때 아프가니스탄 조종사가 몇 명이나 있었나요? 아프가니스탄 조종사는 아무도 없었는데 왜 아프가니스탄에서 이런 상황이 벌어진 겁니까?"

그는 파키스탄 정부가 평화 협상을 중개함으로써 남부 와지리스탄 사람들을 미국의 폭탄에서 보호하고 있다고 말했다.

"만약 파키스탄 정부가 이렇게 현명한 선택을 하지 않았다면 미국은 이라크와 아프가니스탄을 침공했던 것과 똑같이 부족지역들을 침공했을 겁니다." 군중은 열렬히 갈채를 보냈다.[8]

넥 무함마드도 줄지어 늘어선 마이크 앞에서 평화를 이야기했다. "이미 벌어진 일들은 어쩔 수 없습니다. 우리의 잘못이든 군대의 잘못이든, 우리는 다시는 서로 싸우지 않을 것입니다."[9]

어느 쪽이 힘을 쥐고 협상을 하고 있었는지는 의심할 여지가 거의 없었다. 넥 무함마드는 나중에 정부가 공공 장소보다는 전통적으로 부족 모임

본문에 서술된 모임에서 연설하는 넥 무함마드(중앙). ⓒTariq Mahmood/AFP/Getty Images.

이 열리던 이슬람학교 안에서 만나자는 데 동의했다는 점을 자랑한다. "나는 그들한테 가지 않았소. 그들이 내가 있는 곳으로 왔지. 그게 누가 누구한테 항복했는지 분명히 해주는 겁니다."[10]

휴전 협정의 조건으로 따져봤을 때 그의 말은 옳았다. 정부는 남부 와지리스탄에서 벌어진 학살에 배상금을 치르고 공세 동안 생포된 모든 죄수를 석방하는 데 동의했다. 산악지대의 모든 외국인 전투원들은 파키스탄군에 대한 공격과 아프가니스탄 내부를 향한 습격을 포기한다고 서약할 경우 사면을 받았는데, 이것은 본질적으로 강요할 수가 없는 조항이었다. 넥 무함마드와 그의 추종자들 또한 파키스탄군을 공격하지 않기로 약속했지만 아프가니스탄에 대한 공격을 단념하지는 않았다. 나중에 넥 무함마드는 아프가니스탄이 외세의 점령에서 해방될 때까지 그 나라에서 벌이는 성전을 포기하지 않을 것이라고 밝혔다.

파키스탄 정부의 모든 사람이 평화 협상을 현명한 행동이라고 생각한 것은 아니었다. 2004년에 아사드 무니르는 ISI에서 이미 은퇴해 페샤와르에서 부족지역의 안전과 발전을 감독하는 민간인 행정관 일을 맡고 있었다. 2002년과 2003년에 CIA와 가깝게 지내며 일했던 이 전직 지부장은 파키스탄 장군들이 넥 무함마드와 협상해야 할지 말지를 놓고 토론하는 것을 지켜보았다. 그는 부족 전투원들에게 양보하는 것은 그들의 세력을 파키스탄의 안정 지역 안으로까지 확장시켜주는 일일 뿐이라고 경고했다. 무니르는 지금도 2004년 부족지역 안에서 중개된 그 평화 협상은 파키스탄 탈레반이라고 알려지게 된 강력하고 치명적인 집단을 부상시키는 결과를 낳았다고 믿는다.

그는 "만약 2004년에 [파키스탄군이] 남부와 북부 와지리스탄에서 그대로 작전을 밀고나갔다면" 탈레반은 이슬라마바드에 훨씬 가까운 지역까지 확산되지 못했을 것이라고 말했다. "평화 협상이 벌어질 때마다 탈레반은 더 힘을 얻고 더 많은 지역을 지배했는데 사람들은 국가가 개입하지 않으니까 그들을 통치자로 받아들이기 시작한 거죠."[11]

그런데도 이슬라마바드의 정부 관리들은 평화 협상이 파키스탄 전투원들과 알카에다 전사들을 분열시켰다고 자랑했다. 넥 무함마드는 공식적으로 부족지역에는 알카에다 조직원들이 전혀 없다는 발언을 계속하고 있었다. "알카에다는 여기 없습니다. 만약 알카에다 전투원이 한 명이라도 있었다면 정부가 지금쯤 하나는 잡았을 겁니다."[12]

샤카이 평화 협상은 넥 무함마드가 새로운 명성을 얻게 만들었다. 그는 정부를 무릎 꿇린 자였고, 그는 자신을 산악지대에서 영국군을 쫓아낸 유명한 와지르 부족민들과 비교하기 시작했다. 몇 주도 안 지나 휴전 협정은 엉터리임이 밝혀졌고 넥 무함마드는 파키스탄군에 대한 공격을 재개했다. 무샤라프도 다시 한 번 그의 군대에 남부 와지리스탄에서 공세를 벌이라고 지시했다.

파키스탄군에 대한 넥 무함마드의 반복적인 모욕은 부족지역에서 프레데터가 비행하도록 허락해달라고 몇 개월 동안 파키스탄 사람들에게 압력을 넣고 있던 이슬라마바드의 CIA 관리들에게 기회를 안겨주었다. 이슬라마바드의 CIA 지부장은 ISI 부장 에흐산 울 하크 장군을 방문해 제안했다. CIA가 넥 무함마드를 죽인다면 ISI는 부족지역에 대한 정기적인 드론 비행을 허가하겠는가? 지부장은 이렇게 회상했다. "넥 무함마드는 파키스탄 사람들을 정말 열받게 했습니다. 내 말을 듣더니 '당신네가 그를 찾을 수 있다면, 가서 잡으시오'라고 하더군요."[13]

그러나 이 허가에는 제한이 따라붙었다. 파키스탄 정보부 관리들은 공격 대상에 대한 엄격한 통제를 할 수 있도록 자신들이 매번 드론 공격이 벌어지기 전에 승인을 하겠다고 고집했다. 드론들이 정확히 어디를 날 수 있는지 격렬한 토론이 벌어졌고, 더 광범위한 허가를 내줄 경우 파키스탄

핵시설이나, 카슈미르 전투원 집단이 인도 공격을 위해 훈련받고 있는 산악 기지들처럼 이슬라바드 정부에서 미국인들의 접근을 꺼리는 지역을 CIA가 염탐하도록 허용할 수 있음을 아는 파키스탄 정보부는 드론이 부족지역 내부의 비좁은 '비행 박스' 안에서만 움직여야 한다고 우겼다.[14]

ISI는 또 파키스탄에서 이루어지는 모든 드론 비행은 CIA의 비밀작전 권한 하에 시행된다고 주장했는데, 이는 미국이 미사일 공격 사실을 절대 인정하지 않는다는 것, 그리고 파키스탄은 각각의 살인을 자신의 공적으로 돌리거나 침묵한다는 것을 의미했다. 무샤라프 대통령은 이러한 책략을 계속하기 어려울 것이라고 생각하지 않았다. 협상 도중에 그는 한 CIA 공작원에게 "파키스탄에서는 언제나 하늘에서 뭔가 떨어지거든요"라고 말했다.

만약 아무 제약을 받지 않았더라도 그 당시 정보국은 부족지역에서 더 광범위한 살해 작전을 수행할 수 없었을 것이나. CIA는 그 시역에 정보가 나올 구멍을 거의 갖지 못했기 때문에 빈라덴과 다른 알카에다 지도자들이 어디 숨어 있는지 알 길도 막막했다. CIA 분석관들은 빈라덴과 아이만 알자와히리가 부족지역 어딘가에 있다고 의심했지만, 막연한 의심과 불확실한 제3자의 보고로는 프레더터를 효과적으로 활용하기 힘들었다. ISI의 사정도 크게 낫지 않았다. 파키스탄 정보부는 도시들 안에 칼리드 셰이크 모함메드 같은 알카에다 지도자를 추적하는 것을 돕는 광범위한 정보망을 두고 있었지만, 남부 와지리스탄과 다른 부족 기관에는 믿을 만한 연락책이 없었다.

미국과 파키스탄의 첩보원들 양쪽에 운이 좋게도, 넥 무함마드는 그다지 깊숙이 숨어 있지 않았다. 그는 정기적으로 서방 뉴스 방송국의 파슈토어語 채널과 인터뷰를 하면서 강력한 파키스탄군을 이긴 것을 자랑하곤 했다. 위성전화로 이루어진 이 인터뷰들은 그를 미국인 도청 담당자들의 만만한 표적으로 만들었고, 2004년 6월 중반에 이르렀을 때 그들은 규칙적으로 그의 움직임을 추적하고 있었다. 넥 무함마드가 BBC 인터뷰를 하다 자신을 따라다니는 이상한 새에 대해 큰 소리로 궁금해한 시점에서 24시간이 지나지 않아 프레더터는 그의 위치를 고착한 다음 그가 쉬고 있던 건물에 헬파이어 미사일을 발사했다. 폭발은 넥 무함마드의 왼쪽 다리와 손을 절단했고, 그의 죽음은 즉사에 가까웠다. 파키스탄 기자 자히드 후사인은 며칠 후에 샤카이를 방문해서 벌써 순례지가 되고 있는 흙무덤을 보았다. 무덤에 있는 묘비에는 그는 진정한 파슈툰족답게 살다 죽었다라고 적혀 있었다.[15]

CIA와 ISI 관리들은 이 공격에 관한 소식을 어떻게 다룰지 의논한 뒤 파키스탄이 그 나라 군대를 모욕한 남자를 죽인 공로를 가져가기로 결정했다. 넥 무함마드가 죽은 다음날, 몇 년 동안이나 계속될 위장이 시작되었다. 파키스탄군 수석 대변인 샤우카트 술탄 중장은 '알카에다의 협력자' 넥 무함마드와 다른 네 명의 전투원이 파키스탄군의 로켓 공격으로 죽었다고 〈미국의소리〉(Voice of America) 방송에 발표했다.

드론 공격이 있고 4개월이 지나, 우묵 패인 슬픈 눈과 구부정한 어깨를 가진 한 장군이 파키스탄의 ISI를 떠맡게 되었다. 기초적인 경력을 제외하면 미국 첩보원들은 냉정하고 줄담배를 피우는 아슈파크 파르베즈 카야니에 대해 아는 게 별로 없었다. 그는 군인 가정에서 태어나 펀자브의 건조한 지역 젤룸에서 자랐다. 또 파키스탄군이 인도와의 13일 전쟁에서 패배하여 나중에 방글라데시가 될 영토를 잃은 해인 1971년에 육군 장교로 임관했다. 대부분의 파키스탄 장교들처럼 카야니는 파키스탄이 생존을 위해 매일같이 투쟁을 해왔으며 인도에 맞서 자신을 방어하는 이 나라의 능력에 어떤 영향을 미칠지 먼저 생각하지 않고는 어떠한 군사적 결정도 내릴 수 없다고 믿었다.

그러면서도 그는 다른 이들이 조급한 태도를 보인 문제들에 조심스럽게 대처했다. 파키스탄에 근거지를 둔 전투원들이 2001년 후반 뉴델리에 있는 인도 의회에 치명적인 공격을 가했을 때 핵을 가진 두 숙적은 마치 전쟁에 돌입할 것처럼 보였는데, 카야니는 인도와의 국경을 따라 파키스탄 군을 집결시킬 책임을 맡은 육군 지휘관이었다. 그는 긴박한 상황을 조용히 관리하면서 자신의 인도군 상대역과 계속 접촉하여 당장이라도 터질 듯한 분쟁이 핵전쟁으로 확대되는 것을 방지한 공로로 파키스탄 내부에서 칭송을 받았다.[16] 2년 뒤인 2003년 12월에는 대통령 암살 시도들에 대한 조사를 맡아 무샤라프의 신임을 얻었다.

카야니가 CIA 본부에서 조작의 달인(이 말은 칭찬이었다)이자 자신의 가장 중요한 의제들을 언제나 비밀로 간직해두는 인물로 평가받으며 내키지 않는 존경심의 대상이 된 것은 ISI를 맡은 지 얼마 되지 않아서였다. 회의 중에 그는 잠든 것마냥 한 마디 말도 없이 한참 동안 앉아 있을 수 있었다. 그러다 그를 격앙시키는 주제가 나오면 몇 분 동안이나 열정적으로 말하고는 다시 잠자는 듯한 상태로 돌아갔다. 그는 강박적으로 골프에 매달렸고 어디든지 담배연기 구름을 나부끼며 다녔다.

그는 자신에 관해서는 거의 말하지 않았는데, 어쩌다 그럴 때는 웅얼거리며 말하는 버릇 때문에 무슨 말을 하는지 알아듣기 어려웠다. ISI 전임자였던 울 하크 장군이 말쑥하고 세련되었다면 카야니 장군은 헝클어졌고 수수했다. 워싱턴 DC로 가는 여행 도중에는 정장과 넥타이를 살 테니 할인의류 체인점 마샬에 데려다 달라고 리무진 운전사를 졸랐다.[17] 무엇보다, 그는 원하는 것을 인내심을 갖고 기다릴 수 있었다. 그와 긴 만남을 가진 적이 있는 미국의 최고위 첩보원 한 사람의 회상에 따르면 카야니는 손가락으로 꼼꼼하게 담배를 마는 데 30분을 썼다. 그런 다음 한 모금을 빨고는 그 담배를 부드럽게 비벼 꺼버렸다.

카야니 장군은 미국인들이 아프가니스탄에서 전투를 벌일 의욕을 잃었다는 확신을 파키스탄 지도자들이 점점 굳혀가고 있을 때 ISI를 맡았다. 이라크 전쟁은 워싱턴의 관심을 아프가니스탄에서 돌려놓았고, 이슬라마바드의 군인과 간첩과 정치가 들은 파키스탄 서쪽에 이웃한 나라에서 증가하는 폭력이 이슬라마바드의 정부를 위협하는 것은 시간문제일 뿐이라고 믿었다. 당시 파키스탄에서 권한을 가진 직위에 있던 여러 관리들에 의하면 그때는 ISI가 아프가니스탄을 이슬라마바드가 받아들일 수 있는 정치적 미래 쪽으로 몰고가겠다는 희망을 품고 아프가니스탄 탈레반에 대해 더 적극적인 역할을 떠맡기로 결정한 시기였다.

과거에 사로잡혀 있던 카야니 장군은 아프가니스탄이 겪어온 피의 역사는 미국이 그 나라에서 치르는 전쟁의 서막이었음을 이해했다. 그는 아프가니스탄을 수십 년 동안 공부했고 1980년대에 아프가니스탄 반군이 초강대국을 완파하도록 도와준 역학에 관한 전문가였다. 1988년 캔자스의

카야니 장군. 왼쪽은 2008년에 ISI 책임자가 된 아흐마드 슈자 파샤 장군. ⓒAP Photo/Anjum Naveed.

포트레번워스Fort Leavenworth에서 공부하던 젊은 파키스탄 육군 소령 카야니는 아프가니스탄에서 소련이 벌인 전쟁을 주제로 「아프가니스탄 저항운동의 강점과 약점」이라는 제목의 석사 논문을 썼다. 당시 소련은 아프가니스탄에서 십년 가까이 전쟁을 지속해온 터였는데 소련 서기장 미하일 고르바초프는 이미 군대를 철수시키고 있었다. 98쪽에 이르는 명쾌하고 직설적인 글에서 카야니는 아프가니스탄저항운동(ARM)이 어떻게 과도한 칭송을 받던 소련군의 피를 흘리게 하고 "소련이 아프가니스탄 주둔으로 치러야 할 대가"를 높여놓았는지 검토했다.[18]

본질적으로 카야니는 파키스탄이 외국 군대가 통치하는 아프가니스탄에 어떻게 영향력을 유지할 수 있을지에 관한 각본을 작성하고 있었다. 그는 파키스탄은 그 나라를 점령한 군대에 막대한 피해를 입히려는 목적에서뿐 아니라 이슬라마바드의 정부가 점령군과 직접 맞서는 상황을 피하게끔 그 집단들을 효과적으로 통제하기 위해서도 민병대 집단을 활용할 수 있다고 썼다.

카야니는 국가적 정체성을 갖지 못한 아프가니스탄에서 저항운동은 부족 체제 내부에 지지세력을 구축하고 서서히 아프가니스탄의 중앙 정부를 약화시키는 것이 중요하다고 주장했다. 파키스탄에 관해서는, 이슬라마바드의 정부가 소련과 "충돌하는 노선"으로 가기를 원치 않으리라고, 또는 적어도 저항운동이 자신들을 그 길 위에 올려놓기를 바라지 않는다고 보았다. 따라서 파키스탄의 안보를 위해서는 아프가니스탄 저항세력의 역량을 계속 "관리하는" 일이 필수적이었다.

2004년 ISI 책임자가 되었을 때 카야니는 아프가니스탄 전쟁이 산 속의 보루에 있는 군인들이 아니라 피어린 분쟁이 몇 년 더 이어지는 것에 대한 미국의 인내력이 제한적임을 예민하게 감지하는 워싱턴 내부의 정치인들에 의해 판가름날 것임을 알았다.[19] 소련이 무슨 일을 겪었는지를 공부한 덕분이었다. 그는 이 논문에 "현재 소련군의 군사적 노력에서 가장 놀라운 측면은 ARM을 결정적으로 패배시켜 상황을 순전히 군사적으로 해결하려는 계획이 소련군에게 없을지 모른다는 증거가 점점 더 많아지고 있다는 것"이라고 적었다.

"이는 아마 그런 군사적 해결이 막대한, 어쩌면 견뎌낼 수 없을 정도의 인명 손실과 정치적·경제적 비용을 수반하지 않고는 얻어질 수 없음을 깨달았기 때문일 것이다."

카야니의 논문은 미 육군이 어떻게 전투를 치르는지 공부하러 캔자스에 간 외국군 장교들이 작성한, 대개는 무시당한 연구 보고서의 더미에 끼어 2004년에도 포트레번워스의 도서관에 놓여 있었다. 이것은 다른 종류의 전투, 비밀 게릴라 작전을 위한 교범이었다. 이 논문을 쓴 젊은 파키스탄 장교는 20년이 흐른 뒤 그 나라의 첩보대장이 되어 그것을 실제로 활용하기에 가장 완벽한 위치에 자리잡고 있었다.

제7장

수렵

"부인할 권리가 확보되었으니 큰 보탬이 될 거요."

엔리케 프라도

2005년 초 어느 추운 오후에 CIA 국장 포터 고스는 남부 버지니아 캠프 피어리Camp Peary에 있는 CIA의 훈련 기지인 '농장'에서 정보국 공작관들의 졸업식에 참석하고 있었다. CIA 국장이 졸업식에 참석하러 기지로 내려오는 것은 통상적인 의례였고, 이 행사는 졸업생들이 위장 신분과 속임수와 때로는 극한의 위험으로 이루어진 삶을 살기 전에 짧게 누리는 정상 상태의 순간이었다. 그런데 이날의 졸업식은 고스의 보좌관들 중 하나가 긴급한 전갈을 가져 오는 바람에 짧게 끝났다. CIA 국장과 경호원들은 블랙호크 헬기에 다시 몸을 싣고 북쪽으로 날아갔다. 하지만 고스는 랭글리로 돌아가지 않고 도널드 럼스펠드를 만나기 위해 곧장 국방부로 향했다. 파키스탄에 대한 군사 공격이 있을 예정이었다.[1]

CIA를 위해 일하는 파키스탄인 정보원이 희귀한 정보 하나를 가져왔는데, 알카에다 간부들이 파키스탄 북서부의 황량한 부족지역 중 한 곳인 바자우르에서 고위급 모임을 가질 것이라는 내용이었다. 그 정보원은, 알카에다 서열 3위로 파키스탄 산간 마을을 빨간 오토바이를 타고 돌아다니는 모습이 자주 포착된 아부 파라지 알리비를 추적하고 있었다.[2] 정보원이 자신을 관리하는 CIA 요원들에게 전한 바로는 알리비뿐 아니라 오사마 빈라덴 바로 다음 가는 간부 아이만 알자와히리가 참석할지도 몰랐다.

공격 계획이 급히 세워졌고, 고스와 럼스펠드는 위험 부담을 숙고했다. 30명 가량의 네이비실 대원이 C-130 수송기를 통해 모임이 열릴 곳에서 멀지 않은 지점으로 낙하할 예정이었다. 네이비실은 건물을 공격해 최대한 많은 사람들을 생포한 뒤 집결지로 데리고 가서 대기 중인 헬리콥터를 타고 아프가니스탄 국경을 넘어 재빨리 되돌아오게 되어 있었다. 고스는 이번 임무를 군대가 수행하라고 촉구했고 2003년부터 합동특수전사령부를 지휘하고 있는 깡마르고 열정적인 금욕주의자 스탠리 매크리스털 중장도 고스를 지지했다.

그러나 럼스펠드와 그의 수석 정보 참모 스티븐 캠본은 계획에 반대했다. 너무 위험하다는 것이었는데, 럼스펠드는 일이 잘못되었을 경우 실 팀을 빼낼 수십 명의 육군 레인저 부대원들을 추가로 투입하라고 요구했다. 침공군은 150명 이상으로 불어났고, 럼스펠드는 이만 한 규모의 작전이 페르베즈 무샤라프 대통령 모르게 진행될 수 있을 리가 없다고 판단했다. 작전 계획에 반대한 또 다른 사람은 한밤중에 자다 깨워져 대규모의 잘 무장된 미국인들이 파키스탄에 진입할 참이라는 말을 들은 CIA 이슬라마바드 지부장이었다. "이건 정말로 안 좋은 생각이오, 스탠."[3] 지부장은 그를 전화로 깨운 인물인 매크리스털에게 말했다. "알카에다 몇 명을 죽일 수는 있겠지만, 그럴 만한 가치가 없을 것이오. 당신은 파키스탄을 침공하고 있소."

한편 실 팀은 임무를 실행할 최종 명령을 기다리며 바그람 공군기지의 C-130 수송기 안에 앉아 있었다. 그들은 그 임무가 결국 취소될 때까지 여러 시간을 대기했다.

이 공격에 대한 럼스펠드의 우려는 대부분 정보에 관한 것이었다. 럼스펠드의 생각에 CIA 정보원 한 사람이 출처인 단 한 가닥의 첩보는 파키스탄 서부의 눈 쌓인 산맥에서 벌어질 위험도 높은 임무를 떠받치기에는 너무 불안한 기반이었다. 그는 CIA가 쌓아온 실적 또한 믿지 않았고, 2005년 초에 이 첩보기관은 누군가에게 — 특히 럼스펠드에게 — 자기네 정보 분석의 신뢰성을 이해시키는 데 어려움을 겪고 있었다. 미국의 첩보기관들은 이라크전 당시 사담 후세인이 생화학 무기들을 비축하고 있다고 판단한 대실패 탓에 여전히 비틀대고 있었고, 그 뒤 몇 년 동안 CIA가 제출하는 모든 평가 위에는 자욱한 의심이 떠다녔다. 고스는 바자우르 작전에 대한 토의의 결말이 실망스러웠지만 그가 할 수 있는 일은 없었다. 병력의 지휘를 맡은 사람은 알자와히리가 나타날 가능성이 80퍼센트라는 CIA의 판단마저 신뢰하지 않은 럼스펠드였다. 고스의 한 보좌관이 묘사했듯이 그것은 "아버지가 당신한테 주말에 넌 자동차를 쓰지 못한다고 말하는 거나 마찬가지"였다.

하지만 이 일화는 정보의 신뢰성에 관한 문제를 넘어 9.11 테러 이후 몇 년이 지나서도 국제 테러집단에 맞선 전쟁이 계획성 없고 혼란스러운 상태로 남아 있음을 음울히 상기시켰다. CIA도 국방부도 이라크와 아프가니스탄 외부의 비밀전쟁을 위한 일관된 계획을 갖고 있지 않았다. 두 기관은 자기네가 지구적 인간사냥을 맡아야 한다는 것을 백악관에 증명하려는 영역 다툼 속에 여전히 갇혀 있었다. 또 그들은 점점 더 서로를 모방하고 있었다. CIA는 파키스탄에서 넥 무함마드를 죽인 뒤 더욱 치명적인 준군사 조직이 되고 있었고, 국방부는 특수전을 지원하는 첩보 작전에 맹렬히 달려드는 중이었다. 분명한 기본 원칙은 없었다. 알카에다의 바자우르 회동에 대한 정보처럼 비상한 상황이 생겨났을 때 그것에 의거하여 행동할 적절한 계획이 없었던 것이다.

CIA가 치명적인 작전을 확대하는 데 촉매작용을 한 사건이 있었다면 2004년 5월 이 기관의 감찰관이 충격적인 내부 보고서를 완성한 일이었다. 존 헬거슨이 쓴 106쪽의 보고서는 CIA의 구금 및 심문 프로그램을 가능케 한 토대를 허물어버렸고, CIA 요원들이 비밀 감옥 조직망 안에서 행한 잔혹한 심문 건으로 형사 고발을 당할 수도 있지 않은가라는 물음을 불러일으켰다. 보고서는 물고문, 수면 박탈, 죄수의 공포증 활용하기(살아 있는 벌레들이 든 작은 상자 안에 죄수를 가두는 일 따위) 같은 심문 방법들이 "잔인하고 비인도적이거나 굴욕적인 대우 또는 처벌"을 금지하는 UN 고문방지협약을 침해했음을 시사했다. CIA는 몇몇 피구금자들에게 물고문(두건을 씌워 나무 판자 위에 묶어놓은 죄수의 얼굴에 물을 부어 익사하는 느낌을 만들어내는)을 가했는데 9.11 테러를 기획한 책임자인 칼리드 셰이크 모함메드에게는 이 기술을 한 달 동안에만 183번 사용했다.[4]

물고문은 법무부가 승인한 심문 기술 가운데 하나였지만, 헬거슨의 보고서는 그가 "승인받지 않았고, 즉흥적이고, 비인간적이며, 증거자료가 없는"[5] 구금 및 심문 기술이라고 부른 것이 비밀 시설 안에서 자유롭게 활용된 양상도 상세히 밝혔다. 피구금자에게 겁을 주어 진술을 얻어내려고 심문관이 모의 처형을 벌인 사례들이 있었다. 한 CIA 심문관은 죄수의 머리에 회전 드릴을 들이대기도 했다.

CIA의 비밀 감옥 프로그램은 태국의 방콕에 있던 한 스파르타식 시설에서 시작해 전 세계에 걸친 감옥 군도로 자라났다. 대테러리스트센터장 호세 로드리게스는 이 감옥들이 태국의 시설(CIA는 이 시설의 원래 암호명 '고양이 눈'이 인종문제에 둔감한 명칭이라고 여겨 나중에 변경했다)보다 영구적인 대안이 되리라 생각했다. 태국은 CIA가 확보한 최초의 수감자 두 사람 — 아부 주바이다와 압드 알라힘 알나시리를 가둔 곳이었는데 CIA와 그에 협력하는 첩보기관들이 아프가니스탄, 파키스탄과 다른 나라들에서 수많은 죄수들을 잡아들이기 시작하자 로드리게스와 CTC 요원들은 CIA에게 훨씬 더 많은 감옥이 필요하다고 판단했다.

CIA의 구금 및 심문 프로그램은 부시 정부의 대알카에다 전략에서 가장 불명예스럽고 분열을 초래하는 사안이 될 운명이었지만, CIA가 비밀 감옥을 세우는 방법은 다소 평범했다. 로드리게스는 CTC의 한 팀에게 기술자들, 외부 계약자들과 함께 일하라고 지시했고 감옥들이 완성에 가까워지자 CIA는 변소, 배관 설비, 귀마개, 침구류, 그밖에 감옥에 필요한 물품들을 제공할 설비업체를 고용했다. 계약자들은 타깃Target과 월마트 같은 대형 할인점에서 설비 일부를 구입해 루마니아 부쿠레슈티의 분주한 거리와 리투아니아에 자리잡은 정체가 막연한 빌딩으로 가져갔다. 물고문대는 현지 조달하여 비밀 구역 근처에서 구한 목재를 가지고 만들었다.[6]

한 곳에 대여섯 명씩 수용할 의도로 만들어진 감방들은 작았고 CIA 심문관들이 사용하는 잔혹한 방법들에 적합하도록 특별히 설계된 특이한 생김새를 갖고 있었는데, 이를테면 누군가 벽에 처박힐 때의 충격을 완화하기 위해 잘 휘어지는 합판을 벽에 덮어놓는 식이었다. 억류된 사람들은 다른 사람과 이야기할 수 없었으며 하루에 23시간 동안 혼자 감금된 상태로 있었다. 나머지 한 시간은 운동시간이라 검은 스키 마스크를 쓴 CIA 보안 요원들이 죄수들을 감방에서 데리고 나왔다. 2004년에 CIA 감옥의 관리자는 상벌 체계를 만들었다. 착하게 행동한다고 여겨지는 피억류자는 책과 DVD를 받았다. 죄수가 잘못 행동할 경우에는 즐길 거리들을 빼앗아버렸다.[7] 2차대전 후 미국 대통령들에게 세계에 관한 정보를 제공하기 위해 창설된 첩보기관 중앙정보국은 비밀 교정국이 되어 있었다.

CIA의 심문 프로그램에 대한 우려는 헬거슨의 보고서가 나오기 전에도 부시 정부 일각에 스며들어 있었지만 이들 비밀 감옥에 관해 아는 사람은 소수의 관리들뿐이었다. 이것은 가끔 백악관과 CIA 사이에 이상한 논의가 벌어지게 했다. 예를 들어 2003년 6월에 백악관은 고문 희생자들을 지원하기 위해 UN이 마련한 날을 기념하는 행사를 가질 예정이었다. 백악관 홍보 담당 부서는 미국이 얼마나 "세계적으로 고문의 제거에 헌신"하고 있으며 "이 싸움에서 솔선수범"하는지를 이야기하는 별 특징 없는 성명서를 준비했다.

그러나 사실 미국은 솔선수범하고 있지도 않았고 성명서 초안은 CIA의 고위 관료들을 당황케 했을 뿐이다. 정보국의 수석 변호사 스콧 멀러는 부시 대통령이 CIA에 승인해준 심문 방법들이 널리 고문으로 여겨진다는 점을 고려할 때 이 보도자료는 걱정스럽다는 의사를 백악관에 전달했다. 멀러에 따르면 랭글리가 우려하는 것은 정치적 환경이 바뀔 경우 CIA가 희생양이 될 수 있다는 점이었다.[8] 결국 그 보도자료는 발표되지 않았다.

헬거슨의 보고서는 CIA 내부의 불안감에 관해 몇 가지 암시를 던져주었다. 보고서는 구금 프로그램에 관련된 몇몇 요원들이 "자신들은 미국이나 해외에서 법적 대응에 상처를 입고 미국 정부는 그들 뒤에 서주지 않는" 상황의 도래를 걱정했다고 썼다.[9] 백악관과 사법부는 이 사업을 승인했고 조지 테닛은 CIA가 죄수들을 책임지도록 로비를 벌였지만, 랭글리에서 나이 든 축에 속하는 사람들은 이 영화를 예전에, 곧 처치위원회의 조사와 이란-콘트라 추문 때 본 적이 있다고 분명하게 느꼈다. 그들은 부시 정부가 감찰관의 보고서를 CIA의 목을 매달 올가미로 쓰는 심판의 날이 올 것이라고 믿었다.

보고서는 구금 및 심문 프로그램 쪽에서 보면 종말의 시작이었다. 감옥은 몇 년 동안 더 열려 있을 것이었고, 가끔씩 새로운 피억류자들이 차에 실려 비밀 구역으로 옮겨오고 있었으나, CIA는 결국 물고문 및 다른 지독한 심문 기술들의 사용을 그만둘 터였다. 랭글리의 고위 관료들은 국방부에 죄수들을 떠넘길 방법을 찾고 있었지만 이송시켜서는 안 될 수감자들은 부시 정부가 미친 듯이 감옥 프로그램에 대한 최종 해결책을 찾아 헤매는 동안 비밀 감옥에서 괴로운 나날을 보냈다.

헬거슨 보고서에 가장 강한 충격을 받은 곳은 CIA의 지구적 테러 사냥의 선봉에 선 대테러리스트센터였다. CTC는 알카에다 공작원들을 생포해 CIA의 감옥에서 심문하거나 파키스탄, 이집트, 요르단 등의 첩보기관에 심문을 위탁하고 이들 심문에서 맺은 열매를 더 많은 테러 용의자 추적에 활용하는 데 집중하고 있었다. 그들은 이 전략이 언젠가는 CIA를 오사마 빈라덴에게 데려다주리라고 보았다.

그러나 이제 지형이 변했고 대테러리즘 관료들은 비밀전쟁을 위한 전략을 다시 생각하도록 강요받았다. 무장 드론, 그리고 일반적으로 표적살인은 구금 및 심문 프로그램에서 낭패를 봤다는 느낌을 갖기 시작한 첩보기관에게 새로운 방향을 제시해주었다. 원격 조종으로 죽이는 것은, 지저분하고 사람과 직접 접하는 심문 업무와는 정반대의 일이었다. 그것은 뭔가 더 깨끗하고 사람과 덜 관계되는 일 같았다. 표적살인은 공화당원과 민주당원에게 동등한 환호를 받았으며, 전쟁터에서 수천 마일 떨어진 조종사들이 움직이는 드론을 사용한다는 점은 이 전략 전체에 아무 위험 부담이 없어 보이게 했다. 존 헬거슨의 보고서가 완성되고 꼭 한달 뒤 파키스탄에서 넥 무함마드를 살해한 CIA는 미국의 적에 대한 장기복무 교도관이 아니라 그 적들을 지워버릴 수 있는 군사 조직이 자신의 미래라고 여기기 시작했다.

2004년에 호세 로드리게스는 9.11 테러 이후 1년 사이에 제안되었다가 폐기된 살인 프로그램을 되살리려 시도하기도 했다. 유럽과 중동, 남아시아 등 세계 전역에서 테러 용의자들을 죽일 준군사적 암살단을 긁어모은

다는 계획이었다. 로드리게스와 동료 CTC 요원 엔리케 프라도가 2001년 12월 백악관에 계획을 제출했을 때 딕 체니 부통령은 프로그램을 승인했다. 사람들이 영화에서 본 것과는 달리 CIA는 조직 내에 암살자 집단이 없었는데, 그 프로그램은 정보국을 할리우드 영화에서 미화된 모습과 한층 흡사하게 만들었을 것이다. 그러나 조지 테닛 국장이 아무런 임무도 승인하지 않았기 때문에 계획은 일단 보류되었다.[10]

로드리게스처럼 CIA 라틴아메리카 분과의 관록 있는 요원이었던 프라도는 1980년대 니카라과 반군의 전쟁에서 주도적인 역할을 했다.[11] 1996년에는 대테러리스트센터로 옮겼으며 9.11 테러 뒤 몇 달 동안은 로드리게스 옆에서 알카에다에 관한 개인교사 역할을 했다. 2001년 12월에 딕 체니와 만난 뒤로는 살인 임무를 훈련시킬 CIA 요원들을 모집하는 책임자였다.

로드리게스가 2004년에 이 프로그램을 재개하기로 결정했을 때 가까운 친구 프라도는 CIA를 떠나 민간 군사기업 블랙워터USA에 입사한 상태였고, 이 회사는 국무부, 국방부, CIA와 맺은 수백만 달러짜리 계약들 덕분에 극적으로 덩치가 커지는 중이었다. 그리하여 프라도는 놀라운 결론에 도달했다. 블랙워터 직원들에게 살인 프로그램을 위탁하기로 한 것이다.

이 회사의 창립자 에릭 프린스는 이미 부시 정부에서 총애받는 젊은이였고, 미국의 비밀 기관 내부로 더 깊이 파고들 방안을 찾고 있었다. 프린스는 흠 잡을 데 없는 시점에 무대에 등장했다. 카불과 바그다드에 있는 거대한 비밀 지부의 수요를 맞출 충분한 자체 인력을 찾아내지 못한 CIA는 한때 완전히 훈련받은 CIA 직원만이 권한을 가졌던 비밀 임무들(CIA 요원 보호, 정보 수집, 탈취 및 검거 공작 같은)을 블랙워터의 사설 경비원들에게 의존하게 되었다. CIA는 심지어 파키스탄에서 프레데터와 리퍼Reaper 드론에 폭탄 및 미사일을 싣는 작업을 할 때 블랙워터를 고용하기도 했다.

프린스는 CIA의 지도자들을 켄터키 더비(해마다 5월에 미국 켄터키에서 열리는 유명한 경마 대회: 옮긴이)에 데려가거나, 회사가 보유한 광대한 훈련장에서 사격을 하는 날에 맞추어 노스캐롤라이나 북부 디즈멀 대습지의 블랙워터 본사로 초대했다. 또 높은 연봉을 제안해 프라도와 전직 대테러리스트 센터장 코퍼 블랙을 포함한 최고위 CIA 관료들을 가로챘다. 이제 블랙워터를 위해 일하는 프라도는 CIA에 있는 동안 자신이 개발한 프로그램들을 정부에 되팔 기회를 얻었다.[12]

프린스는 전쟁의 외부 위탁은 전혀 신기한 일이 아니며 몇 세기는 묵은 현상이 진화한 것이라고 보았다. 어느 날은 랭글리를 방문해 CIA가 세계 구석구석에서 군사적 과업들을 수행하는 데 사용할 수 있는 작전 요원 집단인 블랙워터의 '신속대응팀'을 CIA 간부들에게 홍보했다. 그는 포괄적인 발언으로 발표를 시작했다. "아메리카 공화국은 건국 초기부터 국방을 위해 용병에 의존해왔습니다."[13] CIA 관리들은 결국 이 계획을 거부했다.

에릭 프린스. ©Brendan Smialowski/The New York Times/Redux.

블랙워터가 무분별한 행동을 한다는 평판은 2007년 9월 블랙워터 요원들이 바그다드의 정거장에서 17명의 이라크인들을 죽인 사건 때문에 굳어졌고, 이 평판은 결국 프린스와 그의 회사를 이라크에서 미국이 겪은 불운의 상징으로 바꿔놓을 것이었다. 프린스는 "미국의 국가안보를 지원하기 위한 모든 종류의 정보 활동 비용을 사비로 지불하는데도"[14] 민주당 하원의원들이 자신을 악덕 전쟁업자로 묘사한다고 개탄했다. 이것은 사실이었지만, 블랙워터가 비밀 프로젝트들에 쓴 돈은 종종 연구개발 기금과 같아서 정부에 수백만 달러에 팔릴 수 있는 제품이나 서비스를 개발하는 데 사용되었다. 그는 파키스탄에 있는 CIA 공작관들에게 스텔스 항공기에 관한 구상을 내놓는가 하면, 아시아 공작원들에게는 CIA 정보제공자들을 네이비실 풍의 수중호흡기를 착용시킨 뒤 잠수함이 있는 곳까지 물속을 헤엄쳐오도록 해서 중국 밖으로 빼돌린다는 계획을 이야기했다. 이 계획에는 문제가 있었다. 중국에 있는 대부분의 CIA 정보제공자들은 수중호흡기를 달고 물속에서 수영을 할 경우 절대 살아남을 수 없는 80세의 장군들이었기 때문이다.

블랙워터에 들어간 전직 CIA 요원들은 첩보기관과 협력하는 회사 사업을 확장하려고 적극적으로 노력했다. 그래서 CIA의 한 고위 변호사는 정부 퇴직자들이 예전에 몸담았던 기관들을 상대로 로비를 벌이는 것을 규제하는 '회전문' 법을 전직 첩보원들이 어기기 직전이라고 경고하기 위해 이 회사에 전화를 걸어야 했다.[15] CIA 관련 업무 외에도 프라도는, 블랙워터의 내부 이메일에 따르면, "감시, 지상 실측자료 제공, 분열 공작까지 모든 것"을 할 수 있도록 블랙워터가 관리해온 외국인 첩보원들의 망을 활용하는 계획을 마약단속국(DEA)에 판매하는 것을 고려했다. 그는 "책임을 부인할 권리(deniability)가 확보되었으니 큰 보탬이 될 것"이라고 이메일에 썼다.[16]

호세 로드리게스가 치명적인 CIA 프로그램을 미국 회사에 외부 위탁하는 비상한 반걸음을 내딛도록 이끈 것은 이 '부인할 권리'에 대한 욕망이었다. CIA는 프린스와 프라도를 개인 용역 제공자로 계약했고, 두 사람은 CIA가 2001년 체니 부통령과 만난 자리에서 처음 살해를 제안했던 바로 그 사람들(파키스탄 핵 과학자 A. Q. 칸 같은)을 포함한 잠재적 표적에 대해 감시를 펼 계획을 궁리하기 시작했다.[17] 프린스와 프라도가 이 사업을 감독할 것이고 미국의 손은, 이론상으로는, 숨겨질 것이었다. 프린스와 프라도는 블랙워터 암살팀들이 궁극적으로 CIA의 통제 아래 있으리라 내다봤지만 일단 임무를 맡으면 그들은 커다란 자율성을 가질 터였다. "우리는 단독적인 능력, 누구의 책임인지 확인하기 어려운 능력을 기르고 있었습니다."[18] 프린스는 나중에 〈배너티페어Vanity Fair〉와 가진 인터뷰에서 이렇게 말했다. "우리는 일이 잘못될 경우 지부장이든 대사든 누가 우리를 빼내줄 거라고 기대하지 않았어요."

누가 그들을 빼내줄 필요는 전혀 없었다. 첫 번째 암살 프로그램이 그러했듯이 암살단 계획의 이번 국면에서도 아무런 살인 작전이 벌어지지 않았기 때문이다. 프린스와 프라도는 블랙워터 팀들의 훈련을 감독했지만, 프린스는 왜 블랙워터 암살자들이 테러리스트들을 죽이러 파견되지 않았는지를 놓고 '제도적인 골다공증'을 비난했다.

로드리게스 같은 고위 관리자들이 지원한 프로그램이었는데도 어째서 안 보냈던가? 놀랍게도 이는 CIA나 백악관이 품은 법적 우려 때문이 아니었다. 변호사들은 프린스와 프라도를 살인 작전에 포함시키는 데 동의했으나 CIA 고위 간부들은 궁극적으로 CIA가 이 사업 안에서 한 역할을 숨길 수 있으리라는 확신이 없었다. 블랙워터는 CIA의 관여를 은폐하기 위해 자회사들의 망을 만들었지만 외국 정부들이 이 거미줄을 풀어내고 작전을 거슬러 올라와 프린스를, 또 궁극적으로 CIA를 찾아내는 것이 어려울 것 같지는 않았다.

"작전을 외부에 더 많이 위탁할수록 책임을 부인하기가 더 쉬워지지요." 암살 프로그램에서 블랙워터의 역할을 없애기로 하는 결정에 관여한 한 CIA 간부는 이렇게 설명했다. "하지만 그럴 때 당신은 작전의 통제권을 포기하는 겁니다. 만약 그자들이 일을 망쳐놓을 경우에도 여전히 당신의 잘못이고요."

이 잘못 구상된 블랙워터의 살인 프로그램은 — 1차 암살 프로그램과 마찬가지로 — 굳게 보호되는 정부 비밀로 남아 있다. 은퇴한 처지임에도 전직 대테러리스트센터 요원 행크 크럼프턴은 첫 번째 암살 프로그램에서 일할 때의 자세한 내용을 발설하는 것을 CIA에게 금지당하고 있다. 그러나 그는 한 인터뷰에서, 미국이 무장 드론으로 먼 거리에서 사람을 죽이는 일과 사람들이 직접 살인을 행하도록 훈련시키는 일을 여전히 구별하는 듯이 보이는 것을 자신은 이해하기 어렵다고 말했다.

그는 이런 질문을 던졌다. 이 나라가 CIA에게 그중 하나를 하도록 허락할 작정이라면 다른 하나를 허용하는 것을 진정 메스꺼운 일이라고 여기고 있을까? "치명적인 힘을 어떻게, 그리고 어디서 사용하느냐 — 이건 우리가 제대로 다뤄보지 않은 거대한 토론거리입니다. 아프가니스탄, 파키스탄의 부족지역, 소말리아, 예멘 같은 곳에 있는 지정된 적을 향한 헬파이어 공격엔 문제가 없어 보이죠." 그 지역에서 그런 일은 단지 전쟁의 또 다른 일부처럼 보인다는 것이다.

그러나 테러 용의자가 파리, 또는 함부르크 같은 곳이나 드론이 날아다닐 수 없는 다른 곳에 있고 "당신이 CIA나 지상에 있는 [군의] 작전요원을 시켜 그 용의자의 뒤통수를 쏜다면?" 그는 스스로 답했다. "그럼 그건 암살로 여겨지는 거죠."

CIA가 구금 및 심문 프로그램 때문에 받은 타격은 CIA 지도자들을 병적인 계산에 일면적으로 집착하도록 자꾸 밀어붙였다. CIA가 테러 용의자들을 가두고 있으니 그냥 죽이는 편이 훨씬 나으리라는 것이었다. 2005년 늦게 의회는 CIA의 비밀 감옥을 포함해 미국에 구금되어 있는 모든 피억류자에 대하여 "잔인하고 비인도적이며 굴욕적인" 처우를 금지하는 조항이 담긴 '피억류자 처우법'(Detainee Treatment Act)을 통과시켰다. 이제 CIA 감옥에서 일하는 비밀 요원들은 업무 탓에 기소될 수 있는 가능성이 생겨났고, 랭글리의 하늘에는 범죄 수사와 의회의 청문회라는 유령이 떠돌게 되었다.

이로 인한 공포감 때문에 이미 호세 로드리게스는 알카에다 공작원 아부 주바이다, 압드 알라힘 알나시리가 CIA에서 심문을 받으며 시련을 겪는 장면을 시시각각 기록한 수십 개의 비디오 테이프를 파괴하라고 지시한 바 있었다. 다시 한 번 승진을 해서 이제 CIA가 세계를 무대로 펼치는 모든 비밀공작과 첩보 작전을 지휘하는 공작부 부장이라는 강력한 자리를 차지하고 있던 로드리게스는 그 테이프들 속에서 비밀 요원들의 얼굴을 분명히 알아볼 수 있다는 점을 걱정했다. 감옥 사업의 유독한 세부사항들이 새어나간다면 요원들이 법적으로나 물리적으로나 위험에 직면할지 모른다고 생각했다. 그래서 그는 2005년 11월 초 그 테이프들을 금고에 보관하고 있는 CIA의 방콕 지부에 비밀 전문을 보내 그것들을 고성능 파쇄기에 넣어버리라고 명령했다. 이에 따라 일곱 개의 강철 칼날이 테이프를 잘디잔 파편으로 분쇄했고 그 파편들은 진공청소기로 파쇄기에서 빨려나와 비닐 쓰레기 봉투 안에 버려졌다.[19]

그러나 감옥 사업 초기의 흔적을 없앤 이후에도 CIA는 의회가 새로운 법을 통과시키는 바람에 한층 불확실한 상황을 맞았다. 피억류자 처우법이 통과되고 며칠 뒤 CIA 국장 포터 고스는 백악관에 편지를 썼다. 법무부가 CIA의 기술이 새로운 법을 위반했는지에 대한 판단을 내려줄 때까지 CIA는 모든 심문을 멈추겠다는 내용이었다.

백악관 관리들은 그 편지를 받고 분노했다. 국가안보 보좌관 스티븐 해들리가 보기에 고스의 메모는 순전히 가식적이었고 CIA는 뒷날 수사가 벌어질 경우에 대비하려 애쓰고 있었다.[20] 해들리는 크리스마스 날 CIA 국장의 집에 전화를 걸어 '팀을 위해 뛰는 선수'가 아니라며 그를 비난했다. 하지만 고스는 의견을 바꾸지 않았고, 백악관의 관료들에게는 정부에서 가장 편집증적인 기관인 CIA가 겪고 있는 과호흡 사태를 진정시키기 위해 뭔가를 해야 한다는 점이 분명해졌다.

이 일은 부시 대통령의 비서실장 앤드루 카드에게 떨어졌다. 카드는 CIA 본부의 공포를 누그러뜨리려고 랭글리로 향했는데, 그의 방문은 재앙이었다. 카드는 회의실을 가득 메운 CIA 요원들의 봉사와 노고에 감사를 표했지만 그들이 구금 및 심문 프로그램에 참여했다는 이유로 형사 책임을 지지는 않을 것이라는 그 어떤 확실한 언명도 하기를 거절했다.[21]

실내는 들썩였다. 비서실장 패트릭의 재촉에 따라 포터 고스가 카드의 말에 끼어들었다.

"당신은 정치인들이 이 프로그램을 수행한 사람들한테서 떠나버리지 않을 것이라고 단언할 수 있소?" 카드는 직접적으로 대답하지 않았다. 대신에 농담을 하려고 했다.

"이렇게 말해보죠. 저는 매일 아침 대통령 집무실 문에 노크를 하고 들어가서 '실례합니다(pardon me. '저를 사면해주십시오'라는 뜻으로도 해석될 수 있는 말: 옮긴이), 각하' 하고 말합니다. 그리고 물론 대통령이 사면할 수 없는 유일한 사람은 바로 본인이지요."

카드는 이렇게 말하고는 낄낄거렸지만 썰렁한 반응을 낳았을 뿐이다. 부시 대통령이 CIA 요원들을 법적 조사에서 보호해줄 것인가라는 질문을 받은 백악관 비서실장은 그들이 의존할 수 있는 최대치란 기소와 유죄 판결이 나온 뒤에 이루어질 대통령의 사면임을 시사했던 것이다.

CIA에서 사면에 관한 농담은 잘 먹혀들지 않는다.

부시 대통령의 몇몇 보좌관들은 CIA를 문젯거리로 보기 시작했다. 중앙정보국장은 백악관과 구금 프로그램을 두고 다투고 있었고, 체니 부통령은 CIA 분석관들이 몰래 이라크 전쟁에 반대하면서 의회와 언론의 인사들에게 전쟁에 대한 부정적인 평가를 흘리고 있었다고 확신하기에 이르렀다. 원래 부시와 체니는 16개에 달하는 미국의 첩보기관을 CIA 국장이 통제하도록 하라는 9.11위원회의 압력에 저항하려 했지만 백악관의 일부 인사들은 새로운 배치에 따르는 부수적인 이득을 알아차렸다. 그 배치는 CIA를 자기 자리에 있게 하는 것이었다.

허약해진 CIA는 도널드 럼스펠드에게 기회를 제공했다. 이라크에서 악화되는 상황은 럼스펠드와 그 보좌관들의 승리주의를 풀 죽게 했지만, 국방장관은 공표된 전쟁지역과 멀리 떨어진 곳, 곧 역사적으로 CIA의 세력권이었던 나라들에서 전쟁을 벌이려는 노력을 이어나갔다. 2004년에 럼스펠드는 10개 이상의 나라에서 살해와 체포, 첩보활동을 펼 특수작전부대의 역량을 증강하라는 ─ 국방부 안에서는 '알카에다 조직망 처단령'으로 알려진 ─ 비밀 명령을 내렸다. 이 명령은 럼스펠드가 9.11 이후 시대 육군의 새로운 모범으로 여긴 합동특수전사령부에게 북아프리카에서 필리핀에 이르는 둥근 활 모양의 지역에서 작전을 벌일 폭넓은 권한을 주었다. 럼스펠드의 명령은 이 부대가 시리아, 소말리아, 파키스탄에 가도록 허락했다. 새롭게 주어진 권한 아래서 부대가 맡은 임무들은 상급 기밀에 속했고 공개적으로 인정되는 경우가 거의 없었으며 의회의 의원들에게도 부정기적으로만 보고되었다.

합동특수전사령부는 이제 국방부의 하늘에서 가장 밝게 빛나는 별들 중 하나였고, 특수전을 위한 예산은 6년 사이에 2배 이상 늘어나 2007년에는 80억 달러에 가까워졌다.[22] 국방부가 배와 제트기를 사는 데 쓰는 예산에는 여전히 못 미쳤지만 이렇게 유입된 자금은 JSOC에게 비밀 군대의 증설을 허용했을 뿐 아니라 네이비실과 델타포스 대원들이 며칠이나 몇 주에 걸쳐 지속적으로 비밀작전을 펼치는 일이 가능하도록 보급 및 병참 분야에 돈을 쓸 수 있게 했다. JSOC는 더 이상 24시간 인질구출 임무만 할 수 있는 부대가 아니었다. 스스로의 전쟁을 운영할 수 있는 부대였다.

JSOC는 이라크에서 역량을 충분히 입증하고 있었다. 거기서 스탠리 매크리스털 중장의 특수임무대는 요르단인 테러리스트 아부 무삽 알자르카위가 이끄는 알카에다 지부를 공격하는 임무를 넘겨받았다. 치명적인 폭력이 잇따라 밀려들어 이 나라를 휩쓸고 있었고, 메소포타미아 지역에서 활동하는 알자르카위의 알카에다는 미군 호송대와 시아파 성지에 대한 파괴적인 공격을 자신들이 저질렀다고 밝혔다. 반란 초기의 몇 달이 지나자 현장 지휘관들에게는 전쟁이 여러 해에 걸쳐 미군을 이 나라로 끌어들일 것이 분명해졌으며, 럼스펠드와 스티븐 캠본은 JSOC에게 이라크 반란의 가장 치명적인 무기가 된 조직을 무력화하도록 자유 재량권을 부여했다.

바그다드 북부 발라드 공군기지의 옛 이라크 공군 격납고 안에 기지를 둔 이 특수임무대의 좌우명은 '정보를 위한 싸움'이었다. 처음에, 매크리스털과 그의 팀이 테러집단의 동향을 도표로 표시하려고 걸어놓은 흰 칠판은 비어 있었다. 매크리스털은 이라크에 주둔하는 다양한 미군 사령부들 사이의 형편없는 의사소통 탓에 많은 문제가 발생하며 서로 정보를 공유할 적절한 절차도 거의 존재하지 않음을 깨달았다. 나중에 그는 이렇게 썼다. "우리는 적에 대해 검토하기 시작했고 우리 자신에 관해서도 검토했다. 양쪽 모두 이해하기 쉽지 않았다."[23] 모두가 얼마나 아는 게 없었는지는 2004년 이라크군이 알자르카위를 생포했다는 보도가 났을 때 분명해졌다. 이 요르단인 테러리스트가 어떻게 생겼는지 제대로 아는 사람이 아무도 없어서 그는 그냥 풀려나고 말았다.

어쨌거나 결국에는 작전 계획이 세워졌다. 알자르카위의 조직망에 대한 야밤의 급습은 문을 박차고 들어가 사방에 총을 마구 갈겨대는 식이 되지 않도록 설계되었다. 매크리스털이 중요하게 여긴 것은 사망자 수가 아니라 심문과 기습 현장에 대한 컴퓨터 과학수사를 통해서 얻어질 수 있는 정보였다. 정보의 자취를 따라가면 더 많은 알카에다 고위급 요원들의 은신처로 의심되는 다음번 안전 가옥을 찾아낼 수 있었다. 혈관 한 군데에 바늘을 꽂으면 체계 전체가 어떻게 돌아가는지 배울 수 있는 것과 같은 이치였다.

매크리스털은 아프가니스탄에서 특수전 임무를 망치게 한 앙숙 관계로 말미암아 자신의 특수임무대가 손상을 입는 일이 없게끔 노력했다. 그는 이라크에 있는 CIA 요원들의 비위를 맞추었고, CIA 상급 요원에게 매일 아침 특수임무대가 새로운 전장 정보를 점검할 때 자기 옆에 앉으라고 권유했다. 수천 마일 떨어진 버지니아 페어팩스에 있는 정부 소유의 눈에 띄지 않는 건물에서 일하는 분석관들은 날마다 USB, 휴대전화, 컴퓨터 하드디스크에서 빼낸 정보를 걸러내고 있었는데, 이 물건들은 전날 밤 이라크에서 기습을 벌여 획득한 것이었다.[24] 시간이 지날수록 흰색 칠판은 알자르카위 조직원들의 이름과 가명으로 채워졌다. 많은 이름들이 검정색 마커로 그린 선으로 연결되어 있었고, 이는 정체를 알 수 없는 테러 조직망이 어떻게 활동했는지 모두가 최선을 다해 추측한 결과였다.

JSOC의 급격한 성장은 럼스펠드의 의뢰를 받아 2005년에 완성된 국방부 내부 연구의 도움을 받았다. 이 보고서는 군이 "다수의, 민감하고, 접근이 허용되지 않으며, 그 존재가 부정되는 지역에서 지속적인 작전을 수행할 수완과 능력을 늘려야 한다"고 권했다.[25] 이 군대식 문장을 번역하자면 최대한 많은 장소에서 동시다발적인 비밀전쟁을 수행하라는 것이었다. 전 JSOC 사령관 웨인 다우닝 장군과 마이클 비커스(소련과 전쟁을 벌이던 아프가니스탄으로 총을 보내주는 역할을 한 것이 『찰리 윌슨의 전쟁』이라는 책에 상세히 실려 얼마쯤 이름을 얻었던 전직 CIA 비밀 요원)가 쓴 이 보고서는 즉시 럼스펠드의 마음을 샀다. 보고서의 주된 결론은 특수작전부대들이 부시 정부가 알카에다를 비롯한 테러집단과 벌이는 전쟁에서 더욱 큰 역할을 맡아야 한다는 것이었다. 보고서는 특전부대들이 이라크와 아프가니스탄에서는 잘 자리잡고 있지만 미래 전쟁에 대해서는 그렇지 않다고 결론지었다. "미래의 싸움은 우리와 전쟁 중이지 않은 나라에서 발생할 것"이기 때문이었다.[26]

국방부는 이란 내부에서도 위험한 첩보 임무를 수행하기 시작했다.[27] 특전부대들은 이라크의 동쪽 국경에서 이란으로 넘어가는 상업 교통을 이용해 거짓 핑계를 대고 국경을 넘어가 서부 이란 내 군사 시설에 관한 정보를 수집하는 정보원들을 고용하고 있었다. 외국인 정보원들은 이란에서 과일이나 기타 물품들을 트럭 가득히 사올 예정이라고 둘러대면서 이란의 국경 검색을 쉽게 통과할 수 있는 이란인 무슬림이나 콥트인(Coptic) 기독교도들이었다. 이렇게 국경을 넘는 방식이 제한되어 있었으므로 국방부는 이 임무들을 통해서 정말로 가치 있는 정보를 얻기 어려웠고, 파괴 공작을 벌이거나 이란 혁명수비대 병력을 죽일 권한도 갖고 있지 않았다.

당시 국방부 정보 간부였던 사람에 따르면, 진정한 목표는 이란 내부에 가능한 한 많은 정보망을 형성하는 것이었다. 부시 대통령이나 그 후임자들 중 하나가 이란을 침공하기로 결정한다면 이 정보망이 활용될 수 있었다. 공식 전쟁지역이 아닌 곳의 다른 수많은 군사적 임무처럼 이란 내의 작전도 '전장 분석'(preparation of the battlefield)이라는 명분으로 정당화되었다.

군인들과 첩보원들의 일은 점점 구분이 흐려지고 있었다. CIA는 세계 어디서나 임무를 수행할 권한을 여전히 국방부보다 폭넓게 갖고 있었지만 럼스펠드의 2004년 명령 이후 군의 임무와 CIA의 임무 사이에는 진짜 차이점을 보기가 더욱 힘들어졌다. 매크리스털은 이라크 내 미국 첩보원들과 좋은 관계를 발전시켰으나 이란 내부를 향한 군의 임무는 CIA와 조정되지 않았고, 수많은 비밀공작원들이 세계의 가장 어두운 구석들을 기어다니는 상황에서 조정의 부재는 중대한 참사가 터질 가능성을 만들었다.

또는, 결국에는 놓쳐버린 한 번의 기회를 만들었다. 성급하게 계획된 작전이 너무 많은 위험을 안고 있다고 여긴 도널드 럼스펠드가 2005년 파키스탄 바자우르에 대한 임무를 취소한 뒤, 국방부와 CIA는 저마다 무엇이 잘못되었는지 알아내 이런 실패가 되풀이되지 않도록 조사를 실시했다. 조사 결과 이란과 아프가니스탄 이외의 국가에 대한 비상 임무를 허가하는 절차가 확립되어 있지 않았다는 결론이 나왔다. 국방부와 CIA는 지구적인 범위에서 병렬적인 비밀작전을 수행 중이었지만 국방장관과 CIA 국장 중 누구도 파키스탄 같은 국가 안에서 비밀 임무를 개시할 기회가 생겼을 때 책임을 맡을 권한을 갖지 못했다. 다음해 내내 국방부와 CIA는 세계를 분할해 비밀전쟁의 각 전선을 어느 쪽이 담당할 것인지를 결정하면서 분업을 실행하려고 시도했다.[28]

스티븐 캠본은 국방부 쪽에서 협상을 이끌었고, CIA 부국장인 해군 중장 앨버트 칼랜드가 CIA 팀의 책임자였다. CIA와 JSOC 중 어느 쪽이 특정한 국가에서 비밀작전의 책임을 맡을지는 다양한 요인들에 달려 있었다. 그 나라는 자국 영토에서 특전부대가 작전을 벌이도록 허용하는 데 얼마만큼 적극적인가? CIA와 그 나라 첩보기관 사이의 관계는 어느 정도로 튼튼한가? 특정 CIA 지부장은 그가 있는 나라에서 통제권을 JSOC에 양도할 경우 얼마나 발끈할 것인가?

바자우르 사건 때문에 파키스탄은 협상자들의 목록에서 최우선 순위에 있었다. 무샤라프 대통령은 드론 공격을 승인해주었지만 부족지역에서 미국이 전투 작전을 벌이는 데에는 여전히 격렬하게 반대했다. '하늘에서 뭔가 떨어지는 것'은 괜찮지만 아프가니스탄에서 국경을 넘어 자신들을 향해 진군해오는 것은 안 되었다. 무샤라프에게 와지리스탄 북부와 바자우르와 같은 곳에서 특수전과 관련된 지상 활동을 받아들이게 하는 것은 가망 없는 시도라는 데 워싱턴에 있는 많은 이들이 동의했다.

CIA가 해결책을 제안했다. 파키스탄 내에 특수작전부대를 들여보내려면 대원들을 그냥 CIA로 넘어오게 해서 연방법전 제50편의 비밀 활동 권한 아래 작전을 벌이게 하면 된다는 것이었다. 특전부대는 '세탁'되고, 실대원들은 첩보원이 되는 셈이었다. 특전부대들은 파키스탄에서 작전을 개시하고 무샤라프는 아무런 통보도 받지 못할 것이었다. 한 전직 CIA 요원이 이 조치를 묘사한 대로 특전부대는 "기본적으로 CIA 국장의 무장 부대가 되었다." 6년 뒤, 네이비실 팀을 태우고 아프가니스탄 잘랄라바드를 이륙한 헬기들이 국경을 넘어 파키스탄으로 들어가서 오사마 빈라덴을 죽일 습격에 가담했을 때 이와 똑같은 속임수가 사용된다. 그날 밤 실 대원들은 CIA 관할 아래 있었고 법적으로도 CIA 국장 리언 패네타가 임무의 책임자였다.

그밖의 나라에서는 JSOC가 통제권을 쥐었고, 특공대 임무들은 특수작전부대가 이미 배치되어 있던 필리핀 같은 나라에서 점점 확대되었다. 2006년에 미군은 2002년 발리에서 저질러진 테러의 우두머리 중 하나였던 우마르 파텍이 숨어 있다는 정보에 기초하여 필리핀 남부 정글 속의 테러 기지로 추정되는 곳에 미사일을 발사했다. 마닐라 정부가 공식적으로는 "필리핀의 군사 작전"이라고 발표한 이 공격은 파텍을 놓쳤지만 다른 여러 명을 죽였다.[29] 군은 그중 몇 명이 우마르 파텍의 추종자인지, 여성과 어린이들은 몇 명이었는지 밝혀낼 수 없었다.

특수작전 예산이 풍선처럼 부풀어오르자 JSOC는 파키스탄 상공에서 정보를 수집할 능력을 특공대에게 안겨주는 새로운 도청 장비도 살 수 있었다. 비치크래프트 항공기들은 정기적으로 아프가니스탄의 활주로에서 이륙해 아프가니스탄과 파키스탄을 나누는 산맥 위로 올라간 다음 날아다니는 휴대전화 기지국으로 변했다. 이 항공기들 안에는 '타이푼 박스'라는 장치가 있어서, 군 첩보원들이 파키스탄 전투원들이 사용한다고 의심하는 수십 개의 전화번호들을 저장했다. 이 장치는 그 번호들 중 하나가 사용될 때 식별하고 그 위치를 정밀하게 집어낼 수 있었다. 전화기가 꺼져 있더라도 JSOC는 그것을 다시 켤 능력을 갖고 있었다. 그러면 전화기는 그것을 누가 들고 움직이든 정확한 좌표를 보내왔다.[30]

CIA와 새로운 거래가 성사된 뒤 '세탁'을 거쳐 CIA 요원으로 탈바꿈한 JSOC 대원들은 파키스탄 내부의 지상 작전에 대한 정보를 가지고 활동할 수 있었다. 바자우르에 대한 임무가 중단된 지 1년 뒤 CIA는 또 다시 군사 지도자들의 회동에 대한 정보를 건졌는데, 이번에도 부족지역의 바자우르 행정구역 안에서 모인다는 것이었다.

생포된 알카에다 조직원 아부 파라지 알리비가 파키스탄 정보요원들에게 다마돌라 마을 사람인 바쿱투르 칸의 집에서 아이만 알자와히리를 만난 적이 있다고 진술한 뒤로 작은 마을 다마돌라는 감시를 받고 있었다. CIA는 2006년 1월 다마돌라에 드론 공격을 했지만 아슬아슬하게 알자와히리를 놓쳤다. 그리고 몇 달이 지나 다마돌라에서 또 다른 만남이 있다는 첩보가 들어오자 네이비실이 마을로 급파되었다.

새로운 절차가 마련되어 있었기 때문에 CIA와 군의 담당자들이 정보를 분석하고 작전을 승인하는 데는 몇 시간밖에 걸리지 않았다.[31] CIA가 첩보를 전해받았을 때 워싱턴에 있던 미군 중부사령관 존 아비자이드 장군은 급히 검은 스포츠 차량에 올라 자동차 행렬을 이루며 랭글리로 질주했다. 아비 자이드와 포터 고스가 습격의 최종적인 세부에 합의한 직후 헬기들이 아프가니스탄에서 이륙했고, 국경을 넘어 실 팀을 바자우르에 데려다주었다.

부대는 건물을 덮쳤고 여러 명을 바닥에 눕힌 뒤 플라스틱 수갑으로 결박했다. 죄수들은 헬기에 태워져 아프가니스탄으로 실려왔다.

랭글리 대테러센터 안의 요원들은 다마돌라의 건물 위를 선회하는 프레데터가 깜박임도 없이 부릅뜬 눈으로 촬영해 수천 마일 바깥의 첩보원들에게 보내오는 영상 자료를 보러 텔레비전 화면 주위에 모여 있었다. 실 팀은 작전에서 알카에다의 고위급 지도자들을 체포하지는 못했다. 하지만 다마돌라 임무는 그들이 파키스탄 내부로 발각되지 않고 진입하여 탈취 작전을 진행한 뒤 파키스탄 정부가 이 임무에 관해 까맣게 모르는 가운데 다른 쪽 국경을 넘어 복귀할 수 있다는 것을 증명했다.

제8장

대리전

"나와 내 나라가 세상에 맞선다. 나와 내 부족이 내 나라에 맞선다. 나와 내 가족이 부족에 맞선다. 나와 내 형제가 가족에 맞선다. 내가 내 형제에게 맞선다."

소말리아 속담

2006년 봄, 케냐의 나이로비에서 일하던 CIA 공작원들은 아무 표식이 없는 화물기에 로켓추진 수류탄, 박격포, AK-47 소총을 실어 소말리아 군벌들이 통제하는 활주로로 날아가게 했다. 무기와 더불어 그들은 군벌 한 사람당 약 20만 달러씩 차지하도록 현금으로 가득 채운 옷가방들도 실어보냈는데, 그 군벌들이 테러에 맞선 싸움에 봉사해준 데 대한 대가였다.[1] 지난 세월 동안 여러 번 상대를 죽이려고 시도해온 사이였건만 군벌들은 CIA가 돈 궤짝을 열어보이자 서로 함께 일하는 데 아무런 거리낌도 보이지 않았다. 한 발 더 나아가 자신들의 협력 관계에 미국 친화적인 이름을 붙이기도 했다. '평화 복구와 대테러를 위한 동맹'(ARPCT)이 그 이름이었다. 압디 핫산 아왈레 케이브디, 모하메드 칸야레 아프라 같은 군벌들의 잔혹한 역사를 생각해보면 그 이름은 그럴 의도가 없는 채로 반어적(ironic)이었다. CIA 일각에서도 이 사람들은 농담의 대상이 되었다. 어떤 첩보원들은 ARPCT라는 머리글자를 제임스 본드 영화에 나오는 세계적

테러집단 스펙터SPECTRE와 비교하기도 했다.

호세 로드리게스는 혼란스럽고 빈곤한 나라에서 급증하는 급진적 위협에 맞선 싸움을 자기들이 돕겠다고 나서서 미국인들을 설득시킨 군벌들에게 총과 돈을 조달하는 프로그램을 확대한다는 나이로비 첩보원들의 계획을 승인했다.* 이 군벌들은 2002년에 CIA에게 고용되었는데, 그들 중 일부는 1993년에 미 육군 레인저 부대와 델타포스 특공대를 죽이라고 총잡이들을 보냈던 바로 그 사람들이었다. 그들은 CIA가 알카에다 동아프리카 세포의 구성원을 추적하는 것을 도왔고, 이렇게 체포된 이들 중 일부는 소말리아에서 CIA의 비밀 시설로 몰래 옮겨졌다. 하지만 2006년의 비밀공작은 좀 더 형식적으로 배치된 업무였고, 워싱턴이 군벌들을 위해 인가해준 쓸데없는 일로 바뀌어버렸다.

이라크에서 소용돌이치는 혼란은 아프가니스탄의 전쟁에서 병사들과 첩보원들을 빼냈을 뿐만 아니라, 젊은 무슬림 세대를 미국에 맞서 무기를 들도록 자극했다. 당시 미국 첩보기관들 사이에 돌아다니던 기밀 정보보고서의 초안은 무슬림 세계에서 급진화가 전이되는 문제를 발가벗겼다. 이 최종 보고서는 이라크가 "무슬림 세계에 대한 미국의 개입에 깊은 원한을 낳고 세계적 지하드 운동에 대한 지지자들을 길러내는, 지하디스트들의 '저명한 쟁점'(cause célèbre)이 되었다"고 결론지었다.[2]

국가정보판단(National Intelligence Estimate. 미국의 정보기관들을 총괄하는 국가정보국장이 작성하는 연방정부 문서: 옮긴이)인 이 보고서는 점점 분권화되는 지구적 지하드 운동은 지역 무장 집단이 급증함에 따라 더욱 작게 쪼개질 것이라고 예상했다. 풍경은 급격히 변하고 있었고 아라비아 반도의 빈곤 지역, 북아프리카, 동아프리카에 있는 나라들은 점점 불안정해지고 있었다.

---

* 2005년에 CIA는 '공작부'(Directorate of Operations)라는 명칭을 '국가비밀사업부'(National Clandestine Service)로 변경했다. 로드리게스는 NCS의 총책이었다.

예멘에서는 알카에다와 연계된 23명의 무장대원이 숟가락과 부러진 탁상 다리로 굴을 파서 지방 감옥을 탈출했다. 그들은 아프가니스탄의 대소련 전쟁 시절 죄수들의 대의명분에 동정적이던 예멘 보안당국 구성원들의 도움을 받았을 가능성이 있었다. 한 예멘 관료는 이 내부자 범죄에 관해 〈뉴욕 타임스〉에 이렇게 설명했다. "이 공무원들이 아프가니스탄 지하드 당시에 사나에서 파키스탄으로 사람들을 호송하는 일을 했다는 걸 기억해야 합니다. 이때 관계를 맺은 것인데, 그건 그리 쉽게 변하지 않죠."[3] 인터폴은 이 23명을 전 세계에 수배하는 긴급 경보를 발령했지만 그들 대부분은 멀리 가지 않았다. 그들은 예멘에 남았고, 나중에 아라비아 반도의 알카에다라고 이름 붙이게 될 조직의 핵심을 형성했다.[4]

그리고 소말리아가 있었고, 아몬드 형 안경을 쓰고 붉은색 헤나 염료로 턱수염을 물들인 작고 뭉툭한 남자가 명성을 얻는 일이 생겼다. 핫산 다히르 아웨이스는 이슬람의 샤리아 법을 도입해 소말리아의 혼돈에 질서를 가져오려는 부족 원로들, 사업가들, 행세깨나 하는 사람들이 느슨하게 엮인 소말리아 이슬람법정연맹(Islam Courts Union, ICU)의 슈라shura(협의, 회의라는 뜻의 아랍어: 옮긴이) 위원회를 이끌었다. 온건파가 몇 년 동안 지배한 이 법정은 수십 년간의 군벌 정치에 일시적 유예를 제공했기 때문에 소말리아에서 널리 인기를 끌었다. 그러나 2005년 후반에 이르러 ICU에 대한 아웨이스의 영향력은 이 조직을 항구도시 메르카에서 자신이 운영하는 샤리아 법정의 확대판으로 변모시켰다. 비타협적 유형의 이슬람교를 설교하면서 간통한 사람들에게 돌을 던지거나 도둑의 손을 자르는 것 같은 처벌을 내려주는 강단으로 만든 것이다.[5]

아웨이스는 여러 해 동안 미국의 최고 테러 용의자 명단에 올라 있었고, CIA는 그를 1998년 케냐와 탄자니아에서 대사관 폭탄 테러를 저지른 알카에다 동아프리카 세포와 연관지었다. 그런데도 그는 두바이로 세간의 이목을 끄는 여행을 다니고 소말리아의 도시들을 공공연하게 이동하는 등 뻔히 보이는 곳에서 활동했다. 그의 휘하에는 스스로를 '알샤바브'(청년이라는 뜻의 아랍어)라고 부르는 젊고 헌신적인 총잡이들의 무리가 있었다. 이 무리는 UN이 세웠으나 나라 안에 통제력이 거의 없는 약하고 부패한 집단인 소말리아 과도 연방정부에 충성을 맹세했다고 여겨지는 모든 사람을 쫓고 죽이면서 모가디슈의 거리를 돌아다녔다.[6] 미국인을 위해 간첩질을 했다고 의심되는 현지인들은 발견하는 대로 쏴버렸다.

CIA는 몇 년 동안 소말리아 안에 영구적인 지부를 두지 않았기 때문에 이 나라 안의 사건들을 감시하는 일은 이웃한 케냐의 비밀 요원들에게 떨어졌다. 나이로비에 있는 CIA 지부는 9.11 테러 이후로 상당히 성장했는데, 국장 포터 고스가 아프리카에서 CIA의 존재를 강화할 필요가 있으며 이전에 폐쇄된 지부들을 이 대륙에 다시 개설해야 한다고 결정함에 따라더 많은 돈과 인력을 지원받은 덕분이었다.[7] 2005년에서 2006년으로 넘어가는 마지막 달에, 붉은 수염의 핫산 다히르 아웨이스와 알샤바브 총잡이들의 커져가는 영향력에 대해 경고하는 심상찮은 전문들이 나이로비의 첩보원들한테서 랭글리로 날아들었다. 이 보고서 중 일부는 아덴 하시 파라 아이로라는 이름의 키 크고 깡마른 아프가니스탄 전쟁 참전자를 포함한 이슬람법정연맹 내부의 젊은 급진파들이 알카에다가 소말리아에 새로운 기지를 건설하는 것을 지원할 수 있다는 결론을 내렸다.

그러나, 오사마 빈라덴과 그 추종자들이 소말리아에 근거지를 세우기를 원했을지라도 그들은 전쟁으로 파괴된 이 나라에서 미국인들이 겪었던 것과 똑같은 몇 가지 문제들에 여러 해 동안 부딪쳤다. 간단히 말해, 알카에다는 소말리아를 이해하지 못했고 아프가니스탄 전쟁이 시작될 경우 소말리아로 도망가겠다던 알카에다의 계획은 비참하게 실패했다. 이 나라에 도착한 아랍인 대원들은 소말리아 문화의 구조 속에 밀착된 씨족과 하부 씨족 들의 어지러운 대오를 헤쳐나가는 데 어려움을 겪었으며, 자신들이 매번 씨족 원로들에게 갈취당한다는 사실을 깨달았다.[8] 서양인들을 이 나라에서 몰아내자는 하나의 기치 아래 단결하기보다 소말리아인들은 자기들끼리 싸우기로 마음먹었다. 이슬람의 급진적인 와하브 파 지지자인 알카에다 대원들은 소말리아인 절대 다수가 따르는 한결 온건한 수피즘과 사이좋게 지낼 수 없었다. 소말리아인들은 엄청난 수다쟁이라는 평판을 갖고 있었고 이 외국인 방문자들은 소말리아인들이 비밀을 지키지 못한다는 데 점점 화가 났다. 통틀어 말해, 바다에 인접한 혼돈의 아프리카 나라는 파키스탄 및 아프가니스탄의 산맥들과는 매우 다르게 보였다.

이러한 사정은 당시 워싱턴에 있던 군이나 정보기관 관계자 누구에게도 분명하지 않았는데, 나이로비에서 보내온 심상찮은 CIA 보고서들은 백악관에서 주목을 받기 시작했다. 만약 소말리아가 아프가니스탄의 길을 가고 있다면 대체 무엇을 해야 하는가? 국방부 복도에는 1993년 모가디슈 전투에서 블랙호크 헬기가 격추된(Black Hawk Down) 사건의 유령이 여전히 출몰하고 있었기 때문에, 육군 장성들은 미국이 소말리아에 또 다른 중대한 군사적 개입을 시도하기 전에 자신들이 사임할 수도 있다는 뜻을 분명히 했다. 게다가 다른 곳에서 벌어지는 전쟁들이 육군 병사들과 해병들의 힘을 빠지게 했고, 국방부는 지부티의 옛 프랑스 외인부대 기지에 주둔하면서 작전을 펴는 빈약한 특수임무대에게 맡긴 병력 외에는 아프리카 북동부 지역(아프리카의 뿔, Horn of Africa)에 배치할 군대가 거의 없었다. 소말리아가 해결되어야 할 문제임을 확신하게 된 부시 행정부는 모가디슈에서 새로운 전쟁을 치를 대리 군대를 찾는 일을 CIA에게 의존했다. '평화복구와 대테러를 위한 동맹'은 이렇게 해서 출범한 것이었다.

ARPCT의 군벌들은 워싱턴과의 유대에 관해 신중하지 않았고 CIA가 자신들에게 얼마나 많은 돈을 주는지 공공연히 자랑했다. 그러나 미국인들의 첩보활동 기술도 조잡해서 이 동맹 뒤에 CIA가 있다는 것을 금세 드러나게 만들었다. 무기 수송과 금전 제공을 지역 언론사가 방송으로 보도할 정도였다. 요원들은 더 많은 보급이 필요할 때 쓰라고 군벌들에게 연락처를 건넸으며, 워싱턴에서는 CIA 사람들이 이메일 주소까지 알려주었다는 소문이 돌았다.

CIA의 서투름은 나이로비 미국 대사관(1998년의 폭발 테러가 이전의 건물을 파괴한 뒤 지어진 요새였다)의 관리들을 갈라놓았다. 전체 작전은 케냐의 CIA 지부장이 지휘했지만 대사관의 외교관들은 군벌에 대한 비밀 지원이 불러올 역풍을 경고하는 보고서를 국무부 본부에 써보내기 시작했다. 대사관 서열 2위인 레슬리 로는 한 전문에서 CIA의 처사에 대한 아프리카 관리들의 분노를 묘사했다. 국무부 소말리아 담당 행정관인 마이클 조릭은 군벌에 대한 정책을 비판하면서 CIA가 소말리아의 가장 거대한 폭력배들 중 일부에게 무기를 공급하고 있다고 호소하는 가차 없는 전문을 워싱턴으로 보냈다.[9] 얼마 지나지 않아 조릭은 차드로 발령 났다.

이들 관리가 경고한 그대로, 비밀작전은 CIA의 얼굴 앞에서 폭발하고 말았다. 비밀작전은 이슬람주의자들을 약화시키는 대신에 다른 방향으로 소말리아의 균형을 기울게 했다. 소말리아인들은 이 나라에서 외국의 영향력을 제거하고 최종적으로는 나라를 서로 적대적인 여러 작은 지역들로 분열시킨 군벌 통치를 종식시키기 위한 수단으로 이슬람법정연맹을 받아들이기 시작했다. 2006년 5월 회의에 모인 동아프리카 및 예멘 주재 미국 대사들은 벌써 모가디슈 내부에서 일이 어그러지는 것을 볼 수 있었다. 대사들은 다음 조치가 어떤 것이 되어야 할지에 대해 합의할 수 없었지만 소말리아 수도 내부의 싸움 대신에 소말리아의 사회제도 복구를 돕기 위한 "미국의 적극적인 조치들"로 "화제를 바꾸는 일"의 중요성에 대해서는 모두 동의했다.[10]

이슬람주의자들이 CIA가 뒤를 봐준 군벌들을 모가디슈 밖으로 쫓아냄에 따라 한때의 교착 상태는 완패로 바뀌었다. ICU는 수도에서 세력을 공고히 했다. 워싱턴에 더욱 비참한 일은 모가디슈 전투가 핫산 다히르 아웨이스와 알샤바브 무장대의 급진 분자들로 하여금 ICU 내부에서 더욱 큰 영향력을 발휘하게 했다는 점이었다.

CIA 대테러리스트센터의 전직 스파이 행크 크럼프턴은 대테러 조정관 역할을 맡은 국무부의 책상 앞에 앉아서 이런 참사가 빚어지는 꼴을 지켜보고 있었다. 이 일자리는 무임소 대사라는 고상한 직함을 달았지만, 종종 기능 장애를 일으키고 예산도 부족한 외교조직 안에서 차지하는 위치 탓에 곤경에 빠져 있었다. 크럼프턴이 보기에 소말리아에서 CIA가 군벌들을 데리고 벌인 모험은 어떤 문제가 다른 방법으로는 너무나 해결하기 어려워 보일 때 워싱턴이 비밀공작에 의존하는 고전적인 사례였다. 소말리아에서 뭘 해야 할지 알 수 없을 때 당신은 무엇을 하는가? 크럼프턴은 이렇게 말했다. "여기 돈 좀 있고, 여기 무기가 좀 있네. 이제 가봐."

"외교 정책이 부재하면 비밀공작도 제대로 돌아가지 않아요. 만약 당신이 내게 소말리아에 대한 2006년, 아니면 지금의 것이라도, 미국 정부의 외교 정책을 설명해줄 수 있다면 10달러짜리 지폐를 주겠소."

나이로비의 CIA 지부장은 혹독한 내부 비판을 정면으로 받았다. 호세 로드리게스는 그를 케냐에서 빼냈고 CIA는 당분간 소말리아의 일은 지금껏 겪은 것으로 충분하다고 결정했다. 이제 모가디슈에서는 이슬람 법정이 권력을 쥐고 있었기 때문에 부시의 관리들은 소말리아에 관해 새로운 테러국가라고 이야기하기 시작했다. 국무부의 아프리카 정책 간부인 젠다이 프레이저는 2006년 하반기 동안의 공식 연설에서 ICU와 알카에다를 직접 연결지었고 ICU를 퉁명스레 '테러리스트들'이라고 불렀다.

소말리아에서 CIA의 노력이 붕괴한 것은, 당장에는, 부시 정부가 그곳 이슬람주의자들의 부상에 대처할 때 활용할 수 있는 선택지를 동나게 했다. 그러나 정부가 발을 딛기 두려워하는 곳에서, 동아프리카의 무정부 상태 속으로 들어가기를 열망하며 미국 정부와 계약을 맺고 싶어하는 사람들과 민간 군사기업들을 위한 기회가 생겨나고 있었다.

조건은 완벽했다. 미국 정부는 제 인력 다수를 소말리아에 보내는 것은 내켜 하지 않았지만 다른 사람들이 그럴 수 있도록 돈을 쓰는 일은 간절히 원했다. 그래서 2006년 중반 소말리아는 외부에 위탁해 치러지는 전쟁 속으로 진입하고 있었다.

CIA의 지원을 받던 군벌들이 모가디슈에서 도주하고 1주일밖에 안 되었을 때, 상업용 제트기 한 대가 북부 버지니아의 말 농장에서 중년 여성 한 사람을 태우고 나이로비에 착륙했다. 미셸 발라린은 로스앤젤레스 지역 소방서에 방화복를 파는 계약을 맺었지만 국방부의 덩치 큰 거래를 따내는 데는 성공하지 못한 작은 회사 셀렉트아머의 사장이었다. 그러나 그녀의 야심은 4등급 방위산업 계약인이 되는 것보다 훨씬 더 원대했다. 2006년 4월 케냐에 온 그녀는 유엔이 지지하는 소말리아 망명정부의 지도자 압둘라히 유수프 아흐메드와 그가 머무는 호화로운 호텔 방에서 사적으로 만날 예정이었다.

부유한 상속녀의 외양을 가진 여성이 소말리아의 무능한 과도 연방정부 지도자와 접견을 갖는다는 것은 이상한 일로 보였다. 그러나 발라린은 아프리카 북동부 지역을 여러 번 여행한 경험이 있었고 소말리아 정치계급 내부의 몇 군데에 추종자 비슷한 무리를 만들어두고 있었다. 그녀는 리피차너 종마(마술馬術 경연대회로 유명한 흰 말)들을 훈련시키고 기른다고 주장했고, 어디를 가든 자신의 부를 두르고 다녔다. 그녀는 루이비통 가방, 값비싼 보석, 구치에서 만든 옷과 더불어 여행을 했다. 세계에서 가장 가난한 나라

중 한 곳에 사는 사람들을 눈부시게 할 작정으로 그런 것이었다면 의도한 대로의 효과가 있었다. 소말리아인들은 발라린을 아랍어로 '공주'를 뜻하는, 한 단어로 된 이름으로 부르기 시작했다. '아미라'가 그 이름이었다.

견고한 민주당 지지 주에서 공화당 후보로 처음 자신의 이름을 알렸던 1980년대의 웨스트버지니아에서부터 그녀는 먼 길을 온 셈이었다. 그녀는 웨스트버지니아대학교가 있는 모건타운에서 의회의 의석을 얻겠다는 희망을 품고 로널드 레이건의 인기에 편승하려 애썼다. 갓 31세였던 그녀는, D데이에 노르망디 해안에 상륙한 바 있었고 부동산 개발업자로 약간의 부를 쌓았으며[11] 자기보다 수십 살은 더 많은 첫 남편의 돈으로 1986년 선거운동 자금 중 많은 부분을 댔다. 하지만 정치자금 모금 행사에서 전문적인 피아니스트로서의 기술을 자랑하며 선거유세 자금 마련에 직접 과감히 나서기도 했다.

웨스트버지니아 가정들이 소중히 여기는 가치에서 벗어났다는 평판을 민주당 남성 현역 의원에게 안겨줄 심산으로, 그녀는 선거운동 마지막 몇 주 동안 상대방이 납세자의 돈을 들여 〈플레이보이〉 잡지를 점자로 인쇄한다는 방안에 찬성표를 던졌다며 비판했다. 심지어 상대방이 어떤 토론회에 나오기를 거절하자 이 기회를 충분히 활용하여 두꺼운 종이를 잘라 그의 얼굴을 오려붙인 뒤 들고나가 어쨌거나 토론에서 그를 눌러버리기도 했다.[12] 그녀는 선거에서 가차 없이 패배했다.

첫 남편이 죽은 뒤 그녀는 맨해튼21클럽의 바텐더 출신으로 워싱턴의 비공개 사교모임 조지타운클럽의 운영자가 된 지노 발라리과 결혼했다. 이 부부는 버지니아에 있는 집에서 파티를 열었고 마침내 '사회적으로 저명한 워싱턴 사람들'의 인명록이자 세습 재산을 가진 이 도시 엘리트의 성경인 〈그린북〉에 이름을 올리는 데 성공했다. 1997년에 그녀는 기자에게 친구들, 이웃들, 다른 "승마를 응원하는 사람들"과 함께 〈그린북〉에 실리게

미셸 아미라 발라린. ⓒMohamed Abbasheikh (2012).

되어 얼마나 기쁜지 모르겠다고 말했다.

"이 책은 변화에 진정으로 맞서온 오래된 행동 방식들을 상징합니다. 더 부드럽게 살아가는 법을 상징하는 거죠."[13]

그때 발라린 부부는 버지니아 마컴에 있는, '늑대 바위'라는 멋진 이름을 가진 저택에서 살고 있었다. 한때 이곳은 스톤월 잭슨이 지휘한 셰넌도어 전투에서 명성을 얻어 '남부연합의 흑기사'라는 별명으로 불렸던 남군 기병대 사령관 터너 애슈비의 집이었다. 그러나 미셸 발라린은 폴로 시합을 하고 잔디밭에서 파티를 여는 고상한 삶을 사는 것보다 더 큰 계획을 갖고 있는 것 같았다. 1990년대 전체와 2000년대 초반에 걸쳐 그녀는 부동산 개발업, 국제 금융, 방호복 판매업 등 여러 가지 벤처사업을 시작했다.

본인의 설명에 따르면, 워싱턴의 프리메이슨 지회에 속한 친구들이 마련한 가벼운 모임에서 소말리아계 미국인들을 만난 것이 전쟁으로 망가진 이 나라에 대한 그녀의 관심에 불을 지폈고 미셸에서 아미라로 변신하는 계기가 되었다고 한다.[14] 그녀는 아프리카로 여행하기 시작했고, 일요일마다 교회에서 오르간을 연주하던 독실한 여성 기독교인은 이슬람교의 신비주의적 갈래로 한때 인도 아대륙과 북아프리카에서 지배적이던 수피즘의 가르침에 곧바로 매혹당했다. 수피즘은 오스만제국의 붕괴가 한층 근육질의 이슬람 분파들을 낳은 뒤로 기반을 잃었지만 소말리아에서는 여전히 널리 지켜지고 있었다. 발라린은 이 나라 안에서 수피교도들을 밀어주는 것이 급진적인 학교와 사원을 지으라고 돈을 보낸 부유한 사우디 기부자들의 도움으로 아프리카의 뿔에 발판을 마련한 엄격한 와하브주의(Wahhabism)의 유독한 영향력을 줄일 최선의 방법이라고 믿게 되었다.

소말리아에서 발라린이 벌인 공공사업은 그녀를 그저 비현실적인 개발계획들을 밀어붙이는 또 하나의 돈 많고 좋은 일 하는 사람처럼 보이게 했지만, 발라린의 프로젝트들에는 더 어둡고 날이 선 측면이 있었다. 이슬람법정연맹이 모가디슈를 장악했을 때 그녀는 소말리아에서 정권의 힘이 미치지 않는 광대한 지역을 이슬람주의자들을 권좌에서 몰아내는 저항운동의 기지를 세우는 데, 아울러 이 나라에서 벤처산업을 육성하는 데 활용할 가능성을 발견했다. 버지니아의 여성 승마인은 스스로를 혼돈 속으로 밀어넣으려 했다.

압둘라히 유수프 아흐메드 대통령과 만난 발라린은 소말리아 북부의 항구도시 베르베라에 기지를 세운다는 자신의 계획에 관해 의논했다. 발라린은 미 항공우주국이 한때 우주 왕복선이 비상 착륙할 지점으로 지정했던 버려진 활주로가 있는 이 도시가 상업 교통의 중심지이자 알샤바브에 반대하는 군대를 훈련시키는 지역으로 탈바꿈할 수 있다고 내다보았다. 나이로비의 호사스러운 호텔 안에서 은신처를 구하는 명목뿐인 정치 지도자 아흐메드 대통령은 발라린의 계획을 승인해줄 처지가 아니었다. 그러나 회의가 끝나고 나타난 그녀는 의기양양했다. 며칠 뒤 발라린은 미국에 있는 여러 명의 사업 동반자들에게 황급히 이메일을 써보냈는데, 그 사람들 중에는 플로리다에 기반을 둔 민간 보안회사 ATS월드와이드의 사장 크리스 파리나도 있었다.

"여러분, 압둘라이 유세프[원문 그대로 인용] 대통령과 그의 비서실장인 사람을 성공적으로 만났어요"라고 발라린은 썼다. "그는 대통령 의전비서관을 지금 단계에서 우리에게 조언을 해줄 사람으로 지정했답니다."[15] 그 뒤의 이메일에서 발라린은 CIA가 자신의 계획을 눈치챘다는 것, 또 뉴욕에서 그녀의 CIA 접촉선을 만날 예정이라는 것을 암시했다.

그러나 파리나는 계획을 조급하게 서둘러서는 안 된다고 경고하는 답장을 보내면서 조심할 것을 당부했다. 그는 "지금 시점에 초기 작전의 추진력/주도권을 잡을 수 있는 후속 부대의 추가 없이 강요된 [모가디슈] 진입 작전을 벌이는 것은 디엔비엔푸를 반복하는 결과를 낳을 수 있습니다"라고 1954년 인도차이나에서 프랑스가 대패한 사례를 언급했다.[16]

파리나는 또 CIA는 자신들의 시도에 적합한 동반자가 아닌 것 같다고 말했는데, 소말리아에서 일어났던 일을 염두에 두면 현명한 조언이었을 것이다. 그에 따르면 더 나은 상대는 국방부였다.[17]

발라린은 결국 그의 조언을 따랐지만 소말리아 안에서 벌어지는 자신의 모험에 돈을 대도록 국방부를 설득할 수 있기까지는 2년이 더 걸렸다.

이슬람법정연맹의 모가디슈 접수는 처음엔 이 도시가 여러 해 동안 알지 못했던 평화를 가져왔다. 군벌들이 갈라놓았던 도시는 개방되었다. 바다에서 1마일도 안 떨어진 곳에서 자랐으면서도 경쟁 관계에 있는 군벌의 구역에 속한 탓에 한 번도 바닷물을 본 적이 없던 아이들이 해변에서 자유

롭게 하루를 보낼 수 있게 되었다.[18]

그러나 사실상 ICU 운동의 통제권을 장악한 알샤바브 파가 그 여름에 한 일련의 선언은 많은 소말리아 사람들을 새로운 지도자들에게서 등을 돌리게 했다. 외국 영화들이 금지되었고, 축구 경기도 마찬가지였다. 여자들은 얼굴을 가리라고 강요받았다. 가장 인기가 없었던 조치는 거의 모든 소말리아 남자들이 가볍고 쾌적한 몽롱함을 맛보려고 매일 씹어대는 마약성 녹색 풀잎, 카트khat를 금지시킨 것이었다.

모가디슈에서 샤리아 법이 시행되는 데 대한 워싱턴의 우려는 알카에다의 새로운 은신처가 자신들의 동쪽 국경에 생길 것을 두려워하는 에티오피아 관리들이 부시 정부에 전달한 연속적인 정보에 의해 부추겨졌다. 에티오피아인과 소말리아인 간의 반감은 깊었다. 1970년대에 두 나라는 에티오피아의 오가덴 지역을 둘러싸고 영토 전쟁을 벌였는데, 미국이 소말리아를 지원하고 소련은 에티오피아인들에게 군사 보급을 제공함에 따라 이 전쟁은 냉전의 대리전이 되었다. 그러나 소련의 몰락은, 세계의 다른 많은 곳에서 그랬듯이, 아프리카의 동맹 관계를 개편했다. 1990년대에 워싱턴이 이슬람 근본주의의 확산을 우려하는 가운데 에티오피아와 그 나라에서 다수를 차지하는 기독교인들은 미국에게 자연스러운 동맹자로 보이게 되었다.

그래서 2006년 여름 에티오피아 관료들이 이슬람법정연맹과 알샤바브를 해체하기 위해 소말리아를 침공할 가능성을 공공연히 이야기하기 시작했을 때, 워싱턴 일각에서는 기회가 왔다고 보았다. 어중이떠중이들이 모인 군벌을 무장시키는 전략은 실패했지만 에티오피아군은 소말리아에서 미국의 새로운 대리전 전력이 될 수 있었다. 이슬람주의자들이 모가디슈를 접수하고 몇 주 지나지 않아 미 중부사령부의 존 아비자이드 장군은 동아프리카 여행길에 에티오피아의 수도 아디스아바바를 방문했다. 미 대사관에서 군, CIA, 국무부 관리와 만난 그는 모가디슈에 탱크로 밀고들어가려면 에티오피아군에 무엇이 필요할지를 물었다.

아비자이드는 미국이 에티오피아에게 침공하라고 다그치지는 않겠지만 침공의 성공을 보장하려고 노력할 것임을 분명히 했다.[19] 또 에티오피아 관리들과 만나 소말리아 내 ICU 군대의 배치에 관한 미국의 정보를 공유하겠다고 제안했다. 워싱턴에서는 국가정보국장 존 네그로폰테가 에티오피아군에게 상세한 사진을 제공할 목적으로 첩보위성들이 소말리아를 겨냥하는 것을 승인했다. 2006년 아디스아바바에 주재하던 한 미국 관리의 말을 빌리면 그들의 구상은 "에티오피아인들을 끌어다 우리의 전쟁을 하게 하는 것"이었다.

에티오피아의 침공은 또한 동부 에티오피아의 커피 재배 지역에 있는 기지에서 시작해 소말리아 내부로 향하는 미국 특공대의 임무에 위장을 제공할 것이었다. 에티오피아군이 소말리아를 침공할 가능성이 점점 커져간다고 여겨지던 2006년 여름과 가을에 미 해군 건설대원들이 아디스아바바에서 동쪽으로 300마일 떨어진 디레 다와의 기지에 도착했다. 공식적으로 그들은 인도주의적인 임무를 수행하러 온 것이었다. 위험한 양의 비가 내려 디레 다와 근처의 평원들을 잠기게 하고 10피트 높이 물의 장벽이 도시를 파괴했는데, 건설대원들은 홍수로 거주지에서 쫓겨난 1만 명의 사람들을 도와 천막을 세우고 긴급 의료 지원을 했다.[20]

하지만 인도주의적인 지원과는 별도로, 디레 다와에 도착하는 C-130 수송기들이 88특수임무대로 불리는 JSOC 비밀부대의 일부로 에티오피아에 잠입하는 네이비실과 델타포스 특공대원들을 위한 전쟁 물자를 실어나르기 시작했다. 특공대의 계획은 소말리아에 진입해 ICU 간부들을 잡아내는 자신들의 작전을 위장하는 데 에티오피아의 소말리아 침공을 활용한다는 것이었다.[21]

소말리아 임무는 원래 미군에게 출입 금지 구역이었던 나라들에 군 특공대원들의 침투를 허용한 도널드 럼스펠드의 2004년 명령에 따라 승인되었다. 2007년 1월 초, 에티오피아 전차의 첫 대열이 국경을 넘고 포병대가 소말리아 남서부의 군사 시설들을 두들겨부수기 시작한 시점에서 며칠 뒤 88특수임무대는 소말리아 안에서 임무를 개시했다. 이 부대에 배속된 것은 나중에 암호명을 태스크포스 오렌지로 바꿀 국방부 비밀 첩보부대 회색여우의 감시 전문가들이었다. 이 집단은 ICU 지휘관들의 전화 통화를 가로채 그 위치를 정확히 잡아내는 특수 장비를 가져왔다.

특수작전부대 외에도 105mm 곡사포와 개틀링 기관포로 무장한 AC-130 공격기 2기가 에티오피아 동부의 활주로에 도착해 1월 초 소말리아 남부 습지의 작은 어촌에 공습을 가했다.[22] 알샤바브의 젊은 지도자 아덴 하시 파라 아이로가 라스 캄보니 마을에 숨어 있다는 정보에 따라 움직인 것이었다. 미사일 공격 몇 시간 뒤 미군과 에티오피아군은 잔해를 조사했고 아이로의 피 묻은 여권을 찾아냈다. 미국인들은 아이로가 공습으로 부상당했다면 오래 버티지 못하리라 추정했지만, 아무도 그의 행방을 알 수 없었다. AC-130 공격기들은 2주 뒤 다른 이슬람주의자 지휘관들을 겨냥한 두 번째 공습을 했지만 의도한 표적 대신에 민간인들을 죽였다.

2007년 초 소말리아에서의 비밀작전은 엇갈린 성과를 거두었다. 미국의 병력과 정보는 소말리아 남부에 대한 에티오피아의 공세를 도왔고 이슬람법정연맹 군대의 신속한 후퇴를 이끌어냈다. 하지만 JSOC의 임무들은 1998년 대사관 폭파의 책임이 있는 알카에다 지부의 구성원이나 고급 이슬람주의자 지휘관들을 생포 또는 사살하는 데 실패했다. 그리고 좁은 의미의 테러리스트 추적을 넘어선 더 넓은 맥락에서 에티오피아의 소말리아 점령은 실로 재앙이라 불릴 만했다.

부시 정부는 에티오피아군이 이슬람법정연맹을 모가디슈 밖으로 밀어내고 UN이 지지하는 과도정부에 군사적 보호를 제공해줄 것이라는 믿음 아래서 비밀리에 작전을 지원했다. 침공은 첫 번째 목표를 달성했지만, 빈곤한 에티오피아 정부는 부패한 과도정부를 보호해주려고 소말리아에 군대를 주둔시키며 돈을 쓰는 데 관심이 없었다. 전투가 끝나고 몇 주 지나자 에티오피아 고위 관료들은 군사적 목표를 달성했다고 선언했고 공개적으로 철군을 이야기하기 시작했다.

에티오피아군은 가장 증오하는 적을 상대로 유혈이 낭자하고 무차별적인 군사 작전을 벌였다. 아둔한 시가전 전술에 따라 에티오피아군은 사람들이 붐비는 시장과 인구 밀집 지역에 포격을 퍼부어 수천 명의 민간인들을 죽였다. 에티오피아군의 규율은 무너졌고 병사들은 약탈과 윤간을 저지르며 날뛰었다. 비영리 단체 휴먼라이츠워치와 면담한 한 젊은이는 에티오피아인들이 자신의 아버지를 죽이고 어머니와 누이들을 강간하는 것을 목격했다고 증언했다.[23]

증오받는 에티오피아군의 점령은 알샤바브에게는 대원들을 모집하는 데 노다지를 캔 것이나 다름없는 상황이어서 이 집단은 더욱 강해졌다. 반란자들은 길가에 폭탄을 설치했고 이라크와 아프가니스탄에서 무장대원들이 사용해 대성공을 거두었던 게릴라 전술을 썼다. 외국인 전사들이 소말리아로 물밀듯이 유입되었다. 인터넷 속에서 지하드를 펼치는 사이트들은 에티오피아군이 메카로 진군하는 것을 도와 무슬림 신앙 안에서 악명 높은 배신자 아부 라갈의 이름을 들먹였다. 전사들은 모로코와 알제리에서 온 사람들이었다.

미네소타에서 온 사람들도 있었다. 에티오피아의 침공 얼마 뒤 미니애폴리스의 '작은 모가디슈' 구역에 사는 20명의 미국인 학생들이 비행기를 타고 기독교도 침략자들에 맞선 지하드를 벌이기 위해 소말리아로 갔다. 그중에는 쉬르와 아흐메드가 있었는데, 농구를 사랑하고 하루 대부분을 비정규적인 일들을 하거나 랩의 가사를 외우는 데 사용하는 지역대학 중 퇴자였다. 그는 에티오피아인들의 침공에 격분한 나머지 아프리카의 뿔로 가서 알샤바브에 합류한 것이었다.

다음 해 10월, 그는 소말리아 북부 지역 푼틀란드의 정부 건물로 폭발물이 실린 차를 몰고 들어가버렸다.

그는 사상 최초의 미국인 자살폭탄 공격자였다.

제9장

기지

"거울들의 황무지 속에서. 거미는 무엇을 하려나,
움직임을 멈추고서, 바구미는
꾸물거리려나?"

T. S. 엘리엇, 「게론티온」(Gerontion)

아트 켈러가 파키스탄에서 일하는 CIA 요원들의 첫 번째 규칙을 배우는 데에는 오랜 시간이 걸리지 않았다. '네가 이 나라에서 하루를 보내면 전날 알던 것보다 덜 알게 된다. 네 임무가 끝날 때, 너는 아무것도 모른다.'

2006년 중반 켈러가 탄 헬기가 남부 와지리스탄의 부족 행정구역에 속한 와나 근처의 CIA 기지에 착륙했을 때, 파키스탄에서의 첩보 작전은 제임스 지저스 앵글턴이 말한 '거울들의 황무지'(wilderness of mirrors. 1950년대에서 70년대에 걸쳐 CIA 간부였던 앵글턴이 위에 인용된 엘리엇의 시 구절을 가져와, 진상이 왜곡되거나 미궁에 빠지기 십상인 첩보와 방첩의 세계를 수많은 거울이 서로를 비추는 광경에 비유한 말: 옮긴이)의 21세기판이 되어 있었다. CIA의 전설적이고 무자비한 전직 방첩대장 앵글턴은 냉전시대 첩보활동의 기만, 이중간첩 행위, 분열된 충성심을 묘사하는 데 그가 좋아한 T. S. 엘리엇을 맥락을 바꾸어 인용했다. 수십 년 뒤 파키스탄에서 벌어진 스파이 게임도 참여한 사람을 미칠 듯한 상태로 만드는 점은 그때보다 덜하지 않았다.

소년처럼 보이는 켈러는 알카에다가 파키스탄 산맥을 새로운 작전기지로 바꾸고 있는 시점에 이곳에 떨궈질 후보 같지 않았다. 그는 예전에 파키스탄에 발을 디뎌본 적도 없었고, 현지어는 하나도 못 했으며, 그가 가진 전문 지식(이란의 미사일 프로그램에 관한)은 와나에서 그에게 그다지 도움이 될 것 같지 않았다. 하지만 이라크 전쟁이 조금이라도 중동 경험이 있는 CIA 공작관들을 아프가니스탄과 파키스탄에서 데려가버리는 바람에 비밀사업국은 사람이 절실히 필요했다. 그래서 아트 켈러는 아프가니스탄에 자원한 것이었다. 그는 파키스탄에 배치되었다.

"당신이 기지에 앉혀두고 싶은 가장 이상적인 사람은 다리어나 우르두어나 파슈토어를 할 줄 알고 몇 년간의 경험이 있고 표적에 관해서 아는 사람이란 말이죠"라고 그는 말했다.[1]

"그런데 나를 데려온 겁니다."

켈러는 10여 년 동안 정처 없이 군대, 대학, 언론계를 어슬렁거리다가 1999년에 CIA에 들어왔다. 고등학교를 졸업했을 때는 국제 문제에 관심이 있었지만 인생에서 무슨 일을 하고 싶은지 뚜렷한 생각이 없는 채로 1990년대 초 육군에 입대했는데, 왜냐하면 그것이 대학에 갈 돈을 버는 데 위험 부담이 없는 방법이라고 꽤나 확신했기 때문이다. "18개월 후에 난 사막 한가운데 앉아서 '어쩌다 내가 여기까지 왔나?' 하고 생각하게 됩니다."[2]

그는 이라크군을 신속히 쿠웨이트에서 내쫓은 '사막의폭풍 작전'에서 아주 작은 부분만을 담당했다. 그는 낙하산 정비중대에 배치되었지만 전쟁 중에 공수작전이 벌어지지 않았기 때문에 이 부대의 업무는 아무 필요가 없었다. 작전 전날 부대는 사우디아라비아 사막 한복판으로 밀려나, 미군 전차의 이라크 침공에 보급을 담당한 병참 기지를 경비하라는 명령을 받았다.

군대를 떠난 뒤 노던애리조나대학교에 간 그는 기자가 되거나 CIA에 들어가야겠다고 결심했다. 그는 〈애리조나 리퍼블릭〉의 스포츠부에 일자리를 구했고 정치부로 막 이동하려는 때에 CIA가 연락해 그의 지원서가 통과되었다는 말을 전해주었다.

대량 살상 무기의 확산 방지를 위해 일하는 확산대책 분과에 배정된 그의 첫 해외 파견지는 국제원자력기구(IAEA) 본부가 위치한 빈이었다. CIA 빈 지부 요원들은 IAEA의 비밀 의결사항에 관해 알아내기 위해 기구 내부에 정보 캐널 곳을 개발하는 임무를 띠고 있었다. 그러나 CIA 또한 9.11 테러 이후 IAEA가 이란, 이라크, 북한 등의 정권을 제재하게 만들려고 민감한 정보를 이 국제 기구에 제공하고 있었다.

켈러는 탄도미사일을 개발하려는 테헤란의 노력에 관해 정통하게 이해하게 되었지만, 당시 이란은 CIA의 걱정거리 목록에서 맨 꼭대기에 있지 않았다. 2002년 늦여름, 랭글리에 다녀온 켈러의 상관이 빈 지부의 요원들에게 다가왔다.

"이라크를 침공해서 전쟁을 벌일 수도 있다는 소문이 도는 거 알아?"그는 이렇게 물었다. "자네들은 아마 본부에서 나오는 더 재미있는 얘길 듣게 될 거야, 왜냐면 걔네는 이걸 정당화할 증거를 찾으라고 엄청난 압력을 받고 있거든."

"「특전 U보트」(Das Boot)란 영화에서 바다 밑바닥에 있을 때 잠수함 속의 대갈못들이 빠져나와 사방으로 튀는 장면 알지? 그게 지금 본부에서 벌어지는 일이야."

불운했던 이라크 침공이 끝난 뒤 켈러는 그 나라에서 단기간에 걸친 두 개의 업무를 맡게 되는데, 그중 하나는 사담 후세인의 생화학 무기 프로그램이라는 유령을 찾아 사막을 순찰하느라 2003년과 2004년을 보낸 CIA 주도의 무기 수색팀인 이라크조사단의 일원으로서 맡은 것이었다. 켈러는 이 시도가 무의미하다는 것을 일찌감치 알아챘다. 미국인들에게 무기 재고품들을 보여줄 — 그래서 CIA에게서 돈과 어쩌면 재정착이라는 보상을 받을 — 모든 이유를 갖고 있었던 이라크 과학자들이 조사단에게 무기가 존재하지 않는다고 주장했던 것이다. 하지만 켈러와 다른 요원들은 조사단이 얼마나 많은 면담을 했는지 랭글리에서 적어두도록 같은 과학자들을 두세 번씩 면담하곤 했다. 이것은 또 부시 대통령과 체니 부통령이 이라크에서 무기 수색은 여전히 진행 중이라고 공개적으로 말할 수 있게 했다.

2006년 켈러가 도착한 남부 와지리스탄의 먼지투성이 CIA 기지는 2004년에 파키스탄군이 넥 무함마드의 전투원들을 상대로 한 전투에서 야포와 무장 항공기로 타격했던 곳과 같은 마을에 있었고, 정부군이 와지리스탄 부족민들과 휴전에 동의했던 샤카이의 이슬람학교에서 가까웠다. 켈러가 거기 갔을 때는 또 하나의 연약한 평화 협상이 준비되어 있었다. 이번 협상은 파키스탄군과, 2004년 CIA의 드론 공격에 넥 무함마드가 죽었을 때 피의 깃발을 주워들었던 또 다른 젊은 게릴라 지도자 바이툴라 메수드가 진행해왔다. 메수드는 합의의 조건 따위는 전혀 존중하지 않았고 휴전을 오직 남부 와지리스탄 내부에서 권력을 강화하고 파키스탄군에 대한 치고 빠지기식 공격을 계획하는 데 이용했다. 하지만 2006년의 파키스탄군 수뇌부는 부족지역에서 또 전투를 벌이기를 원치 않았기 때문에 아트 켈러가 와나에 도착했을 때 파키스탄 군인들과 첩보원들 모두 벌집을 걷어찰 의욕이 없었다.

그 결과 CIA 요원들과 남부 와지리스탄의 ISI 현지 공작원들 간의 관계는 음울했다. 켈러는 그가 대체하게 될 진이라는 이름의 노련하고 나이 많은 요원에게 상황 요약을 듣고 관계가 얼마나 나쁜지 알게 되었다. 진에 따르면 파키스탄군은 순찰도 별로 하지 않고 안전한 병영 안에서 거의 모든 시간을 보내고 있었다. 자신이 아무리 강하게 밀어붙여도 파키스탄군과 첩보원들은 바이툴라 메수드가 남부 와지리스탄에 건설 중인 초소형超

小型 국가의 힘에 도전하고 싶어 하지 않더라는 것이었다.

넥 무함마드와 달리 메수드는 언론매체에 등장하려고 안달하지 않았다. 인터뷰를 잘 하지 않았고 엄격한 이슬람 전통에 따라 사진 찍히는 일도 거부했다. 교육을 거의 받지 않았고 이슬람학교에서 의미 있는 시간을 보낸 것도 아니었는데 2006년에는 맹렬하게 충성스러운 5천여 명의 부족 무장 대원들을 지휘하고 있었다. 그는 반대의견을 용납하지 않았고 탈영병들은 추적해 죽여버렸다. 심지어 남부 와지리스탄 남부에서 권력을 차지하기 위해 자신의 옛 스승이자 2004년에 미국이 관타나모 만에서 석방한 한 쪽 다리뿐인 전사, 압둘라 메수드를 파키스탄군이 생포하도록 주선했다는 의혹마저 있었다. 파키스탄군이 발로치스탄에 있는 집을 포위하자 압둘라는 수류탄을 가슴 가까이 움켜쥐고 안전핀을 당겼다.[3]

바이툴라 메수드의 힘과 영향력은 좀 더 작은 군사 집단들이 테흐리크 이 탈레반 파키스탄Tehrik-i-Taliban(TTP)이라는 명칭 아래 뭉치면서 급격히 팽창했는데, 메수드를 지휘자로 둔 이 조직은 보통 '파키스탄의 탈레반'이라는 이름으로 알려졌다. 물라 오마르의 통제 아래 ISI의 조용한 후원을 즐기던 아프가니스탄 탈레반과는 다르게 이 새로운 집단은 파키스탄 군인과 첩보원 들을 부족 지역 바깥으로 몰아내겠다는 의도를 품고 그것을 피로써 증거하기 위해 이슬라마바드, 카라치를 비롯한 도시에서 자살 폭탄 공격을 벌였다. 그러면서 자기네 땅에 들어와 있는 외국인들인 파키스탄 군대로부터 부족적 삶의 방식을 보호하려는 투쟁이라는 뜻으로 이를 '방어적 지하드'라고 불렀다.

이 집단은 부족지역 너머에 연락책이나 후원자가 거의 없었지만, 2006년 와나에서 누가 책임자였는지는 분명했다. 바이툴라 메수드의 추종자들은 미국인들이나 파키스탄 정부와 일한다고 의심되는 부족장은 모조리 암살하고 돌아다니는 식으로 남부 와지리스탄 남부에서 혹독한 형벌을 집행하고 있었다. 도둑들은 마을 거리에서 교수형을 당했으며, 간통한 사람들은 투석형에 처해졌고, 와나 시장의 행상인들은 파키스탄군 정찰병을 참수하는 광경을 담은, 우르두어로 된 소름끼치는 DVD를 대놓고 팔았다. 일부는 선전이고 일면은 협박이었던 이 스너프 영상들은 군은 병영에 머물러야 하며 부족에게 통제권을 양보해야 한다는 무뚝뚝한 메시지였다. 바이툴라 메수드는 와나의 이발사들에게 샤리아 법은 얼굴 손질을 금하고 있으므로 턱수염을 다듬는 서비스는 안 된다고 가게에 써붙이게 했다. 이를 거절한 이발사들은 가게가 불타는 모습을 보게 되었다. 전투적인 통제의 또 다른 증거는 좀 더 따분한 것이었다. 켈러의 기지는 무장대원들이 파키스탄군 트럭에게 길을 쓰도록 허락하는 특정한 날에만, 2주일에 딱 한 번씩 연료 공급을 받았다.

CIA 전초기지는 와나 근처의 더 큰 파키스탄군 기지 안에 있는 벽돌 건물지대였다. 파키스탄 특수전부대의 분견대가 건물들을 경비했지만, 켈러는 곧 이 부대가 보호자보다는 간수에 가깝다는 것을 깨달았는데, 왜냐하면 CIA 요원들을 기지 바깥으로 나가지 못하게 했기 때문이다. 건물 안에는 미국인들이 먹고 자고 ISI가 송신을 가로채지 못하도록 보안 장치가 된 무전기 및 컴퓨터로 상관들과 연락하는 여러 개의 방이 작은 규모로 모여 있었다. 이 작은 기지는 배관 누수 때문에 미처리 하수가 지독한 악취를 풍겼고, 천장에서 떨어지는 석고 조각들이 자주 침대, 접시, 통신장비를 덮곤 했다. 진은 스쿼시 경기장을 만들 돈을 달라고 이슬라마바드 CIA 지부를 설득하려 한 적이 있었다. 스쿼시는 파키스탄 군인들 사이에서 인기가 있었기에 구장을 만들면 CIA 요원들이 상대역들과 관계를 돈독히 하는 데 도움이 된다는 논리였다. 요구는 거절당했다.

켈러 자신이 주로 상대하는 ISI 요원과의 관계는 처음부터 시큰둥했는데, 진이 장난을 친 탓이 적지 않았다. 헬기로 와나를 떠나던 날 진은 켈러에게 우르두 말로 휘갈겨 쓴 쪽지를 건네면서 ISI 요원을 처음 만나면 주라고 말했다. 켈러는 무슨 내용이 씌어져 있는지 몰랐지만 충직하게도 진의 말을 따랐다. 카타크족의 일원이었던 ISI 요원은 별로 즐거워하지 않았다. 그는 쪽지 내용을 번역해주었다. '망할 카타크 놈은 절대 믿을 수 없소.'

"진은 그게 웃긴다고 생각한 거죠." 켈러가 말했다. "참 고마워요, 진."

와나의 미국인들과 파키스탄들인 사이에 불신이 쌓이는 상황이라 켈러가 남부 와지리스탄에 있는 동안 감독한 정보 수집 활동은 대부분 ISI의 동의 없이 이루어진 것이었다. 진은 CIA가 이 지역에 확보해둔 파키스탄 정보원들의 이름과 연락처를 넘겨주었고 이 정보망의 운영은 이제 켈러의 몫이었다. 그러나 와나에서 미국의 백인 첩보원이 ISI에게 귀띔해주지 않은 채 파키스탄 정보원들의 조직망을 운영하기란 쉬운 일이 아니었다. 정보원들이 CIA 기지로 찾아왔다가는 ISI에게 발각되어 체포될 판이었고, 기지 바깥에서 만나려고 켈러가 그 어떤 시도를 해도 그들을 위험에 빠트릴 수 있었다.

이와 대조적으로, 국경 반대쪽 아프가니스탄에서 일하는 CIA 요원들은 훨씬 더 편한 시간을 보냈다. 2006년까지 CIA는 요원들이 부족지역에서 정보를 수집하러 국경을 넘어 파키스탄으로 가는 출발점인 코스트, 아사다바드 같은 동부 아프가니스탄 마을에 여러 개의 작은 기지를 설치했다. 요원들은 정보원을 기지나 이웃 마을에서 만날 수 있었다. CIA는 내륙 지역에서 수집한 대인정보를 걸러내고 그것을 위성이나 감청 초소에서 얻은 정보와 융합해 바자우르와 와지리스탄 내 전투원들의 위치를 정확히 짚어내는 임무를 맡은 '표적화 분석관들'을 랭글리에서 아프가니스탄의 화력 기지들로 보내기 시작했다. 3년 뒤 CIA가 자신들의 고급 정보원이라고 믿고 있었으나 실은 반대편 전투원들을 위해 일하던 한 남자를 코스트에 있는 기지, 캠프채프먼에서 만났을 때 사태는 끔찍이도 잘못 돌아갔다. 요르단인 의사인 그 정보원이 자살 조끼를 폭파시켜 7명의 CIA 직원이 숨진 것이다. 그날은 1983년 베이루트 미 대사관 공격 이후 CIA에게 가장 견딜 수 없는 날이었다.

정보원들을 만날 방도가 없자 켈러는 주된 정보원과 컴퓨터 통신으로만 연락하는 한편 정교하게 짜여진 중개인들의 조직망을 유지하는 방식으로, 와지리스탄에서 몇 개월을 보내는 동안 자신의 정보 출처와 일체의 대면 접촉을 하지 않은 채 활동했다. 그는 이 경험을 이라크전의 가장 어두웠던 시절에 바그다드에 있었던 서양 기자들이 겪은 일과 비교했다. 거리를 자유롭게 돌아다닐 수 없었던 그 기자들은 이라크인 비상근 통신원들에게 의존해 정보 및 기사에 인용할 발언을 수집했던 것이다.

켈러의 경우 전달할 사항을 CIA 컴퓨터 기술자들에게 보내면 기술자들은 그것을 암호로 바꾸어 CIA를 위해 일하는 파키스탄인 정보원에게 전송하곤 했다. 그 정보원은 자신에게 전해지는 메시지를 수신할 특수 장비를 지급받은 사람이었다. 이 파키스탄 사람은 한 달에 수백 달러의 보수를 받았지만 이 돈 가운데 일부는 남부 와지리스탄 내 알카에다 요원들의 움직임에 관한 정보를 수집할 또 다른 정보원(또는 '하위 정보원')을 고용하는 데 들어갔다. 하위 정보원들은 자기가 누구를 위해 일하는지 전혀 몰랐고, 자신에게 주어지는 돈이 ISI한테서 나온다고 생각했을 가능성이 있었다. 간혹 켈러는 감시의 표적과 가장 가까이 위치한 하위 정보원에게서 서너 단계나 떨어져 있곤 했다.

켈러가 이곳에 있는 동안 CIA의 주된 표적은 아부 카바브 알마스리라는 가명을 쓰는 이집트인 화학자였다. 빈라덴의 최측근 집단에 속한 알마스리는 한때 아프가니스탄에서 알카에다가 화학 무기와 다른 독극물들을 실험한 데룬타 훈련장을 운영했다. 미국은 와지리스탄 남부에 숨어 있다고 여겨지는 이 사람의 목에 500만 달러의 현상금을 걸었다. 그러나 CIA

는 그가 어떻게 생겼는지 알지 못했다. 2006년 초에 미국 관리들은 실수로 알마스리의 현상수배 포스터에 잘못된 사진을 써왔다는 것을 인정했다.[4] 포스터의 사진은 검은 실루엣으로 대체되었다.

상황의 진전이 거의 없어 남부 와지리스탄의 CIA 요원들은 점검받지 않은 출처에서 나온 검증되지 않은 정보에 자주, 또 무겁게 의존해야 했다. 켈러가 받은 제보 가운데 하나는 알마스리가 와나 시장에 있는 어떤 가게에 왕왕 들른다는 것이었다. 켈러는 파키스탄인 정보원에게 그 부근에 살고 그 가게를 방문할 이유가 있는 하위 정보원을 고용하라고 요구했다. 이 가게를 감시해 알마스리가 정말 단골인지 확인하고 그의 사진을 찍는다는 작전이 짜여졌다. 다음 계획은 알마스리가 누구를 접촉하려 하는지 확인할 감시 장비를 설치하는 것이었다.

켈러는 이 작전이 마침내 결실을 맺었는지, 아니면 그저 알마스리를 잡는 더 큰 작전의 한 부분이었을 뿐인지 알지 못했다. 개별적인 기지의 요원들은 10여 마일밖에 떨어져 있지 않은 도시의 기지들에서 벌어지는 작전에 대해서도 대개 알지 못하게 되어 있었고, 켈러는 이 나라의 나머지 지역에서 오고 가는 기밀 케이블 통신에 접근할 권한이 없었다. 켈러는 바닥에서 위를 올려다보는 관점에 서 있었고, 이슬라마바드의 분석관들이 모자이크의 한 조각으로 사용하도록 그들 앞으로 충직하게 정보 보고서를 써보냈다.

그것은 보고서를 회람하기에 적합한 구조였다. 한번은 켈러의 하위 정보원이 북서 국경주에 있는 디르 계곡에서 오사마 빈라덴이 발견되었다는 첩보를 전해왔다. 켈러는 이슬라마바드에 전문을 보내 CIA가 그 첩보를 조사하도록 디르에 정보원을 파견할 것을 제안했다.

전문을 받은 이슬라마바드 지부장은 화가 났다. 빈라덴에 관한 제보들은 엘비스 프레슬리를 봤다는 말이나 같아서 랭글리에 이르기까지 모든 사람들의 흥미에 불을 붙이는 사안이었다. 파키스탄에 있는 CIA 요원들은 빈라덴에 관한 가장 불확실한 소문마저 조사하라고 등을 떠밀렸고, 덕분에 디르 계곡의 첩보는 이미 몇 달전에 점검을 거쳐 사실이 아님이 밝혀져 있었던 것이다. 이슬라마바드 지부는 이제 흥분한 CIA 지도자들에게 왜 켈러의 보고서가 무시되어야 하는지 설명해야 할 처지에 놓였다. CIA 지부장은, 심하게 흔들릴망정 헬기를 탈 가치가 충분하다고 생각하면서, 켈러를 물어뜯으려고 직접 와나로 날아왔다.

켈러는 회상했다. "이 소문은 그 사람들이 오랫동안 열심히 일해서 종결시켜놓은 거였어요. 그런데 그걸 내가 뱀파이어처럼 부활시킨 겁니다."

켈러에게는 알려지지 않았지만, 그는 파키스탄과 아프리카에 있는 공작관들의 수효를 크게 늘림으로써 오사마 빈라덴 추적 작전의 초점을 재조정하려는 2006년 CIA의 거대한 활동의 한 부분이었을 뿐이다. 랭글리의 CIA 고위 간부들에게는 이라크전이 알카에다 추적에 대한 관심을 가져가버렸다는 것이 고통스럽게도 분명했으나 빈라덴 추적은 CIA 내부의 문제에도 에워싸여 있었다. 이슬라마바드에 배치된 비밀 요원들은 본부의 대테러센터 사람들이 프레데터 공격을 선호하는 것을 '장난감 가진 남자애들' 같은 짓이라고 조롱하면서 그들과 충돌해왔다. 이슬라마바드 지부장은 ― 그 무렵에는 드물게 벌어졌지만 흔히 나쁜 정보에 기초하고 있었고 많은 민간인 사상자들을 낳았던 ― 2005년과 2006년의 드론 공격은 파키스탄 내부의 미국에 대한 증오를 부채질하고 파키스탄 관리들을 공격에 관해 거짓말을 해야만 하는 불편한 처지로 몰아넣은 일 말고는 이루어낸 것이 없다고 생각했다.[5]

본부의 기능장애도 있었다. 현장 첩보원들을 감독하는 공작부 구성원들과 포터 고스 국장의 보좌관들 간의 싸움이 언론매체에 유출되어 대중에게 알려졌고, 공작부는 CIA의 다른 부서들과 영역 다툼을 벌이고 있기도

했다. 2005년 늦게, 포터 고스는 지도부 내부의 긴장을 가라앉히려고 기관의 모든 고위 지도자들이 조직 운영에 관해 묵상하는 시간을 갖자고 제안했다. 회의가 진행되는 동안, 현장에서 보내온 보고서들을 종합하는 분석관들의 수장인 정보 담당 부국장은 그가 보기에 뭐든 원하는 대로 가져갈 수 있는 비밀 요원들의 오만함에 대해 공개적으로 불평을 털어놓았다. 공작부장 호세 로드리게스가 폭발했다. "정신 차리고 좆 같은 현실이나 똑바로 보라고!" 로드리게스는 책상에서 세상을 보는 분석관들과 달리 자신의 비밀 요원들은 "뾰족한 창 끝에서" 일한다는 것을 방 안의 모든 사람에게 상기시키며 고함을 질러댔다.

로드리게스의 쉽게 격해지는 기질은 가끔 공작부 안에서도 문제를 일으켰고, 2006년 초반에 그는 자신이 대테러센터장으로 임명한 로버트 그레니어와 거의 말도 하지 않는 사이가 되어 있었다. 이슬라마바드 지부장을 지낸 그레니어는 세련되고 이지적이어서 많은 면에서 로드리게스와는 정반대였다. 그는 더 많은 요원들에게 동남아시아, 북아프리카 같은 곳에서 생겨나는 위협에 초점을 맞추라고 지시하면서 CIA 대테러 활동의 조리개가 아프가니스탄과 파키스탄을 넘어 확대되도록 밀어붙여왔다. 그레니어는 2001년 이후 팽창한 대테러센터가 군더더기를 제거하기 위해 재건될 필요가 있다고 보았다. 1990년대에 만들어져 알렉 지부라는 암호명을 가졌던 빈라덴 추적 부서는 재조직되고 이름도 바꾸었다.

로드리게스는 이 모든 것이 빈라덴 추적에 집중하지 못하게 방해하는 짓이라고 생각했다. 그는 그레니어를 CTC 내부의 다른 인물, 수척해 보이고 줄담배를 피우는 일 중독자인 마이크로 갈아치웠다.* 마이크는 아프리카에서 비밀 요원으로 일하며 초기 경력을 쌓았고 이슬람으로 개종했다.[6]

---

* 마이크는 비밀 요원으로 남아 있기 때문에 여기서는 성(姓)을 제외한 이름만 밝혔다.

그의 일반적인 태도처럼 복장에서도 그는 검은색과 회색을 선호하는 경향을 띠었다. 어떤 사람들은 그를 '어둠의 왕자'라고 불렀는데 결국 그는 베트남전 이후 CIA의 가장 광범위한 살인 작전을 주재하게 된다.

2006년에 대테러센터장을 맡았을 때 마이크의 당면 임무는 아프가니스탄과 파키스탄에서 CIA의 조직을 강화하고 카불과 이슬라마바드 지부 간의 옥신각신을 없애며 CIA 본부의 인원을 재조직한다는 계획을 실행하는 것이었다. 점점 늘어나는 빈라덴 추적 전담 인원을 수용하기 위해 랭글리의 가장 큰 식당 앞, 스타벅스를 막 지난 곳에는 반원형 군대 막사를 닮은 거대한 건축물이 세워졌다. '캐논볼 작전'으로 명명된 이 새로운 계획의 일환으로 정보 분석관들 수십 명이 알카에다 지도자들의 행방에 관한 단서 조각들을 쫓는 공작관들과 협력하러 카불과 이슬라마바드로 파견되었다.

그런데 가장 중요한 것은 파키스탄 사람들과는 독립된 정보 출처를 개발하기 위해 더 많은 비밀 요원들(그중 하나가 아트 켈러였다)을 현장에 보냈다는 점이었다. 미국이 아프가니스탄에서 공식적인 전쟁을 벌이고 있을 때 더 많은 CIA 요원들을 카불로 들여보내는 일은 충분히 쉬웠다. 더 큰 문젯거리는 ISI가 자기네 나라로 입국을 희망하는 미국 관리들의 비자 신청서를 면밀히 검토하는 한편 이슬라마바드 지부의 자리에 앉을 CIA 요원들을 단단히 감시하는 파키스탄이었다. 랭글리는 파키스탄에 들여보내고 싶은 첩보원들의 정체를 숨길 더 색다른 방법을 생각할 필요가 있었다.

한 번의 기회는 2005년 10월 8일 아침, 카슈미르 산맥에서 거대한 지진이 나서 무자파라바드 시를 무너뜨리고 파키스탄 북부에 산사태를 일으켰을 때 찾아왔다. 파키스탄 정부의 초기 추산에 따르면 사망자가 거의 9만 명이었고, 그중 1만 9천 명은 학교 건물이 붕괴될 때 숨진 아이들이었다.[7] 수십억 달러의 국제 원조가 파키스탄 카슈미르로 흘러들었고, 미군 헬기들은 사태 발생 직후부터 인도주의적 지원품을 전달하기 위해 아프가니스탄에서 연이어 국경을 넘었다. 치누크 헬기들은 카슈미르에서 정기적으로 눈에 띄게 되었고 파키스탄 사람들은 그것들을 현지 방언으로 '자비의 친사'라고 부르기 시작했다.[8]

그러나 미국인들은 단순히 자비로운 임무만 수행하는 것이 아니었다. 지진 후 몇 달 동안 CIA는 카슈미르에서의 구호 활동을 ISI 몰래 비밀 요원들을 잠입시키는 데 이용했다. 미국 첩보원들은 다양한 민간인 직업으로 위장했다. ISI 관리들도 원조 임무가 파키스탄으로 CIA 요원들을 더 많이 들여보내는 트로이의 목마일지 모른다고 의심하기는 했지만, 카슈미르가 폐허 상태인 가운데 인도주의적 구호 활동를 지속하는 일이 워낙 다급했기 때문에 파키스탄군과 정보 요원들은 파키스탄에 도착하는 모든 미국인들의 자격을 따질 처지가 아니었다.

CIA가 파키스탄 내의 존재 확대에서 오는 이득(여전히 상대적으로 대단한 이득은 아니었지만)을 거두기 시작하기까지는 여러 해가 걸릴 터였다. 랭글리의 전직 최고위 관료 한 사람은 파키스탄 내 비밀 요원들은 캐논볼 작전 동안 겨우 10~20퍼센트 늘어났다고 추정했다. CIA 관리들은 너무 많은 스파이들이 유입될 경우 ISI의 감시가 더 심해질 것을 염려했다.

그러나 CIA는 약점을 숨기는 데 곤란을 겪었다. 아프가니스탄과 파키스탄에 보낼 훈련된 요원의 숫자는 한정되어 있었고, 랭글리의 관리자들은 인력이 절실한 나머지 캠프피어리의 '농장'을 막 졸업한 공작관들을 뽑아 현장으로 보냈다. 이 일의 책임자 중 한 사람은 이렇게 말했다. "우리는 이상적인 수준보다 경험이 적은 사람들을 현장에 투입해야 했습니다. 그래도 선택의 여지가 많지 않았습니다."

재편성된 오사마 빈라덴 추적 작업의 한 측면은 빈라덴이 추종자들에게 메시지를 전달할 때 이용하는 전령들의 조직망을 뚫으려고 시도하는 것이었다. CIA는 빈라덴이 선호하는 전령들에 대한 자잘한 정보들을 수집하기 시작했는데, 이는 CIA가 이 테러집단의 제2, 제3의 계층이 내부적으로 작동하는 법을 한층 풍부하게 파악할 목적으로 파키스탄 내 알카에다 조직원들을 뒤쫓는 일을 가능케 했다. 2006년 봄, 마이클 헤이든 장군이 포터 고스에게서 CIA를 인계받았을 때 이 기관은 "2001년과 2002년보다 알 카에다에 대하여 훨씬 더 많은 침투를 이뤄내고 훨씬 더 많은 지식을 쌓아두고" 있었다고 헤이든은 말했다. "우리는 훌륭한 정보 출처들을 실제로 개발하기 시작했습니다."[9]

CIA와 ISI가 가루로 된 화학 약품과 아침 음료 '탕'의 치명적인 혼합물을 사용해 런던에서 대서양을 건너는 제트기 여러 대를 폭파하려 한 테러 음모의 두목 라시드 라우프를 체포하는 합동 작전을 만들어낸 것은 헤이든이 2006년 8월에 파키스탄을 방문하고 얼마 지나지 않아서였다. 라우프는 테러를 실행할 영국 내의 팀들과 연락하면서 부족지역에서 이 음모를 조직했다. 음모가 몇 년 동안 진행 중이었던지라 음모자들은 허술해져 있었다. 영국의 MI5는 이 집단에 대한 감시망을 설치했고, 음모가 드러나는 것을 인내심을 갖고 엿들을 도청 장치를 이용했다.

공모자들이 곧 공격을 실행할 것이라는 정보를 ISI가 잡아내자 첩보부장 아슈파크 파르베즈 카야니 장군은 라우프가 부족지역에서 펀자브의 바하왈푸르로 가는 버스를 탈 때 자신들이 덮칠 준비가 되어 있다고 호세 로드리게스에게 전했다. 당시 이슬라마바드를 방문 중이던 로드리게스는 CIA 요원들에게 바하왈푸르 근처에 감시 초소를 세워 라우프의 휴대전화 교신을 듣고 파키스탄군이 별 탈 없이 체포하도록 정보를 제공하라고 지시했다.[10]

MI5는 라우프의 체포가 영국의 공모자들을 놀라게 하리라는 것을 알고 격노했다. 영국 첩보부는 ISI를 신뢰하지도 그들에게 의존하지도 않았고, 파키스탄이 분할되기 전 영국이 인도를 통치하던 시절에 기원을 두는 반감을 갖고 있었으며, 라우프를 체포하려는 카야니 장군의 움직임에 숨겨진 동기가 있다고 의심했다. 영국 경찰은 25명의 공모자들이 흩어지기 전에 도착하려고 재빨리 움직였고, 용의자들을 기소하기 위한 더 많은 증거를 수집하기도 전에 체포하는 일이 얼마나 많은 비용을 치르게 할지 궁금해했다.

2006년 8월의 음모를 저지한 것은 중요한 성공이었지만 CIA를 빈라덴 발견에 더 가까워지게 해주지는 않았다. 전령 조직망 추적은 헤이든이 빈라덴을 찾아내는 데 '뱅크샷bank shot'(농구에서 공이 골대 뒷판을 한 번 맞고 골망 안으로 들어가는 것: 옮긴이)과 같다고 묘사한 일이었는데, 그림자를 쫓는 듯한 느낌을 자주 안겨주는 한편으로 잘못된 정보와 인력 부족에 시달리는 임무였다.[11]

예를 들어 CIA 심문관들은 CIA를 위해 일하는 파키스탄인 정보원이 아보타바드의 나무 많은 마을에 널찍하게 자리잡은 — 빈라덴이 숨어 있는 것으로 드러난 — 주거지로 아부 아흐메드 알쿠와이티를 추적하기 이전의 몇 년 동안에는 알쿠와이티가 주변적인 가치밖에 없는 인물이라고 믿고 있었다. 9.11 테러의 최고 기획자였던 칼리드 셰이크 모함메드는 심문관에게 알쿠와이티가 은퇴했다고 말했다. 그러나 그가 물고문을 포함한 가장 극단적인 심문 기술의 적용 대상이 된 CIA 피구금자 중 하나였기 때문에 그의 진술은 많은 의심을 샀다. 그가 언제 진실을 말하고 언제 단순히 심문관들이 듣고 싶은 것을 말하고 있는지는 미국 정부 내에서 격렬한 논쟁의 주제였다. 1년 뒤 다른 구금자 한 사람이 심문관에게 알쿠와이티가 사실은 빈라덴의 주된 전령이라고 장담했는데, CIA는 결국 다른 곳에서 이 정보를 확증할 수 있었다.[12]

파키스탄에서 조직이 확대되었어도 CIA는 이 나라에서 모든 단서를 쫓을 자원이 없었고, 미국인들의 감시 활동에 대한 ISI의 규제는 일을 더욱 어렵게 만들었다. 남부 와지리스탄에서 일하는 동안 아트 켈러는 알카에다 무장대원들이 빈번히 출몰한다는 지역에 건물 네 채를 갖고 있으며 알카에다의 협조자로 용의선상에 올라 있는 하지 오마르라는 별명을 가진 사람에 대한 자료를 쌓기 시작했다. 켈러는 이슬라마바드의 상관들에게 하지 오마르의 건물에 출입하는 이들을 관찰할 항공 감시를 요청하는 전문을 보냈다. 그에게는 건물을 가까이에서 계속 관찰할 충분한 인력이 없었을 뿐 아니라 사람을 통한 감시는 항상 더 위험했다.

켈러에 따르면 전문의 요지는 이러했다. "이 자는 알카에다의 병참 업무에 연루되어 있고, 전령이 확실하며, 어쩌면 우리 쪽 사람일 수도 있습니다. 이 자를 관찰하기 시작할 때까지 다른 방법으로 그걸 어떻게 알아내겠습니까?" 그러나 남부 와지리스탄의 평화 협상이 진행 중이었으므로 ISI는 프레더터 비행을 불허했다.

남부 와지리스탄 내부의 역학 관계는 켈러로 하여금 시계 방향으로 도는 바퀴가 다른 방향으로 가는 바퀴와 접촉하지 않는 ISI의 복잡 미묘한 조직를 얼핏 들여다보게 했다. 대테러 작전을 책임진 부서인 C부의 공작원들은 자주 CIA 요원들이 알카에다 조직원을 추적하는 것을 도와주었다. 전 페샤와르 지부장 아사드 무니르가 C부 요원 출신이었다. 그러나 이곳 요원들은 파키스탄이 인도에 대항한 국가 방위에 중요한 대리인으로 여겨온 탈레반, 하카니네트워크, 라슈카르에타이바Lashkar-e-Taiba 같은 집단을 키우는 책임을 맡아온 S부의 첩보원들과 때때로 뜻이 맞지 않았다.[13] 아프가니스탄의 대소련 전쟁 동안 무자헤딘이 무장하는 것을 도왔고 1990년대에는 탈레반이 권력으로 상승해 나아가는 것을 거들었으며, 2001년 이래 다양한 무장단체가 분노를 파키스탄에 돌리기보다 아프가니스탄 내부에 폭력의 초점을 맞추고 있도록 작업한 곳이 바로 S부였다.

S부에 대해서는 거의 아무것도 공개적으로 기록된 바가 없고, 비록 CIA가 소련과의 전쟁 동안 S부의 공작원들과 일했다지만 미국 스파이들은 그 작전에 관한 인상주의적인 묘사만을 남겼을 뿐이다. CIA 안의 일부는 S부에 대한 정보 조각들을 강박적으로 수집하느라 몇 년을 보냈는데, 미국의 분석자들이 일반적으로 동의하는 점은 2001년 이후 S부가 장차 파키스탄의 이익에 봉사할 수 있도록 무장단체들과 유대를 지속한다는 ISI의 조용한 전략의 선봉에 서 있었다는 것이다.

S부가 일상적으로 아프가니스탄 내 미군과 나토군에 대한 치명적인 공격을 지시했는지는 여전히 토론이 필요한 문제이지만, 미국의 파키스탄에 대한 — 그리고 더 구체적으로 ISI 본부에 대한 — 전자 감시망은 파키스탄 첩보원들과 하카니네트워크 조직원들이 전화 통화를 하는 것을 빈번히 엿들었다.[14] 파키스탄 관리들은 대개 증거를 부인하거나 아니면 그것은 첩보 업무가 지닌 악당 같은 요소의 작용이라고 말하곤 했지만, 사적으로는 파키스탄의 서부 지역을 보호하려면 하카니네트워크 같은 집단과 일할 필요가 있다고 주장했다. 미국 첩보기관들은 심지어 2008년에 카야니 장군이 하카니네트워크를 '전략적 자산'이라고 언급하는 전화 통화를 가로챈 적도 있었다.[15] 켈러는 말했다. "CIA의 많은 사람들이 'ISI는 더럽다'고 할 때 다른 사람들은 'ISI는 우리를 도와줄 수 있잖아'라고 응수하죠. 둘 다 맞는 말이고, 그래서 문제인 겁니다."

정부가 아직 무장단체들과 평화 협상에 서명하지 않은 북부 와지리스탄에서 2006년 여름 동안 두 나라 첩보기관 사이의 역학 관계는 남부 와지리스탄의 경우와 미미하게만 달랐다. CIA와 ISI는 좀 더 긴밀히 일했고, 하카니네트워크의 주요 이슬람 교육 시설에서 1마일도 떨어지지 않은 미란샤의 버려진 학교 건물을 기지로 함께 사용했다. 그 기지에서 미국과 파키스탄의 첩보원들은 또 다른 알카에다 고위급 인물 칼리드 하비브를 찾아낼 정보를 수집하고 있었다.

하비브 추적이 탄력을 받자 CIA는 켈러를 북부 와지리스탄으로 재배치했다. 그런 뒤에도 그는 남부 와지리스탄의 작전을 여전히 책임졌고 컴퓨터 메시지를 통해 자신의 정보원들을 계속 운영했다. 와나의 기지에 박혀 있는 동안에도 똑같은 일을 해왔으므로 사실상 그가 재택근무를 하고 있더라도 별 상관은 없었다. 켈러와 다른 CIA 요원들은 칼리브 하비브에 대한 공습을 요청하기에 충분한 정보를 수집하겠다는 희망을 품고 프레더터가 트럭 행렬과 미란샤 바깥의 진흙 건물들을 감시하는 것을 감독했다. ISI는 인적 출처에서 자신들만의 정보를 수집했고 이것은 프레더터와 전자감청으로 얻은 정보와 결합되었다.

그러나 그 협력에는 한계가 있었다. 켈러는 미란샤에 도착했을 때 기지의 책임자에게 한마디 조언을 들었다.

"탈레반한테 다시 흘러들어가기를 원하지 않는다면 아무것도 파키스탄 육군 정보국에 말하지 마시오."

ISI와는 별개의 부대인 파키스탄 육군 정보국은 탈레반 및 하카니네트워크와 ISI의 S부보다 더욱 깊은 관계를 맺고 있는 것으로 여겨졌다. 켈러가 미란샤에 도착하기 몇 주 전 ISI와 CIA가 하카니의 이슬람학교를 습격했지만 아무것도 나오지 않았다. CIA 요원들은 파키스탄 첩보원들이 하카니 대원들에게 습격을 미리 경고해주었다는 것을 나중에 정보원들을 통해서 알았다.

비록 낙담했지만, 켈러는 왜 파키스탄이 하카니네트워크의 해체를 경계하는지 완벽하게 이해했다. 미국은 아프가니스탄에 영원히 있지 않을 것이고, 하카니를 적으로 돌릴 경우 어느 쪽이나 끔찍한 두 가지 결과를 이슬라마바드에 불러올 수 있었다. 최선의 경우는 파키스탄군이 아프가니스탄에 대한 인도의 영향력을 둔화시키려 시도할 때 훨씬 더 유용한 동맹일 수 있는 집단을 상대로 산악지대에서 끝없는 전쟁의 수렁에 빠지는 상황이었다. 최악의 경우는 하카니 집단이 파키스탄의 안정 지역에서 폭력을 행사하는 가운데 전쟁이 동쪽으로 번지는 것이었다.

이 두 전망 모두를 두려워한 파키스탄군 장교들은 2006년 중반, 남부 와지리스탄에서 이미 이루어지고 있는 것과 비슷한 평화 협상을 북부 와지리스탄에서 진행하는 방안을 조용히 논의하기 시작했다. 켈러와 CIA 동료들은 맞상대하는 ISI 요원들에게 그 거래가 재앙 같은 결과를 낳을 수 있다고 경고했다. 하지만 그들의 견해는 별 영향을 주지 못했다. 파키스탄 정부는 2006년 9월 북부 와지리스탄에서 정전 협정을 중개했다. 이 협정은 워싱턴의 많은 사람들에게 익숙한 인물, 곧 9.11 테러 이후 무샤라프에 의해 부족지역 군 지휘관으로 임명된 바 있으며 파키스탄과 아프가니스탄에서 알카에다를 추적하는 것은 헛고생일 따름이라고 오랫동안 믿어온 알리 잔 아우락자이 중장이 비밀 협상을 벌여 성사시킨 것이었다.

무샤라프는 군대에서 퇴역한 아우락자이를 부족지역을 관리하는 북서 국경주의 주지사 자리에 앉혔다. 아우락자이는 부족지역의 무장단체들을 달래는 것이 교전 상태가 파키스탄의 안정 지역으로 확산되는 것을 막는 유일한 길이라고 믿었다. 또 대통령에게 미치는 자신의 영향력을 발휘해 무샤라프로 하여금 북부 와지리스탄 평화 협상의 장점을 수긍하게 만들었다.

그러나 워싱턴은 여전히 확신이 필요했다. 무샤라프 대통령은 정전 협정을 부시의 백악관에게 이해시키기 위해 아우락자이를 여행에 대동하기로 결정했다. 두 남자는 백악관 집무실에 앉아 부시 대통령에게 평화 협상의 이득에 관해 이야기했고, 아우락자이는 부시에게 북부 와지리스탄의 평화 협정은 아프가니스탄의 다른 곳에서도 되풀이되어야 하며 미군이 그 나라에서 예상보다 빨리 철군하게 해줄 것이라고 말했다.[16]

부시 정부의 관료들은 나뉘어졌다. 일부는 아우락자이를 줏대 없는 타협론자, 부족지역의 네빌 체임벌린(1930년대 말 히틀러에게 유화 정책을 편 영국 총리. 온건 타협론의 실패를 상징하는 인물로 흔히 거명된다: 옮긴이)이라고 여겼다. 그러나 북부 와지리스탄의 평화 협상을 중단시킬 가망이 있다고 보는 사람은 아무도 없었다. 또 외교 방식이 몹시 개인적이었던 부시는 2006년 시점에서도 무샤라프 대통령에게 너무 많은 요구를 하는 게 아닌가 걱정했다. 부시는 9.11 테러 직후 미국의 알카에다 추적을 돕겠다고 결정한 점 때문에 무샤라프를 여전히 높이 평가하고 있었다. 백악관 관료들은 부족지역에서 군사 작전을 계속하라고 압박하기 위해 부시와 무샤라프 간의 정기적인 전화 통화를 마련했지만 그 결과에는 곧잘 실망했다. 부시가 통화 중에 무샤라프에게 구체적인 요구를 하는 적이 거의 없었기 때문이다. 부시는 테러와의 전쟁에 대한 무샤라프의 공헌에 감사한다며 파키스탄을 향한 미국의 재정 지원은 계속될 것이라고 다짐하곤 했다.[17]

2006년 후반 대통령의 수석 보좌관들 사이에 지배적인 견해는 미국이 무샤라프에게 지나친 압박을 가할 경우 악몽 같은 시나리오를 불러올 수 있다는 것이었다. 급진적인 이슬람 운동을 이끌어낼 수 있는, 파키스탄 정부에 대한 대중 봉기가 그것이었다. 무샤라프와 함께 일을 할 때 생겨나는 좌절감에는 그가 없을 때의 삶에 대한 두려움으로 맞서는 길밖에 없었다. 이 두려움은 미국 관리들에게 종종 자신의 권력 기반이 허약하다고 경고하고 여러 차례의 암살 시도를 아슬아슬하게 모면한 경험을 인용하면서 무샤라프 본인이 부추긴 것이었다. 그 암살 시도들은 대단히 현실적이었지만, 무샤라프의 전략 역시 미국에서 꾸준히 유입되는 원조를 유지하고 민주적 개혁에 대한 워싱턴의 주문을 막아내는 데 대단히 효과적이었다.

북부 와지리스탄의 평화 협상은 부시와 무샤라프 모두에게 재앙으로 드러났다. 미란샤는 하카니네트워크가 아프가니스탄 국경의 동쪽 가장자리를 따라 자기네 범죄 제국을 강화하면서 사실상 접수한 상태였다. 정전 협

정의 일부로 하카니 조직과 그밖의 무장단체들은 아프가니스탄에 대한 공
격을 멈춘다고 약속했지만 이 협상 후 몇 달 동안 부족지역에서 아프가니
스탄 국경을 넘어들어와 서양 군대를 습격하는 사례가 3배나 늘어났다.[18]
2006년 가을의 기자 회견에서 부시 대통령은 알카에다는 "도주 중"이라고
선언했다. 사실은 정반대였다. 이 조직은 안전한 집을 가졌으며 어느 곳으
로든 도망갈 이유가 없었다.

아트 켈러는 북부 와지리스탄 협정이 발효되기 직전에 5개월간의 임무
를 마치고 파키스탄을 떠났다. 떠나기 전에 그는 완결되지 않은 업무의 마
지막 조각을 처리하는 데 신경을 썼다. 한 번도 만나본 적은 없지만 자신
의 가장 뛰어난 정보원이었던 파키스탄 남자에게 선물을 사주는 일이었
다. 열렬한 스포츠맨인 그는 CIA가 부족지역에 드문 자기네 정보원에게

아트 켈러.(아더 켈러Arthur Keller의 호의로 수록.)

미국산 운동 장비를 얼마쯤 사주는 방법을 찾아낼 수 있을 것이라는 글을 써서 켈러에게 보냈다. 이 요구의 타당성에 대한 통신문이 와나, 이슬라마바드, 랭글리 사이를 한바탕 오간 다음 CIA는 결국 동의하고는 스포츠 장비들을 이슬라마바드의 미 대사관으로 가는 민감한 물건들과 함께 화물칸에 넣어 파키스탄으로 가는 항공편에 부쳤다.

2년 뒤, 부시 대통령이 파키스탄에서 비밀전쟁을 확대한다는 비밀 명령에 서명한 직후 아부 카바브 알마스리는 와나의 CIA 기지에서 12마일밖에 떨어지지 않은 곳에서 드론 공격을 받아 사망했다. 3개월 뒤 CIA의 드론이 발사한 미사일이 남부 와지리스탄의 타파르가이 마을에 주차된 토요타 스테이션 웨건에 타고 있던 칼리드 하비브를 죽였다.[19] 이 공격이 이루어졌을 때 아트 켈러는 미국에 돌아와 CIA에서 퇴직하고 앨버커키에 살고 있었다. 공격 소식을 들었을 때 켈러는 자신이 와나 시장에서 첩보활동을 펴고 미란샤의 학교에서 단편적인 정보를 추려내며 2006년 파키스탄에서 행한 모든 일이 그 두 사람의 죽음을 가져오는 데 조금이라도 도움이 되었는지 알지 못했다.

아마 그는 결코 알지 못할 것이다.

제10장

국경 없는 게임

CIA가 창설 후 첫 40년 동안 수행한 쿠데타, 암살 기도, 무기 밀반입이 대중을 매혹시키기는 했지만, 냉전시대에 비밀 활동을 위한 CIA 예산의 훨씬 더 큰 부분은 한층 교묘한 전쟁 도구들에 바쳐졌다. 흑색 선전과 심리전은 한때 CIA 비밀공작의 주춧돌이었다. 2차 대전 이후 유럽에 돈을 뿌린다든지, 선거를 좌지우지하고 동구권과 동남아시아에 CIA가 자금을 댄 라디오 방송국을 세우는 것 같은 일이었다. OSS 경력자로 CIA 비밀공작의 책임자에 오른 프랭크 위스너는 대상에게 영향력을 행사하는 여러 개의 서로 다른 활동을 한꺼번에 펼칠 수 있는 능란하고 성숙한 조직이 선전 임무를 맡아야 한다고 말했는데, 이 조직을 그는 이념의 전쟁에서 군악을 연주하는 '웅장한 월리처'라고 불렀다(Mighty Wurlitzer는 원래 미국 악기회사 월리처가 만든 초대형 파이프 오르간의 이름이지만, 프랭크 위스너는 이를 국내외 언론매체를 포섭하려는 1940~50년대 CIA 비밀공작의 명칭으로 가져다 썼다. 다양한 선율을 여러 음색으로 연주할 수 있는 악기인 오르간에 빗대어 자신이 이끄는 공작의 다면적

능력을 과시하려 한 것이다: 옮긴이).[1] 냉전이 끝났을 때 CIA는 더 이상 흑색 선전에 많은 투자를 하거나 요원들에게 심리전 훈련을 시킬 필요를 느끼지 않았고, 이들 프로그램은 1990년대의 혹독한 예산 삭감에 희생당했다.

그러나 그것은 그저 돈 문제가 아니었다. 인터넷의 출현과 정보의 세계화는 CIA 쪽에서 볼 때 모든 선전 활동을 법적으로 위험하게 만들었다. 미국의 법은 첩보기관이 미국의 언론매체에 대해 선전 작전을 실행하는 것, 그리고 미국 시민들에 맞서 영향력을 행사하는 활동을 벌이는 것을 금지한다. 인터넷이 생기기 전에 CIA는 외국 언론인을 고용해 가짜 기사를 신문에 심어넣는 일을 이 작전들이 미국의 매체에 스며들 가능성에 관해 걱정하지 않고 벌일 수 있었다. 그러나 90년대 중반에 이르러 뉴욕과 애틀랜타의 인터넷 이용자들은 파키스탄과 두바이의 뉴스 웹사이트를 읽게 되었다. 미국의 매체들은 외신에 더 큰 관심을 쏟으며 자신들의 기사에 외국 언론을 인용하기 시작했다. 그 결과 CIA는 계획된 선전 공작이 미국에 '역풍'을 불어오게 하지 않을 것이라고 자신들의 모든 비밀공작에 대한 최종 승인 권한을 갖고 있는 의회의 감독관들을 설득하기가 더욱 어려워졌다.

그러나 CIA가 선전 활동의 위축을 허용하자 국방부가 빈 자리를 채우려 했다. 군대도 CIA와 비슷하게 미국 시민을 상대로 선전 공작을 벌이는 것을 제한받고 있었지만, 의회는 심리전 임무가 전투 중인 미군 병력을 지원한다고 볼 여지가 — 아무리 미미하더라도 — 있는 한 그 임무를 수행할 폭넓은 자유를 국방부에 주었다. 9.11 공격 이후 의회가 사실상 세계를 전쟁터로 규정하고 군사 지도자들은 미국의 적들 대부분이 육군과 해병대가 갈 수 없는 나라들에서 살고 있다는 어리둥절한 현실과 대면했을 때, 국방부가 움직일 수 있는 범위는 더욱 늘어났다. 국방부는, 총을 가지고 벌이는 이라크와 아프가니스탄의 전쟁과는 멀찍이 떨어진 지점에서, 무슬림 세계의 여론에 영향력을 행사하기 위해 수십억 달러를 쓰며 '웅장한 월리처'를 통제하는 일을 맡았다.

이것이 가슴께의 주머니에 말보로 담배를 집어넣은 한 살찐 남자가 2005년 봄 라스베이거스에서 열린 전미방송협회의 총회에서 과학기술 업체들이 세워놓은 부스 사이를 걸어다니기에 이른 배경이었다. 그는 사무용품 판매업자로 행세하고 있었지만 그것은 10년을 다른 사람들의 머릿속에서 전투를 벌일 궁리를 하며 10년을 보낸 한때의 육군 심리전 장교를 위한 얇은 위장막이었다.

마이클 펄롱이 정신적 전투에서 성공하는 것은 좋은 일이었는데, 이제 더 이상 육체적 전투에는 적합하지 않았기 때문이다. 그는 목과 머리 부분에서 살짝 좁아지는 널찍한 체구를 갖고 있어서 러시아의 마트료시카 인형처럼 생겼다. 그는 당뇨병을 앓고 있었고 천천히 움직였으며, 그러면서도 신경성 활력으로 가득 차 있었고 심하게 땀을 흘리곤 했다. 그는 여러

마이클 펄롱. ⓒAP Photo/Jacquelyn Martin.

개의 문장을 뒤섞으며 거의 숨도 쉬지 않고 빠르게 말을 내뱉었다. 회의 자리에서는 자주 군사적 전문 용어의 폭풍 밑으로 청중을 묻어버렸는데 이것은 종종 그에게 유리하게 작용했다. 펄롱과 가까이 일했던 한 군 장교는 이렇게 말했다. "마이크는 아주 똑똑합니다. 하지만 말할 때 너무나 횡설수설하는데, 사람들은 멍청해 보이기 싫고 또 그가 무슨 소릴 하는지 모른다는 걸 인정하고 싶지 않기 때문에 아무도 질문을 하려고 하지 않지요." 회의가 끝나면 펄롱은 흔히 아무 이의도 제기받지 않은 채, 자신이 막 내놓은 계획이 아무리 별난 것일지라도 모두의 찬성을 받았다고 확신하며 자리를 뜨는 것이었다.[2]

마이애미 토박이인 펄롱은 리처드 닉슨 대통령이 징병제를 폐지하기 바로 몇 달 전인 1972년에 군대에 징집되었지만 뉴올리언스의 로욜라대학교에서 저널리즘과 경영학 학위를 따려고 복무를 연기했다. 졸업 후에는 노스캐롤라이나의 포트브래그에서 보병 전투의 기초를 배우며 군대 생활의 첫 4년을 보냈고, 다음에는 캘리포니아 사막의 포트어윈에 주둔한 기계화보병부대의 지휘관으로 올라가 뛰어난 솜씨를 보였다. 그가 사막 워게임에서 거둔 성공 덕분에 그곳의 한 가파른 경사지는 아직도 펄롱 산마루(ridge)라는 이름을 가지고 있다. 1980년대 중반에는 군사 교관이 되어 처음에는 웨스트포인트에서, 다음에는 영국 샌드허스트의 왕립 육군사관학교에서 일했다. 1991년 걸프전 후에는 제4심리전단 소속의 육군 소령으로서 포트브래그로 돌아왔다.

많은 장교들처럼 펄롱은 미군이 수행하는 해외의 모험에서 제외되는 데 편집증적인 두려움을 갖고 있었고, 동료들에게 가끔 자신이 가장 두려워하는 것은 국방부가 "노스다코타에서 농구공에 바람이나 넣는" 일 따위를 맡겨 열외시키는 것이라고 농담을 하곤 했다. 사실 그는 어렵사리 작전의 중심 가까이에 있을 수 있었다. 발칸 반도에서 전쟁을 벌이던 분파들이 오하이오의 데이턴에서 평화 협정을 맺은 뒤 펄롱은 보스니아에 배치된 첫 미국인들 중 한 사람이었다. 거기서 그는 깨지기 쉬운 평화를 유지하는 임무를 맡은 심리전대대를 지휘하면서 현지인들이 외국 평화유지군에 협력하도록 공중에서 전단을 살포하고 라디오와 TV를 통한 선전 활동을 벌였다.

1990년대에 심리전 임무는 여전히 미군 내에서 부차적인 일 같은 것이었다. 그것은 보병이나 포병처럼 좀 더 존경받는 군사특기에 끼어드는 데 아마도 실패한 이상한 사람들이 수행하는, 총탄이 오가는 전쟁의 변두리 구성 요소라고 묵살당했다. 하노이의 지도자들과 북베트남 주민들에 맞서 특수전 팀들이 CIA 팀들과 함께 지속적인 심리전을 수행한 베트남 전쟁 당시 군사 심리전의 전성기와는 달랐다. 그린베레 출신으로 도널드 럼스펠드의 민간인 고문이자 특수전 세계에 대한 길잡이가 된 로버트 앤드루스는 가짜 우편물 작전이나 위조 문서로 혼란을 야기하려 하면서 이런 임무에 참여한 경험이 있었다.

작전은 때때로 훨씬 더 정교했다. 앤드루스와 그의 부대가 비무장지역 북쪽의 베트남 공산당에 반대하는 무장 세력이 있다는 허구를 전파하려고 '애국자동맹의 신성한 칼'(SSPL)이라는 가짜 북베트남 저항운동 단체를 만든 것이 그런 경우였다. 미국 공작원들은 편지와 전단을 살포했을 뿐 아니라, 아무 표식도 달지 않은 포함을 타고 북베트남 어부를 납치해 눈을 가린 뒤 다낭 시 앞바다에 있는 쿠라오참 섬으로 데려갔다. 이 유령 집단은 그곳에 '본부'를 마련해두었고, 억류된 사람들은 하노이의 정부를 약화시키려는 광범위한 게릴라 작전에 관한 이야기를 들었다. 어부들 중 일부는 '저항'에 가세하라는 요구를 받기도 했다.[3] 몇 주 뒤 포로들은 'SSPL의 소리'라는 방송국에 주파수를 맞춰놓은 라디오가 든 선물 가방을 받은 다음 모두에게 그림자 조직에 관해 이야기할 수 있는 북베트남으로 돌려보내졌다. 터프츠대학의 교수 리처드 슐츠 2세가 쓴 『하노이에 맞선 비밀전쟁』에 따르면 1964년부터 1968년까지 1천 명이 넘는 억류자들이 쿠라오참에 끌려가서 SSPL의 노선을 주입받았다.

앤드루스가 속한 작은 집단은 죽은 사람의 호주머니에 가짜 메시지를 집어넣어 북베트남 연안으로 떠내려보내는 따위의 아이디어도 생각해냈다. 이를 떠올린 사람들이 예상하기에 북베트남의 정보 분석자들은 암호를 해독해 지휘관들에게 잘못된 정보를 전달할 것이었다. 하지만 워싱턴에서는 이 구상을 일축해버렸다. 누가 그랬는지 앤드루스는 알지 못했다. "워싱턴은 우리의 훌륭한 아이디어에 '좋아', '안 돼' 하고 말하는 아주 수수께끼 같은 곳이었죠. 우리는 모두 저주했습니다."[4]

2001년 9월 11일이 되었을 때, 마이클 펄롱은 현역에서 은퇴해 미 정부의 기밀 계약 사업으로 곧 돈이 넘쳐날 워싱턴 순환도로 계약업체인 과학응용국제협회(SAIC)에서 일하고 있었다. 해외의 적대적인 청중에게 친미적인 메시지를 전파할 방법을 여러 해 동안 공부했던 펄롱은 어느 날 갑자기 무슬림 세계 사람들의 마음을 사로잡기 위한 전쟁의 중심에 있게 되었다. 그해 가을 그는 럼스펠드의 참모들과 함께 정보전 전략을 개발하고 있었고 — 이 일로 그는 국방부의 민간인 훈장을 받았다 — 가끔은 부시의 관료들이 무슬림들에게 백악관의 논지를 전달할 방법을 궁리하는 백악관 상황실에 앉아 있었다.[5]

2년이 조금 못 지나, 군이 산산조각이 난 이라크를 재건하려고 새로운 계약들을 배분할 때 SAIC에는 현금이 흘러들어왔다. 펄롱은 국방부가 '이라크 미디어 네트워크'라는 TV 방송국을 만들라고 안겨준 1,500만 달러짜리 프로젝트를 이끌기 위해 바그다드로 여행을 했다. 이 방송국은 워싱턴이 보기에 반미적인 편견을 지닌 〈알자지라〉 및 다른 아랍 방송망에 대한 평형추로 구상된 것이었다. 그러나 프로젝트는 이내 여러 가지 문제에 둘러싸였다. 이라크인 피고용자들은 임금을 받지 못해 일을 그만두었고 방송이 이라크인들의 가정에 도달하는 데에도 기술적인 어려움이 있었다. 몇 달 안 돼 SAIC는 국방부가 준 돈 8,000만 달러를 날리고 붕괴할 지경에 빠져버렸다. 동료들은 그가 방송국에 어려움을 가져온 유일한 인물은 아니라고 말했지만 펄롱은 2003년 6월 프로젝트에서 쫓겨났다. 그래도 사람들의 눈길을 끌고 싶었던 그는 이라크에 배로 실어온 (여전히 메릴랜드 번호판을 달고 있는) 흰색 허머를 타고 바그다드 주변을 돌아다니기를 고집했다.

펄롱의 행동이 일부 동료들을 멀어지게 하기는 했어도 국방부의 복잡미묘한 계약 체계에 통달한 그는 방위사업체들에게 귀중한 존재였다. 정보전 프로젝트들은 전차나 전투기를 만드는 비용의 일부밖에 들지 않았고, 펄롱이 다른 사람들보다 잘 알았던 것은 국방부처럼 수십억 달러를 다루는 업체 내부에서는 영리하고 야심적인 사람들이 관료주의의 으슥한 구석자리에서 손도 대지 않은 돈더미를 찾아내 수백만 달러를 챙길 수 있다는 점이었다. 그럼으로써 그들은 작은 제국들을 세울 수 있었다.

2005년 라스베이거스의 총회에 나타났을 때 펄롱은 미군 특수전사령부(SOCOM) 심리전 부서의 고위급 군무원 자리에 앉을 참이었다. 그는 자신의 진짜 사업에 관한 질문을 피하려고 사무용품 판매업자라는 직함이 적힌 명함을 한 무더기 가지고 다녔는데, 그 진짜 사업이란 국방부가 중동에서 선전 및 정보 수집 활동을 벌이는 것을 돕기에 적절한 기술을 가진 소규모 업체들을 찾아내는 것이었다.

이틀 넘게 펄롱은 비디오를 휴대전화에 전송할 방법들을 개발해온 체코의 소규모 회사 유턴미디어U-Turn Media의 구역에서 여러 시간을 머물렀다. 이 회사 사람들은 펄롱이 사무용품을 파는 사람이 아니라는 것을 곧 눈치챘는데, 그들 중 일부가 펄롱의 명함에 있는 주소가 탬파에 주둔하는 특전사의 것임을 알아보았던 것이다. 마이클 펄롱과의 이 우연한 만남은 새 사업을 알리려고 라스베이거스에 와서 발버둥치고 있던 회사에게 뜻밖의 횡재였다.

유턴미디어를 운영하는 사람은 체코 국적을 가졌고 가족이 1960년대 말엽 소련의 탄압을 피해 프라하를 떠나온 얀 오브르만이었다. 유년 시절의 경험은 오브르만을 확고한 친미주의자, 민주주의의 서구적 이념들을 세계에 전파하는 일의 열렬한 옹호자로 만들었다. 1980년대에 그는 친미 두뇌집단을 위해 일했고 그 뒤에는 자유유럽방송(Radio Free Europe) 간부가 되었다. 인터넷과 휴대전화 시장의 성장에서 돈을 벌 전망을 본 그는 부유한 독일인의 재정적 후원을 받아 2001년에 유턴미디어를 설립했다. 회사는 창립 초기, 스마트폰이 이동통신 산업을 거대하게 만들기 이전에 고생을 겪었다.

그 시절 유턴은 돈을 버는 데 다분히 투박한 기술에 의존하고 있었다. 회사는 컨텐츠 제공자들과 계약을 맺고 소비자의 트래픽을 자신의 고객들이 소유한 웹사이트에 몰아주려는 판매 계획을 짰다. 이용자들이 그 웹사이트들에 가면 인터넷에 접속할 때 포털 구실을 할 아이콘을 휴대전화에 내려받을 수 있었다. 그러나 그때만 해도 이동전화의 구석기시대여서 유턴미디어는 서비스를 이용할 고객을 거의 찾지 못했다.

유턴은 포르노 비디오를 휴대전화에 전송할 방법을 알아내려는 포르노그래피 업체들과 짝을 이룸으로써 고객 물색 작업을 확대했다. 그 협력 관계 중의 하나는 〈내 젖가슴을 체크해봐〉(Czech My Tits)라는 저예산 프로그램을 만드는 사업이었다. 한 남자가 프라하 거리를 걸어다니다가, 카메라에 가슴을 노출하는 여자들에게 체코 화폐로 500코루나를 준다는 내용의 비디오였다. 유턴은 이 비디오의 사진과 음향을 이동전화에 전송하는 것을 돕는 일에 고용되었다.[6] 회사의 전직 간부 빌 엘드리지는 육체(flesh) 사업이 부에 이르는 길로 보였다고 회상한다. "우리 같은 사업을 벌일 때는 포르노 산업이나 정보업계를 목표물로 삼고 싶어 하죠. 그런 종류의 일에 지불할 돈을 가진 건 그 사람들뿐이거든요."

이렇게 포르노에 손을 대보던 오브르만은 라스베이거스에서 우연히 필롱을 마주친 덕분에 정보 시장을 두드릴 기회를 잡은 것이었다. 실제로 그 두 사람은 1990년대에 발칸 반도에서 만나 냉전과 베를린 장벽 붕괴 이후에 벌어진 피어린 종족 갈등에 관해 몇 시간 동안 의견을 교환한 적이 있었다. 그들은 미국의 이상을 외국, 특히 무슬림 세계에 전파하는 것이 중요하다는 데 견해가 같았다. 하지만 필롱은 유턴에게 엄청난 사업 기회를 대변하는 인물이기도 했다.

필롱은 SOCOM에서 일을 시작하자마자 오브르만과 유턴 간부들에게 중동 전역의 주민들이 휴대전화로 내려받을 수 있는 비디오 게임 개발에 관해 이야기했다. SOCOM의 관점에서 이 게임들은 두 가지 문제를 한꺼번에 다룰 수 있었다. 무슬림 세계의 대다수 사람들이 미국을 좋아하지 않는다는 것, 그리고 미국은 그들이 어떤 사람들인지에 대해 거의 아는 게 없다는 문제였다. 필롱은 사용자의 미국에 대한 인식에 영향을 미칠 수 있을 뿐 아니라 이 게임을 하는 사람에 관한 정보도 수집할 수 있는 게임을 만드는 데 관심을 가졌다. 그것은 잠재적인 정보의 노다지였다. 수천 명이 전화번호와 기타 신원 확인을 가능케 하는 정보를 유턴에 보낼 테고, 그 정보는 군사 데이터베이스에 저장되어 국가안보국과 다른 정보기관이 수행하는 복합적인 자료 발굴(data mining. 대규모로 축적된 자료에서 새로운 정보를 찾아내는 일: 옮긴이) 작전에 사용될 수 있었다. 첩보원들은 정보를 사냥하러 갈 필요가 없을 것이었다. 정보가 그들에게 올 터이므로.

이는 미래의 테러 음모의 증거가 될 수 있는 행동 양식을 추적하는 복잡한 컴퓨터 데이터베이스에 정보를 공급할 목적으로 9.11 공격 이후 몇 년 동안 점차 확대되어온 웹프로그램의 한 측면일 따름이었다. 거대한 양의 개인 정보가 데이터베이스 속으로 쏟아부어진다면 컴퓨터 연산은 데이터를 추려 인간 정보분석자가 하지 못했던 연결을 만들어낼 수 있었다.

그러나 이런 활동을 다스리는 법률들은 최대한 좋게 보아도 어두컴컴한 상태였다. 나중에 논란을 일으키게 될 특수전사령부의 계획 중 하나에는 무장단체와 연관이 의심되는 미국 시민에 대한 정보를 수집하는 일이 포함되었다. 이 데이터는 버지니아의 컴퓨터 서버에 저장되어 있었고, 군 장교들은 국방부가 시민에 관한 정보를 수집할 수 있는 방법을 규정한 법률을 자신들이 어길지도 모른다고 걱정하기 시작했다. 특전사에서 이 프로그램을 관리하는 요원들은 데이터베이스를 해외로 옮길 곳을 찾다가 결국 프라하의 유턴 본부에 데이터베이스를 보관하게 해달라고 마이클 펄롱에게 요청하게 되며, 이 움직임은 펄롱과 CIA 사이의 극적인 싸움으로 이어진다.

2006년 중반 유턴은 국방부가 무슬림 세계에서 사용할 시험용 프로그램을 위해 27쪽의 화려한 발표 자료를 준비했다. 제안서 서두의 문장들은 대중에게 접근할 도구로서 휴대전화의 힘을 강조했다.

"애틀랜타의 사커맘soccer mom(자녀를 축구 등 스포츠 활동에 데리고 다니는 데 열성적인 미국 중산층 여성을 가리키는 말: 옮긴이), 베두인족 상인, 중국인 사업가, 미군 가족, 쿠웨이트 공무원, 연줄이 든든한 석유회사 대표, 알카에다 순교자, 평화적으로 독실한 이란의 무슬림, 세르비아 반군이 미국, 아시아, 유럽, 중동의 젊은이들과 공통적으로 갖고 있는 것은 무엇입니까?"

"이 모든 사람들, 전 세계의 어른들과 청소년들은 날마다 깨어 있는 거의 모든 시간에 이동전화를 휴대하고 있을 것입니다."[7]

그러면서 유턴은 세계 도처에 은밀히 메시지를 전파하기 위한 선택사항의 목록을 군에 제안하고 있었다. "위험이 크거나 비우호적인 지역의 청소년들을 대상으로" 삼을 수 있는, "미 특수전사령부의 메시지와 혼합된 흥미진진한 뉴스 및 정치적, 종교적 콘텐츠"를 만들어주겠다는 것이었다. 시간이 흐름에 따라 국방부의 메시지는 "이들 대상의 삶의 방식" 속에 통합

될 수 있었다. 제안서는 이 모든 것이 "미국산" 딱지를 달지 않고 전달될 것이라고 약속했다. 어느 유럽 연예산업 회사의 "정체 모를 상표가 달린" 활동처럼 보이게 하겠다는 이야기였다.

2006년 8월, 유턴은 프로그램을 따내려는 경쟁에서 승리했고 이 계약은 25만 달러를 넘지 못했다.[8] 하지만 상징적 가치는 훨씬 컸다. 최근까지도 휴대전화에 뉴스 방송과 덜 노골적인 포르노를 유포하던 무명의 체코 통신회사가 군사 관료주의의 가장 은밀한 — 또 가장 빨리 성장하는 — 분야에서 첫 계약을 따낸 것이었다. 마이클 펄롱과 유턴미디어의 동반자 관계가 싹을 틔우면서 미 특수전사령부 내 그의 부서는 중동과 중앙아시아의 선전 작전을 위해 통신회사들과 거대한 기밀 계약들을 한창 체결하는 중이었다. 이 일에 수십억 달러를 나눠주고 있던 SOCOM에는 계속해서 많은 업체들이 몰려들었다. 선전 사업에 거의 또는 아무런 경험도 없는 작은 회사들이 신규 사업을 따내려고 간판을 '전략 통신' 업체로 바꿔 달기 시작했다. 유턴에게 이번 계약은 앞으로 있을 수많은 계약의 첫 번째가 될 것이었고, 끝도 없어 보이는 예산을 가진 후원자를 우연히 만난 이 회사는 새 시대를 맞을 것이었다. 유턴은 황금알을 낳는 거위를 발견한 셈이었다.

템파 주둔 특수전사령부의 선전 업무 조달업자들은 무슬림 세계에 '영향력을 행사'하고자 하는 작전이 효과적이려면 미국의 역할은 숨겨져야 한다는 것을 알았다. 비디오 게임 및 다른 디지털 제품들을 위한 시험용 프로그램 제작을 유턴과 계약한 직후, 펄롱은 국방부 계약을 수주할 수 있되 미국과 직접 엮이지는 않을 역외회사를 만들라고 회사 간부들을 설득했다. 2006년 늦게 얀 오브르만은 외국 은행 계좌를 거쳐 미국의 돈을 송금받게 되어 있는 'JD 미디어 전송계통 유한책임회사(LLC)'를 세이셸 제도에 설립했다.

국방부가 비밀 프로그램에 돈을 어떻게 쓰는지에 관한 제한사항이 드물었기 때문에 펄롱의 어깨 너머로 살펴보는 사람은 아무도 없었다. 그는 스스로를 가끔 '회색지대의 왕'이라고 부르곤 했으며, 선전전 수행을 위해 유턴의 위장 회사들이 벌이는 거래를 보호하려고 온갖 계약상의 속임수를 쓰고 있었다. 북미 원주민이 소유한 회사가 정부 계약에 입찰을 할 때 보조를 해주게 한 법률을 이용하여 펄롱은 유턴이 오클라호마 동부 부족지역의 손바닥만 한 땅에 위치한 회사 와이언도트넷텔을 동업자로 삼도록 주선했다.

유턴이 SOCOM을 위해 개발한 첫 대형 프로젝트는 유명한 〈콜오프듀티〉 게임 연작과 비슷한 풍으로 만들어진 '사격' 게임이었다. 이 게임 이용자는 테러 공격으로 민간인 살해를 기도하는 반란세력을 쏴죽이면서 바그다드 거리를 통과하는 장정에 나서게 돼 있었다. 목표는 이라크 경찰서에 도착해 민병대 본부에서 훔친 향후 반란군의 공격 계획을 전달하는 것이었다. 이 게임에는 〈이라크의 영웅〉이라는 제목이 붙었다.

그것은 2007년 부시 대통령의 지시에 따라 미군이 이라크로 '쇄도'하는 시점에 맞추어 '네이티브에코Native Echo'라는 암호명 아래 펼쳐지는 국방부의 광범한 심리전 활동의 일부였다. 네이티브에코의 주된 목표는 예멘, 시리아, 사우디아라비아, 그리고 북아프리카 일부에서 이라크로 밀려들어오는 외국인 전투원들에 맞서 싸우는 것이었다. 〈이라크의 영웅〉은 무슬림 세계의 어느 나라에서든 쉽게 수정될 수 있도록 만들어졌다. SOCOM을 상대로 가진 발표회에서 유턴은 이 게임이 살짝 수정된 뒤 배포될 사우디아라비아, 모로코, 이집트, 요르단을 비롯한 13개국의 목록을 밝혔다. 사원, 오래된 차량, 야자수가 줄지어 있는 거리를 묘사한 그래픽은 크게 변경할 필요가 없었다. 대화만 바꾸면 되었다. 예컨대 이 게임의 레바논판은 그곳의 정치적 상황을 반영하는 대화를 사용하고 레바논 특공대의 이름을

따서 〈마가위르Maghaweer〉라고 불릴 예정이었다.[9]

유턴은 네이티브에코 작전을 위해 두 개의 게임을 더 개발했는데, 하나는 사용자들이 석유 송유관을 건설하고 끊임없는 테러 공격에 직면하여 정부의 석유 기반시설을 보호하는 〈석유재벌〉(Oil Tycoon)이었고, 다른 하나는 사용자들이 도시 계획자 역할을 맡아 테러리스트에게 파괴된 가상의 도시를 재건하는 데 한정된 자원을 어떻게 할당할지를 결정하는 〈시장〉(City Mayor)이었다.

프라하의 유턴 본부에 있는 체코인 프로그래머들이 이 게임들을 만들었고 필롱은 작업을 최대한 빨리 마치고 중동에 배포할 수 있도록 회사를 속도가 높아진 일정 위에 올려놓았다.[10] 유턴은 SOCOM과 더불어 일하면서 게임을 전파할 다양한 방법을 개발했다. 가장 쉬운 방법은 직접 배포하는 것이었는데, 수천 개의 메모리카드에 게임을 담아 상점과 시장에서 팔거나 그냥 주는 것이었다. 하지만 더 널리 배포하는 방법은 중동에서 게임 이용자들이 자주 방문하는 웹사이트와 블로그에 올려놓는 것이었다. 이 방법은 또 SOCOM이 얼마나 많은 사람들이 이 게임들을 내려받는지, 그리고 더 중요하게는 누가 내려받는지 감시할 수 있게 했다.

SOCOM이 벌인 비밀 게임 작전의 규모를 가늠하거나, 무슬림 세계의 청년들을 겨냥한 선전을 창안해내려고 국방부가 계약한 유턴 같은 기업이 정확히 얼마나 되는지 알아내기는 어렵다. 필롱이 새로운 계획을 최대한 많이 내놓으라고 재촉했기 때문에 유턴은 중동에서 유명한 가수나 연예인들을 광고 모델로 활용하는 의류 상표를 만들자는 제안을 준비하기도 했다. 심지어 파손을 막을 장갑 판을 두른 평면 TV들을 중앙아시아와 북아프리카의 외진 마을에 떨어뜨리는 방안을 논의한 적도 있었다. 이 TV에는 수천 마일 바깥에서 보내온 친미적 메시지를 수신해 유포할 수 있는 대형 안테나를 달 예정이었다.

214

이 설득력 없는 구상은 승인되지 않았다. 그러나 2007년 늦게 국방부가 선전 활동 계획을 전 세계로 확대하자 유턴은 중앙아시아, 북아프리카, 중국 등의 지역에 초점을 맞춘 웹사이트들을 운영하겠다는 SOCOM의 새 프로그램을 지원하는 업무에 손을 빌려주었다. 이 '초지역적 웹 계획'은 미국과 우즈베키스탄을 비롯한 미국의 권위주의적인 동맹자들에 관해 확고히 긍정적인 뉴스를 싣는 〈중앙아시아 온라인〉 같은 이름의 여러 웹사이트에 기사를 써올릴 자유직 기자들을 고용했다. 이 프로그램에 관한 소식이 유출되자 논란이 벌어졌고, SOCOM은 국방부에서 만들었다는 것을 알아볼 작은 표식을 각 사이트의 하단에 달아놓음으로써, 웹사이트에서 미국의 역할을 숨기겠다는 애초의 계획을 저버렸다. 그러나 의회와 국무부의 일부 사람들은 웹사이트와 관련하여 국방부가 군사 작전의 일환으로 수행되는 정보전과, 미국 대중에게 진실한 정보를 전달한다는 국방부의 한층 더 기본적인 요건 사이를 가르는 경계선을 넘었다고 믿었다.[11]

실제로는 경계선은 몇 년 전부터 흐려져 있었고 유턴미디어 같은 회사가 그 수혜자였다. 펄롱은 오브르만과 유턴의 프로그래머들을 만나러 프라하에 자주 갔고, 2008년 초엽 유턴은 대개 더 큰 회사에 엮인 하청업체나 북미 원주민 소유 회사의 동업자 자격으로 일하면서 500만 달러 이상의 SOCOM 계약을 따냈다. 오브르만은 미국 안에 회사가 있으면 정부의 기밀 계약을 따내기가 더 쉬울 것이라 생각하여 미국에 근거지를 둔 '인터내셔널 미디어벤처스'(IMV)를 설립했다. 그는 SOCOM과 미 중부사령부의 광활한 본부가 자리잡은 맥딜 공군기지에서 탬파만을 사이에 두고 바로 건너편, 플로리다 주 세인트피터스버그의 상업 지구에 있는 다른 CIA 및 국방부 계약업체들 옆에 IMV의 사무실을 마련했다.

그러나 CIA의 일부 사람들은 유턴과 IMV가 어떻게 정부의 기밀 계약들을 따낼 수 있었는지 의심하기 시작했다. 고위급 민간 관리 펄롱과 국방부에 게임과 웹사이트를 만들어주는 컴퓨터 프로그래머들의 소집단을 고용한 무명의 체코 업체는 도대체 무슨 관계인가? CIA 프라하 지부는 이 관계가 어떻게 구성되어 있고 러시아 정보 공작원이 유턴의 작전에 침투하기가 얼마나 쉬울 것인지에 관해 물음을 제기하는 전문을 랭글리에 보내기 시작했다.[12]

게다가 더욱 큰 문제가 있었다. 2007년에 SOCOM은 미국 시민들에 관해 수집한 데이터를 보관하는 컴퓨터 서버를 프라하의 유턴 본부로 소리소문없이 재배치한 바 있었다. 군 장교들은 서버 이전이 국방부를 미국의 감청법에 부응하게 할 수 있다고 생각했지만 그럼으로써 이제 미국은 미국 동맹국인 체코공화국 안에서 프라하의 정부에게 알리지 않고 비밀 컴퓨터 작전을 개시한 셈이었다. 이것은 평상시의 조건에서도 위험한 일이었다. 왜냐하면 미국 관리들은 동맹국의 첩보기관이 그 작전을 발견해 폐쇄하고 다른 작전에서 CIA와 협력하기를 거부하는 방식으로 앙갚음을 할 위험을 저울질해야 하기 때문이었다.

그러나 이 경우는 미국과 체코공화국 사이의 외교 관계가 평상시의 그것인 상황도 아니었다. 부시 정부는 백악관의 미사일 방어 프로그램의 일부로서 프라하의 남서부에 추적 레이더를 설치하게 해달라고 체코 정부에게 공세적으로 구애하고 있었다. 체코 정부의 승인을 얻기는 어렵다는 것이 드러났다. 모스크바의 푸틴 정부가 여러 해에 걸쳐 부시 정부의 미사일 방어 계획을 비난하면서 동유럽 국가들에게 자국에 레이더 기지를 건설하겠다는 미국의 요청을 거부하라고 압력을 가한 탓이었다.

CIA와 펄롱 간의 긴장은 고조되었다. 2008년 중반에 마이클 펄롱은 일자리를 바꾸어, 합동정보전전투사령부라고 불리는 심리전 조정실의 본부가 있는 텍사스 주 샌안토니오의 래클랜드 공군기지로 옮겨갔다. 그러나 이후에도 유턴과 IMV를 계속 감독했던 펄롱은 2008년 여름 아프가니스탄에서 텍사스의 집으로 가다가 마지막 순간에 회사의 피고용인들을 만나러 프라하에 잠시 들르기로 마음먹었다.

그때 프라하의 CIA 지부장과 다른 미 대사관 관리들은 국방부가 유턴의 사무실에서 비밀 데이터베이스 작전을 운영하고 있다는 사실을 안 지 오래지 않았다. 작전은 데이터베이스의 합법성에 대한 워싱턴의 염려 때문에 폐쇄되어 있었는데, 이제 펄롱이 ─ 사업차 프라하로 여행을 해도 된다는 허가를 받지도 않은 채 ─ 미 대사관에 앉아 있는 것을 보자 프라하의 CIA 요원들은 그가 자료 발굴 프로그램을 부활시키려 할지도 모른다고 의심했다. 그들은 이 허풍스럽고 줄담배 태우는 남자가 자신의 비밀 프로그램을 감독하면서 이 나라에서 몇 주일을 보낼 계획을 세우고 있을지 모르며 미사일 방어 협정에 관한 몇 달 동안의 외교적 협상을 탈선시킬 수도 있다고 걱정했다.

그다음에 이어진 것은 모두가 펄롱 사태를 어떻게 처리해야 할지 고심하는 가운데 프라하와 워싱턴과 샌안토니오 사이를 한바탕 미친 듯이 오고간 전화 통화였다. 모든 사람이 동의한 해법은 단순했다. 펄롱을 최대한 빨리 이 나라 밖으로 나가게 하는 것이었다. 샌안토니오에서 펄롱의 상관인 존 코지올 중장은 프라하의 그에게 연락해 퉁명스레 통보했다. 호텔에서 퇴실한 다음 공항에 가서 체코를 떠나는 첫 비행기를 탈 것. 펄롱은 사실상 체코공화국에서 쫓겨났다. 샌안토니오에서 펄롱과 함께 일한 한 장교는 "CIA가 펄롱을 호되게 짓눌러버렸다"고 말했다.

펄롱의 야심은 기세가 꺾였고 그는 이제 CIA의 블랙리스트에 올랐다. 그러나 그는 국방부 최고위층에 있는 후원자들이 자신을 보호할 것이라고 생각했고 벌써 자신의 기력을 새로운 문제를 향해 돌리고 있었다. 파키스탄에서 성장하는 무장세력의 폭력이 국경을 넘어 아프가니스탄으로 넘쳐 들어오고 있다는 문제였다. 그는 이를 가지고 미군 지휘관들을 돕기로 결심했고 그 일은 CIA가 할 일이 아니라고 확신했다. 더구나 이번 일은 개인적인 업무였다. 프라하에서 겪은 사건 이후에 그는 CIA를 '나의 숙적'이라고 부르기 시작했다.

펄롱이 체코공화국에서 쫓겨나고 막 몇 주일이 지났을 때 미 국무부 장관 콘돌리자 라이스와 한 떼의 시끌벅적한 외교관들이 프라하의 공항에 착륙했다. 그날 저녁 호사스러운 축하 만찬에서 라이스는 체코 외무장관 카렐 슈바르첸베르크와 샴페인 잔을 부딪치며 건배했는데, 새로운 미사일 협정과 미국과 체코공화국 사이에 맺어진 따뜻한 관계의 새 시대를 위한 건배였다.

제11장

노장의 귀환

"은퇴의 첫 번째 규칙 기억해, 조지? 밤에 부업하지 말고,
결말 안 나는 일 갖고 놀지 말고, 사(私)기업도 안 되지, 절대로."
존 르 카레, 『스마일리의 사람들』

데이비드 매키어넌 장군은 충분히 들었다. 아프가니스탄에 주둔하는 최
고사령관인 그가 이 나라 전체와 파키스탄 국경을 건너 존재하는 정보망
을 토대로 정기적인 보고서를 전달한다는 두 사업가의 계획에 관해 들은
뒤로 여러 달이 지났다. 매키어넌은 이 시도가 왜 진척이 없는지 알고 싶
었다. 그는 파키스탄 첩보원들이 떠먹여준다고 자신이 의심하는 CIA의 급
보와는 대조적으로 이 보고서는 파키스탄에 관한 믿을 만한 정보를 제공
하리라는 희망을 품었다. 그가 생각하기에 국방부 관료주의 내부의 어딘
가에서 얼굴 없는 꼬마 도깨비가 일을 지연시키고 있었다.

"이 계약을 성사시키기 위해 내가 죽여야 하는 공산주의자는 누구야?"

그 정보 프로그램을 위한 자금이 아직 승인을 받지 못했다는 말을 듣자
매키어넌은 참모에게 소리를 질렀다.[1]

2008년 가을의 그날 매키어넌 장군의 옆에 앉아 있었던 사람은, 남부
지역 부족의 구조에 대한 지도를 그려내는 일에서부터 미군을 대하는 아

프가니스탄 사람들의 태도에 관한 여론조사 실시에 이르기까지, 아프가니스탄에 주둔하는 장군들을 위한 다양한 정보전 프로젝트를 시작하겠다는 포부를 안고 카불과 샌안토니오를 오가던 마이클 필롱이었다. 전쟁은 날이 갈수록 악화되고 있었다. 탈레반은 나라의 남쪽과 동쪽 지역에서 넓은 영토를 탈환했고, 아프가니스탄 정부 관리들을 암살했으며, 칸다하르와 헬만드 지역에서 그림자 정부를 수립했다. 2006년 남부와 북부 와지리스탄의 평화 협상은 탈레반과 하카니네트워크가 번성하면서 파키스탄의 촌락을 출발지 삼아 아프가니스탄 내 미군 전초기지를 공격하는 것을 확대하도록 허용했다. 매키어넌 장군이 부임한 2008년 6월은 2001년 전쟁이 개시된 이래 다른 어느 때보다 많은 미군이 숨진 달이었다.[2]

카불에 도착하자마자 매키어넌은 자신에게 충분한 병력이 없음을 깨달았다. 이라크전은 여전히 부시 정부의 최우선 사항이었고 이에 따라 아프가니스탄의 방치된 분쟁은 국방부가 완곡하게 '병력 절약 작전'이라고 부른 것으로 남겨졌음이 확실해졌다. 매키어넌의 전임자인 댄 맥닐 장군은 이 나라를 떠나는 길에 미군 지휘관들은 더 많은 지상군과 헬리콥터와 정보부대가 필요하다고 말하면서 전쟁의 전략을 날카롭게 고발했다. 합동참모본부 의장 마이크 멀린 제독은 의회 청문회 자리에서 이렇게 말했다. "아프가니스탄에서 우리는 우리가 할 수 있는 일을 합니다. 이라크에서는 우리가 해야 할 일을 하고 있는데 말이죠."

댄 맥닐 장군은 또 국경을 넘어 아프가니스탄으로 들어가는 무장대원들의 흐름을 저지하려는 노력을 충분히 하지 않는다고 파키스탄 정부를 비난했다. 사실 파키스탄은 그 나라에서 증가하는 폭력에 관해 불평하는 미국 장군들에게 단골 표적이 되어 있었다. 2006년 9월로 거슬러 올라가면 맥닐의 전임자 칼 아이켄베리 중장은 부족지역에서 파키스탄의 나태함을 보여주는 자료를 전부 모아 백악관의 주의를 환기하려 한 적이 있었다. 워싱턴에 간 그는 파워포인트를 이용한 발표를 진행하면서 파키스탄이 그곳의 교전상태를 키우는 데 공범이라는 혐의를 제기했고, 잘랄룻딘 하카니가 파키스탄군 기지와 1마일도 안 떨어진 미란샤에서 공개적으로 이슬람학교(2006년 여름 아트 켈러와 CIA 요원들이 파키스탄 병력에게 습격하라고 압박했던 바로 그 학교였다)를 운영한다는 사실을 인용하기도 했다.

그래서, 2년 뒤 사업가 두 사람이 파키스탄 내부에서 정보를 수집해 카불의 미군 사령부에 제공한다는 계획을 내놓았을 때 매키어넌 장군은 즉시 흥미를 가졌다. 제안을 한 두 사람 — 한때 점잖은 CNN 간부였던 이슨 조던, 그리고 관광객들이 세계의 위험한 곳을 여행하는 데 도움을 주는 책 여러 권을 쓴 우상 파괴적인 캐나다인 작가 로버트 영 펠턴은 이전에도 함께 일을 한 적이 있었다. 이라크 전쟁이 가장 많은 희생자를 낳고 있던 시절 둘은 〈이라크슬로거IraqSlogger〉라는 웹사이트를 만들어 사실과 풍문, 현지 이라크 언론인들이 쓴 현장 취재 기사를 실었다. 이 사이트는 소규모의 열성적인 추종자들을 가졌지만 재정적으로는 어려웠고 결국 문을 닫아야 했다. 똑같은 일을 아프가니스탄에서 하고 싶었던 그들은 아프가니스탄과 파키스탄 현지 비상근 통신원들의 조직망을 엮어 〈아프팍스 인사이더AfPax Insider〉라는 웹사이트를 만들었다. 하지만 이번에는 국방부가 이 새로운 시도의 재정을 지원해주기를 바랐다.

그러나 매키어넌 장군은 막 생겨난 뉴스업체에 돈을 댈 생각이 없었다. 2008년 7월 카불에서 조던과 만난 그는 자신의 휘하 병력이 갈 수 없는 곳, CIA가 자신에게 믿을 만한 정보를 전혀 제공하지 않으려는 장소에서 나오는 정기적인 보고서를 원한다고 말했다. 매키어넌과 CIA 카불 지부장의 관계는 암울했다. 두 사람은 거의 연락도 하지 않았다. 매키어넌은 참모회의에서 대놓고 CIA를 헐뜯곤 했으며, 카불에 도착한 지 몇 주도 안 돼 CIA가 그곳에서 진행되는 음모를 미군 지휘관들에게 경고해줄 정보 출처를 부족지역 안에 거의 확보하고 있지 못하다는 결론을 내렸다. 그가 조던을 만나기 바로 하루 전에는 탈레반 무장대가 와나트의 미군 전초기지에 매복 공격을 가해 9명을 살해하고 27명에게 부상을 입혔다.

매키어넌은 이전의 만남에서 조던이 제 통신원들이 수집한 파키스탄 무장대원 용의자들의 전화번호가 적힌 종이를 준 데 좋은 인상을 받았다. 조던에 따르면 자신은 언론인들에게 널리 알려진 탈레반 '대변인들'의 전화번호를 주었을 뿐이었다. 그 전화번호는 바그람 공군기지의 군 장교들이 관리하던 기밀 데이터베이스에 반영되었고 그중 일부는 군이 이미 감시해오던 번호와 일치했다. 이것은 매키어넌의 참모들 사이에 이 팀은 실제적인 실시간 정보를 제공할 수 있으리라는 기대감을 높여놓았다. 결국 매키어넌은 〈아프팍스 인사이더〉에 2,200만 달러 지원를 승인했고 마이클 펄롱에게 이 돈이 제대로 전달되는지 확인하라고 지시했다.

언제나처럼 펄롱은 교묘히 미국의 전쟁 활동 심장부의 환심을 사는 능력을 발휘했고 2008년의 하반기 동안 아프가니스탄 내 선전 및 정보전에 관한 회의에 자주 참석했다. 매키어넌은 곧잘 펄롱의 이름을 잊어버려 다른 참모들에게 그를 '그 뚱뚱하고 땀 많이 흘리는 친구'로 지칭하곤 했다.

그러나 만약 매키어넌이 펄롱을 과소평가했다면 오산을 저지른 것이었다. 장군은 조던과 펠턴의 정보수집 계획을 승인하는 것이 무엇을 의미하는지 깊이 생각하지 않았을 수도 있지만, 펄롱을 그 작전의 책임자로 투입함으로써 2001년 비밀전쟁이 개시된 이래 벌어진 가장 기괴한 사건 중의 하나를 작동시킨 셈이었다. 실험실에서 개발된 여러 가지 요소들, 즉 CIA와 군의 맞수 관계, 정부 첩보활동 세계의 팽창, 서서히 진행된 전쟁의 민영화는 서로 뒤섞여 휘발성 강한 화합물을 낳았다. 나중에 책임자 지목과 조사가 이루어진 뒤 마이클 펄롱은 자신이 걱정했던 것보다 더 나쁜 운명을 맞게 된다. 그는 "노스다코타에서 농구공에 바람이나 넣으라고" 보내지지 않았다. 그는 경기에서 아예 쫓겨났다.

성난 매키어넌 역시 〈아프파스 인사이더〉 프로젝트를 승인한 뒤 별 네 개를 어깨에 달았다 해서 원하는 것을 갖도록 보장되어 있는 것은 전혀 아님을 발견하게 된다. 이 프로젝트에 자금을 대려는 그의 시도는 CIA가 그 대부분을 설치한 여러 가지 장애물에 부딪쳤다.

2008년 9월 5일, 펄롱은 CIA 대테러센터를 상대로 정보 수집 계획을 발표하기 위해 국방부 최고위 관리들과 더불어 랭글리로 갔다.[3] 동행자는 중부사령부의 작전차장 로버트 홈스 준장, 도널드 럼스펠드가 몇 년 전에 만든 국방부 정보실에서 일하는 민간인 관리 오스틴 브랜치였다.

바로 몇 달 전 프라하의 사건도 있었던지라 CIA 직원들은 이미 펄롱을 경계하고 있었고 펄롱도 국방부가 제 영역을 침범한다고 느끼는 순간 CIA 가 얼마나 발끈할지 잘 알았다. 제안된 작전을 회의에서 논의하며 펄롱은 말을 신중하게 골랐다. 그는 자신과 계약한 사람들은 '첩보활동'은 물론이 고 '정보 수집'조차 하지 않는다고 말했다. 그들은 단지 카불의 지휘관들 에게 알려 미군 병력을 보호하려는 목적으로 '분위기에 관한 정보'만을 모 으고 있다는 것이었다. 후일 펄롱이 묘사한 바를 옮기자면 "나는 우리가 하는 일을 완곡하게 표현할 말을 찾아내야 했습니다."[4]

9.11 공격에서 7년이 흐른 그 시점에 국방부는 첩보 게임에 너무 깊숙 이 들어간 나머지 완전히 새로운 언어를 탄생시켰다. 미국이 전쟁을 벌이 고 있지 않은 나라에 '전장 분석'을 한다는 명분으로 미군이 파병되었듯 이, '분위기' 정보 수집이 CIA의 화를 돋구지 않으려고 군대가 사용하는 새로운 표어가 된 것이다. 9월의 랭글리 회의에서 펄롱은 CIA 요원들에게 작전은 정보국의 카불 및 이슬라마바드 지부와 조정을 거쳐 이루어질 것 임을 믿게 하려고 애썼지만 분위기는 빠르게 어두워졌다. 펄롱의 발표를 들으러 모인 수십 명의 CIA 요원들은 즉시 이 작전이 뒷전에서 벌이는 첩

보 작전이라는 의심을 품었기 때문이다.

3개월 뒤 펄롱이 아프가니스탄으로 돌아가서 카불 지부장을 포함한 한 무리의 CIA 요원들에게 이 프로젝트를 설명하는 자리를 가졌을 때 형편은 더욱 나빴다. 이 자리는 소리지르기 시합으로 와해되어버렸고 지부장은 펄롱이 파키스탄 안에서 치명적 임무를 위한 정보 수집을 시도하려 한다고 비난했다. 그 자리에 있던 한 군 장교는 "CIA 사람들 중 하나는 말 그대로 침을 뱉고 있었고 펄롱은 맞받아 고함을 지르기 시작했다"고 회상한다. 몇 주 뒤 CIA 본부의 한 변호사는 감독받지 않으며 잠재적으로 위험하다고 여겨지는 프로그램에 관한 CIA의 반대를 공식적으로 제기하는 각서를 국방부에 써보냈다.[5]

저항을 예상했던 펄롱이 보기에 CIA는 무슨 수를 써서라도 스스로의 지분을 지키는 한편 파키스탄에서 매일 미군을 살해하는 공격을 막아낼 능력이 자신들에게 없었다는 사실은 무시하는 최악의 완고함을 드러내고 있었다. 그는 CIA가 파키스탄과 파우스트적인 거래를 했다고 확신했다. CIA가 파키스탄 내부에서 드론 공격을 할 권리를 얻는 대가로 ISI가 탈레반 및 하카니네트워크를 조용히 지원하는 것을 눈감아준다고 믿은 것이다. 펄롱이 CIA 요원들에게 주장한 바에 따르면 미군을 보호할 정보를 수집하는 것은, 그것이 어디서 이루어지든, 연방법전 제10편에 규정된 국방부의 권한에 완벽히 들어맞는 활동이었다.

CIA가 〈아프팍스 인사이더〉에 대한 지원의 승인을 막으려 하고 미 중부사령부의 법무관들이 제안된 작전의 세부 내용을 자세히 조사하자, 펄롱은 워싱턴의 승인을 기다릴 필요가 없다고 결심했다. 그는 군의 비상자금에서 100만 달러가 종잣돈으로 프로젝트에 배당되도록 주선했고 또 하나 골치 아픈 관료주의적 문제 — 이슨 조던과 로버트 영 펠튼이 정부와 거래하도록 승인받은 업자가 아니라는 문제를 교묘하게 처리했다. 그가 궁리해낸 해결책은 간단했는데, 프로젝트의 통제를 자기가 잘 아는 업체, 즉 플로리다 세인트피터스버그에 있는 얀 오브르만의 인터내셔널 미디어벤처스에 맡기는 것이었다.[6] 2009년 4월 펄롱은 이 업체에 전액 유입되는 방식으로 프로젝트의 자금 290만 달러를 더 확보했다. 정부 계약에서 술책을 부리는 데 통달한 펄롱은 마침 그가 누리기에 알맞았던 체계상의 이점을 활용했다. 의회는 이라크와 아프가니스탄의 전쟁에 수십억 달러를 승인했지만 그 돈이 어떻게 쓰이는지에 관한 의회의 감독은 거의 존재하지 않았던 것이다.

그러나 펠턴과 조던은 그 점은 눈여겨보지 않고 매키어넌 장군이 〈아프팍스 인사이더〉에 주라고 지시한 돈을 두고 펄롱이 딴 생각을 품고 있지 않나 의심하기 시작했다. 어쨌든 두 사람은 이와 상관 없이 일을 계속했고 펠턴은 부족 원로, 탈레반 대원, 군벌 들한테서 정보를 수집하려고 정기적으로 아프가니스탄에 갔다. 민간인 복장을 한 군 장교들 한 팀과 함께 움직인 그는 파키스탄 국경에서 정보를 수집할 목적으로 동쪽을 향해 낡은 도로 위를 몇 시간이고 달렸다. 또 그 반대편으로, 곧 이란과 국경을 맞댄 아프가니스탄 지역으로 향하는 비행기를 타고 가서 헤라트 시의 강력한 군벌 이스마일 칸과 만나기도 했는데, 이 인물이 미국의 아프가니스탄 전쟁에 지원을 할 수 있을지 타진해보기 위해서였다.

이런 일이 진행되는 동안 매키어넌 장군의 관심은 다른 데 가 있었다. 2009년 1월에 취임한 버락 오바마 대통령이 아프가니스탄에 대한 전략을 미흡하게 여겨 전쟁 참모들을 정비할 계획을 세웠다는 소문이 돌기 시작한 것이다. 5월에 국방장관 로버트 게이츠는 매키어넌에게 새 소식을 전하러 카불로 날아갔다. 매키어넌은 잘렸고 오바마 대통령은 그를 합동특수전사령관 스탠리 매크리스틸 중장으로 대체한다는 결정을 내렸다는 소식이었다. 이 지휘권 이행은 펄롱에게 요긴한 것으로 드러났다. 매크리스틸의 최고위 참모들과 만난 그는 정보 수집 프로젝트를 기정사실로 제시했다. 펄롱은 아프가니스탄 내 선임 정보장교인 마이클 플린 소장에게 자신이 파키스탄과 아프가니스탄에서 활동하는 계약자 팀들을 갖고 있으며 그들의 정보 보고서는 기밀 군사정보 데이터베이스에 "밀려 들어가고" 있다고 주장했다.[7]

그러나 자신들이 옆으로 밀려나고 있다는 조던과 펠턴의 의심은 옳았음이 증명되었다. 그들이 돈을 달라고 조르자 펄롱은 메일을 보내 그들보다 나은 정보 출처를 지닌 계약자들을 발견했다는 이야기를 전하기 시작했다. 7월 초 아프가니스탄 바깥 여행에서 돌아온 펄롱은 조던과 펠턴에게 다음과 같은 이메일을 날렸다.

"내가 지난 주에 두바이에서 만난 두 남자는 그동안 본 사람 중에 진짜 상용판商用版 제이슨 본과 제일 흡사했어요. 둘 다 다리어, 파슈토어, 아랍어에 능하고 매일 현장에서 조직망을 만들고 있더군요."[8] 펄롱에 따르면 매키어넌 장군은 떠났고 아프가니스탄의 새 지휘관들은 〈아프팍스 인사이더〉에 돈을 대는 일에 흥미를 갖고 있지 않았다. "우리 솔직해집시다. 당신들은 당신네 활동을 시작하는 데 정부가 돈을 내라고 요구하고 있잖소. 다른 친구들은 자기네 조직망을 세우느라 4, 5년 동안 투자를 해왔는데 말이오."[9]

이 신비스러운 새 계약자들, '제이슨 본'들은 정확히 누구였던가? 펄롱은 그것을 이메일에서 밝히지는 않았다. 지나치게 위험 기피적이며 ISI 같은 외국 정보기관에 너무 의존한다는 이유로 CIA와 더불어 일하기를 거절한 전직 특수부대원들과 CIA 요원들로 이루어진 한 조직망에 대해서 이야기했을 뿐이다.

펄롱이 "그림자 CIA"라고 칭한 조직을 형성한 그들은 특수전 임무에 사용될 수 있는 정보를 기꺼이 수집할 의사를 지녔다. 이 그림자 CIA를 운영하는 사람에 관해서 펄롱은 "노인네"라고만 언급했다.

두에인 듀이 클래리지는 72세였지만 조용히 은퇴해 사라지지 않았다. 그런 식으로 사라지는 것은 그다운 방식이 아니었다. 게다가 청산해야 할 원한이 너무 많았다. 그는 이란-콘트라 사건의 후유증 속에서 상관들이 자신을 희생양 삼았다고 확신하며 CIA를 떠났다. 그는 이란-콘트라 사건에서 맡은 역할에 관해 의회에 거짓말을 했다는 이유로 2년 후 자신이 기소된 것을 편파적인 마녀사냥이라고 여겼다.

조지 H. W. 부시 대통령이 임기 말년인 1992년 크리스마스 전날 클래리지와 전직 국방장관 캐스퍼 와인버거를 비롯한 이란-콘트라 관련자들을 사면했을 때 클래리지는 어느 정도 정당성을 입증했다고 느꼈다. 그는 대통령의 사면장을 액자에 넣어 자기 집 복도에 전시해놓았다. 그것은 집에 들어오는 방문객들이 가장 먼저 보게 되는 물건이었다.

1990년대 후반에 그는 냉전시대 자신의 공적에 관한 생생한 세목이 담

듀이 클래리지. ⓒAP Photo/Mike Wintroath.

긴 회고록 『사계절의 스파이』를 썼고 여전히 공화당의 대의명분에 열성적이었다. 1998년에는 사담 후세인 정권을 무너뜨리기 위해 수천 명의 이라크인 망명자들과 미군 특공대원들을 이라크에 투입한다는 계획에 민간인 컨설턴트 자격으로 전 합동특수전사령관 웨인 다우닝 장군과 함께 참여해 일했다. 이 제안은 이라크국민회의 지도자 아메드 찰라비의 지지와 이라크에서의 전쟁을 지지하는 공화당원들의 총애를 받았지만 중부사령부 사령관한테서는 환상이라며 퇴짜를 맞았다. 사령관 앤서니 지니 장군은 다우닝과 클래리지의 계획을 '염소 만灣' 계획이라고 불렀다(1961년 미국이 쿠바 망명자들을 동원해 쿠바의 피그스 만[Bay of Pigs]을 침공했으나 실패한 사건을 염두에 둔 표현. 피그스 만은 문자 그대로 읽으면 '돼지 만'인데 돼지를 염소로 바꿔 비꼬는 뜻을 담았다: 옮긴이).

2003년 마침내 미국이 사담 후세인을 타도하기에 이르렀을 때 클래리지는, 모든 증거에 맞서서, 이라크의 독재자가 나라 곳곳에 화학 및 생물학 무기를 숨겨두었다는 것을 입증하려는 다양한 개인적 시도들을 위해 돈을 모았다. 그는 줄곧 미국의 해외 개입에 굽힘 없는 치어리더로 남아 있었다. 2007년의 한 인터뷰에서 그는 해외에 자신의 의지를 행사하는 것은 미국의 의무라며 CIA의 가장 악명 높은 작전들 다수를 분노에 차서 옹호했다.

클래리지는 기자에게 이렇게 말했다. "개입하는 것이 우리의 국가안보상 이익에 속한다고 판단할 경우 언제든 우리는 개입할 거요. 그게 당신 마음에 안 들어도 그냥 받아들여요."

"익숙해지시오, 세계여, 우리는 비상식을 참지 않을 겁니다."[10]

그러나 그는 CIA에 심사가 뒤틀려 있기도 했다. 같은 해에 그는 CIA의 인간정보 작전이 얼마나 많이 쇠퇴했는지에 관해 아칸소에서 연설을 했다. 그에 따르면 CIA가 이란과 북한 정권에 대해 믿을 만한 정보를 얻어낼 수 없었던 것은 첩보위성과 전자 감청에 지나치게 의존했기 때문이었다. 그가 보기에 문제는 신경이 과민한 변호사들이 랭글리를 쥐고 흔들면서 위험부담이 있는 정보 수집 임무는 일상적으로 무산시켜버린다는 점이었다. 그는 CIA보다 작고 군살이 없으며 어떤 외국 정부에도 신세를 지지 않는 첩보 조직의 새로운 모델을 꿈꾸기 시작했다. 그것은 OSS와 비슷하되 21세기의 세계—기업, 느슨한 국제 범죄 및 테러 조직망, 다국적 기구들이 지배하는 세계에 맞게 최신화된 조직일 터였다.

민간 첩보활동은 전적으로 새로운 구상은 아니었다. 2차 세계대전 이후 OSS 창설자 윌리엄 도노번은 트루먼 대통령이 자신을 초대 중앙정보국장으로 임명하지 않은 데 크게 낙심하여 독자적인 정보 작전을 벌이겠다고 결심했다. 그는 유럽으로 사업 출장을 갈 때마다 미국 대사관과 언론인들을 상대로 소련의 활동에 대한 정보를 수집했고 비밀 요원으로 쓸 만한 사람들을 찾아다녔다. CIA 관리들에게는 비밀작전을 위한 아이디어를 잔뜩 안겨주었다. 그러나 트루먼은 도노번의 활동을 알게 되자 "남의 뒤나 캐고 다니는 개자식"이라고 부르며 분개했다.[11] 그 뒤로 CIA는 다른 유사한 민간 첩보활동을 중지시키는 데 대체로 성공을 거두었다.

클래리지는 은퇴한 이후 여러 해 동안, 랭글리 사람들과 맺은 관계 대부분에 손상을 입혔다. 그러나 포트브래그, 또 아프가니스탄 및 이라크의 전진기지에 주둔하는 현역 특공대원들과 유대를 여전히 유지하는 퇴역 특수전 요원들의 동아리와는 계속 가까운 사이로 남아 있었다. CIA를 갈팡질팡하며 아마추어 같다고 한 비판은 그를 그들 중 일부에게 인기 높은 존재로 만들었고, 그는 아프가니스탄과 파키스탄에서 작전 요원들의 망을 구축할 때 퇴역 특수부대원들로 구성된 소규모 핵심 집단에 의존했다.[12]

클래리지는 그린베레 출신이자 가끔은 사업 동료였던 인물로 보스턴에서 '아메리칸 국제보안회사'라는 사설 보안업체를 운영하는 마이크 테일러와 힘을 합쳐 해당 지역에서 의심을 사지 않고 작전을 벌일 수 있다고 믿어지는 서양인, 아프가니스탄인, 파키스탄인으로 조직망을 꾸렸다. 동아프가니스탄에서 하카니네트워크에 납치된 뒤 국경 건너 북부 와지리스탄의 큰 마을 미란샤로 끌려간 〈뉴욕타임스〉 기자 데이비드 로드를 구출하는 작업에 클래리지가 고용되었을 때 그들은 첫 일거리를 잡았다. 괴로운 몇 달이 흐르는 동안 클래리지는 로드의 가족에게 파키스탄 부족지역 내 자신의 정보원들이 로드가 잡혀 있는 곳을 알아내 군에 알림으로써 구출 작전이나 석방 협상을 벌이게 할 수 있을 것이라고 말했다.

2009년 6월 밤의 어둠 속에서 로드와 아프가니스탄인 통역자는 갇혀 있던 건물의 담장을 뛰어넘어 파키스탄군 초소로 도망쳐왔다. 클래리지의 정보원들은 이 탈출을 돕지 못했지만 2009년 여름 당시에는 이 극적인 사건의 정확한 내용이 알려지지 않았기 때문에 클래리지는 로드의 사례에서 자신이 맡은 역할을 신규 사업을 따내는 데 써먹을 기회라고 여겼다. 사적인 납치 사건을 다루는 것은 폭발적인 성장을 약속하는 사업 모델이 아니었고, 클래리지는 훨씬 높은 곳을 겨냥하고 있었다. 정부로 하여금 그의 조직망을 고용하게 할 수 있다면 자신은 첩보 게임에 복귀하게 될 것이라고 클래리지는 생각했다.

기회는 몇 주 뒤 미군이 또 다른 실종자 수색에 나서면서 찾아왔다. 이번에는 아이다호 출신의 젊은 병사 보 버그달이었다. 버그달 일병은 2009년 6월 아프가니스탄의 팍티카 주에서 불가사의하게 사라졌고, 정찰 중에 납치되었다거나 그냥 무단이탈을 했다는 서로 엇갈리는 보고가 들어왔다. 그가 기지의 아침 점호에 나타나지 않자 군 지휘관들은 프레더터 드론과 첩보기들을 띄워 근방을 수색하게 했다.

몇 시간이 지나 비행기들은 탈레반 전투원들이 손에 들고 다니는 무전기 두 대로 치직거리며 대화하는 내용을 잡아냈다. 그들은 버그달을 찾아 나선 수색대를 매복 공격할 계획을 의논하고 있었다.

"우린 그놈들을 기다리고 있다."

"놈들은 걔가 어디 있는지 알지만 계속 엉뚱한 곳으로 가는 중이다."

"좋아, 작업을 해볼까."

"그래, 도로 위에 급조 폭발물도 많이 설치해놨다."

"별 일 없다면 우린 해낼 거야."[13]

그러나 실은 미국인들은 버그달이 어디 있는지 몰랐다. 그는 '복무 상태: 소재 불명'의 약자인 DUSTWUN이라는 군사적 꼬리표를 단 전쟁 포로가 되었다. 펄롱은 버그달이 어디 있는지를 밝혀내는 작전에 뛰어들었고, 얼마 뒤에는 이 실종 병사의 소재지에 관한 정보를 가졌다고 주장하며 접촉해온 클래리지의 팀원들과 두바이에서 모임을 갖게 되었다. 펄롱은 이 일에 사로잡혔는데, 그 이유의 적잖은 부분은 그가 애정을 담아 '노인네'라고 부른 전설적인 듀이 클래리지와 일할 기회가 생겼기 때문이었다.

펄롱은 매키어넌이 처음에 요청했던 2,200만 달러를 받아내려 아직도 애쓰는 중이었지만 훨씬 더 원대한 야심을 첩보 작전에 걸고 있었다. 자신의 '제이슨 본'들을 발견한 그에게 이슨 조던과 로버트 영 펠턴이 제안했던 단조로운 사업은 더 이상 필요하지 않았다. 첩보 용어로 채색된 한 이메일에서 그는 두바이에서 만난 클래리지의 사람들(그중 하나는 '윌리 1'이라는 이름으로 통했다)은 "내가 본 것 중 가장 잘 연결되어 있었고" 파키스탄에서 "공작원 한 사람을 꾸러미 가까이 들여보냈다"고 말했다.[14] '꾸러미'란 바로 보 버그달이었다. 하지만 펄롱은 파키스탄 내 비밀 첩보망 운영은 자신의 업무를 훨씬 넘어선다는 것을 알았고, 그가 그런 일을 하려 한다는 것을 CIA에 있는 자신의 적들이 포착할 경우 작전을 끝장내려 들 것임을 확신했다. 그는 CIA를 염두에 두고 "우리의 숙적과 곤란한 상황을 빚지 않으려면 최고의 가림막이 필요할 것"이라고 썼다.[15]

작전에 필요한 돈을 펄롱이 구할 때까지 클래리지와 그의 팀은 군을 위한 무료 봉사를 하고 있었다. 클래리지 팀의 보고서를 군사정보 체계에 연결해줄 방법이 없었기 때문에 펄롱은 탬파의 중부사와 특전사에서 일하는 친구들에게 보고서를 전달하는 식으로 비공식 계통을 이용했다. 그러나 이 임시방편의 일 처리는 혼란을 야기했고 얼마 지나지 않아 버그달이 소속된 부대의 부지휘관은 파키스탄 부족지역을 돌아다니는 이 정보 요원들이 도대체 누구냐고 묻는 성난 이메일을 카불로 보냈다. 그는 이렇게 썼다. "저는 이러한 일 처리가 편안하지 않습니다. 제가 숙련된 인간정보 장교와 분석팀을 관여시킬 수 있도록 이 '정보원들(sources)'에 대한 직접 연락 정보를 제공해주시기를 요청합니다. 그렇게 되지 않으면 실수와 기회 상실이 발생할 가능성이 매우 높습니다."[16]

2009년 여름 내내 클래리지와 그의 팀은 군 장교들에게 넘겨주는 정보의 범위를 꾸준히 넓혀나갔다. 하카니네트워크 고위 지도자들의 파키스탄 내 거처로 알려진 장소들에 관해 클래리지가 작성한 상세한 자료는 기밀 정보 통로로 전달되어 그 조직의 활동을 감시하는 특전부대원들에게 활용되었다.

클래리지는 이 모든 것을 수천 마일 떨어진 샌디에이고 교외에 있는 자신의 수수한 집에서 운영하고 있었다. 그는 캘리포니아 에스콘디도에 자리잡은 집 안에 작전을 위한 신경 중추부를 만들었고 컴퓨터와 휴대전화로 정보원들(agents)과 연락을 지속했다. 탬파와 카불의 특수전 요원들은 농담 삼아 클래리지의 지휘소를 '에스콘디도 원(1)'이라고 부르기 시작했다. 그는 12시간 앞선 시간대에서 활동하는 팀원들의 이메일에 답하느라 밤새 깨어 집안을 돌아다녔다. 가끔은 집 수영장 옆에 느긋하게 누워 정보원과 통화하기도 했다.

2009년 9월 하순, 펄롱은 드디어 록히드마틴이 감독하는 민간 첩보 작전을 위한 2,200만 달러짜리 계약을 성사시켰다. 6개월 기한이었고, 갱신할 수 있다는 선택지가 붙은 계약이었다. 이 특별한 새 계약은 클래리지가 탈레반과 알카에다 지도자들의 소재에 대한 소문, 마을 시장의 한담, 아프가니스탄에서 미군에 대항해 꾸며지는 음모에 관한 매우 귀중한 정보를 뒤섞은 보고서를 군 지휘관들의 정보 데이터베이스에 전달할 수 있게 하는 절차를 확립시켰다.

클래리지는 현장의 정보를 건네받아 소화한 다음 분석적인 '상황 보고서'로 만들어내면서 정보 교환소처럼 움직였다. 보고서는 카불의 군 지휘소 내에 펄롱이 주선해 자리를 잡은 소규모 계약인 팀에게 암호화된 상업 이메일 서비스인 허시메일로 전송되었다. 계약인들 중 일부는 근래 대대적인 경영 개편을 겪은 인터내셔널 미디어벤처스 소속이었다. 얀 오브르만은 고위 임원들 대부분을 해고하고 백발의 퇴역 특수전 요원들을 불러들여 회사 운영을 맡겼다. 새 최고경영자로 나선 리처드 팩은 테헤란의 인질을 구출하려던 1980년의 실패한 임무를 기획한 사람 중 하나였다. 새 경영진의 또 다른 구성원인 로버트 홈스는 퇴역 공군 장성으로, 바로 전해까지 중부사령부 작전 장교였고 마이클 펄롱과 더불어 아프가니스탄에서의 정보 수집 계획을 제안하려고 CIA에 갔던 그 인물이었다. 카불의 계약인 팀은 클래리지와 당시 펄롱이 감독하던 다른 정보 팀들에게서 보고서를 받아 기밀 군사 데이터베이스에 끼워넣었다.[17]

보고서가 일단 정보의 혈액 순환 속으로 진입하면 민간 첩보원이 획득한 정보를 CIA 공작관 및 군사정보 요원이 수집한 정보와 구별하기란 사실상 불가능했다. 국방부 조사에 따르면, 클래리지의 보고서 중 일부는 파키스탄 내 무장대의 전초기지들과 남부 아프가니스탄의 양귀비 재배 지역 탈레반 전투원의 움직임에 관한 구체적인 경도 및 위도 좌표를 담고 있었다.[18] 이 보고서들은 어떤 때는 행동으로 이어졌다. 부분적으로 클래리지의 보고서에 기초하여 육군의 아파치 공격헬기들이 적어도 한 번 이상 칸다하르 동쪽의 미군기지 근처에 집결한 탈레반 전투원들을 공격했고, 합동특수전사령부는 파키스탄에서 전투원들이 있다고 의심되는 건물에 고고도 포 사격을 가했다. 신이 난 필롱은 자주 동료들에게 자신의 계약인 조직망이 수집한 정보가 CIA를 당황시켰다고 자랑하곤 했다.

듀이 클래리지 역시 살아서 CIA가 당황하는 모습을 본 셈이었고, 그의 조직망은 그레이엄 그린Graham Greene(영국 첩보기관 MI6 출신으로 저명한 소설가였던 인물: 옮긴이)의 소설과 〈매드Mad〉 잡지에 실리는 만화 '스파이 대 스파이'를 뒤섞은 그 무엇을 닮은 군과 CIA의 내전 속으로 가끔씩 끌려들어갔다. 한번은 클래리지가 이끄는 집단이 아프가니스탄 대통령의 이복형제이자 남아프가니스탄에서 가장 중요한 권력 실세이며 CIA의 최고위 정보제공자 중 하나인 아메드 왈리 카르자이의 신용을 깎아내릴 부정적인 정보를 캐내기 시작했다.

전쟁 개시 이래 CIA에게 수백만 달러를 받아온 카르자이는 2009년에 칸다하르 기동타격대라는, CIA가 훈련시킨 육군 부대의 대원들을 모집하고 있었다. 그러나 매키어넌과 매크리스털을 포함한 미군 고위 장성들은 카르자이를 아프가니스탄 남부를 좀먹는 영향력, 아프가니스탄을 탈레반에게 향하게 만드는 만연한 부패의 중심에 선 인물로 여겼다.

클래리지는 헤로인 거래와의 연계, 토지 수탈, 살인 혐의 등 카르자이에게 제기된 혐의 관련 자료를 모아 카불의 군 지휘관들에게 보냈다. 장교들은 그 문건을 카르자이를 칸다하르의 권력에서 끌어내리려는 운동에 활용했지만 CIA가 반격을 가했고 또 승리를 거두었다. 그는 자기 자리에 남았다.

하지만 결국 아메드 왈리 카르자이는 수많은 적들에게서 도망칠 수 없었다. 그는 칸다하르의 자기 궁전에 있는 욕실을 나오다가 살해당했다. 머리와 가슴에 두 발의 총탄을 발사한 암살자는 그의 오랜 경호원이었다.[19]

민간 첩보 조직망을 건설하면서 마이클 펄롱은 인간첩보 작전을 수행할 계약인들을 고용하는 것을 금지한 국방부 규정을 위반했다. 그러나 펄롱은 군인과 첩보원의 행동을 나누는 기준이 워낙 흐려져 있어서 자신의 행위를 정당화하기가 상대적으로 쉽다는 것을 알았다. 카불의 미국인 관리들이 펄롱에게 누구한테 작전의 승인을 받았느냐고 물었을 때, 또 샌안토니오의 상관들이 펄롱이 불한당 같은 첩보 작전을 벌인다고 비난하는 CIA의 성난 전화를 받기 시작했을 때 그는 자신이 보유한 탄약으로 응사했다.

　　국방부가 민간 정보 작전을 위한 록히드마틴의 계약을 승인한 바로 그 시점에, 중부사령부도 사우디아라비아, 예멘, 이란, 파키스탄에 걸친 무슬림 세계 전역에서 군사 첩보활동을 확대하는 포괄적인 비밀 지시를 내렸다. 중부사령관 데이비드 퍼트레이어스 장군이 서명한 이 지시는 중동 전체에서 미래의 전투 작전을 위한 "환경에 대비"하고 CIA가 달성할 수 없는 임무를 위해 군을 준비시키라는 명령이었다.[20] 이 명령은 태스크포스 오렌지 — 예전에 회색여우라고 불렸고 합동특전사령부와 연계된 인간정보 수집팀 — 같은 고급 기밀에 속하는 부대가 민간 계약인들과 마찬가지로 극단주의적 조직과 테러집단의 개별적 지도자들을 "찾아내고 식별하며 고립시키고 와해/파괴할 과업을 맡을 수 있는 비밀작전의 하부구조를 개발"하는 것을 허가했다.[21]

　　'합동 비정규전 특수임무 시행령'이라는 이름이 붙은 이 지시는 공표된 전쟁지역에 속하지 않는 나라에서 미군의 역할을 규정하려는 오바마 정부 임기 첫 해의 광범위한 계획 중 일부였다. 새 행정부는 2001년 이후 극적으로 확대된 비밀 군사 및 정보 작전의 혼란한 세계에 어떤 질서를 부여하고, 군이 인간첩보 활동에 더욱 관련되도록 도널드 럼스펠드가 주도적으로 밀어붙인 기간 이후 풀려버린 실낱을 묶어내기를 바라고 있었다.

　　그러나 퍼트레이어스 장군의 비밀 명령을 포함한 새로운 지침들은 부시 정부 시절 이루어진 것 대부분을 오히려 강화하는 효과를 발휘했다. 특수전 요원들은 이제 지구 전역에서 첩보 임무를 수행할 더 넓은 권한을 가졌다. 이 명령들은 오바마 대통령이 받아들이게 될 비밀전쟁의 새로운 청사진이 되었다.

퍼트레이어스 장군의 지시는 오바마 정부가 예멘에서 은밀한 전쟁을 확대하고 있을 때 나왔고, 명령의 많은 부분은 예멘의 수도 사나 주변의 특수전 인력과 장비를 보강하는 것을 목표로 삼고 있었다. 하지만 필롱은 퍼트레이어스의 지시를 읽고 그것은 바로 파키스탄과 아프가니스탄에서 자신이 이미 하고 있는 일에 대한 보증과 다름없다고 보았다. 그리고 이 보증은 그의 세대에서 아마도 가장 영향력 있는 장군일 데이비드 퍼트레이어스한테서 나온 것이었다.[22] 필롱의 생각에 그것은 교황의 축복을 받는 일과 같았다.

그러나 CIA는 필롱을 그처럼 성유聖油를 바른 존재로 여기지 않았고 그가 영원히 활동을 정지할 필요가 있다고 결정했다. 2009년 12월 2일, CIA 카불 지부장은 필롱에 반대하는 상세한 논거가 담긴 신랄한 전문을 워싱턴에 보냈다. 이 혐의 명세서는 필롱이 규정 밖의 첩보원 집단을 운영하고 상관들에게 자신이 벌이는 작전의 본질에 대해 거짓말을 했다는 혐의를 포함하고 있었다.[23] 또 프라하에서 있었던 일화까지 언급하면서 2008년 여름 필롱이 왜 체코공화국을 황급히 떠났는지 자세히 설명했다.

CIA 지부장의 보고서는 CIA와 작전을 조정하지도 않고 국방부를 위해 첩보활동을 벌이며 파키스탄을 돌아다니는 한 무리의 민간 계약인들을 보유하는 일은 처참한 결말을 맞을 수 있다고 주장했다. 하지만 일부 고위 관리들이 보기에 이 전문이 말하지 않은 것은 필롱의 민간 첩보원들이 제공한 정보가 2009년 늦게 북부 와지리스탄에서 알카에다의 안가로 의심되는 곳에 대한 드론 공격을 직접 이끌어냈다는 점이었는데, 이 공격은 파키스탄

ISI의 이중간첩으로 일하던 여러 사람을 포함한 아랍인 10여 명의 목숨을 빼앗았다. ISI 지도자들은 정보원들의 죽음에 분노해 CIA에 불만을 털어놓았다. CIA는 그들대로 군에 불평을 했고 펄롱의 첩보 작전을 비난했다.

CIA는 이제 펄롱과 공개적인 전투를 벌이고 있었고, 그의 지지자들마저 더 이상 그를 보호할 수 없었다. 지부장의 전문은 펄롱의 활동에 대한 조사가 밀어닥치게 했다. 2010년 봄 샌안토니오의 래클랜드 공군기지의 보안 요원들은 펄롱이 기밀 컴퓨터 네트워크에 접근하는 것을 차단했고 자기 사무실에도 들어가지 못하게 했다.

자신의 기밀 자료에 전혀 접근할 수 없었기 때문에 그는 범죄로 기소된 것도 아니면서 스스로를 방어할 수도 없는, 이도저도 아닌 처지에 놓여 있었다. 그는 샌안토니오의 개성 없는 아파트 단지의 가구가 별로 없는 콘도 안에서 스스로를 방어할 준비를 하는 한편 첩보 작전에 관한 보도가 터져나온 뒤 집 앞에 몰려든 TV 기자들에게서 몸을 숨기며 거의 모든 시간을 보냈다.

이 문제를 조사한 국방부의 최종 보고서는 펄롱의 첩보 작전이 "승인받지 않았으며" 계약인들이 맡은 업무의 합법성에 관해 그가 미국의 최고 지휘관들을 오도했다고 고발하면서 펄롱에게 퍼부어진 비난의 대부분을 움직일 수 없는 것으로 만들었다. 그러나 펄롱은 형사 고발은 모두 피했고 국방부에서 조용히 물러났다.

펄롱은 분명히 절차를 무시했고, 무난한 관료주의적 절차를 피하려는 그의 시도는 군의 지휘체계 상하부에서 혼란을 초래했다. 그러나 펄롱의 세계관에 따르면 미군들이 죽어나가고 CIA는 군이 아프가니스탄 전쟁에서 이기도록 돕지 않는 시점에 이런 것들은 작은 문제였다. 나중에 그는 "많은 생명이 위태로운 지경에 처해 있고 CIA가 모든 정보를 외국 첩보기관에 의존하는 때에" 자신의 첩보 작전은 필수적인 것이었다고 말했다.

그리고 펄롱은 정확히 말해 불한당 같은 수완가가 아니었다. 이 일화 전체는 아프가니스탄에서 CIA를 믿지 않고 마이클 펄롱을 자유롭게 풀어준 한 미군 장성의 절망에서 태어난 것이었다. 작전에 대한 국방부의 조사가 결론지은 대로, 만약 펄롱이 하는 일에 관해 누구도 "단편적인 사실을 엮어 전체적인 판단을 내리지" 않았다면 그것은 아무도 그것을 원하지 않았기 때문이다.

"내 상관들이 이 모든 걸 원했습니다" 하고 펄롱은 긴 면담에서 다섯 대째 담배를 피우며 말했다. "나는 그걸 실행한 거죠."[24]

마이클 펄롱이 따낸 록히드마틴과의 계약은 2010년 5월 말에 만료되었고, 파키스탄과 아프가니스탄 내 듀이 클래리지의 정보원 조직망은 돈줄이 말라버렸다.

클래리지는 군이 계약을 갱신하지 않기로 한 데 화가 났고 작전이 폐쇄된 이유가 CIA로 보인다는 점에 더더욱 분개했다. 지금껏 수백 건의 정보 보고서를 아프가니스탄의 군 지휘관들에게 전달해온 그는 5월 15일 카불에 메시지를 보내 "대략 200명의 현지 인력이 업무를 그만둘 준비"를 할 수 있도록 보고서 보내는 일을 중지하겠다고 밝혔다.[25]

하지만 클래리지는 조직망을 해산할 의사가 없었다. 바로 다음날 그는 군 장교들이 자신의 보고서를 계속 볼 수 있게 비밀번호로 보호되는 웹사이트를 만들었고, 조직망이 가라앉지 않게 하려고 몇몇 부유한 친구들에게 기댔다. 그는 작전을 위한 위장회사 '이클립스 그룹'을 세웠고 자신의 웹사이트에는 한때 군에 넘겼던 것과 동일한 유형의 정보 보고서들을 올렸다. 그중에는 ISI가 아프가니스탄 내부 공격을 위해 무장대원을 훈련시키는 방법, 그리고 파키스탄 첩보원들이 나중에 미군이 떠났을 때 남아프가니스탄에서 꼭두각시로 활용하기 위해 탈레반 지도자 물라 모함메드 오마르를 은밀히 가택 연금해두고 있는 데 대한 구체적인 보고서가 있었다.

또 다른 보고서는 물라 오마르가 심장마비를 일으켜 ISI 공작원들이 급히 병원에 데려간 것 같다고 추측했다.

그는 미국이 전쟁에 쏟는 노력을 저해하려고 애쓰는 것으로 보이는 자들을 파멸시키려는 색다른 계획을 늘 생각해냈다. 예를 들어, 아프가니스탄 대통령 하미드 카르자이가 미국인들을 버리고 카불에서 권력을 유지하려는 절박한 시도의 일부로서 비밀리에 이란과 협상을 벌이고 있다고 확신한 클래리지는 카르자이가 헤로인 중독자라는 오래된 소문을 입증할 구체적인 증거를 캐내려는 계획을 꾸몄다.

이 계획은 지저분한 술책에 관한 CIA의 옛 교본에서 가져온 것이었다. 카불의 대통령궁에 요원을 침투시켜 카르자이가 깎은 턱수염을 수집해 약물 검사를 한 다음 그 증거를 카불의 미군 지휘관들에게 넘기면 그들은 이 유죄의 증거를 갖고 카르자이와 맞서서 좀더 고분고분한 동맹자로 돌려세울 수 있으리라는 생각이었다. 클래리지는 오바마 정부가 자신들은 아프가니스탄 대통령을 권력에서 밀어내는 것이 아니라 카르자이 정부를 떠받쳐주는 데 헌신하고 있다는 신호를 보낸 뒤에 이 계획을 단념했다.

민간 첩보 작전에 관한 뉴스가 널리 알려져 군 관료들이 클래리지의 조직망에서 나온 정보를 받아도 될지 우려하게 되었을 때에도 그는 대중에게 자신의 정보를 전달할 다른 방법들을 찾아냈다. 클래리지의 친구들은 이 보고서들을 첩보 소설로 성공한 저자 브래드 토르처럼 군에 우호적인 문필가들에게 보냈고, 토르는 클래리지의 정보 일부를 블로그에 올렸다. 클래리지는 이란-콘트라 시절의 옛 동지이고 지금은 폭스 뉴스에서 방송인 노릇을 하는 올리버 노스에게도 정보를 내밀었다.

마치 듀이와 올리가 다른 누구도 할 배짱이 없다고 생각한 일을 해치우던 옛날 같았다.

제12장

칼끝

"우리는 계속 폭탄이 당신네 것이 아니라 우리 것이라고 말할 겁니다."[1]

알리 압둘라 살레 대통령

　그 만남은 항복을 위해 마련되었고, 신성한 라마단에 때맞추어 평화를 상징하는 몸짓이었다. 사우디아라비아의 장관은 그 허약한 젊은 남자를 홍해 해안을 따라 만들어진 사우디의 두 번째 도시 제다에 데려다주려고 개인 여객기까지 보냈다. 무함마드 빈나이프 왕자는 제다의 집에서 행운을 빌어주러 온 사람들을 맞는 라마단 풍습을 이행하고 있었는데, 압둘라 알아시리가 오면 통상적인 보안 절차를 우회하게 해주고 궁에 들어올 때 검색도 받지 않게 하라는 명령을 보좌진에 내렸다.

　며칠 전에 알아시리는 내무부 차관보이자 사우디 왕가의 일원인 빈나이프 왕자와 접촉했다. 그는 사우디 첩보기관에 투항하겠다는 의사를 밝혔고, 자신이 2년 전에 가입했던 오사마 빈라덴 테러 조직망의 한 분파로 최근에 '아라비아 반도의 알카에다'(AQAP)로 간판을 바꾼 조직에 관한 정보를 제공하겠다고 했다. 이 조직은 사우디아라비아와 그 남쪽의 빈곤한 이웃 예멘에서 수니파 극단주의를 분쇄하는 데 열성적인 빈나이프 왕자를 대단히 혐오스러운 인물로 여겼다. 2003년 예멘의 무장대원들이 사우디 정부 건물과 석유 시설을 날려버리고 외국인들이 거주하는 건물을 폭파하며 서양인들을 참수하는 20개월의 폭력 활동을 개시하자 빈나이프는 유혈 진압을 명령했고 나라 안에서 수천 명을 검거해 가두고 고문했다. 또 극단주의자들이 침투했다고 믿어지는 사원들에 끄나풀을 배치했다.[2]

알카에다에 대한 빈나이프의 공세는 그를 부시 정부의 친구로 만들었고 2009년 여름에 신임 미국 대통령과 보좌진은 벌써 왕자를 없어서는 안 될 동맹자로 간주했다. 그는 워싱턴에서 온 고위 관리들을 정기적으로 맞았는데, 여기에는 오바마 대통령이 아프가니스탄 전쟁을 수용할 만한 방식으로 종식하도록 노력할 책임을 막 맡긴 노련한 외교관이 2009년 5월에 방문한 것도 포함되었다. 그러나 리처드 홀부르크가 미국이 지고 있는 전쟁에 대한 왕국의 도움을 간청하러 리야드에서 왕자를 만났을 때 왕자는 미국이 아프가니스탄에서 늘어나는 폭력보다 훨씬 더 큰 걱정거리를 만날지 모른다고 경고했다. 빈나이프는 홀부르크에게 "우리는 예멘이라는 문제를 안고 있다"고 말했다.[3]

왕자는 미국 특사에게 걱정거리의 목록을 점검해보였다. 예멘의 부족들은 아프가니스탄 사람들보다 더 알카에다에 동정적이었고, 사우디아라비아에 존재하는 알카에다의 표적들은 아프가니스탄보다 예멘과 더 가까이 있었다. 왕자가 보기에 예멘은 나라를 위한 비전이 "사나로 움츠러들어" 수도와 자신의 근거지를 보호하는 데 머무를 뿐인 허약하고 부패한 지도자 알리 압둘라 살레가 대통령 자리에 앉아 있는 실패한 국가였다. 살레는 항상 간신히 예멘의 부족들을 억제해왔지만 이제 통제력을 잃으면서 부족들과 긴밀한 유대가 없는 아들에게 더 많은 권력을 넘겨주는 중이라고 했다. 왕자의 말에 따르면 살레 정부에 현금을 지불하는 것은 쓸데없는 짓인데 왜냐하면 대통령과 그 주변 인물들은 돈이 도착하자마자 국외로 빼돌릴 것이기 때문이었다.

"그 돈은 스위스 은행 계좌에 들어가는 걸로 끝입니다."

그 대신 사우디아라비아 정부는 알카에다 전투원들이 뿌리를 내린 지역에서 개발 계획에 돈을 대기 시작했다. 이 계획들이 극단주의자들에 대한 지지를 고갈시키고 "극단주의자들을 영웅이 아닌 범죄자로 보라고 예멘 사람들을 설득"할지 모른다는 희망을 품고 벌인 일이었다. 회담이 끝날 무렵 홀부르크는 왕자에게 오바마 대통령은 예멘에서 성장하는 알카에다 조직망을 와해시키기 위해 왕국과 더불어 일할 것이라고 약속했다.

3개월 후 압둘라 알아시리가 항복 제안을 하며 사우디아라비아인들을 접촉해온 것은 나이프가 생각하기에 행운이었다. 알아시리는 그의 형 이브라힘과 마찬가지로, 사우디아라비아가 뒤쫓고 있던 '일탈 집단들'과 관련된 85명의 전투원 중 한 사람이었다. 이브라힘은 2003년 이라크에서 반란군에 가담하려다 체포되었고, 사우디아라비아 감옥에서 보낸 시간은 그에게 이 왕국과 그것이 미국과 맺고 있는 동맹 관계(그는 이를 주인과 노예 관계에 비유했다)에 대한 증오심에 불을 붙였다. 두 형제 중에서 사우디아라비아인들이 훨씬 위험하다고 본 사람은 이브라힘이었다. 그는 폭탄 제조자로 훈련받았고 폭발물을 숨기는 창의적인 방법을 발견해내는 데 불길한 재능을 갖고 있었다. 계획적인 '항복'을 빈나이프 왕자에게 복수하려는 알아시리 형제의 공들인 속임수라고 사우디인들이 의심할까 우려한 이브라힘은 통상적인 보안 대비책을 피해갈 수 있는 폭탄을 고안해냈다. 동생 알아시리가 제다로 향하는 사우디 왕족의 제트기를 타기 직전에 이브라힘은 플라스틱 폭약의 일종인 4질산窒酸 펜타에리트리톨을 압둘라의 직장直腸에 심었다.

폭탄 제조자로서 이브라힘이 천재적인 재능을 지녔을지언정 그의 치명적 음모는 종종 폭탄을 터트리는 사람들의 무능 탓에 허사가 되었다. 그의

이브라힘 알아시리. ⓒMark St George/Rex Features/AP.AP Photo

동생은 폭발물을 숨긴 채 예멘에서 제다까지 여행을 했고 사고 없이 나이프의 궁전에 도착했다. 신경이 곤두선 압둘라 알아시리는 왕자가 방문객들을 만나고 있던 방에 들어선 뒤 폭발물을 기폭시키려고 옷에 손을 댔지만 왕자에게 충분히 다가가기도 전에 폭탄을 터뜨려버렸다. 폭발은 알아시리의 몸 절반을 날려보냈고 타일이 깔린 바닥에는 연기 나는 분화구를 패이게 했으며 방안 전체에 핏자국을 남겼다.[4] 빈나이프 왕자는 폭발로 가벼운 상처만을 입었을 뿐이다.

공격은 실패였다. 그러나 아라비아 반도의 알카에다는 예멘 외부에서 어렵게 첫 작전을 수행한 셈이었다. 이 집단이 제 암살자의 조악함에 당황했는지에 대해서 공격 직후에 발표된 뽐내는 성명서는 아무런 티를 내지 않았다. 성명서의 문맥에 따르면 당황해야 할 사람은 사우디아라비아인들이었다. 압둘라 알아시리가 그 나라 역사에서 이런 종류의 일로는 처음으로 보안을 뚫어냈고, 또 이 무장단체는 왕가가 AQAP에 침투하려고 설치한 예멘 내 사우디 첩보 조직망을 뿌리뽑는 과정에 있었기 때문이다.[5]

리야드에서 이제 공포 속에 사는 사람들, 그리고 지금 워싱턴에서 주목하는 사람들에게 성명서는 더 많은 공격이 벌어질 것이라고 약속했다.

"오 폭군들이여, 너희가 고통을 겪을 것을 믿어도 좋으니 너희의 요새는 우리에게서 너희를 지켜주지 못할 것이기 때문이다."

"우리는 곧 너희에게 가닿을 것이다."[6]

버락 오바마가 미국의 제44대 대통령으로 선서를 한 다음날 빈나이프 왕자는 워싱턴의 오랜 친구가 걸어온 전화를 받았다. 그 사람은 선거운동 기간 동안 오바마 상원의원의 조언자였다가 백악관에서 오바마의 대테러리즘 관련 고문으로 임명된 전직 CIA 간부 존 브레넌이었다. 그것은 브레넌이 원한 일자리가 아니었다. 대통령 선거운동의 막바지에 그는 오바마가 선출될 경우 CIA 국장으로 유력한 후보라고 추정되었다. 그는 합당한 자격을 갖추고 있었다. 아일랜드계 이주민의 아들로서 브레넌은 뉴저지에서 자랐고 포드햄대학교를 다녔다. CIA 분석관으로 수십 년을 보낸 그는 아랍어를 유창하게 구사했다. 비밀 공작관이 아닌 분석관이었는데도 1990년대 리야드에서 CIA 지부장을 지낸 드문 경험을 가졌다. 석회석 평판을 깎아낸 것 같은 얼굴을 한 몸집 큰 남자 존 브레넌은 대공황시대 권투선수의 외모를 지니고 있었다.

그러나 CIA를 맡는다는 그의 꿈은 오바마의 정권 이행기에 그가 이전에 했던 — CIA가 비밀 감옥에서 사용한 잔인한 심문 방법들을 지지하는 듯한 — 발언들이 다시 표면에 떠올라 인권운동가들의 비판을 받았을 때 좌절되었다. 브레넌은 감옥 프로그램이 시행 중이던 2002년에 조지 테닛의 최고 고문들 가운데 한 사람이었으므로 오바마가 9.11 이후 미국의 경력에 어두운 오점이라고 자주 이야기한 그 프로그램에 밀접히 엮여 있었다. 상원에서 길고 심란한 확인 전투를 치를 것이 두려웠던 브레넌은 CIA 국장 자리를 위한 궁리에서 자기 이름을 빼버렸다.[7]

백악관의 그 자리는 위로상賞 같은 것이었을지 모르지만 얼마 지나지 않아 브레넌은 백악관 서관西館의 창문 없는 그의 지하 사무실을 오바마 대통령이 대통령으로서 옹호할 은밀한 전쟁들을 위한 작전 중추로 바꾸려고 했다. 백악관에서 직접 표적살인 프로그램의 이모저모를 관리하겠다는 오바마의 욕망은 브레넌에게 미국 정부의 역사에서 유일무이한 역할을 맡겨주었다. 일면 사형집행자, 다른 일면 오바마 곁의 최고위 고해 신부, 또 다른 일면으로는 미국의 적을 세계의 멀리 떨어진 곳에서 죽여 없앤다는 오바마의 교리를 정당화할 사명을 띤 공공의 대변인이 되는 것이었다.

2009년 1월 빈나이프에게 전화를 한 그날, 브레넌은 리야드에 있던 시절부터 아는 그 남자에게 오바마 대통령이 부시 대통령 못지않게 테러리스트들을 추적해 죽이는 데 헌신적이라고 다짐했다.[8] 오바마의 선거 이후 권력 이행기 동안 브레넌과 오바마 국가안보팀의 다른 고위 구성원들은 CIA 본부에서 이틀 넘게 보고를 들었고, 그러기 전에 중앙정보국의 최고 간부들은 비밀 활동 프로그램 목록을 기록에서 찾아 급히 살펴보았다. 대테러센터장인 비밀 요원 마이크는 방문자들에게 부시 대통령이 2008년 여름 드론 공격에 속도를 냈으며 CIA는 더 많은 첩보원을 파키스탄으로 보내려고 노력 중이라고 말했다. 대통령 선거운동을 벌이는 동안 오바마는 파키스탄과 아프가니스탄, 오사마 빈라덴 추적에 주의를 집중할 것이라고 반복적으로 약속했는데, 이는 부시가 이라크에서 이른바 '나쁜 전쟁'을 시작함으로써 무시한 '좋은 전쟁'을 새롭게 강조하는 것이었다. CIA 모임에서 브레넌은 오바마가 랭글리에 계속 남아달라고 요청한 부국장 스티븐 캡스와 마이크에게 파키스탄에서 드론 공격은 오바마의 감시 아래 계속될 것 같다고 말했다.[9]

오바마와 브레넌을 비롯한 새 정부의 고위 구성원들이 대테러 활동의 중요한 도구로 표적살인에 의존하려는 데는 또 다른 이유가 있었다. 선거운동 기간에 오바마는 부시 시대의 비밀스러운 구금 및 심문 기술이 미국의 이미지를 얼마나 훼손했는지에 관해 자주 이야기했고 취임 후 첫 주에는 관타나모 만의 감옥을 폐쇄하고 9.11 이후 CIA가 사용한 모든 강압적인 심문 방법을 금지하겠다는 계획을 밝혔다. 이 결정은 즉시, 국가안보를 희생시켜 정치놀음을 벌이는 풋내기 대통령의 냉소적인 조치라는 전직 부통령 딕 체니의 비난을 받았다. 체니는 만약 오바마가 대통령으로 재직하는 동안 심각한 테러 공격이 벌어진다면 국가를 안전하게 지키기 위해 CIA에게 필요한 도구들을 부정한 오바마의 잘못일 것이라고 경고했다.

백악관을 떠난 직후에 나온 체니의 독설은 떠나는 행정부는 새로 들어오는 대통령을—최소한 초기 몇 달 만이라도—비판하지 않는다는 표준적인 의전의 중대한 위반이었다. 하지만 체니의 비판은 하나의 경고사격, 벼락 오바마가 국가안보 문제에서 '유약'하다는 증거라면 그 어떤 것이든 새로운 대통령에 대한 분파적인 공격의 소재로 활용될 것임을 알리는 신호였다.

CIA의 구금 및 심문 프로그램에 법무부의 승인을 얻어낼 때 맡은 역할 때문에 웬만큼 악명을 얻은 CIA의 경력 변호사 존 리초는 백악관의 새로운 팀과 만난 자리에 앉아 있다가 오바마 보좌진의 강경파적인 어조에 감명받았다. "그들은 사람들을 심문할 수 없으니까 죽이기 시작해야겠다고 대놓고 말하지는 않았습니다. 그러나 함축된 뜻은 분명했어요"라고 리초는 말했다. "일단 심문이 사라지면 남은 거라곤 죽이는 일밖에 없죠."10

투옥된 사람을 심문한다는 선택지가 리초의 표현처럼 "사라진" 것은 아니었다. 그러나 심문과 구금은 새 행정부에게 가시밭처럼 곤혹스러운 문제가 되었다. 관타나모 만의 감옥을 1년 안에 폐쇄한다는 결정 말고도, 오바마의 팀 사이에는 죄수를 체포해서 외국 정부에 넘겨줄 경우 정부가 고문을 외부에 위탁한다는 진보적인 비판에 불을 붙일지 모른다는 걱정 또한 있었다. 그런가 하면 오바마 대통령 자신의 정당에 속한 저명한 구성원 중 누구도 드론 공격을 비판하지 않았고, 공화당원들은 테러리스트와 맞선 작전에서 '지나치게' 공격적으로 싸운다고 새 정부에 도전할 사람들이 아니었다. 정치적 조건이 비밀전쟁을 확대하기에 알맞게 조성되어 있었다.

랭글리에서 이틀 넘게 열린 모임은 오바마 대통령이 조지 부시와 딕 체니조차 하지 않았던 방식으로, 치명적 작전을 수행할 미국의 기본 도구로서 CIA와 합동특수전사령부에 의존할 계획을 세웠다는 첫 번째 조짐이었다. 9.11 공격 이후 7년이 지나는 사이 이라크와 아프가니스탄의 전쟁은 미국인 대중을 고갈시켰고 미국인들의 지갑을 거덜냈다. 하지만 더 중요하게는 비밀전쟁의 도구들이 이 시기에 조정되고 세련된 덕에, 오바마의 팀은 정권을 타도하고 몇 년간의 점령을 요구하며 무슬림 세계 전체의 급진화를 촉진하는 거대한 군사 작전의 비용에 휘청거리지 않으면서도 전쟁을 벌일 기회를 만났다고 생각했다. 브레넌이 어떤 연설에서 오바마 정부의 접근방식을 묘사한 대로, 미국은 교전지역 너머에서 전쟁을 수행하는데 '망치' 대신 '수술용 칼'을 사용할 수 있었다.[11]

오바마는 진보적 민주당 대통령으로서 흑색 작전을 수용한 첫 번째 인물이 아니었다. 존 F. 케네디는 피그스 만 작전을 최종 승인했고, 베트남에서 비밀작전을 확대했다. 또 대통령 후보 시절 CIA의 모험을 꾸짖으면서 보낸 그 모든 시간에도 불구하고 지미 카터는 결국 백악관에서 생활한 마지막 2년 동안 일련의 비밀 행동을 승인하게 되었다.

그러나 버락 오바마는 이전 세대들 사이에 CIA에 대해, 또 더 넓게는 해외에서 미국의 힘을 사용하는 일에 관해 냉소주의를 발달시켜준 베트남 전쟁과 1960년대 및 70년대의 소용돌이치는 사건들 뒤에 성년이 된 사람으로서 백악관에 들어온 첫 대통령이었다. 2010년의 한 인터뷰에서 오바마는 밥 우드워드 기자에게 자신이 "베트남 전쟁이 성장의 핵심에 있지 않을 만큼 충분히 어렸던 최초의 대통령일 것"이라고 말했고 그래서 그는 "베트남 전쟁에 관한 논쟁에서 생겨난 마음의 응어리 없이" 지리났다.[12] 이 말은 베트남 전쟁 시기 군과 민간인들 사이의 긴장에 관한 질문에 내놓은 답변이었지만 오바마가 CIA를 보는 관점은 분명 빌 클린턴 같은 베이비부머들의 그것과는 세대적으로 달랐다.

오바마 정부 시대에 CIA가 솟아오른 것은 단순히 백악관의 대통령 집무실에 앉아 있는 남자의 나이나 오바마가 매일 정보 보고를 받는 동안에 배운 위협의 본질에 관한 문제인 것만이 아니었다. 그것은 이 첩보기관의 이해를 행정부 안에서 증진시키는 능력 면에서 오바마의 초대 CIA 국장이 레이건 정부의 윌리엄 케이시 이래 가장 영향력 있는 국장으로 드러났다는 사실과도 관계가 있었다.

애초에 리언 패네타가 CIA를 책임진다는 것은 극히 있을 법하지 않은 선택으로 보였다. 1960년대에 2년간 육군에서 복무한 것을 빼면 그는 정보나 군사 업무에 아무런 직업적 배경이 없었다. 북부 캘리포니아 연안의 작은 지역을 대표한 민주당 의원 시절 펜타곤이나 CIA를 감독하는 위원회에서 일하지도 않았다. 겉보기에는 따뜻하고 마치 친척 아저씨 같았지만 그는 전치사를 사용하는 횟수만큼이나 빈번하게 육두문자를 날리는 사나운 막후 협상가이자 싸움꾼이기도 했다. 클린턴 대통령의 비서실장일 때 정보의 세계와 얼핏 접촉하기는 했지만 지금과는 시대도 CIA도 아주 달랐다.

CIA 국장이 되었을 때 패네타는 CIA가 세계 곳곳에서 사람들을 죽이고 있다는 것을 그야말로 전혀 몰랐다. 2009년 초에는 CIA가 파키스탄에서 드론을 갖고 벌이는 표적살인 작전이 언론에 널리 보도되고 있었다. 하지만, 믿을 수 없게도, 패네타는 CIA 국장직 수행을 위한 초도 보고를 받는 자리에서 자신이 사실상 비밀전쟁의 군사 지휘관이 될 것임을 알고 충격을 받았다.[13] 상원 인준 청문회가 열리기 전에 패네타에게 올리는 일련의 보고 준비를 도운 리초는 "랭글리의 문을 열고 들어왔을 때 그는 정보 쟁점들에 대해서 완전한 백지 상태였다"고 말했다. 그러나 생사가 걸린 사안들에 대한 실체적 경험의 부족을 그는 워싱턴에 관한 지식으로 만회했다. 그는 늘 피해망상적인 CIA가 지도자에게 바라는 두 가지 자질을 갖추고 있었다. 백악관 안에서의 영향력과 존경, 그리고 이 기관의 적으로 인지된 워싱턴 내의 존재들에 맞서 CIA의 영역을 수호하려는 의지였다.

백악관이 오랜 법적 다툼을 끝내고 부시 정부 초반기 CIA의 심문 방법을 승인한 내부 메모들을 기밀 해제한다고 결정한 다음 이 두 자질은 곧바로 시험받았다. 그는 심문 방법에 대한 견해를 이미 밝힌 바 있었는데, 인준 청문회에서 애매하지 않은 어조로 그것들은 '고문'과 다를 것이 없다고 말했던 것이다. 이 발언은 CIA 비밀사업부의 곳곳에 충격을 주었고, CIA의 새 국장이 예전에 백악관의 관점에서 통제를 벗어난 첩보기관의 고삐를 죄려고 진보적인 대통령이 랭글리로 보냈던 국외자 스탠스필드 터너의 재림이 되려 한다는 의심을 자아냈다.

그러나 정반대의 일이 일어났다. 패네타는 랭글리의 많은 사람들에게 사랑을 받는 반면, 그토록 많은 전임자들처럼 그가 이 기관의 비밀 부서에 흡수되어버렸다고 말하는 사람들에게는 비판을 받으면서, CIA를 대변하는 존재가 된 것이다. 취임 후 한 달이 안 되어 그는 심문 관련 메모의 공개를 어렵사리 늦추었고, 현존하지 않는 감옥 프로그램의 모든 세부사항을 쏟아내는 것이 적절한가에 관한 논쟁이 백악관에서 벌어지지 않을 수 없게 했다.

그 무렵 패네타는 CIA의 비밀사업부가 스파이 대장들에게 행사하는 영향력을 직접 경험한 상태였다. 스티븐 캡스뿐 아니라 대테러센터의 요원들도 메모 공개는 CTC 요원들의 사기를 짓밟을 것이라고 경고했다.[14] 이 경고는 위협을 내포하고 있었다. 그가 사무실에서 구내식당에 가는 법을 알기도 전에 CIA 비밀 인력의 지위을 영원히 잃을 위험을 무릅쓰고 있다는 위협이었다. 패네타는 그가 듣고 있는 말이 무슨 함의를 지녔는지 알기에 충분한 시간을 워싱턴에서 보냈다. 그는 또 다른 존 도이치와 포터 고스가 될 위험을 무릅쓰는 셈이었는데, 그들은 공작부와 충돌했고 자신의 CIA 재직기간이 지저분하고 야만적이며 짧다는 것을 발견한 사람들이었다. 패네타는 결국 넘어갔다.

패네타는 미국시민자유연맹(American Civil Liberties Union)이 제기한 정보자유법(Freedom of Information Act) 소송에서 연방 판사가 내린 명령에 따라 백악관이 심문 관련 메모들을 기밀 해제해 공개할 계획을 세우고 있다는 것을 CIA 국장으로서 떠난 첫 해외 출장 중에 알았다. 그는 즉시 오바마의 비서실장 람 이매뉴얼에게 전화를 해 공개를 연기하라고 재촉했다. 두 사람은 클린턴 시절 백악관에서 일할 때부터 아는 사이였고 패네타를 CIA 국장에 임명하도록 밀어준 사람도 이매뉴얼이었다. 이매뉴얼은 패네타의 요청에 동조했고, 그 뒤로 몇 주 동안 패네타는 이매뉴얼을 자기편으로 얻어둔 채 백악관에 가서 메모를 비밀로 유지하라고 열정적으로 주장했다.[15] 그것은 기이한, 거의 딴 세상에라도 온 듯한 순간이었다. 고문 행위를 저질러 미국 법률을 어겼다고 CIA를 공개적으로 고발했던 사람이 그 행위의 세부 내용에 대해서는 공개하지 말아야 한다고 열변을 토하고 있었기 때문이다.

패네타는 결국 논쟁에서 졌고 오바마 대통령은 메모를 공개하라고 명령했다. 그러나 그것은 신임 CIA 국장에게 별 문제가 아니었다. 백악관이 적어도 그 쟁점을 토론하라고 고집을 부림으로써 CIA의 일반 구성원들에게 그가 새 정부 내부에서 영향력이 있음을 증명했던 것이다. 더욱 중요한 것은 비밀 부서에 매우 중대한 사안에 관해 승부를 벌였다는 점이었다. CIA

안의 많은 사람들이 본 그대로, 그는 자신이 팀의 일원임을 보여주었다.

리언 패네타의 (최소한 서류상으로는) 상관인 인물의 상황은 완전히 달랐다. 클린턴 정부 시절 CIA로 파견 나가 국방부와의 연락관을 맡았던 데니스 블레어 제독은 해군의 상층부에서 더 뛰어올라 미국 태평양사령부를 책임진 4성 제독으로 군 경력을 끝냈다. 그 자리는 그로 하여금 지구 표면의 3분의 1 이상을 감독하게 했고 그의 명령은 수십만 제곱마일에 퍼져 있는 병력의 복종을 받았다. 그러나 이제 군에서 은퇴한 그는 9.11 공격과 이라크 전쟁에 앞선 정보 실패를 해명하라는 의회와 9.11위원회의 압력을 받은 부시 정부가 창설한 뒤로 4년이 흘렀는데도 여전히 역할이 불분명한 국가정보국장 자리를 맡고 있었다. 어떤 사람들은 이 정보 직책이 각기 다른 행정 부처에 소속된 첩보기관들의 까다로운 집합체를 감독하는 가운데 강력한 자리가 될 것이라고 내다보았다. 하지만 의회에 있는 도널드 럼스펠드의 동맹자들은 이 새로운 일자리를 거세하는 데 성공했고 정보 공동체의 예산 중 많은 부분을 국방부가 가져갔다. 이 관료주의적 칼싸움은 블레어가 취임한 2009년 초의 시점에 이미 국방부와 CIA 양쪽 모두가 그는 허수아비 이상이 아닐 것이라고 보장해두었음을 의미했다.

설상가상으로 블레어는 몹시 힘겨웠던 대통령 선거운동 대부분을 오바마와 함께 한, 긴밀히 맺어진 고문집단 안에서 자신이 국외자임을 금세 알아차렸다. 블레어는 이 집단을 1934년 중국 공산주의자들의 수천 마일에 걸친 군사적 퇴각에 빗대어 '대장정 가담자들'이라고 헐뜯듯이 언급했다. 그의 의심은 패네타와 일찌감치 마찰을 빚는 동안에 입증되었다. 블레어는 해외 각국의 미국인 상급 첩보원을 임명할 권한을 요구하기 시작했는데, 이 지명권은 자동적으로 CIA 지부장에게 가는 것이 전통이었다. 그것은 상대적으로 대수롭지 않은 쟁점이었지만 패네타와 부국장 스티븐 캡스는 이를 CIA의 권한에 대한 위협이라고 여겨 백악관에 블레어의 계획을 거절하라고 압력을 넣었다. 2009년 여름 동안 백악관이 자신의 제안을 가지고 질질 끌고 있자 블레어는 백악관의 결정을 기다릴 필요가 없다고 결심하고 변화를 지시하는 명령을 내렸다. 그는 패네타와 짧고 팽팽한 통화를 하면서 자신의 결정을 통보했다. 패네타는 내동댕이치듯 전화를 끊어버렸다.

"저거 정말 씨발새끼네."

패네타는 사무실에 모여 있는 보좌진에게 말했다. 바로 다음날 패네타의 비밀 전문이 해외의 모든 CIA 지부를 향해 돌진했다. 내용은 간단했다. 블레어의 지시를 무시하라.[16]

자신의 명령이 불복종당하는 데 익숙하지 않았던 블레어는 오바마의 국가안보 보좌관 제임스 존스에게 패네타가 반항적이며 해고되어야 한다고 투덜거렸다. 백악관은 CIA의 편을 들어주었다.

블레어는 CIA의 비밀공작 프로그램의 역사에 비관적인 견해를 오랫동안 지녀왔다. 그는 미국 역사에서 너무 자주, 너무 많은 대통령들이 특별히 골치 아픈 외교정책적 쟁점을 어떻게 다루어야 할지 고문단이 합의하지 못했을 때 CIA를 목발로 사용했다고 믿었다. 또 비밀공작 프로그램들이 대개 미국에 대한 제 값어치를 넘는 세월 동안 존속해왔다고 생각했다.[17]

그래서 오바마 대통령이 임기 첫 해에 파키스탄 내 드론 공격부터 이란의 핵 활동을 방해하려는 작전에 이르기까지 그 시기에 CIA가 진행하던 10여 개의 비밀공작 프로그램을 재검토하라고 명령했을 때, 블레어는 이과정이 각 프로그램이 어떻게 배선되어 있는지를 조사해 그것을 계속하는 것이 말이나 되는지 판단할 기회가 되기를 바랐다. 2009년 여름의 회의들은 그러는 대신에 CIA의 모든 비밀 모험을 충분히 검토하지도 않고 도장을 찍어주었다. 이 회의에서 스티븐 캡스는 각각의 프로그램이 어째서 성공적이었으며 계속되어야 하는지를 역설했다. 오바마의 최고 국가안보 고문들이 비밀공작 프로그램들에 관한 최종 결정을 내릴 '수뇌부 위원회' 회의를 가을에 열기로 일정이 잡혔을 때 그것을 취소시킬 생각을 하는 사람은 아무도 없었다.

블레어는 이러한 과정이 펼쳐지는 것을 낙담하며 지켜보았다. 그는 워싱턴 경력 대부분을 CIA에서 보낸 국방장관 로버트 게이츠에게 접근했다. 게이츠는 비밀공작에서 자신이 지닌 지분이 날아가는 꼴을 보았고 블레어는 게이츠가 백악관 내부에 영향력을 지녔다는 점을 알았다. 게이츠는 비밀공작 프로그램에 관한 결정을 인도할 기본 원칙의 목록을 작성해야 한다는 데 블레어와 의견을 같이했다. 그들 두 사람이 꿰맞춘 여섯 가지 원칙의 목록은 꽤 무난한 것이었다. 그들은 비밀공작 프로그램은 비밀스럽지 않은 활동으로 바뀌기 위해 끊임없이 평가받아야 한다는 조항과 이 프로그램들이 "안정적이고 부패하지 않았으며 시민의 인권을 존중하는 대의

CIA 국장 패네타(맨 왼쪽)와 국가정보국장 데니스 블레어(왼쪽에서 두 번째). ⓒStephen Crowley/The New York Times/Redux.

정부들의 발전"을 저해하지 말아야 한다는 또 다른 조항을 포함시켰다.[18]

오바마 대통령의 고문들이 비밀공작 프로그램에 관해 토의하러 백악관에서 모였을 때 블레어는 이 목록을 나누어주었다. 그와 게이츠는 회의를 CIA 비밀공작의 보편적 타당성을 논의하는 토론회로 돌려세우고 싶어 했고, 블레어가 각각의 비밀 프로그램에 관한 토론을 벌이도록 애쓴 탓에 회의는 여러 시간을 끌었다. 블레어는 "CIA는 그저 [비밀공작] 프로그램을 밀어붙이고 싶어 했고" 자신이 날카로운 질문을 할 때마다 리언 패네타와 국가안보 부보좌관 톰 도닐런은 점점 더 화가 났다고 회상했다.[19]

패네타가 화가 난 것은 블레어가 사람들의 눈길을 끌려 한다고 생각했기 때문만은 아니었다. 그는 CIA가 1947년 창설 이래 방심하지 않고 지켜온 것 — 비밀공작을 인가받기 위해 대통령과 직접 연결된 줄을 블레어가 빼앗으려 한다고 생각했다. 패네타는 블레어와 게이츠가 만든 목록이 비밀작전을 승인하는 오바마의 능력에 불필요한 제한을 가한다고 믿었다.

블레어의 노력은 실패했고 오바마 정부는 부시한테서 물려받은 비밀공작 프로그램을 모조리 인가했다. CIA는 또 한 번의 승리를 거두었고 백악관 안에서 블레어의 지위는 영구적으로 손상당했다.

오바마 정부는 CIA 비밀공작 프로그램의 미래를 논의하는 와중에도 표적살인 작전을 끝낼 생각은 조금도 하지 않았다. 정반대였다. 정부 출범 직후 몇 달 동안 국가안보 보좌관 제임스 존스는 공표된 전쟁지역 바깥에서 치명적 작전을 위한 중앙집중화된 '살해 목록'을 작성하려는 기획을 이끌었다. '존스 메모'로 알려지게 되는 이 기획은 사람들 대부분이 오바마의 백악관 재임 기간을 지나서도 지속될 것이라고 믿은 비밀전쟁의 수행 절차를 수립하려는 오바마 정부 초기의 시도였다.[20] 목록은 국가안전보장회의가 유지했고, 일부 관리들이 살해 목록에 누가 추가되어야 하는지에 관해 엄격한 기준을 지키려고 노력하기는 했지만 때때로 이 기준은 느슨해졌다.

예를 들면, 오바마 정부가 출발했을 때 CIA는 아트 켈러가 부족지역의 기지에서 일할 때 처음 그 이름을 들었던 시기 이후 파키스탄 탈레반의 이의 없는 지도자로 떠오른 바이툴라 메수드를 살해해도 좋다는 인가를 받지 못한 상태였다. 나라 안에서 테흐리크이탈레반 파키스탄(TTP)으로 알려진 파키스탄 탈레반은 소름끼치는 폭력의 발작 속에서 군사 설비와 정부 시설을 공격하고 있었다. 무샤라프 대통령이 물러난 뒤 권력을 잡은 파키스탄 민간 정부는 CIA가 그의 전임자 넥 무함마드를 죽인 것과 같은 방식으로 메수드를 무장 드론을 이용해 살해하라고 오바마 정부에 압력을 넣기 시작했다. 그러나 대답은, 싫다는 것이었다. 2009년 초의 사적인 만남에서 CIA 부국장 스티븐 캡스는 워싱턴 주재 파키스탄 대사 후사인 하카니에게 메수드와 그 추종자들은 미국을 공격하지 않았기 때문에 CIA는 그를 죽일 법적 승인을 받아낼 수 없다고 말했다.[21]

파키스탄의 음모론자들은 왜 미국이 메수드를 살해하기를 거절했는지에 대해 더욱 냉소적인 견해를 갖고 있었다. 메수드가 사실은 인도의 비밀요원이며 미국은 메수드가 다치지 않을 것이라고 뉴델리에 약속을 했다는 것이었다. 그러나 파키스탄인들이 계속 압박하자 CIA의 법률가들은 파키스탄 탈레반이 알카에다 요원들을 숨겨주었고 파키스탄 내부 공격에 열중하는 집단과 서방세계를 타격하는 데 집중하는 집단을 구별하기가 점점 어려워지고 있기 때문에 TTP의 상급 지도자들을 정당하게 살해 목록에 올릴 수 있다고 주장하는 법률적 각서를 회람하기 시작했다. 법적인 근거와 별도로 어떤 사람들은 CIA가 파키스탄의 가장 위험한 적을 죽일 경우 외교적 이익을 거둘 수도 있다고 생각했다.

2009년 8월 초순의 어느 뜨듯한 저녁, CIA의 드론 한 대가 바이툴라와 몇몇 가족이 밤 바람을 쐬고 있던 지붕에 카메라를 겨냥한 채 남부 와지리스탄의 잔가라 마을 위를 맴돌았다. 당뇨 환자였던 메수드가 인슐린 정맥 주사를 맞고 있을 때 드론은 미사일을 발사해 지붕에 있던 사람들 전부를 죽였다. 파키스탄 관리들은 이에 환호했고, 워싱턴 일각에서는 이 드론 공격을 '친선의 살인'이라고 묘사했다.

리언 패네타는 군사 지휘관으로서의 역할에 마음을 붙였고 그가 CIA 국장으로 재임한 기간은 공격적인 — 어떤 사람들이 믿기에는 무모한 — 표적살인 작전으로 이름을 알리게 된다. 독실한 가톨릭교도인 패네타는 임기가 끝날 때쯤 "지난 2년 동안 내 생애 전체에서 그랬던 것보다 더 많이 성모송을 되뇌었다"고 농담을 했다.[22]

바이툴라 메수드를 살해하고 두 달 뒤 패네타는 CIA의 준군사 작전을 위한 요청을 담은 기다란 목록을 들고 백악관에 도착했다. 그는 더 많은 무장 드론을 요구하는 한편 드론이 CIA가 '비행 박스'라고 부르는 부족지역의 더 넓은 지대 위로 날아다니게 해달라고 파키스탄에게 요청한다는 안건을 승인받으려 했다. 부통령 조 바이든의 재촉을 받은 오바마 대통령은 다수가 ISI 모르게 활동하는 파키스탄 내 비밀 요원의 수효를 늘리는 데 이미 동의한 바 있었다.

드론 함대를 확충하겠다는 CIA의 요청은 사람들을 놀라게 했고 일부 관리들은 첩보기관이 정보를 수집하고 분석한다는 본래의 임무에서 왜 그처럼 멀리 움직이느냐고 공개적으로 의문을 제기했다. 합동참모본부 부의장 제임스 카트라이트 장군은 여러 번에 걸쳐 이런 질문을 던졌다. "우리가 왜 제2의 공군을 건설하는 건지 내게 알려주시겠습니까?"[23] 다른 사람들은 CIA가 살인 드론에 너무나 매혹된 나머지 자기네 분석관들에게 다음과 같은 기본적인 물음을 던져보게 하지도 않는다고 생각했다. 드론 공격은 그것들이 실제로 죽이는 사람들보다 얼마나 더 많은 테러리스트를 만들어낼 것인가? 그러나 상황실에서 가진 패네타와의 만남이 끝날 무렵 오바마 대통령은 패네타의 요청을 전부 수락했다. "CIA는 원하는 것을 손에 넣는군요" 하고 대통령은 말했다.[24]

그러나 새로 추가된 자원을 갖고서도 파키스탄의 산맥에서 CIA가 치르는 전쟁은 정보 공동체의 드론, 첩보위성, 공작관 대부분을 소모하고 있었다. 3천 마일 서쪽에서 벌어지는, 오바마 대통령의 고문단이 조용히 확대하는 중이었던 다른 전쟁에 쓸 자원은 거의 남겨주지 않았다. 또 빈나이프 왕자에 대한 암살 기도는 서방세계를 공격하겠다는 의사를 밝힌 예멘의 알카에다 제휴 집단과 대결할 새로운 긴급성이 워싱턴에 생겨나게 했다.

2009년 늦은 시점에 사나의 미국 대사관에는 소규모의 미군 병력과 첩보원들이 모여 있을 따름이었다. 그 나라에 주재하는 CIA 지부에 추가하여 국방부는 2002년부터 예멘에 일단의 특전부대원들을 주둔시켰지만 여러 해 동안 이라크와 아프가니스탄의 전쟁이 예멘에서의 임무보다 높은 우선 순위를 차지했다. 그러나 이제 이라크 전쟁이 축소되고 있었기 때문에 합동특전사는 새로운 임무에 충당할 네이비실 대원들을 더 많이 보유하게 되었다.

중동 지역의 미군 사령관인 퍼트레이어스 장군은 그 전해에 중부사령부의 통제를 맡은 이후로 아라비아 반도에서 증대되는 알카에다의 영향력을 걱정하고 있었다.[25] 2009년 9월 하순 그는 예멘과 다른 지역에서 미국의 군사 첩보활동을 확장한다는 기밀 명령에 서명했는데, 이것은 마이클 펄롱이 자신의 파키스탄 내 정보 수집 작전을 정당화하는 데 이용한 것과 똑같은 명령이었다. 이 명령은 더 광범위한 도청 활동, 현지인들에게 정보를 얻는 대가로 돈을 지급하는 일 같은 다수의 비정규적인 임무를 군이 수행하는 것을 승인했다.

합동특전사령관 윌리엄 맥레이븐 제독은 이라크에서 특공대원들이 메소포타미아의 알카에다와 싸울 때 썼던 것과 동일한 청사진을 예멘에서 사용하고 싶었다. 잦은 야습을 벌여 알카에다 요원을 생포하고 그들을 심문해 정보를 캐내며 그 정보를 더 많은 강탈 및 장악 작전을 수행하는 데 활용한다는 구상이었다. 지휘관들이 '정보의 순환'이라고 부르는 방식에 의존한 이 모형은 이미 아프가니스탄에서 복제되고 있었고, 맥레이븐은 더욱 많은 병력을 예멘으로 들여보낸다면 AQAP가 미국 공격에 성공하기 전에 그들의 세력에 타격을 입힐 수 있다고 생각했다.[26]

그러나 맥레이븐의 야심적인 구상은 워싱턴에서 비현실적이라며 거부되었다. 예멘의 살레 대통령은 그 나라 전역을 무대 삼은 생포와 사살 작전은 고사하고 미 지상군이 예멘에 심문 및 구금소를 설치하는 것도 절대 허용하지 않을 터였다. 백악관은 이미 관타나모 만의 감옥을 폐쇄한다는 결정 탓에 맹렬한 정치적 반대에 부딪힌 바 있었으므로 대통령의 보좌진은 예멘에서 사로잡은 다량의 구금자를 상대할 엄두가 나지 않았다. 맥레이븐은 예멘에서 전쟁을 벌일 다른 방법을 찾아낼 필요가 있다는 말을 들었다.

뒤이어 나타난 것은 이상하고 설익은 작전이었다. 군사 작전에 대한 미국의 개입 사실을 숨기려는 어리석은 시도 탓에 때때로 와해되었던 준準비밀전쟁이 그것이었다. 무장집단 지도자들이 어디에 있는지 정확한 정보가 거의 없고 예멘 대통령이 2002년 이래 무장 드론을 허용하기를 거절했기 때문에 전쟁 기획자들은 예멘 앞바다에서 순항 미사일을 발사하는 데, 그리고 가끔은 해병대의 해리어 제트기가 폭탄을 퍼붓는 데 의존하도록 강요받았다. 결과는 볼썽사나운 것이어서 그 뒤로 여러 달 동안 예멘에서 미국의 타격은 아라비아 반도의 알카에다와 제휴한 무장대 간부보다 더 많은 숫자의 민간인 사상자를 낳게 된다.

미국의 첫 번째 공격은 2009년 12월 17일에 이루어졌다. 미국인들은 외지고 광대한 사막과 남쪽으로 항구 도시 아덴을 향하는 해안 마을들이 있는 아브얀 지역 테러리스트 기지의 교신 내용을 엿들었다. AQAP는 사나의 미국 대사관을 공격할 자살폭발단을 보내는 작전의 마지막 단계에 있었다. 기지 타격 하루 전에 열린 화상회의에서 맥레이븐 제독은 자신의 계획에 관해 백악관, 국방부, 국무부 관리들에게 상세히 보고했다. CIA가 일반적으로 백악관의 허가 없이 파키스탄에서 드론 공격을 벌일 수 있는 전면 승인을 얻어둔 반면, 군대는 존 브레넌이 의장이고 '대테러 이사회'라는 별명을 가진 워싱턴 내 작은 팀의 승인을 받아야 했다.[27] 이 모임은 작전 계획에 관해 결정을 내린 뒤 매번의 타격에 대해 직접 서명을 한 오바마에게 가서 권고를 할 것이었다.

오바마는 작전을 허가했다. 다음날, 아라비아 해를 정찰하는 소규모 미군 함대에게 암호화된 메시지가 전해졌고 몇 시간 뒤에는 토마호크 순항 미사일 여러 기가 아브얀의 사막 캠프에 내리꽂혔다. 그날이 지나가기 전에 예멘 정부는 예멘 공군의 공습이 알카에다 전투원 "34명 가량을" 죽였다면서 작전의 성공을 찬양하는 보도자료를 발표했다.

다음날, 예멘군은 미군의 작전에서 단지 치부를 가리는 무화과 나뭇잎 같은 존재였는데도, 오바마 대통령은 알리 압둘라 살레 대통령에게 전화를 걸어 협조에 감사했다. 현지인이 기지에서 찍은 비디오는 미국 표식이 붙은 미사일 파편을 드러냈을 뿐 아니라 토마호크 미사일들이 더 작은 폭탄들을 넓은 지역에 흩뿌리는 방식으로 파괴 범위를 넓힌 무기인 집속탄을 탄두에 장착했음을 입증했다. 사망자 대부분은 민간인이었고, 숨진 여성들과 어린이들의 피에 젖은 영상이 유튜브에서 퍼져나갔다. 〈알자지라〉가 방송한 길거리 항의 시위에서 어깨에 AK-47 소총을 둘러맨 한 알카에다 전투원은 예멘군에게 직접 호소했다.

"군인들이여, 우리가 그대들과 싸우기를 원치 않는다는 것을 알라. 그대들과 우리 사이엔 아무 문제가 없다. 문제는 미국과 그 하수인들 사이에 있을 뿐. 미국 편을 들지 않도록 조심하라!"[28]

미국의 공격 후 사흘이 지나 퍼트레이어스 장군은 전쟁의 다음 국면에 관해 논의하러 사나에 도착해 살레 대통령과 고문단을 만났다. 새로운 긴급 상황이 있었다. 2009년 크리스마스에 한 젊은 나이지리아인 남자가 암스테르담에서 디트로이트로 가는 항공기를 탔는데, 그의 속옷에는 예멘의 폭탄 제조 전문가 이브라힘 알아시리의 악마적인 최신 발명품이 꿰매넣어져 있었다. 비행기가 착륙하려고 하강할 때 우마르 파루크 압둘무탈라브는 80그램의 플라스틱 폭발물을 산성 액체를 채운 주사기를 이용해 터뜨리려고 했다. 다시 한 번, 아시리의 발명품은 폭탄 운반자의 무능 탓에 헛일이 되었다. 압둘무탈라브는 제 다리에 불을 질렀을 뿐 다른 승객들이 신속하게 그를 붙잡아 바닥에 쓰러트렸다. 불운한 테러리스트는 디트로이트에 구금되었고, 미국은 오바마 정부 최초의 대규모 테러리스트 공격을 아슬아슬하게 피했다.

빈나이프 왕자에 대한 암살 기도가 예멘 외부를 공격하겠다는 AQAP의 야심을 처음으로 드러낸 신호였다면, 크리스마스의 좌절된 공격은 이 집단이 오사마 빈라덴과 지금은 축소되어 파키스탄에 숨어 있는 알카에다 요원들이 하던 일을 계속하는 데 진정으로 전념하고 있다는 것을 증거했다. 퍼트레이어스 장군이 탄 비행기가 2010년 1월 예멘의 수도에 도착했을 때 오바마 정부는 벌써 이 나라에서 공격을 확대하기로 결정해두고 있었다.

살레 대통령은 예멘을 미국의 비밀작전을 위한 무대로 내주는 문제에서 오랫동안 까다롭게 굴어왔기 때문에 예멘 대통령과 미국 관리들의 회의는 말(馬)을 흥정하는 자리 비슷하게 퇴화하기 일쑤였다. 퍼트레이어스는 90분간의 회의를 예멘 대통령을 구워삶는 말로 시작했다. 그는 살레의 군대가 AQAP에 맞선 작전에서 거둔 성공을 찬양했고, 대테러 작전을 위해 예멘에 지급되는 현금 액수를 6,000만 달러에서 1억 500만 달러로 두 배 가까이 늘릴 것을 요청했다고 전했다.[29]

그러나 약삭빠른 독재자는 더 밀어붙였다. 살레는 미군의 공습을 화제로 끄집어내더니 아브얀에서 민간인들을 죽이는 "실수가 저질러졌다"고 말했다. 토마호크 미사일은 테러리스트와의 전쟁에는 적합하지 않으며, 오직 미국이 자신에게 테러리스트들을 덮칠 10여 대의 무장 헬기를 줄 경우에만 민간인 사상자를 피할 수 있었다. 살레는 이 조치가 이루어지면 무고한 사람들은 살리고 범죄자를 죽일 수 있을 것이라고 했다. 워싱턴이 이 요청을 들어주지 않는다면 퍼트레이어스 장군이 압력을 넣어 파키스탄과 아랍에미리트가 각각 6대씩 헬리콥터를 제공해줄 수 있지 않느냐는 이야기도 했다. 퍼트레이어스는 자신의 요구를 제기하며 맞받아쳤다. 미국 특전부대원들과 첩보원들이 예멘의 최전선에 더 가까운 곳에서 작전을 펴는 것을 허락하라는 요구였다. 그러면 드론 항공기와 위성에서 내려받은 정보를 훨씬 더 빠르고 정확하게 테러리스트의 은거지를 타격하는 데 사용할 수 있다고 그는 주장했다.

살레는 딱 잘라 거절하고는 미국인들은 CIA와 JSOC가 최근에 수도 바깥에 건설한 작전센터 안에 머물러야 한다고 선을 그었다. 하지만 공중 작전은 계속될 수 있다고 했다. 다시 말해 미국의 제트기와 폭격기가 연안에서 서성대다가 AQAP 지도자들의 소재가 알려질 경우 구체적인 임무를 위해 예멘 상공에 출현하는 것은 허용할 작정이었다. 그는 미국이 예멘에서 전쟁을 벌이고 있지 않다는 속임수도 유지하겠다고 했다.

"우리는 계속 폭탄이 당신네 것이 아니라 우리 것이라고 말할 겁니다."

미국은 워싱턴이 오랫동안 무시해왔고 거의 이해하지도 못했던 나라 안에서 벌어지는 전쟁에 느리지만 점점 더 깊이 빠져들어가고 있었다. 그것은 세계 유일의 초강대국에 맞선 싸움에서 제 체급을 넘는 상대에게 주먹을 날리는 광신집단을 상대로 한 전쟁이었다. 오바마 정부는 여전히 그 집단이 얼마만 한 지원을 받고 있으며 또 어디 숨어 있는지 극도로 희미하게밖에 알지 못했다. 무엇이 진짜 정보이고, 어떤 것이 자신들 나름의 의제를 진전시키기 위해 예멘인들이 미국인들에게 건네준 가짜 정보인지를 구별하기란 어려운 노릇이었다.

살레와 퍼트레이어스의 면담 5개월 뒤 마리브 지역의 부지사이자 살레 대통령이 예멘 정부와 알카에다 분파 사이의 연락관으로 임명한 자베르 알샤브와니의 자동차를 미국 미사일이 날려버렸다. 알샤브와니와 경호원들이 죽었을 때 그들은 AQAP 공작원들과 정전 협정을 논의하러 가는 도중이었다. 그러나 알샤브와니의 정적들은 미국 특전부대원들에게 이와는 다른 이야기를 전해주었다. 그 예멘 정치인은 알카에다와 한통속이라는 것이었다. 미국인들은 단지 부족의 원한을 해결하는 데 첨단 기술을 이용한 타격을 수행하도록 이용당했다는 소리였다.

2010년 5월의 이 공격은 예멘 전역에 분노를 유발했고 살레 대통령은 공습 중단을 요구했다. 마리브 지역민들은 송유관에 불을 질렀고 불은 며칠 동안 꺼지지 않았다. 예멘에서 미국의 전쟁은 무기한 연기되었다.

워싱턴에서는 미국의 가장 위대한 대통령들을 장대한 기념물을 세워 기리며, 그들의 발언에서 따온 가장 유명한 구절을 흰 대리석에 새긴다. 평범한 대통령 같으면 도심지 호텔에 그들의 이름을 딴 회의실이 생겨난다. 2010년 4월 6일, 데니스 블레어는 윌러드 호텔의 층계를 내려와 밀러드 필모어, 재커리 테일러, 프랭클린 피어스, 제임스 뷰캐넌의 이름을 딴 회의실들이 빽빽이 늘어선 지하층으로 갔다. 거기서 그는 국가정보국장으로서 마지막이 될 연설을 했다.

이 직책에 대한 블레어의 좌절감은 커져갔고, 백악관뿐 아니라 워싱턴의 국가안보 관련 지식층 사이에서도 자신에 대한 지지가 줄어준다는 것을 그는 알고 있었다. 그날 아침 블레어는 그가 믿기로 미쳐 날뛰는 CIA와 비밀작전에 대한 우려를 표명할 결심을 하고 도착했다. 비록 외교적 언어로 표현되었지만 그가 말하는 바는 분명했다.

그는 비밀을 보호하기 어렵고 미국 정부가 한 일을 숨기기 어려운 세상에서 미국이 지나치게 자주 비밀공작에 의존해왔다고 말했다.

"이전에는 비밀스러운 공작만이 적용될 수 있었던 세계의 여러 지역에서 문제를 타개하려 할 때 이용할 국력의 공개적인 도구가 더 많이 있습니다."

그의 연설은 CIA를 전혀 언급하지 않았지만 이 연설이 그가 목격한 대로 엄청난 힘을 오바마 정부 안에 쌓아둔 기관을 겨누고 있다는 데는 오해의 여지가 없었다. 공개적으로 우려를 밝힘으로써 그는 오바마 정부의 가장 중요한 규칙 가운데 하나를 위반했다. 국가안보 문제에 관해서는 가족 안에서 싸우라는 규칙이었다. 더욱 중대한 점은 CIA를 비밀전쟁의 도구로 사용한다는 오바마 대통령의 대외 정책의 중심 기둥 중 하나에 블레어가 도전하고 있다는 것이었다. 예상대로 리언 패네타와 CIA 간부들은 블레어의 연설에 관해 전해듣고 울화통을 터뜨렸다. 한 달 뒤, 오바마 대통령은 데니스 블레어를 해고했다.

CIA는 원하는 것을 손에 넣는다.

제13장

아프리카 쟁탈전

"이건 천국에서 내려주는 만나예요!"

아미라

2008년 9월, 우크라이나인이 소유한 상선 MV 파이나는 케냐의 몸바사로 가는 길에 소말리아 해안선에 바짝 붙어 항해하고 있었다. 그러나 배는 최종 기항지에 도달하지 못했다. 특별히 위험한 지역을 항해하는 이 배에 12명 이상의 무장한 사람들이 소형 모터보트를 타고 몰려와 선원인 우크라이나인 17명, 러시아인 3명, 라트비아인 1명을 인질로 잡은 것이다.

해적들은 배의 화물칸으로 내려갔을 때 제 행운을 믿을 수가 없었다. 배는 33대의 러시아제 T-72 탱크, 수류탄 수십 상자, 대공포와 탄약 등 비밀 화물을 수송하고 있었다. 해적들이 알 리가 없었지만 이 화물은 하르툼에 수도를 둔 수단의 정부와 싸우는 남부 수단 민병대를 무장시키려고 케냐 정부가 은밀히 기울이는 노력의 일부였고, UN의 무기 금수조치를 위반한 것이었다.[1] 화물의 가치에 기초해 몸값을 정하는 데 전문가가 되어 있던 소말리아 해적들은 배를 납치한 직후 선원과 배와 민감한 화물을 무사히 풀어주는 대가로 3,500만 달러를 요구하기 시작했다.

미 해군 함정들은 며칠 안 지나 그 배를 포위했고, 여러 대의 헬기가 선원들의 건강 상태를 판단하기 위해 파이나 호의 갑판 위를 날아다녔다. 그러나 인질 협상은 우크라이나인 선주들이 해적의 요구에 굴복하기를 거부한 가운데 몇 주를 끌었다. 진전이 없자 낙담한 해적들은 협상에 새 중재자를 요구하기로 결정했다. 그들은 흰 종이에 할 말을 휘갈겨 써서 파이나 호의 난간에 걸쳐놓았다.

종이에 씌어진 말은 딱 한 단어, '아미라'였다.

며칠 뒤 미셸 아미라 발라린은 러시아제 전차로 가득 찬 배를 잡아둔 해적 무리와 벌이는 팽팽한 인질 협상의 한가운데에 있었다. 나중에 자신은 협상에 어떤 금전적 관심도 갖지 않았다고 부인하기는 했지만, 아미라는 해적들이 요구 조건을 내걸었을 때 벌써 몸값을 협상하고 교착 상태를 끝내기 위해 소말리아 부족 원로들과 더불어 일하고 있었다. 그녀의 말에 따르면 자신의 관심은 순전히 인도주의적인 것이었고, 위성전화를 제공해 해적들이 해안에 있는 소말리아 원로들과 연락하고 파이나 호의 선원들이 가족과 통화할 수 있게 한 이유도 그것이었다.[2] 그러나 우크라이나인 선주들은 버지니아에서 온 이 이상한 인물의 간섭에 화가 났다. 그녀는 불청객이었다. 그들은 그 여자가 선원과 화물을 석방하는 가격을 높이고 있을 뿐이라고 생각했다. 회사의 대변인은 "그녀는 하물며 자기 것도 아닌 거액의 돈을 범죄자들에게 제시함으로써 그들에게 잘못된 희망을 주고 있다는 것을 깨달아야 한다"고 말했다.[3]

우크라이나 정부도 개입했다. 2009년 2월 초, 오바마 정부가 출범하고 겨우 몇 주가 지났을 때 우크라이나 외무장관 볼로디미르 오리즈코는 "해적의 중재자가 되었다"고 요란스럽게 묘사한 여자에 관한 편지를 미 국무장관 힐러리 클린턴에게 보냈다.[4] 그는 발라린의 행동이 "해적들이 몸값 액수를 터무니없이 끌어올리는 것을 조장"하므로 "해적과의 협상과정에서

[그녀를] 제외하도록 힘써달라"고 요청했다.[5]

　힐러리 클린턴은 우크라이나 장관의 편지를 받기 전에는 미셸 발라린이 누군지 알아야 할 이유가 없었을 테지만, 다른 많은 미국 관리들은 그럴 이유가 있었다. 오바마 대통령이 취임했을 때 발라린은 미국 정부의 승인을 얻으려고 성공의 정도를 달리하며 노력했던 수많은 프로젝트 중 단 하나, 소말리아 내부에서 정보를 수집한다는 계약을 국방부와 맺었기 때문이다.

　알샤바브에 맞설 수피교도들의 저항을 조직하려던 2006년의 계획은 아직도 실행되지 않았지만 그녀는 단념하지 않았다. 블랙스타, 대천사, 걸프보안그룹처럼 모호하고 거창한 이름을 붙인 여러 개의 위장 회사를 활용하여 자신을 미국의 군대와 정보기관에 없어서는 안 될 동반자로 만들어줄 여러 개의 새로운 벤처사업을 부화시켰다. 발라린은 CIA나 국방부가 기밀 정보를 보관할 장소로 쓰기를 바라면서 버지니아 시골의 역사적인 호텔을 강화 담장과 암호화된 잠금 장치를 갖춘 보안 시설로 탈바꿈시켰다. 그녀는 정보기관 중 한 군데라도 그곳을 임대하게 하는 데는 성공하지 못했다.

　발라린은 워싱턴의 국가안보 기관 간부들과 만나도록 도와줄 여러 퇴역 미군 장교들과 첩보원들을 고용했는데, 그중에는 CIA를 떠나 컨설턴트가 된 노스 뉴랜드도 있었다. 발라린은 동아시아에서 여러 해 동안 복무한 그린베레 출신의 다부진 퇴역 육군 원사 페리 데이비스와 일하면서 필리핀과 인도네시아의 외딴 섬들을 테러리스트에 맞선 비밀 임무를 위해 원주민 군대를 훈련시키는 기지로 활용할 구상을 짧게 해보았으나 대개는 아프리카에 계속 초점을 맞추었다.

　2007년 8월, 그녀는 CIA에 보내는 편지에다 스스로를 아랍에미리트에 본거지를 두고 "단 하나의 목표를 가진" 회사 걸프보안그룹의 사장이라고 소개했다. 그 목표는 "아프리카의 뿔에서 알카에다 테러리스트의 조직망과 기반시설과 인력"을 추적해 처단하는 것이었다.

편지는 이렇게 이어졌다.

"걸프보안그룹은 외부적 이해나 영향과 무관한, 승인받은 미국 시민들이 소유하고 통제합니다. 우리는 이슬람법정연맹, 자신들의 전투원과 지하드 활동을 통제하는 인물들을 포함하여 소말리아, 케냐, 우간다와 아프리카의 뿔 전역의 정치 지도자들, 그리고 토착 집단들과 깊은 관계를 맺고 있습니다. 이 관계는 아무런 지문이나 족적, 깃발도 없이 성공적인 임무 성과를 가져올 것이며, 책임을 부인할 권리를 완벽히 제공할 것입니다."[6]

이 숨 막힐 듯 놀라운 제안에 CIA의 변호사는 간결한 대답을 보냈다. "CIA는 청하지도 않은 귀하의 제안에 관심이 없으며, 귀하가 어떤 활동이든 CIA를 대신해서 착수하는 것을 승인하지 않습니다. 귀하의 제안을 되돌려 보냅니다"라고 이 기관의 법률 부고문인 존 맥퍼슨은 썼다. 맥퍼슨은 토착민들로 암살단을 꾸린다는 발라린의 제안은 민간인이 해외에서 사병을 양성하는 것을 금지한 미국의 중립법(Neutrality Act)을 위반할 수 있다는 말도 덧붙였다.[7]

그녀의 제안은 설득력 없어 보였을망정 단지 때를 잘못 잡은 것일지도 몰랐다. 바로 한 해 전만 해도 CIA는 블랙워터 고용인들이 위탁받은 살인 프로그램에서 역할을 맡은 에릭 프린스와 엔리케 프라도에게 여전히 돈을 지불하고 있었기 때문이다. 그러나 2006년 중반 CIA는 표적살인 작전에 민간인을 고용하는 일이 적절한지에 관련해 맥퍼슨이 편지에 쓴 바로 그 우려 때문에 블랙워터 프로그램을 철폐하기로 결정했다. CIA는 비밀작전에 참여한 실적이 없는 정체 불명의 여성에게서 나온 유사한 제안을 받아들일 생각이 없었다.

CIA를 위한 살인 기회를 거절당한 발라린은 이번에는 군대에 첩보활동을 제안했다. 여기서 그녀는 더 큰 성공을 거두었다. 2008년 봄 발라린과 페리 데이비스는 국방부 건너편에 있는 평범한 사무용 건물에 도착해 대테러기술지원실(Combating Terrorism Technical Support Office, CTTSO) 본부에서 회의를 가졌다.[8] CTTSO는 대단치는 않은 규모의 예산을 기밀 군사 대테러 프로그램에 종잣돈으로 지급하는 소규모 팀이었는데 펜타곤 내부의 접촉자가 발라린을 위해 만남을 주선해주었다. 그러나 CTTSO 사람들은 자기네 앞에 서 있는 이 잘 차려입은 여자에 관해 아는 것이 없었다. 자신을 블랙스타라는 회사의 대표라고 소개한 발라린은 직설적이었다.

"저는 소말리아를 고치려고 합니다."

발라린과 데이비스는 정보 수집에 위장막 역할을 할 인도주의적 식량 프로그램을 개설한다는 계획을 간략히 설명했다. 원조 식량을 실은 운반함들이 배로 소말리아 항구에 도착하면 식량은 트럭에 적재되어 그녀의 팀이 나라 곳곳에 세울 원조사업소로 옮겨질 계획이었다. 식량사업소에 도착한 소말리아인들은 이름을 비롯한 신원 정보를 넘겨주고 대신 신분증을 받게 되어 있었다. 이런 식으로 식량사업소에서 수집된 정보는 국방부의 데이터베이스에 전달되어 소말리아의 복잡한 부족적 구조를 파악하는데, 그리고 아마도 미국이 알샤바브 지도자들을 찾아내는 것을 돕는 데 사용될 수 있다고 발라린은 군인들에게 설명했다.

발라린은 이 프로그램에 사용될 자금의 대부분을 자신의 사비로 댈 것이지만 국방부의 승인과 추가 자금 지원이 필요하다고 말했다. 발라린과 데이비스는 이 작전을 어떻게 작동시킬 의도인지 구체적인 설명을 별로 하지 않았는데도 계획을 판매하는 데 성공했다. 면담 직후 이 국방부 사무실은 블랙스타에 대략 20만 달러의 초기 금액 제공을 약속했고 프로그램이 장래성을 보이기 시작하면 더 많이 지원하겠다고 다짐했다. 미셸 발라린은 아프리카에서의 비밀 활동을 위한 미국 정부의 공식 승인을 처음으로 얻어낸 것이었다.

발라린에게 소말리아 안에서 정보 수집 작전을 펼 길이 열린 것은 몇 가지 요인들이 합쳐진 결과였다. 첫 번째이자 가장 분명한 요인은, 워싱턴 일각에서 9.11 공격 이전 아프가니스탄의 경우처럼 테러 국가가 되는 것 아닌가 하는 막연한 두려움을 품었던 이 나라에 관한 견실한 정보가 전혀 없다는 점이었다. CIA는 파키스탄에서 드론 전쟁을 치르고 이라크와 아프가니스탄에서는 군의 작전을 지원하느라 소모되어 소말리아에서 첩보 활동을 벌일 자원이 거의 남아 있지 않았다. 뿐만 아니라 군벌과 관련된 2006년의 형편없는 비밀작전이 안겨준 낭패감이 여전한 마당에 소말리아의 오물더미 속으로 되돌아가는 데 흥미를 느낄 사람은 랭글리에 매우 드물었다. 그들은 그럴 만한 가치가 있는지도 확신하지 못했다. 부시 정부 끝무렵 퇴임 기자 회견을 하는 자리에서 CIA 국장 마이클 헤이든은 알샤바브 운동을 대수롭지 않다고 일축해버렸다.

하지만 이와 동시에 국방부는 대륙 북동부에서 북부의 아랍 국가들을 가로질러 나이지리아 같은 서부 국가에 이르기까지 아프리카에서 비밀작전을 확대하기 시작했다. 2008년 가을, 아프리카 내 작전에만 전념할 국방부 최초의 군 본부인 미 아프리카사령부의 창설은 상대적인 무시의 세월이 흐른 뒤에 세계에서 두 번째로 넓고 인구도 두 번째로 많은 이 대륙에 대한 관심이 증가했다는 또 하나의 신호였다. 국방부는 독일 슈투트가르트에 최신식 군사 지휘소를 지었지만 작전을 지원해줄 정보는 갖지 못했다.

소말리아 내부에서 도대체 누구를 지원해야 할지에 대해서도 분명한 구상이 없었다. 오바마 대통령 취임 후 갓 몇 달이 지나 새 정부는 유엔이 지지하지만 소말리아인들이 보기에는 허약하고 부패한, 궁지에 몰린 소말리아 과도연방정부(TGP)에 40톤의 무기와 탄약을 배에 실어 보낸다는 결정을 발표했다. 2009년에 이르러 TGP는 수도 모가디슈의 영토를 몇 제곱마일밖에 통제하지 못했고, 오바마 대통령의 팀은 수도에서 알샤바브의 공세가 정부를 중부 모가디슈 바깥으로 밀어낼지 모른다며 공황 상태에 빠져 있었다. 외국 무기의 소말리아 반입을 금하는 조치가 시행 중이라 정부는 무기 선적에 유엔의 승인을 받아야 했다. 첫 번째 무기 인도는 2009년 여름에 이루어졌지만 소말리아 정부군은 이 무기들을 오래 간직하지 못했다. 대신에 그들은 워싱턴이 자기네를 위해 구입한 무기들을 모가디슈의 무기 장터에 내다팔았다. 무기 시장은 붕괴했고, 알샤바브 전투원들은 값싼 무기를 새로 공급받을 수 있게 되었다. 여름이 끝날 때쯤 미제 M16 소총은 장터에서 고작 95달러에 구할 수 있었고 좀 더 탐내는 이들이 많은 AK-47은 5달러만 더 주면 되었다.9

미국이 대리 세력과 군벌들을 이용한 위탁 전쟁을 수행하는 가운데 아프리카의 뿔에서의 작전은 여전히 무계획적이고 마구잡이식으로 전개되는 것이 명백했다. 소말리아는 위협으로 인식되기는 했어도 미군이 거기서 작전을 펼 만큼 위태로운 곳으로 여겨지지는 않았다. 그리하여 듀이 클래리지가 파키스탄에 대해 그러했듯이 정보 공백을 메우겠다는 발라린 같은 계약인들을 위한 문이 열렸던 것이다.

소말리아는 서방 정부의 비밀 대테러 임무부터 해적을 뒤쫓는 계약인들의 무모한 계획에 이르는 온갖 비밀작전의 은신처로 천천히 변모하고 있었다. 사면초가에 몰린 블랙워터 월드와이드의 사장이었고 아랍에미리트에서 새로운 장을 열기 위해 미국을 떠난 에릭 프린스의 도움으로 그런 계획 중 하나가 탄생했다. 프린스에 따르면 그곳은 '자칼들'이 — 즉 법정 변호사와 의회 조사관 들이 — 그를 따라다니며 괴롭히거나 그의 돈을 추적하기 어려운 곳이었다.10 프린스는 UAE가 콜롬비아 군인들로 편성된 육군 용병부대를 만드는 것을 돕는 비밀 기획을 진행했다. 에미리트 관리들은 이 부대가 국내의 소요 진압에 파견될 수 있으며 이란의 공격까지 저지할 수 있다고 내다보았다. 프린스는 또 이와 별개로 북부 소말리아에서 해

적에 대항하는 부대 창설을 지원하기 위해 남아프리카공화국 용병 집단과 함께 일하기 시작했다.[11]

UAE는 페르시아 만을 오가는 선박들을 총으로 공격하는 아프리카의 뿔 근처의 해적들 탓에 걱정이 많아졌기 때문에 에미리트 관리들과 프린스는 해적질에 맞설 새로운 전략을 발전시키는 데 힘을 모았다. 이 전략에 의하면 공해상에서 해적들에게 도전하려 하는 대신 새로운 민병대가 지상에서 해적 소굴에 대한 급습을 수행할 예정이었다.[12] 논쟁을 피하는 인간이 아니었던 프린스는 아파르트헤이트 시대 남아프리카공화국의 민간협력국(Civil Cooperation Bureau) 장교였던 라프라스 루이팅이 당시에 운영하던 남아공 회사 '사라센Saracen 인터내셔널'의 간부들과 만났다. 민간협력국은 남아공의 흑인들을 암살하고 협박한 잔혹한 과거를 지녔고, 아파르트헤이트가 무너진 뒤 그 구성원들 다수는 아프리카 대륙의 수많은 내전에서 용병이 되었다. 루이팅과 남아프리카 용병들에게 해적에 대항하는 작전은 세계의 여전히 무시당하는 귀퉁이에서 남의 눈에 띄지 않고 벌이는 최신의 모험일 뿐이었다.

사기업들의 활동 외에 군의 합동특수전사령부도 소말리아 무장집단과 맞선 은밀한 전쟁에 한층 더 주목하기 시작했다. 예멘에 대해서도 제안했듯이, JSOC의 윌리엄 맥레이븐 제독은 이라크에서 알카에다 제휴세력을 파괴한 특수임무대의 모범을 따라 제대로 훈련받은 특수전 임무대를 소말리아에서 가동한다는 계획을 워싱턴 관리들과 논의했다. 알샤바브가 장악한 지역에서 그 집단을 와해시키기 위해 네이비실이 강탈 및 장악 작전과 포로 심문을 펼친다는 구상이었다.

예멘과 파키스탄에 비교할 때 소말리아는 비밀전쟁을 벌이기에 더 쉽기도 하고 어렵기도 한 환경이었다. 두 나라와 달리 이곳에는 미국인들이 함께 일할 중앙 정부가 없었고 알샤바브에 침투할 현지 정보기관도 없었다.

그런가 하면 소말리아에는 미국이 표적살인 작전을 벌이기 전에 허가를 받아야 한다는 골칫거리가 존재하지 않았다. 비위를 맞춰야 할 알리 압둘라 살레나 페르베즈 무샤라프가 없었고 타국 안에서 전쟁을 벌일 권리에 대한 대가로 비밀 현금을 건넬 일도 없었다. 아프리카의 뿔 작전 기획에 관여한 한 군 간부의 표현처럼 소말리아는 "완전한 자유 사격지대"였다.

하지만 JSOC의 제안은 또 지지를 받지 못했다. 블랙호크 추락 사건이 남긴 응어리가 아직껏 소말리아 내 대테러 작전에 관한 그 어떤 논의도 무겁게 짓누르고 있었고, 백악관은 소말리아 내부의 각 군사 작전은 대통령에게 직접 승인받아야 한다면서 맥레이븐 제독의 야심적인 제안을 거부했다.13 오바마 정부의 법률가들은 미국을 상대로 테러 행위를 벌인 적이 없는 알샤바브가 표적이 될 수 있는지에 관해 토론을 벌이기도 했다. 이 집단은 미국에 대한 위협인가, 아니면 워싱턴이 그냥 무시해야 할 지방 민병대인가?

때때로 이 집단은 진지하게 받아들이기 어려웠다. 알샤바브는 도둑의 손을 자르고 간통한 사람들에게 죽을 때까지 돌팔매질을 해야 한다고 명령하면서 모가디슈를 샤리아 법으로 뒤덮으려 시도하는 한편, 변덕스럽고 희극적인 행동에 몰두하기도 했다. 알샤바브 지도자들은 새로운 대원을 절박하게 모집하면서 이상한 성명서를 발표하곤 했다. 또 그들은 TV 프로그램 〈아메리칸 아이돌〉과 비슷한 장기 자랑과 퀴즈 대회를 10세에서 17세 사이의 어린 세대를 대상으로 벌였는데, 참가자들은 '우리의 지도자 셰이크 티마질릭은 어떤 전쟁에서 죽었나요?' 같은 질문을 받았다. 1등 상품은 AK-47 돌격 소총이었다.14 미 국방부가 알샤바브 지도자들의 행방을 알려주면 현금을 주겠다고 제안하자 이 집단의 한 간부는 금요 예배가 끝난 뒤 수천 명의 소말리아인들에게 미국 최고위 관리들의 '은신처'를 알려주는 사람에게 자신들이 보상을 제공하겠다는 역제안을 하기도 했다. 알샤바브가 '멍청이 오바마'를 찾아내는 데 도움을 주는 이에게는 낙타 10마리를 상으로 주겠다고 했다. 영계 10마리와 수탉 10마리는 '늙은 여자 힐러리 클린턴'의 은신처에 관한 정보를 제공한 사람의 몫이 될 예정이었다.[15]

테러 용의자들을 가둬두기 위한 선택지가 별로 없고 소말리아에서 대규모 지상 작전을 벌일 의욕이 나지 않는 상황에서 때로는 그냥 죽이는 것이 생포하는 것보다 훨씬 호소력 있는 방안이었다. 2009년 9월에 JSOC는 대단한 정보를 얻었다. 1998년 미 대사관을 공격한 알카에다 동아프리카 세포의 일원인 케냐인으로, 알카에다와 알샤바브 사이의 연락원이라고 여겨지는 살레 알리 살레 나브한의 소재에 대한 정확한 정보가 들어온 것이다. 정보에 따르면 몇 달간 도시와 마을 내부로만 움직여 미국의 공습을 불가능하게 했던 나브한이 모가디슈에서 바닷가 바라와 마을로 가는 트럭 행렬에 끼어 이동할 참이었다. 백악관과 국방부, CIA, 포트브래그의 JSOC 본부를 연결한 화상회의에서 맥레이븐 제독은 다양한 공격 방안을 제시했다. 가장 위험이 적은 방안은 연안의 선박에서 토마호크 크루즈 미사일을 발사하거나 군 항공기로 미사일을 쏘는 것이었다. 그 대안으로는 AH-6 헬기를 탄 네이비실 대원들이 트럭 대열을 덮쳐 나브한을 죽이고 충분한 DNA 정보를 현장에서 수집해 그의 죽음을 확인하는 방안이 있었다. 마지막으로 맥레이븐은 제2안을 변형한 안을 제시했다. 나브한을 죽이는 대신에 실 대원들이 그를 납치해 헬기에 싣고 어딘가로 데려가 심문을 하게 한다는 것이었다.[16] 오바마 대통령은 위험이 가장 덜하다고 여겨지는 방안을 골랐다. 트럭 대열을 미사일로 공격하는 것이었다.

그러나 일은 계획대로 흘러가지 않았다. JSOC가 '천체의 균형'이라는 암호명이 붙은 작전을 최종적으로 준비할 때 기상이 악화되고 임무에 투입될 비행기가 고장이 나는 바람에 원래의 계획은 실행할 수 없게 되었다. 시간은 다 됐고 나브한은 움직일 판이라 맥레이븐은 특공대에 대체 계획을 수행하라고 명령했다. 소말리아 해안의 해군 함정에서 대기하던 네이비실은 헬기를 타고 서쪽으로 날아가 소말리아 영공에 진입했다. 헬기들은 행렬에 기총소사를 가해 나브한과 3명의 알샤바브 대원을 죽였다.

작전은 성공이었지만 임무 기획에 참여한 몇몇 사람에게 이 사건의 전말은 불편한 물음을 떠올리게 했다. 제1안이 실패했기 때문에 미국은 어쩔 수 없이 세계에서 가장 적대적인 나라 중 한 곳 내부에 군대를 동원하는 비상한 발걸음을 내디뎠다. 그러나 일단 군대가 들어갔는데 왜 나브한을 생포하지 않고 죽였는가? 대답의 일부는 생포 임무가 지나치게 위험하게 여겨졌다는 것이었다. 그러나 그것은 유일한 이유가 아니었다. 살해는 소말리아에서 선호된 행동 방침이었고, 임무 기획자 중 한 사람의 말처럼 "우리가 그자를 생포하지 않은 까닭은 그를 놔둘 데를 찾기가 힘들었을 것이기 때문"이었다.

원래 국방부는 나브한을 죽음에 이르게 한 것과 같은 유형의 정보를 생산하라고 발라린과 페리 데이비스를 고용했다. 이 사실은 빈번히 동아프리카 여행을 다니는 동안 발라린에게 영향력을 부여했고, 그녀는 다양한 소말리아 분파들과 사적으로 만나는 자리에서 미국 정부와 맺은 연줄을 자랑했다. 각각의 여행은 새로운 사업 기회들을 가져왔고, 소말리아가 국제적인 해적질의 중심지로 떠오르자 발라린은 몸값 협상에서 중개자 노릇을 하면 횡재할 수 있겠다고 생각했다. 발라린에게 계약을 맺게 해주었던 국방부 사무실 내부의 주요 접촉자는 해적 조직망과 밀접히 관련된 소말리아 내 부족들과 관계를 발전시키라고 그녀를 재촉했고, 해적들이 파이나 호의 선체에 '아미라'라고 씌어진 신호를 내걸었을 때 그녀는 사람들이 의지할 인질 협상자가 되기로 설계를 해둔 상태였다. 공개적으로야 협상에 대한 자신의 관심이 순전히 인도주의적이라고 말했지만, 사적으로는 몸값의 일부를 가져오는 것은 해적질이라는 재앙이 악화될수록 수지 맞는 일이 될 것이라고 일부 직원들에게 말했다. 동료였던 빌 데이닝어에 따르면 "그녀는 모든 협상을 떠맡아 부유해지려는 꿈을 갖고 있었다." 어느 인터뷰에서 그녀는 기자에게 자신의 목표가 소말리아 해적들이 억류한 "17척의 배와 450명의 사람들이 모두 풀려나는 것"이라고 밝혔다.[17]

데이닝어는 발라린에게 환멸을 느꼈고 그녀가 수많은 약속을 지키는 데 실패했다고 생각하자 그녀를 위해 일하기를 그만둔 일단의 불만스러운 전직 직원 가운데 한 사람이었다.[18] 그녀가 여러 회사에 고용했던 일부 전직 군 장교들은 발라린의 사업에 참여할 때 자신들의 돈을 묻어두었는데 투자금을 회수하지 못하게 되어 분개했다. 2008년에 국방부가 그녀의 정보 수집 프로젝트에 종잣돈을 마련해주었어도 발라린은 정부 계약에서 꾸준히 돈이 들어오게 하느라 발버둥쳤고, 많은 동업자들과 관계를 끊어버렸다.

그녀는 아직도 워싱턴 순환도로 너머 버지니아의 완만한 언덕에서 풍족하게 생활하는 모습을 유지하고 있었다. 그녀는 종종 임대한 거대한 벽돌 저택에서 미군과 정보기관 소속 고위 관리들의 환심을 사려는 일을 계속했는데, 골동품 가게 구실을 하면서 두 배로 확장된 이 저택은 한때 말 농장이었으나 최근에는 워싱턴의 무질서하게 뻗어나가는 준교외지역 일부가 된 110에이커의 부지 위에 자리잡고 있었다. 그녀는 저택의 거실, 골동품 꽃병과 사냥 그림으로 장식된 공간, 로널드 레이건과 교황 요한 바오로 2세의 사진이 걸린 널찍한 화랑에서 미국과 아프리카 관리들을 접대했다. 보석으로 치장하고 더러는 묵주를 만지작거리면서 그녀는 넓은 골동품 탁자의 상석에서 모임을 주재했다. 페리 데이비스가 일정한 시간 간격을 두고 일어나 방문객들의 찻잔에 카르다몸, 정향丁香 같은 향신료를 곁들인 케냐산 검은 홍차를 다시 채워주었다.

발라린은 수피즘을 고수하는 점에서는 단합된 소말리아 내 파벌들과 유대를 쌓으며 동아프리카 여행을 계속했다. 그녀는 마침내 자기가 소말리아 안에서 하는 일을 대변하는 표어를 만들어냈다. 자신은 수십년 동안 곪아온 문제들에 대한 '유기적 해법'을 제공하고 있으며 그 해법은 외국의 정부 또는 유엔처럼 간섭하기 좋아하는 외부 단체들이 가져다줄 수 없는 것이었다. 〈미국의소리〉 방송과 가진 인터뷰에서 그녀는 폭력을 멀리하는, "부드러운 측면을 지닌" 접근에 관해 이야기했다.

"소말리아인들은 충분히 많은 갈등을 보아왔고, 충분히 많은 군사기업들을 봤고, 유혈사태를 봤고, 충분히 많은 화약을 봤고, 충분히 많은 총알을 봤어요. 다른 건 아무것도 모르는 젊은 세대를 만들어낸 온갖 추한 것들을 말이죠. 이 문화를 깊이 염려하는 사람이라면 누가 저런 일이 영원히 계속되게 하고 싶겠습니까? 그건 앞으로 나아가는 길이 아니에요. 정말 아닙니다."[19]

그러나 그녀의 '유기적 해법'은 명백히 유연했다. 예를 들어 2009년에 그녀는 몇몇 소말리아인 암살자들이 모가디슈에서 모일 5명의 저명한 알샤바브 대원들을 죽이는 것을 도우려 했다. 암살자들에게 필요했던 것은 자신들의 권총에 장착할 소음기가 전부였다고 발라린은 말했다.[20]

전직 미국 정부 관리도 내용을 확인해준 그녀의 이야기에 따르면, 그녀는 작고 빈곤한 나라의 유일한 5성 호텔 지부터 팰러스 켐핀스키에 잡아놓은 자신의 스위트룸에 앉아 있었다. 이 호텔은 빈혈 상태에 있는 과도정부의 차기 지도자들을 고르기 위한 국제회의, 문자 그대로 부족들의 모임을 열고 있었다. 회의실과 수영장 언저리에서 협상이 벌어진 뒤 이슬람법정연맹 사령관이었던 온건한 인물 샤리프 셰이크 아흐메드가 나라를 이끌라고 선택을 받았다.

어느 날 밤, 한 무리의 소말리아인들이 발라린의 문을 두드리더니 그녀를 소말리아 새 과도정부의 고위 관리와 만나는 자리에 데려갔다. 그 관리는 편을 바꾸어 정부 쪽에 가담하는 데 관심이 있는 알샤바브 간부를 자신이 접촉해왔다고 밝혔다. 정보제공자는 곧 있을 알샤바브 지도자들의 모임에 관해 알았고 그들을 — 미국의 승인 아래 — 전부 죽일 것을 제안하고 있었다.

그의 요구 조건은 간단했다. 자신의 부하들에게 약간의 권총 훈련과, 작전이 최대한 조용히 수행되도록 보장할 소음기가 필요하다는 것이었다. 그 귀순자는 또 죽음을 당한 알샤바브 지도자들의 부인과 아이들을 위해 미국이 돈을 쓰기를 바랐다.

미국으로 돌아온 발라린은 페리 데이비스와 함께 그들이 아는 몇몇 국방부 장교들을 접촉했다. 그녀가 보기에 이것은 어려운 결정이 아니었다. 나중에 그녀는 그 장교들에게 했던 말을 노기 띤 어조로 회상했다.

"이건 천국에서 내려주는 만나예요! 가져가세요!"

하지만 미국인들은 머뭇거렸다. JSOC는 그 작전을 허락할 작정이라면 자신들이 직접 작전을 벌이려 할 터였다. 그러나 발라린은 미국 특공대나 다른 외국 대리자가 아니라 소말리아인들이 알샤바브 최고위층을 죽이게 할 경우 토착 테러 조직에 특별히 심각한 손상을 입힐 것이라고 보았다.

"이게 바로 유기적 해법이에요. 네이비실 팀을 보내는 게 아닙니다. 이건 소말리아식이고, 우리가 이야기하기에 기분 좋은 방법은 아니죠."

여러 해가 흐른 뒤 이 일을 회상하는 그녀의 말투에는 일어나지 못한 일에 대한 아쉬움이 배어 있었다.

"그 사람들이 원한 건 소음기가 전부였는데요."

발라린은 단지 수동적인 정보 수집자 역할을 하는 데 만족하지 않았다. 그녀가 품은 구상은 와하브주의에 맞선 강력한 운동을 통해 북아프리카와 동아프리카에 걸친 다양한 수피 집단이 통일되는 것을 감독하면서 수피교도들의 거대한 각성의 중심에 자리잡는 것이었다. 알샤바브 무장대가 모가디슈의 라디오 방송국을 장악해 음악을 금지한 뒤 녹음된 총소리, 염소 울음, 암탉이 꼬꼬댁거리는 소리를 배경으로 뉴스를 내보내라고 방송 편성자들에게 강요했을 때, 그녀는 소말리아의 수피교도들에게 저항의 노래를 만들어주었다.

가사는 영어로 씌어졌고 브라질 팝 가수가 부른 이 노래는 '수피교도의 삶을 저들은 결코 패배시키지 못하리라!'라는 구호를 담고 있었다.

> 목소리를 높여라 일어서라!
> 우리의 명예와 우리의 땅을
> 외세와 간섭자들에게서 되찾자
> 형제자매들이여 일어서라!
> 목소리를 높여라 일어서라!
> 지역의 속박으로부터 국제적 금지로부터
> 형제여 나와 함께 가자, 한 사람 한 사람마다
> 형제자매들이여 일어서라!

발라린은 소말리아 중부의 넓은 영토를 통제하는 수피교도 집단인 아흘루 순나 왈자마Ahlu Sunna Waljama'a(ASWJ)와 자신이 이미 접촉해온 소말리아에서 거대한 각성이 시작되어야 한다고 믿었다. ASWJ는 파란만장한 역사를 갖고 있었다. 1990년대 소말리아 내전에서 이 집단은 블랙호크 추락 사건 때 육군 레인저 및 델타포스 요원들과 싸우는 소말리아인 무장대를 지휘했던 그 군벌과 제휴했다. ASWJ는 알샤바브가 떠오르기 이전에는 소말리아 부족 전쟁에서 큰 영향력을 행사하지 못했다. 그러나 알샤바브 전투원들이 남부와 중부 소말리아 마을들을 점령하기 시작하자 와하브 파 총잡이들은 가는 곳마다 수피교도들의 무덤과 사원을 파괴했다. 유골들을 파헤쳐 햇빛에 표백되도록 방치하는가 하면, 묘지 관리인들을 체포하거나 일자리로 돌아가지 말라고 지시했다. 알샤바브 전투원들은 묘지란 쓸데없이 공들인 기념물이며 이슬람이 금지하는 우상숭배라고 주장했다. 남부 항구도시 키스마요의 알샤바브 대변인 셰이크 핫산 야쿠브 알리는 "무덤을 성소로 만드는 것은 금지돼 있다"고 BBC에 말했다.[21]

무덤 훼손은 대체로 평화적인 ASWJ 내부의 전투적인 기질에 불을 붙였고, 그들은 알샤바브에 대한 평형추로 행동한다는 목표 아래 무장집단으로 결집하기 시작했다. 수피교도들이 무장한 채 깨어날 가능성을 인식하자 발라린은 수피 지도자들에게 알샤바브의 진출을 저지할 전략을 개발하라고 격려했다. 그녀와 페리 데이비스는 2인조 전투참모처럼 행동하면서, 군사 작전에 관해 이야기하기 위해 중부 소말리아를 돌아다니며 수피교 족장들, ASWJ 군사 지도자들과 반복적으로 대화를 나누었다. 두 사람은 ASWJ는 자신들의 사설 민병대나 마찬가지라면서 수피 전사들에게 전쟁터 외부에서 무기를 회수하고 탄약을 저장하는 법을 가르쳤다고 미국인들에게 자랑했다.

몇 달간의 교착 상태 뒤에, 총을 휘두르는 ASWJ 소속 오합지졸의 대오는 중앙 소말리아에서 알샤바브의 아성인 엘부르에 진입했다. 발라린은 한밤중에 받은 ASWJ 지휘관의 서면 메시지를 떠올리며 환하게 웃었다. "우리는 엘 부르를 장악했소!"

2011년, 버지니아의 벽돌 저택에 앉아 북아프리카 지역에서 벌어지는 아랍인들의 반란을 폭스뉴스의 비디오 영상으로 지켜보던 미셸 발라린은 그 영상에서 희망찬 아랍의 '봄'을 발견하지 못했다. 그녀가 본 것은 악몽이 펼쳐지는 모습이었다. 급진적인 와하브 파 이슬람이 북아프리카를 가로질러 대륙의 서부 해안에까지 영향을 미치고 있었다. 그녀가 보기에 이

집트와 리비아 같은 곳의 권위주의적인 정부는 와하브주의의 확산을 막는 방벽이었는데 그 요새들이 이제 허물어지고 있었다. 그녀는 사우디아라비아에 있는 와하브주의의 부유한 후원자들이 사원과 종교학교를 지을 돈을 가지고 이 지역으로 들어올 것이며, 미국은 급진적 이슬람과의 싸움에 유일한 동반자들을 잃어버리고 있다고 확신했다. 발라린이 볼 때 무아마르 카다피는 무자비한 폭력배였고 그녀의 영웅 로널드 레이건의 적이었지만 이 리비아 독재자는 시대를 규정하는 선과 악의 투쟁에서 옳은 편에 서게 된 존재였다.[22]

사막의 모래 폭풍처럼 북아프리카 국가들을 가로질러 확산되는 대중의 반란은 수십 년에 걸친 권위주의적 통치를 파묻어버리는 중이었다. 그러나 그것들은 CIA도 무방비 상태로 만들었고, 백악관 관리들은 미국이 정보를 수집하고 세계의 격변하는 사건들을 예측하기 위해 해마다 수십억 달러를 쓰는데도 미국의 첩보기관들이 대중의 봉기에 여러 발짝 뒤떨어졌다는 것을 알았다. 오바마 정부의 한 고위 구성원은 "CIA는 튀니지를 잃었다. 또 이집트를 잃었다. 리비아도 잃었다. CIA는 그 나라들을 개별적으로 잃었고 집단적으로도 잃었다"고 표현했다. 아랍의 반란이 시작된 뒤 정신없는 몇 주일 동안 CIA를 비롯한 미국 첩보기관의 정보 분석관 수백 명이 이 혼란에서 의미를 찾아내기 위해 재배치되었다.[23] 그것은 따라잡기 게임이었다.

그것은 소셜미디어 시대의 첫 대중 봉기였고, 혁명은 트위터 메시지와 페이스북 업데이트 속에서 발생하고 있었다. 그것은 랭글리의 관리들이 이전에 본 그 어떤 것과도 닮지 않았고, 공산주의의 몰락 같은 역사적 선행 사건들은 아랍의 어느 독재자가 다음 차례로 몰락할지 백악관과 국무부에 조언하려고 분투하는 CIA 지도자들에게 별 도움이 안 되었다. 한 간부 회의에서 CIA 국장 리언 패네타는 디지털 메시지들이 쇄도하는 현상을 이해하라고 보좌진을 압박했다. 젊은 세대의 방식에 분명 곤혹스러웠던 그는 이렇게 물었다. "이 메시지들 전부를 한군데에 모아둘 줄 아는 사람이 아무도 없다는 건가?"

그러나 대테러 활동 쪽으로 방향을 전환하여 그 불리한 측면을 매우 신속하게 경험하는 중이었던 CIA에게 문제는 한층 더 심각했다. CIA는 대통령과 정책 입안자들에게 세계적 사건들을 빚어내는 역학에 대한 사전 경고가 필요하다는 전제 위에서 1947년에 창설되었지만 조지 W. 부시와 오바마 대통령은 테러리스트를 추적해 살해하는 일이 기관의 최우선 순위에 놓여야 한다고 결정했다. CIA는 실제 첩보활동을 벌이는 스파이들이 넉넉지 못했고, 이집트와 튀니지 같은 나라에서 거리의 소요나, 권력을 잃을지도 모른다는 외국 지도자들의 두려움에 관해 정보를 수집할 현장 공작관들을 충분히 보유하고 있지 못했다.

CIA는 호스니 무바라크, 무아마르 카다피 같은 부류가 운영하는 외국 첩보기관과 동반자 관계를 형성하며 중동과 북아프리카 도처의 무자비한 정보기관들과 동맹을 맺었다. 이 동반자 관계는 CIA가 테러와의 전쟁에서 전리품을 쌓는 것을 도와주었다. CIA 국장들은 카다피의 잔인한 첩보기관의 수장 무사 쿠사와 친한 사이였고, 미국과 리비아의 첩보원들은 알카에다와 연계되었다는 의심을 산 사람들을 뒤쫓아 생포한 다음 리비아의 악명 높은 아부 살림 감옥에 집어넣는 일을 함께 했다. 카다피가 몰락하고 반군들이 리비아 정보기관의 본부를 약탈했을 때 미국과 리비아 정보기관의 긴밀한 관계를 상세히 보여주는 귀중한 문서들이 발견되었다. 전직 CIA 국장 포터 고스가 리비아 정보부장 무사 쿠사에게 크리스마스 선물로 신선한 오렌지를 보내준 데 감사하며 보낸 편지도 그중 하나였다.[24]

바로 여기에 많은 문제가 있었다. 리비아와 이집트 첩보원들은 자기네 정부의 허약함에 관해 미국 관리들에게 솔직해질 태세가 되어 있지 않았다. 또 반정부 지도자들을 지속적으로 면밀히 감시해, CIA 공작관들이 카이로 같은 도시에서 반대파 집단을 만나 북아프리카 국가들 내부의 불안에 관한 정보를 수집하는 것을 곤란하게 했다. 전 CIA 국장 마이클 헤이든은 아랍 세계의 권위주의적 정권들에게 스스로를 묶어두기로 한 중앙정보국의 결정이 그들 나라에서 정치사회 정보를 수집하는 이 기관의 능력에 손상을 입혔다고 나중에 인정하게 된다. 그의 말처럼 "만약 [무바라크의 정보기관 수장인] 아무르 술레이만을 소외시키고, 그래서 그가 대테러활동에 동반자 노릇을 그만둔다면, 당신은 이집트의 무슬림형제단에 대한 정보 수집을 얼마나 더 밀고나갈 수 있겠는가?"

세계 각국의 정부 지도자들은 석회처럼 굳어버린 북아프리카 독재의 종말에 환호를 보냈다. 그

러나 잠을 빼앗긴 데다 종종 신경증적인 CIA 대테러센터의 요원들에게 2011년 초반의 사건들은 낙관주의의 명분이 되기 어려웠다. 그들과 가까운 해외 동맹자들이 인정사정없이 권력에서 밀려나는 꼴을 지켜보고 있었기 때문만은 아니었다. 더욱 걱정스러운 것은 이집트의 무슬림형제단에서부터 CIA와 리비아 정보기관이 협력하여 파괴하려 한 리비아의 급진 단체들에 이르기까지 수십 년 동안 독재자의 발뒤꿈치 아래 짓눌렸던 이슬람주의 집단들이 정치적 힘을 얻고 있다는 점이었다. 아랍 세계에 부는 회오리바람이 알카에다와 그 제휴 세력을 부활시키는 씨앗을 뿌릴 수도 있다는 데 CTC는 두려움을 품었다.

이러한 사정은 파키스탄 아보타바드의 건물 꼭대기층에 몸을 숨긴 알카에다 지도자에게는 원기를 북돋우는 전망이었다. 생애의 마지막이 될 몇 주일 동안 부하들에게 맹렬히 편지를 쓴 오사마 빈라덴은 2011년 초 몇 달간 아랍의 반란은 자신이 알카에다를 창설한 1990년대에 처음 펼쳐보인 구상의 실현이라고 주장했다. 사실 이 반란들은 그가 예견한 것이라곤

아무것도 발생시키지 않았고, 이집트와 튀지니의 정권을 무너뜨린 사람들은 알카에다 또는 범무슬림 통치지역을 세울 길을 구하는 자들이 아니라 혁명을 진전시키는 데 미디어 기술을 활용한 풀뿌리 젊은이들이었다.

하지만 빈라덴은 여전히 혼란 속에서 희망을 발견했다. 그는 미 국무장관 힐러리 클린턴이 "이 지역은 무장 이슬람주의자들의 손에 들어갈 것"이라는 우려를 표명했다고 자신의 대리인 한 사람에게 유쾌한 어조로 편지를 썼다. 그에 따르면 "이 연속적 혁명의 날들에" 세계가 목격하고 있는 것은 "알라의 뜻대로 이슬람 세계 대부분을 에워싸게" 될 "위대하고 영광스러운 사건"이었다.[25]

제14장

불화

미국인 스파이는 몇 주 동안 라호르의 산업지구 외곽, 재소자들이 탁한 환경에서 죽어간다는 고약한 평판을 가진 코트 라크파트 감옥의 어두운 감방에 들어앉아 있었다. 그는 나머지 죄수들과 분리되어 교도관들이 무기를 소지하지 않은 퇴락한 시설의 한 구역에 수용되었는데, 이것은 미국 관리들이 그의 안전을 위해 감옥 관리자들을 채근하여 어렵게 얻어낸 양보 조치였다. 라호르의 미 영사관은 또 다른 안전 조치도 협상했다. 개 몇 마리에게 레이먼드 데이비스의 음식을 맛보게 해서 독이 들었는지 검사한다는 것이었다.[1]

많은 파키스탄 고위 첩보원들에게, 감방에 앉아 있는 이 남자는 CIA가 파키스탄 내에 소규모 규대, 다양한 범죄 행위를 벌이면서 걸핏하면 총질을 해대려는 카우보이들의 집단을 건설했다는 자신들의 의심에 대한 확실한 증거로 보였다. CIA 입장에서는 자신들과 관련한 데이비스의 역할이 노출된 것은 9.11 이후의 현상, 즉 CIA가 어떻게 제 가장 민감한 직무를 외부 계약인들과 기타 이슬람 세계의 교전지역에서 일할 만한 경험도 기질도 못 갖춘 사람들에게 맡겼는지에 관해 달갑지 않은 조명을 받는 결과를 낳았다.

가난한 벽돌공과 요리사의 셋째 아들로 태어난 레이먼드 앨런 데이비스는 산맥의 틈(gap)으로 파월 강이 흐르는 탓에 빅스톤갭이라는 이름이 붙은 인구 6,000명의 탄광촌에 있는 작은 마을 스트로베리 패치의 판잣집에서 자랐다.[2] 부끄럼이 많고 내성적이었던 데이비스는 남달리 힘이 셌고 그 지역 고등학교에서 미식축구와 레슬링의 스타가 되었다. 1993년에 졸업한 그는 육군 보병으로 입대했고 1994년 유엔 평화유지군으로 마케도니아에 파병되었다. 1998년에 5년의 복무 기간이 끝나자 이번에는 포트 브래그에 주둔하는 육군 제3특전단에 재입대했다. 2003년에 육군을 떠난 그는 다른 수백 명의 네이비실과 그린베레 퇴역자들처럼 에릭 프린스의 회사 블랙워터USA에 고용되었고 곧 이라크에서 CIA의 보안경비원으로 일하게 되었다.

그가 블랙워터에서 한 일에 대해서는 잘 알려지지 않았지만 그는 2006년에 회사를 떠나 부인과 함께 라스베이거스에 사설 보안회사를 차렸다. 얼마 뒤에는 CIA의 민간 계약인으로 고용되었는데 이들을 CIA는 랭글리의 본부에 출입할 때 계약인들이 보여주는 신분증 색깔을 따서 '녹색 명찰'이라고 불렀다. 데이비스처럼 많은 계약인들은 CIA의 범용대응반(Global Response Staff) 구성원으로 고용되었고, 이들은 전쟁지역에 가서 공작관들을 보호하고 잠재적인 접선 지점의 보안 상태를 평가하며, 어떤 경우에는 공작관들이 매복에 걸리지 않도록 정보원과 미리 접촉하기도 하는 경호원들이었다. 이듬해에 리비아의 벵가지에 있는 CIA 기지 지붕에서 맹렬한 총격을 받게 되는 사람들이 바로 CIA의 보안 부서에서 나온 요원들이었다. 이라크와 아프가니스탄 전쟁의 수요가 CIA 자체의 보안 요원들에게 큰 부담을 안겼기 때문에 정보국은 폭등한 금액을 지불하면서도 민간 계약인들에게 보안 직무를 맡길 수밖에 없었다. 2008년에 처음 CIA와 함께 파키스탄에 배치된 데이비스는 수당과 경비를 포함해 20만 달러를 웃도는 연봉을 받으며 페샤와르의 CIA 기지에서 일했다.[3]

2011년 2월 중순, 벌써 몇 주일째 감옥에 갇힌 데이비스는 가까운 시일 안에 풀려날 것 같지 않았다. 이 살인 사건은 파키스탄 안에서 반미적 열정을 타오르게 했고 거리 시위와 흥분한 신문 사설은 파키스탄 정부에게 데이비스를 석방하라는 미국의 요구에 굴복하지 말고 사형을 선고하라고 주문했다. 데이비스가 죽인 남자들이 그날 여러 번 좀도둑질을 벌였다는 증거가 나왔지만 현장에서 도주한 번호판 없는 미제 SUV에 치여 사망한 제3의 남자가 문제에 추가되었다.

데이비스에게는 설상가상으로, 그가 투옥된 라호르는 나와즈 샤리프의 가족이 정치문화를 지배하는 곳이었다. 이 전직 총리는 다시 한 번 파키스탄을 운영하겠다는 의도를 숨기지 않았기 때문에 약 200마일 떨어진 이슬라마바드의 아시프 알리 자르다리 대통령과 그의 정치조직에 최고의 적대자가 되었다. 이슬라마바드의 미국 대사관은 데이비스를 감옥에서 빼내려고 자르다리 정부에 의지했으나 대통령의 숙적이 사는 도시의 경찰관과 판사 들에게는 자르다리가 거의 영향력이 없다는 것을 이내 깨달았다.

그러나 데이비스가 감옥에서 고생하도록 보장할 가장 중요한 요인은, 파키스탄 정부가 이미 의심해왔고 라호르의 원형 교차로에서 레이먼드 데이비스의 사격술이 명백하게 만들어놓은 바를 오바마 정부가 파키스탄 정부에게 아직 이야기하지 않았다는 점이었다. 그가 서류나 다루는 여느 미국 외교관이 아니라는 사실이 그것이었다. 파키스탄에서 데이비스의 업무는 훨씬 어두웠고, 진작부터 과민했던 CIA와 ISI의 관계 속에서 노출된 신경을 탐침으로 찔러대는 일을 포함하고 있었다.

2008년 11월 파키스탄 무장단체 라슈카르에타이바, 곧 '순수함의 군대'가 보낸 암살단이 인도 뭄바이의 화려한 호텔을 점령해 4일간 난동을 부리며 500명 이상을 죽이거나 다치게 한 이래 CIA 분석관들은 이 집단이 남아시아 바깥에서 극적인 테러 공격을 저질러 국제적으로 이름을 알릴 방법을 찾는 중이라고 경고해왔다. 이것은 CIA가 점점 팽창하는 파키스탄 내 요원들에게 라슈카르의 작전에 관한 정보 수집 임무를 더 많이 할당하게 만들었고, 그로 말미암아 CIA와 ISI의 이해관계는 직접 갈등을 빚게 되었다. CIA가 부족지역 근처에 숨어 알카에다 사람들을 추적하는 것과, 파키스탄의 도시들 안에 들어가 ISI가 귀중한 대리 전력으로 여기는 집단을 상대로 첩보 임무를 수행하는 것은 완전히 다른 문제였다.

　　라슈카르는 파키스탄 정보부가 아프가니스탄에서 소련에 대항해 싸우도록 육성한 여러 단체들이 뭉쳐 1990년에 결성했다. 결성 즉시 이 집단의 초점은 아프가니스탄에서 인도로 전환했고, 파키스탄과 인도가 동시에 자기 영토라고 주장하는 산악 분쟁지대 안에 카슈미르 독립단체들이 분리국가를 세울지 모른다는 두려움을 갖고 있었던 파키스탄 대통령 무함마드 지아울하크는 이 독립단체들에 대한 평형추 구실을 하기를 바라면서 라슈카르 전투원들을 카슈미르에 보내기 시작했다. ISI는 여러 해 동안 이 집단을 인도에 맞선 유용한 자산으로 길러냈고, 그 지도자들이 공공연히 활동한다는 사실은 2002년 뉴델리의 인도 국회의사당에 대한 뻔뻔스러운 습격이 벌어진 뒤 무샤라프 대통령이 내렸던 '활동 금지령'을 웃음거리로 만들었다. 유명한 그랜드 트렁크 로드를 따라 라호르 교외의 무리드케에 널찍하게 자리잡은 라슈카르의 본부에는 급진적인 이슬람학교, 시장, 병원, 심지어 물고기 양식장까지 들어서 있었다. 이 시설들은 사우디아라비아를 비롯한 페르시아 만 국가의 부자들이 기부한 돈으로 지어졌지만 라슈카르는 성공적인 모금 활동도 벌였고 자마트 웃 다와(진실의 모임)라는 연합 조직

을 위장으로 내세워 빈민들에 대한 다수의 사회복지사업을 펴고 있었다.[4]

이 집단의 카리스마적인 지도자 하피즈 무함마드 사이드는 몇 년 동안 가택연금 상태에 있었으나 2009년에 라호르 고등법원은 쉰아홉 살 먹은 이 인물에 대한 모든 테러 혐의를 파기하고 자유로운 몸으로 만들어주었다. 다부진 몸집에 야생적인 수염을 기른 사이드는 수많은 금요 예배에 공개적으로 나타나 경호원들을 좌우로 거느린 채 추종자들에게 미국, 인도, 이스라엘의 제국주의에 관한 설교를 했다. 미국이 뭄바이 공격과 사이드의 연관을 밝혀줄 정보에 1천만 달러의 보상금을 걸었을 때도 대중 속에서 자유롭게 움직이기를 계속해 파키스탄판 로빈 후드라는 전설을 더욱 굳건하게 했다.

레이먼드 데이비스가 2010년 늦게 다른 몇몇 CIA 요원들 및 계약인들과 더불어 안가로 이동했을 때 라호르의 CIA 요원 대부분은 라슈카르의 성장에 관한 정보를 수집하는 데 관여했다. 많은 CIA 공작원들이 위장 신

하피즈 무함마드 사이드(중앙). ⓒAP Photo/K. M. Chaudary.

분으로 파키스탄에 들어온 탓에 파키스탄 정보부 관리들은 이 미국인들이 무슨 일을 하는지 어림짐작만 할 따름이었다.

파키스탄에 더 많은 첩보원을 들여보내기 위해 CIA는 미국인들의 비자 승인을 수월하게 해주는 신비한 규칙을 활용했다. 국무부와 CIA, 국방부는 각각 제 직원들의 비자를 신청하는 별도 경로를 갖고 있었고, 그 신청서 모두가 친미 성향을 가진 워싱턴 주재 파키스탄 대사 후사인 하카니의 책상에 도착했다.[5] 전직 정치가이자 보스턴대학 교수였던 하카니는 파키스탄에 오는 미국인 다수는 — 적어도 공식적으로는 — 파키스탄에 대한 수백만 달러의 해외 원조금을 관리할 터이므로 비자 승인에 관대하게 임하라는 파키스탄 정부의 지시를 받았다. 2011년 초 라호르 살인사건이 벌어졌을 때 파키스탄에는 너무나 많은 미국인들이 합법 신분과 위장 신분을 아울러 지닌 채 활동하고 있어서 파키스탄 주재 미국 대사관마저 그들의 정체와 소재지를 추적할 정확한 기록을 갖지 못했을 정도였다.[6]

이슬라마바드 주재 미국 대사관은 본질적으로 요새 안의 요새다. 건물들은 칼날 같은 물건이 촘촘이 박힌 철선 및 감시 카메라가 꼭대기에 설치된 담장에 둘러싸여 있으며, 외교적 고립영토(Diplomatic Enclave)라고 불리는 이 녹지를 도시의 나머지와 분리시키는 외곽 담벽에 또 한 번 에워싸여 있다. 미국 정부가 이처럼 콘크리트와 강철 더미 안에 은거하는 것이 유난스럽고 얼마쯤 비외교적으로 보인다면 미국은 적어도 그럴 만한 이유를 갖고 있었다. 예전 대사관 건물은 1979년에 메카의 대大모스크가 점령당한 사건의 배후가 미국이라는 잘못된 보도에 격분한 학생 시위자들이 불태워버렸던 것이다. 실제로는 급진 이슬람 분파가 사원을 장악한 뒤 성지순례차 메카에 온 수십만 명 중 일부를 인질로 잡은 사건이었다.[7] 미국 대사관 내부에서 외교관들과 첩보원들의 업무는 대부분 분리되어 있었는데,

CIA 지부는 대사관 내 자신들의 별관에 가득 들어찬 사무실들을 차지하고 있었고 그곳에 가려면 암호화된 잠금장치가 달린 문을 여럿 지나야 했다.

하지만 레이먼드 데이비스가 라호르 경찰에 체포된 뒤 대사관은 단순히 지리적으로만 분리된 공간이 아니게 되었다. 사건 이틀 뒤 CIA는 새로운 이슬라마바드 지부장을 보냈다. 파키스탄 내 CIA의 가장 중요한 전초기지에 일종의 회전문 인사라고 할 만한 조치가 이루어진 최근의 사례였다. 새 지부장의 이전 해외 근무지는 CIA가 냉전시대에 가장 교활하고 유능한 요원을 보냈고 근래에는 KGB가 소련 멸망 후 몸을 바꾼 러시아 해외정보국(SVR)과 드잡이를 할 만큼 거친 사람들에게 자리를 맡겨온 러시아였다. 구식이고 고집 센 새 지부장은 ISI와 친하게 지내려고 파키스탄에 온 것이 아니었다.[8] 그가 원한 것은 ISI의 코앞에서 CIA를 위해 일할 파키스탄인들을 더 많이 모집하고, ISI 사무실에 대한 전자 감시를 확대하며, 파키스탄 첩보원들과 정보 공유를 하지 않는 것이었다. 첩보활동에 대한 이 매파적인 접근방식은 CIA 내부에서 오랫동안 불려온 이름을 갖고 있었다. '모스크바 규칙'. 그 전략은 이제 파키스탄에 적용되고 있었고, 새 지부장에게 집에 온 듯 편안한 느낌을 안겨주었다.

지부장의 고집스러운 태도는 곧바로 그와 이슬라마바드 주재 미국 대사 캐머런 먼터의 사이를 틀어지게 만들었다. 캘리포니아 출신으로 존스홉킨스대학에서 역사학 박사학위를 받은, 책 좋아하는 경력 외교관 먼터는 국무부 관료 체제에서 유럽을 담당하는 여러 직위를 거쳤다. 그런 뒤에는 이라크에서 몇 군데 일자리를 맡았고 2010년 늦게 이슬라마바드의 대사로 부임했다. 이 자리는 국무부에서 가장 중요하고도 어려운 직책으로 여겨졌는데 먼터는 그가 부임하기 전 3년 동안 부시와 오바마 정부 관리들과 공히 긴밀한 관계를 발전시켰던 공격적 외교관 앤 패터슨의 후임이라는 부담을 안고 있었다. 그녀는 부족지역에서의 드론 공격을 굽힘 없이 옹호해 CIA의 찬사를 받았다.

하지만 먼터는 사태를 다르게 보았다. 그는 파키스탄 내 대테러 작전의 장기적 가치에 회의적이었다.[9] 미국과 파키스탄의 관계가 빠르게 악화되는 때에 이슬라마바드에 도착한 먼터는 드론으로 수행하는 전쟁의 속도가 중간 등급의 테러리스트들을 죽이는 미봉책을 위해 정작 중요한 동맹국과의 관계를 약화시키지 않을지 의문을 가졌다. 머지않아 먼터는 드론 프로그램에 관한 그의 견해는 대수롭지 않다는 점을 충분히 배우게 될 것이었다. 파키스탄의 전쟁과 평화에 관한 질문이 나올 때면 오바마 정부에서 정말 중요한 것은 바로 CIA가 믿는 바였다.

레이먼드 데이비스가 감옥에 앉아 있는 상황에서 먼터는 당장 ISI 부장인 아마드 슈자 파샤 중장에게 가 거래를 하는 것이 필수적이라고 주장했다. 미국은 데이비스가 CIA 일을 하고 있었음을 인정하고, 라호르에서 희생된 이들의 유가족은 비밀리에 보상을 받으며, 데이비스는 조용히 이 나라를 빠져나가 절대 되돌아오지 않아야 했다. 그러나 CIA는 반대했다. 데이비스는 ISI와 광범위한 관련을 맺은 무장단체들에 관한 첩보활동을 전개하고 있었고 CIA는 그것을 자백하고 싶지 않았다. CIA 지도부는 ISI에게 자비를 호소할 경우 데이비스를 파멸시킬지 모른다고 우려했다. 오바마 정부가 데이비스는 살인을 금하는 법까지 포함해 현지의 법에 대한 면책특권을 가진 외국 외교관이라는 이유를 들어 이슬라마바드에 석방하라는 압력을 넣기도 전에 그는 감옥에서 살해당할 수 있었다. 데이비스가 체포된 날 CIA 지부장은 먼터의 사무실에 와서, 파키스탄인들의 의사진행을 방해하기로 결정이 내려졌다고 말했다. 그는 거래를 하지 말라고 경고하면서 덧붙였다. 파키스탄은 적이라고.

이 전략은 미국 관리들이 맨 꼭대기부터 밑바닥에 이르기까지, 공적으로든 사적으로든, 레이먼드 데이비스가 이 나라에서 정확히 무슨 일을 하고 있었는지에 관해 애매모호한 태도를 취해야 한다는 것을 의미했다. 총격 후 2주일에서 좀 더 지난 2월 15일 오바마 대통령은 기자회견에서 처음으로 레이먼드 데이비스 사건을 언급했다. "파키스탄에 있는 우리 외교관" 데이비스는 외교적 면책특권이라는 "매우 단순한 원칙"에 따라 즉각 석방되어야 한다고 오바마는 말했다. "우리 외교관이 다른 나라에 있다면 그들은 그 나라 현지의 기소 대상이 아닙니다."[10]

데이비스를 '외교관'이라 칭한 것은 기술적으로는 정확했다. 데이비스는 외교관 여권으로 파키스탄에 들어왔고 이는 통상적인 여건에서였다면 그가 외국에서 기소되는 것을 막아줄 터였다. 그러나 라호르의 총격 사건 이후 파키스탄 사람들은 국제법의 미묘한 사항들에 관한 논쟁을 받아들일 태세가 전혀 아니었다. 그들이 보기에 데이비스는 ISI에 신고하지도 않았고 CIA 관리들이 아직도 자신들이 통제했다고 인정하려 하지 않는 미국인 스파이였다. 오바마의 기자회견 직후 ISI 부장 파샤 장군은 리언 패네타와 만나 더 많은 정보를 얻으려고 워싱턴으로 갔다. 데이비스가 CIA 직원이라고 거의 확신하고 있었던 그는 패네타에게 두 첩보기관이 일을 조용히 처리하자고 제안했다. 패네타의 사무실에서 그는 단도직입적으로 물었다.

데이비스가 CIA를 위해 일하고 있었습니까?

아뇨, 그는 우리 사람이 아닙니다. 패네타가 대답했다.

패네타는 문제가 자신의 손을 떠났으며 이 쟁점은 국무부 당국자들이 다루고 있다고 말했다. 파샤는 화가 난 채 CIA 본부를 떠났고 데이비스의 운명을 라호르의 판사들 손에 맡겨버리기로 작심했다. 다른 사람들에게 그가 한 말은 미국이 논란을 신속하게 끝낼 기회를 방금 잃어버렸다는 것이었다.[11]

CIA 국장이 파키스탄 내 미국 첩보원들의 거대한 비밀 조직망을 감독하고 ISI 책임자에게 미국이 벌이는 비밀전쟁의 규모를 숨길 작정이었다는 점은 아사드 무니르가 파키스탄 서부에서 오사마 빈라덴을 찾기 위해 페샤와르의 CIA와 팀을 이루었던 2002년 이후로 양쪽의 관계가 얼마나 어그러졌는지를 보여주었다. 상황은 ISI가 아트 켈러를 비롯한 CIA 공작원들이 부족지역의 파키스탄군 기지 바깥에서 일하도록 허락한 2006년보다도 훨씬 좋지 않았다. 어디서 일이 잘못되었던가?

두 첩보기관의 관계는 아프가니스탄 전쟁이 시작되었을 때부터 걱정스러웠지만 진짜 불화가 생긴 것은 2008년 7월 이슬라마바드의 CIA 요원들이 파키스탄 육군참모총장 아슈파크 파르베즈 카야니 장군을 방문해 부시 대통령이 드론 전쟁의 새 전략을 승인하는 일련의 비밀 명령에 서명했다고 말했을 때였다. CIA는 부족지역에서 프레데터나 리퍼 드론으로 미사일을 발사하기 전에 사전 경보를 더 이상 파키스탄에 제공하지 않을 예정이었다. 그 시점부터 파키스탄에서 CIA의 살해 작전은 단독적인 전쟁이 될 것이라고 CIA 요원들은 카야니에게 말했다.

이러한 결정은 부족지역 내 무장단체의 성장을 두고 워싱턴에서 여러 달에 걸쳐 고통스러운 토론을 벌인 뒤에 내려졌다. CIA의 내부 평가서는 이를 알카에다가 9.11 이전 몇 년 동안 아프가니스탄을 안전한 은신처로 삼았던 상황에 비유했다. 2007년 5월 1일 작성된 CIA의 이 고급 기밀 문서는 북부와 남부 와지리스탄, 바자우르, 기타 부족지역에 세운 작전기지들 때문에 알카에다가 2001년 이래 가장 위험한 상태에 있다는 결론에 도달했다.[12]

그 평가는 파키스탄 문제에 관해 한 해 내내 이어진 논의의 초석이 되었다. 국무부의 일부 파키스탄 전문가들은 이 나라에서 CIA의 전쟁을 확대하면 길거리의 반미적 분노를 더욱 부추기고 나라를 벼랑 끝으로 몰아갈 수 있다고 경고했다. 그러나 CIA 대테러센터 내부의 인사들은 ISI의 허락

없이 드론 작전을 확대하자고 주장했다. 그들에 따르면 2004년에 넥 무함마드를 죽인 이후 파키스탄에서는 25회에 미달하는 드론 공격이 있었고, 그중 CIA의 '가치 높은 표적' 목록에 있는 전투원들을 죽인 공격은 고작 3건이었다. 다른 잠재적 공격들은 파키스탄의 허가를 받느라 공격이 지연되거나 표적이 귀띔을 받아 달아난 것으로 보였기 때문에 마지막 순간에 무산되었다. CTC의 표적 선정자들은 무장단체들과 오랜 관계를 맺은 ISI의 S부 구성원들이 무장대원에게 경보를 전했다는 증거를 수집하려고 했지만 확실한 증거는 없었다.

CIA 공작관 일부가 대테러센터 공작원들을 속물 또는 '장난감 가진 남자애들'이라고 조롱했던 몇 년 전과는 달리, 2008년에 정보국 내 다양한 파벌들은 드론 작전이 확대되어야 한다는 입장 주변에 뭉쳤다. 2005년 후반 이후 CIA는 부족지역에서 알카에다 지도자들의 소재에 대한 정확한 정보를 제공할 원천을 더 많이 개발해두었다. 더구나 방위산업체 제너럴아토믹스는 프레더터와 리퍼 드론의 생산을 늘려 CIA가 무인기를 이용해 의심스러운 알카에다 건물과 훈련장을 거의 상시적으로 감시할 여건을 만들어주었다. CIA의 분석 부서인 정보부(Directorate of Intelligence) 분석관들은 단독으로 작전을 개시한다 해도 부시의 관료들이 다년간 걱정했던 것처럼 파키스탄에서 세속 정부가 축출되고 이슬람주의자의 통치가 부상하는 상황으로 이어지지는 않을 것이라고 판단했다. 그들은 무샤라프 장군이 퇴진 요구에 굴복한 뒤 선출된 아시프 알리 자르다리가 이끄는 이슬라마바드의 민간인 정부는 드론 공격의 증가에 따른 대중적인 분노가 아무리 고조되더라도 충분히 견뎌낼 만큼 강하다는 결론을 내렸다.

국방부 지도부의 변화 역시 부시 정부가 파키스탄 문제에 더 공격적으로 접근하는 데 기여했다. 특전부대를 전쟁지역 너머로 파견할 자신의 권한을 확대하려고 노력하기는 했지만 도널드 럼스펠드는 무샤라프 대통령에게 해를 끼칠지 모를 대중적 반발이 두려웠기 때문에 파키스탄에서 '병력을 현장에 보내는' 작전을 지나치게 많이 벌이지 않도록 조심했다. 하지만 럼스펠드의 후임자 로버트 게이츠는 무샤라프가 물러난 마당에 미국이 이 나라에서 더 많은 위험을 감수할 수 있다고 믿었다. CIA 국장을 지낸 게이츠는 1980년대 아프가니스탄에서 소련에 맞선 미국의 비밀작전을 관리하는 일을 하며 파키스탄과의 동반자 관계가 가져오는 이익을 목격했다. 그러면서도 그는 파키스탄이 제 안보를 애써 확보하는 방식을 삐딱한 눈길로 바라보았고, 파키스탄 정부가 부족지역의 무장단체들을 상대로 공세적 행동을 취하는 데 흥미도 능력도 갖지 않은 이상 그런 행동을 벌이지 않을 것임을 알았다. 국방장관으로서 아프가니스탄을 처음 방문했을 때 게이츠는 바그람 공군기지의 보안 브리핑실에 앉아 부족지역 내 알카에다 공작원들의 은신처로 믿어지는 건물 모두에 관한 합동특전사 부사령관 로버트 하워드 해군 소장의 기밀 보고를 들었다. 게이츠가 물었다. "그렇다면 가서 잡으면 되지 않소?"[13]

그래서, 2008년 7월 CIA 국장 마이클 헤이든과 부국장 스티븐 캡스가 부시 대통령과 전쟁 내각에 파키스탄의 산악지대에서 단독으로 전쟁을 수행하려는 정보국의 계획을 제시하러 백악관에 왔을 때 그들은 낙담한 대통령에게 계획을 강매하고 있는 것이 아니었다. "게임은 그만둘 생각이오." 부시는 말했다. "이 개자식들은 미국인들을 죽이고 있어요. 나는 참을 만큼 참았습니다."[14] 이것이 오바마 대통령도 취임 후 이어받았던, 부족지역에 대한 몇 년에 걸친 맹렬한 드론 공격의 시작이었다. 그리고 CIA와 ISI 간의 관계가 틀어짐에 따라 랭글리는 파키스탄 첩보원들과 친선을 쌓는 데 전임자들보다 훨씬 적은 시간과 기력을 쓴 지부장들을 이슬라마바드로 보냈다. CIA의 빈라덴 추적 부서 책임자였고 이슬라마바드 지부장을 지낸 리처드 블리는 CIA를 "'엿 먹어라' 학파가 장악했다"고 한탄했다. 2008년 이후 CIA는 숙련된 공작관들을 이슬라마바드에 연속적으로 순환 근무시켰고 그 인물들 각각은 매번 전임자보다 더 적의를 품고 파키스탄을 떠났다.

지부장 중 한 사람인 존 베넷은 케냐의 나이로비 지부에서 소말리아의 CIA 작전을 운영했고 남아공 지부장을 지낸 오랜 비밀 요원이었다. 처치위원회 이후 세대의 요원인 베넷은 CIA의 표적살인 작전에 관해 동년배 다수가 공유했던 우려를 품고 파키스탄에 도착했지만 재임하는 동안 차츰 마음이 바뀌었다. 그는 특히 CIA와 ISI 사이에 대부분의 정보 공유가 시들해진 이후의 상황에서는 드론이 파키스탄의 알카에다를 파괴하는 데 유일하게 믿을 만한 수단이라고 보았다. ISI와 그의 관계는 드론 작전에 관한 파키스탄 국내의 반대를 부추기는 활동에서 ISI가 맡은 역할을 그가 조사하기 시작하자 차가워졌고, 그는 ISI에 냉소적인 견해를 지닌 채 2010년에 이슬라마바드를 떠났다. 그는 파키스탄에 있으면서 ISI를 상대하던 때를 "내 인생에서 결코 되돌아가고 싶지 않은 시절"이라고 동료들에게 술회하기에 이른다. 드론 공격에 대한 분노를 조장하려는 ISI의 선전 활동이라고 여겨진 것을 한층 더 깊이 파고들었던 베넷의 후임 지부장은 파키스탄 언론에 신분이 노출되는 바람에 급히 그 나라를 떠나야 했다. CIA는 2008년 뭄바이 공격의 희생자들이 뉴욕에서 제기한 소송에서 파샤 장군이 피고인으로 지명된 데 대한 보복으로 ISI가 정보를 유출했다고 의심했다.

심지어, 처음 보기에는 CIA와 ISI 간 친선 관계의 새 시대를 알릴 것만 같았던 많은 작전들이 비난과 손가락질 속에서 끝났다. 베넷이 CIA 지부장이던 2010년 1월, 카라치에서 일하는 CIA 비밀 요원들과 특수전부대는 도시 서부의 슬럼가 발디아타운에 있는 어느 집 휴대전화를 추적했다. CIA는 파키스탄의 대도시 안에서는 단독으로 작전을 수행하지 않았으므로 ISI에 이 정보를 통보해주었다. 파키스탄의 군과 경찰이 그 집에 기습을 감행했다.[15]

CIA가 미리 알지 못했지만, 집에 숨어 있던 사람은 아프가니스탄 탈레반의 군사 지휘관이자 물라 모함메드 오마르 다음가는 2인자로 추정되는 물라 압둘 가니 바라다르였다. 집에 있던 용의자들이 체포되어 심문을 받은 뒤에야 CIA는 바라다르가 억류된 사람들 속에 있다는 것을 알게 되었다. ISI는 그를 이슬라마바드 산업 지대의 구금 시설에 데려갔고 CIA가 그에게 접근하는 것을 금지했다. "그때부터 상황이 정말 복잡해졌다"고 한 전직 CIA 요원은 말했다.

이 일 전체가 함정이었을까? 파키스탄 안에서는 바라다르가 미국인들과 거래를 하고 싶어 했고 아프가니스탄에서 탈레반을 협상 테이블로 데려오려 했다는 소문이 파다했다. ISI는 바라다르를 거리에서 치워버림으로써 막 탄생하려는 평화 회담을 망치기 위해 CIA에게 정보를 흘리고 체포 과정 전체를 꾸며냈던 것일까? ISI가 CIA를 가지고 놀았단 말인가? 랭글리의 CIA 간부들은 몇 달이 지나도록 이 질문에 대답할 수 없었다.

ISI가 아프가니스탄 탈레반을 상대로 표리부동한 행동을 계속했다는 CIA의 강한 의심은 첩보 관계에서 변함 없는 부담이었지만 뜻밖에 소중한 정보를 획득한 연합 작전도 있었다. 레이먼드 데이비스의 이름이 세상에 알려지기 8개월 전인 2010년 6월에 두 첩보기관은 파키스탄에 은신한 알카에다 지도자들에게 병참 지원을 해준다고 의심받는 아랍인 한 무리의 휴대전화를 감시했다. 하지만 이 작전은 부분적으로만 '연합' 작전이었다. CIA는 생포된 알카에다 공작원들한테서 그가 오사마 빈라덴의 개인 전령임을 몇 년 전에 확인받은, 아부 아메드 알쿠와이티라는 가명을 쓰는 인물의 휴대전화 번호는 파키스탄 정보부에 알려주지 않았다.[16] 알쿠와이티의 존재를 처음 안 이래 이 전령을 뒤쫓는 작업은 여러 번 막다른 골목에 맞닥뜨렸는데, CIA는 2007년이 되어서야 그의 본명이 이브라힘 사이드 아흐메드라는 것을 외국 정보기관에게 얻어들을 수 있었다. 이슬람 세계에서는 비교적 흔한 이름이었지만 이 새로운 정보 덕에 국가정보국은 결국이 전령이 사용하는 휴대전화 번호를 정확히 찍어냈고 그것을 휴대전화 감시 작전을 펴는 CIA에 넘겨주었다.

2010년 여름에 도청당하는 알쿠와이티의 휴대전화로 전화가 걸려왔다. 전화를 건 사람은 알쿠와이티의 친구였고 발신지는 페르시아 만 지역이었으며 미국인 염탐자들은 대화를 엿들었다.

"다들 보고 싶어 해. 어디 있었나?"

알쿠와이티의 대답은 모호하면서도 애를 태우게 하는 것이었다.

"전에 함께 지내던 사람들한테 돌아와 있다네."[17]

이 암호화된 발언은 중요했다. 알쿠와이티가 다시 알카에다와 일하고 있으며 어쩌면 빈라덴과 직결되는 줄을 쥐었을지도 모른다는 것을 암시했기 때문이다. 알쿠와이티가 휴대전화를 사용하는 곳이 어디인지 밝혀낼 지리 위치추적 기술을 활용하여 NSA는 페샤와르 부근일 것이라고 추정했다. 당시 CIA 내 소수 분석관들은 빈라덴이 파키스탄의 안정 지역 같은 다른 곳에 숨었으리라 짐작하기는 했지만, 알쿠와이티가 알카에다 최고 지도부 대다수의 은신처로 여겨지는 부족지역을 돌아다니고 있다면 웬만큼 앞뒤가 맞았다. 어느 정도까지 그것은 다른 가능성들을 배제하기만 하는 과정에서 얻어진 예감이었다. CIA는 빈라덴이 거기 숨어 있다는 새로운 증거라고는 전혀 없이 부족지역에 집중하며 몇 년을 소비했다. 어떤 점에서는 다른 곳을 수색하기 시작하는 것이 이치에 맞았다.

예감은 옳은 것으로 밝혀졌다. 휴대전화 통화 후 2달이 지났을 때, CIA를 위해 일하는 파키스탄 사람 하나가 페샤와르에서 뒷문에 예비 타이어를 부착한 백색 스즈키 포토하 트럭을 운전하는 알쿠와이티를 목격했다. 그는 도시 바깥으로 나가는 알쿠와이티를 뒤쫓았는데, 트럭은 부족지역과 산악지대로 통하는 서쪽을 향하지 않았다. 대신에 트럭은 동쪽으로 120마일 넘게 달려 이슬라마바드 북쪽, 파키스탄 제일의 군 사관학교와 퇴역 관리들이 공을 때리며 소일하는 이 나라 최고의 골프장이 자리잡은 작고 조용한 마을로 갔다. 그곳, 아보타바드에 다다른 스즈키 트럭은 3.6미터 높이의 콘크리트 담장으로 둘러싸인 널찍한 주거지 안으로 들어갔다. 이 넓은 가옥의 위쪽 층들은 담장 위로 솟아올라 있었는데 맨 꼭대기 층만 작고 불투명한 유리창 구멍이 뚫려 있어 다른 층과 구별되었다.[18] 이 집은 전화도 가설되지 않았고 인터넷 연결도 안 되었다. 그 안에 사는 사람이 누구든 그는 바깥 세계와 단절되려 애쓰고 있었다. 이 집에는 또 사용하는 전기와 가스의 총량을 감추려고 서로 분리된 계량기가 네 군데에 설치되어 있었다.[19]

이날 이후 몇 개월 동안 리언 패네타는 이 집에 누가 숨었는지 판정할 기발한 계략들을 짜내라고 대테러센터를 닦달했는데, 그중 몇 가지는 프레더터 함대를 보유하기 이전의 CIA가 아프가니스탄 내 빈라덴의 훈련소를 정탐하기 위해 열기구를 띄우는 방안을 놓고 고심하던 때를 연상시켰다. CTC 요원들은 구할 수 있는 가장 거대한 망원렌즈를 패네타의 사무실로 가져와서는 몇 마일 떨어진 산맥에 설치하자고 제안했다. CIA가 그 넓은 집과 멀지 않은 곳에 은밀히 개설한 안전가옥에서는 그 집이 직접 내다보이지 않았기 때문에 망원렌즈는 쓸모가 없었다.[20] 몇 주에 걸쳐 첩보위성이 파키스탄 상공을 지나면서 수천 장의 사진을 촬영했지만 이 창공의 눈은 빈라덴이 그곳에 숨어 있다는 결정적인 증거를 생산하지 못했다.

10년 가까운 범인 수색을 마치게 해줄 견고한 증거를 한 조각이라도 찾아내기 위해 CIA는 관찰했고 기다렸다.

빈라덴이 아프가니스탄의 토라보라에 피신 중 국경을 넘어 파키스탄으로 도망친 2001년 이래 이 인물의 행방에 관한 가장 유망한 단서를 CIA가 뒤쫓는 상황에서 그 비밀 요원 가운데 한 사람이 이중살인 혐의를 진 채 라호르의 감방에 들어앉아 있다는 것은 약간 불편한 정도를 넘어선 일이었다. 파키스탄의 이슬람주의 정당들은 거리 시위를 조직했고 레이먼드 데이비스가 재판을 거쳐 교수형에 처해지지 않는다면 폭동을 일으키겠다고 위협했다. 라호르의 미국 외교관들은 데이비스를 정기적으로 면회했지만 오바마 행정부는 데이비스가 그 나라에서 한 일의 실체에 관해 파키스탄 정부를 계속 방해했다. 그리고 이 사건은 또 다른 희생자를 낳았다.

2월 6일, 데이비스에게 희생된 남자의 비탄에 빠진 아내가 치사량의 쥐약을 삼키고 파이살라바드의 병원에 실려갔고 의사들은 위 세척을 실시했다. 이 여성, 슈마일라 파힘은 미국과 파키스탄이 그녀의 남편을 살해한 자를 감옥에서 석방하기 위해 소리 없이 중재 협상을 벌일 것이 분명하다고 병원 침대에서 의사들에게 말했다. "그들은 내 남편을 죽인 자를 경찰에 체포된 상태에서도 VIP처럼 대했으니 국제적인 압력 때문에 그 사람을 풀어줄 게 확실하다고 봐요. 그는 내 남편을 죽였고 나는 정의를 요구합니다. 그자가 미국인인 건 상관없어요. 그가 이 일에서 벗어나게 해주면 안 돼요."[21] 그녀는 얼마 지나지 않아 사망했고, 데이비스 사건을 저명한 쟁점으로 전환시킨 파키스탄 내부 집단들에게 곧바로 순교자가 되었다.

데이비스 사건을 둘러싼 분노는 빠르게 확산되어 이 나라에서 CIA의 작전 대부분을 폐쇄하고 아보타바드에서의 정보 수집마저 탈선시키겠다고 위협하고 있었다. 그러나 CIA는 완강히 버텼다. 또 최고 간부들을 이슬라마바드에 파견해 먼터 대사에게 전략을 고수하라고 말하게 했다. 데이비스를 석방하도록 파키스탄에 강요하고 만약 따르지 않으면 험악한 결과를 보게 된다고 협박하라는 것이었다. 고통에게 연락하라, 그러면 사람들은 정신을 차릴 테니.

그러나 먼터는 CIA의 전략이 제대로 작동하지 않는다고 판단했고, 다른 미국인 관리들과 더불어 새로운 계획을 고안하기 시작했다. 백악관, 국무부, 워싱턴의 CIA 관리들과 논의한 뒤 먼터는 ISI 부장 파샤 장군에게 접근했고 실토를 했다. 데이비스가 CIA 일을 했으며 미국은 가능한 한 빨리 그를 이 나라 바깥으로 내보내기를 바란다고 말한 것이다.

파샤는 그처럼 쉽게 미국인들을 자유롭게 만들어줄 마음이 없었다. 그는 패네타가 자신에게 거짓말을 한 데 여전히 분이 식지 않았고, 그가 상황을 해결할 가장 좋은 방법을 — 자신의 시간표에 따라 — 궁리하는 동안 데이비스를 감옥에 가둬둠으로써 미국인들을 조바심에 몸부림치게 할 생각이었다. 워싱턴에서는 2월 21일에 하카니 대사가 CIA 본부에 불려가 버지니아 랭글리의 정보국 구내를 굽어보는 패네타의 넓은 사무실로 인도되었다. 거대한 회의 탁자를 끼고 앉은 패네타는 하카니에게 데이비스의 석방을 도와달라고 요청했다. 하카니는 회의적이었다. "제이슨 본 같은 인물을 파키스탄에 보내실 작정이라면 그 사람은 제이슨 본처럼 사라지는 기술도 갖추어야지요" 하고 하카니는 슬쩍 비꼬았다.[22]

1주일이 좀 지나 파샤는 먼터에게 자신의 대답을 가져왔다. 예측 불가능한 법정 체계의 바깥에서 문제를 해결토록 하는 고대 전통에 기반을 둔, 순전히 파키스탄적인 해법이었다. 파샤는 그 계획을 워싱턴의 하카니 대사를 포함한 파키스탄 관리들과 함께 만들어냈다. 데이비스의 행위에 대한 심판은 '피 묻은 돈' 또는 샤리아 법 아래에서 사망한 친척을 위해 희생자 유족에게 배상하는 관습인 '디얏Diyat'의 형식으로 이루어질 것이었다. 이 사안은 소리 없이 다루어져 CIA는 비밀리에 돈을 지불하고 데이비스는 풀려날 예정이었다.[23]

ISI가 나섰다. 파샤는 라호르의 ISI 공작원들에게 1월의 사건에서 살해된 세 사람의 유족을 만나 해결책을 협상하라고 명령했다. 친척 몇 사람이 처음에 저항했지만 ISI의 협상가들은 협의가 뭉개지게 할 생각이 없었다. 몇 주일 동안 논의한 끝에 양측은 총액 2억 루피, 대략 234만 달러에 투옥된 CIA 요원을 '용서'해주기로 합의했다.[24]

오바마 정부 관리들 중 소수만이 이 협의를 알았고, 협의가 시간을 끄는 동안 시계는 데이비스가 외교적 면책특권을 적용받을지에 관한 라호르 고등법원의 판결을 향해 똑딱이며 움직이고 있었는데, CIA는 판결이 미국에 불리하게 나올 것으로 예상하면서 후일 파키스탄에서 유사한 사건들이 벌어질 때 선례가 될지 모른다고 우려했다.

레이먼드 데이비스는 이 모든 것에 관해 모르는 상태였다. 3월 16일에 법원에 출두한 그는 오로지 재판이 계속 진행되어 판사가 다음 재판 날짜를 발표할 것이라고만 예상하고 있었다. 재판정에 호송된 그는 몸 앞쪽으로 수갑이 채워진 채 판사석 옆의 철제 우리 안에 갇혔다.[25] 법정 뒷편에는 한 ISI 공작원이 앉아 재판의 진행 상황을 시시각각 휴대전화 문자 메시지로 파샤에게 보고하기 시작했다. 파샤는 다시 이를 먼터 대사에게 전달했다. ISI는 라호르의 변덕스러운 법원을 거의 통제하지 못했기 때문에 파키스탄에서 가장 힘센 사람 가운데 하나였던 파샤도 일이 계획대로 되리라 확신할 수 없었다.

심리의 초반은 모두의 예상대로 흘러갔다. 판사는 소송이 계속 진행될 것이며 외교적 면책특권에 대한 판결이 며칠 안에 이루어질 것이라고 말했다. 파키스탄 기자들은 이 발언이 미국인의 논거에 타격이 될 듯하며 데이비스가 금세 풀려나지 못할 것 같다는 기사를 정신없이 써보내기 시작했다. 그러나 그런 다음 판사는 방청인들을 퇴정시켰고, 파샤 장군의 비밀 계획이 펼쳐지게 되었다.

옆쪽 출입구를 통해 희생자들의 친척 18명이 재판정으로 들어오자 판사는 민간 법정이 샤리아 법정으로 전환했다고 발표했다. 가족 구성원들은 저마다 데이비스에게 가까이 갔고 그중 일부는 눈물이 가득 고인 채, 또는 거리낌 없이 흐느끼면서, 데이비스를 용서한다고 선언했다. 파샤는 다시 문자 메시지를 먼터에게 보냈다. 일은 해결되었다고. 데이비스는 자유로운 몸이었다. 라호르의 법정에서 신의 법률이 인간의 법을 누르고 승리한 것이다.

이 드라마는 시종 우르두어로 진행되었고 그러는 동안 당황한 레이먼드 데이비스는 강철 우리 안에 조용히 앉아 있었다. ISI 요원들이 그를 낚아채 뒷문으로 법원 바깥에 데리고 나간 다음 대기하던 차에 태워 라호르 공항으로 달려간 것은 더더욱 그를 당혹스럽게 하는 일이었다.

그것은 데이비스를 최대한 신속하게 파키스탄에서 내보내려고 연출된 이동이었다. 하지만 공항에서 그를 기다리던 먼터를 비롯한 미국 관리들은 걱정이 들기 시작했다. 데이비스는 여하튼 자신을 위협한다고 믿어진 두 남자를 사살한 바 있었다. 만약 자신이 죽임을 당하기 위해 끌려간다고 생각한다면 그는 탈출 시도를 할지 몰랐고 심지어 차에 탄 ISI 공작원들을 죽이려 할 수도 있었다. 차가 공항에 도착해 데이비스를 파키스탄 외부로 데려갈 비행기 앞에 세워지자 이 CIA 공작원은 당연히 어리둥절해했다. 기다리던 미국인들이 보기에 데이비스는 그제서야 안전하다는 것을 깨닫고 있었다.[26]

레이먼드 데이비스는 비행기에 올라 서쪽으로 향했고 산맥을 넘어 아프가니스탄에 도착한 뒤 카불에서 CIA 요원들에게 인계되었다. 1월 하순 이후 처음으로 그는 파키스탄 첩보원들이 엿듣는다는 두려움 없이 라호르에서 벌어진 살인, 체포, 그리고 감옥 생활에 관해 이야기할 수 있었다.

그는 미국에서 생활하던 시절로 되돌아가려고 애썼지만 끝내 감옥 바깥에 머물 수 없었다. 파키스탄을 급작스럽게 떠난 지 7개월이 지난 2011년 10월 1일, 데이비스는 콜로라도 주 덴버 외곽의 하이랜즈 랜치에 있는 베이글 가게 앞에서 주차할 공간을 찾는 중이었다. 50세의 목사이며 부인과 어린 두 딸을 태운 채 차를 몰던 제프 마스도 마찬가지였다.[27] 마스가 데이비스를 앞질러 자리를 차지하자 데이비스는 마스의 주차된 자동차 뒤에 차를 세운 뒤 열린 창문을 통해 비속어를 외쳐댔다. 그러더니 차에서 뛰어내려 마스 앞에 버티고 서서 자신은 주차할 곳이 나기를 기다리고 있었다고 주장했다.

"진정하시오, 어리석게 굴지 말고."[28] 마스가 말했다.

데이비스는 마스의 얼굴을 후려쳐 길 위에 쓰러뜨렸다. 마스는 자신이 일어서자 데이비스가 계속 때렸다고 증언했다. 데이비스는 결국 3급 폭행과 치안 문란행위 혐의로 체포되었지만, 마스의 부상이 당초의 생각보다 심각하다고 판명됨에 따라 혐의는 중범죄로 격상되었다. 목사의 부인은 나중에 이 사건을 떠올리면서 그토록 분노로 가득 찬 사람은 난생 처음 보았다고 말했다.

데이비스 사건은 랭글리로 하여금 CIA와 ISI 관계의 온도를 낮추기 위해 수십 명의 비밀 요원들에게 파키스탄 밖으로 나오라는 지시를 내리게 했다. 먼터 대사는 저 기이한 재판이 벌어진 직후 공식 성명을 내고 유가족들의 "관대함에 감사"하는 한편 이 사건 전체와 "그것이 불러온 고통"에 유감을 표명했다.

그러나 비밀 거래는 파키스탄 내부의 분노를 부채질했을 뿐이고 이슬라마바드, 카라치, 라호르를 비롯한 대도시에서는 반미 저항행동이 불타올랐다. 시위자들은 타이어에 불을 질렀고 파키스탄 폭동진압 경찰과 충돌했으며 '나는 레이먼드 윌리엄스, 나 좀 봐줘라, 난 CIA 암살자일 뿐이야' 같은 구호가 적힌 플래카드를 들었다.

그는 파키스탄 내의 요괴, 이 깊이 불안정한 국가의 잠재의식 안에 도사린 미국인 암살자가 되었다. 그는 무모한 음모론의 소재였고 그의 이름은 반미 집회에서 정기적으로 들먹여졌다. CIA가 파키스탄에서 작전을 축소한 뒤 한 신문은 비밀 미국 군대의 철수가 근래 몇 달간 파키스탄에서 테러리스트의 폭력이 감소한 이유라는 말을 인용하기도 했다.[29] 오사마 빈라덴을 살해한 미국의 습격을 이끌어낸 사건들을 조사할 책임을 맡은 아보타바드위원회는 무엇보다 앞서 미국 첩보원들을 파키스탄에 들어오게 한 ISI에게 책임을 돌렸다. 위원회는 다채로운 과장법을 구사하면서 ISI가 지하드 전투원들뿐 아니라 "CIA의 특수 공작원들과 더러운 속임수를 쓰는 살인자들"에 대해서도 통제력을 상실했다고 결론지었다.[30]

이듬해 어느 찌는 듯이 무더운 여름 밤, 라슈카르에타이바의 수장이자 레이먼드 데이비스의 팀이 라호르에 파견된 첫 번째 이유였던 하피즈 무함마드 사이드는 이슬라마바드의 의회 건물과 1마일도 안 떨어진 곳에서 짐칸이 노출된 트레일러식 트럭의 뒷켠에 올라 환호하는 수천 명의 지지자들에게 연설을 했다. 사이드의 목에는 라슈카르에타이바의 재정을 압박하는 여러 수단 가운데 일부였던 미국의 1천만 달러 현상금이 여전히 걸려 있었다. 그러나 그는 공공연히 노출된 장소에 나타나 "파키스탄을 미국의 노예에서 벗어나게" 하겠다고 맹세하며 군중을 분노 속으로 채찍질하는 중이었다. 이 집회는 파키스탄에 대한 미국의 개입에 저항한다는 목적 아래 사이드가 지시하여 라호르에서 이슬라마바드까지 이어진 행진의 절정이었다. 행진 대열이 수도에 도착하기 전날 밤 행진자들이 하룻밤을 보내던 곳 인근에서 오토바이를 탄 총잡이들이 파키스탄 군인 6명을 살해했고, 사이드가 이 공격을 명령했다는 추정이 나왔다.

하지만 사이드는 집회에서 자신은 그 죽음에 책임이 없다고 주장했다.[31] 살인자들은 파키스탄을 불안정하게 만들어 핵무기를 탈취하는 데 관심을 가진 외국인 집단이라는 것이었다. 극적인 수식을 동원하여 사이드는 과

연 누가 그 여섯 명을 죽였는지 안다고 말했다.

"그건 미국인들이오!" 그는 이렇게 외쳐 군중의 열렬한 동의를 받았다.

"그건 블랙워터요!" 환호는 더욱 커졌다.

그는 가장 커다란 갈채를 받을 대사는 마지막에 남겨두었다.

"그건 또 다른 레이먼드 데이비스란 말이오!"

제15장

의사와 족장

"저는 대사가 되고 싶지 않습니다."

CIA 이슬라마바드 지부장

샤킬 아프리디 박사는 그를 담당하는 미국인이 새로운 지시를 한 묶음 하달했을 때 벌써 1년 넘게 CIA를 위해 일하고 있었다. 레이먼드 데이비스가 체포된 2011년 1월, 이 파키스탄인 내과 의사는 CIA가 그를 미국인 연락책과 접선시키려고 마련해둔 기나긴 의전을 막 통과했다. 두 남자가 그를 지정된 장소에서 — 때로는 셸 주유소, 때로는 북적이는 노천시장에서 — 차에 태운 뒤 몸을 수색하고, 차 뒷자리에 누워 담요를 뒤집어쓰라는 지시를 내리곤 했다. 그날 이 자동차는 아프리디를 내려주려고 멈출 때까지 이슬라마바드 거리 곳곳을 지그재그로 누비고 다녔다. 차에서 내리자 단지 '수Sue'라는 호칭밖에 알지 못하는 미국인 여자가 토요타 랜드크루저에서 그를 기다리고 있었다.[1]

수는 15세에서 45세 사이의 여성들을 상대로 B형 간염 예방접종을 실시할 준비를 해야 한다고 말했다. 그녀는 아보타바드의 목가적이지만 요새화한 마을에 초점을 맞추고 카슈미르의 두 마을(바그, 그리고 무자파라바드)과 키베르 파크툰콰 지역에서 활동을 시작하라고 그에게 교시했다. 예방접종은 6개월이 걸릴 것이며 3단계로 나뉘어 이뤄질 예정이라고 했다. 아프리디는 CIA와 작전을 벌일 때 자신의 가격을 항상 크게 부풀려 제시했던 점을 감안하여 이 활동에 들어갈 비용을 재빨리 계산해보았다. 그는 530만 루피, 약 5만 5천 달러가 필요하다고 수에게 말했다.

그 무렵 미국인들과 편한 사이가 되어 있었던 아프리디는 CIA가 돈을 갖고 투덜대지 않으리라는 것을 알았다. 그는 미국인들이 절실히 원했던 바로 그런 사람, 무장대원들과 파키스탄 정보부 양쪽의 의심을 사지 않으면서 파키스탄의 도시와 마을을 쉽게 돌아다닐 수 있는 정보원이었다. 그는 완벽한 스파이였고 미국인들은 그 값을 후하게 쳐주었다.

수는 파란만장한 내력을 지닌 이 의사에게 처음 미국인들이 접근했던 2009년 이래 아프리디와 함께 일하도록 배치된 여러 요원들 가운데 가장 나중 인물이었다. 당시 40대 후반이었던 아프리디는, 비록 의약품 공급업

내과 의사 샤킬 아프리디. ⓒAP Photo/Qazi Rauf.

체에게 사례금을 받았으며 불필요한 외과 수술을 지시하고 암시장에 병원의 의약품을 내다팔았다는 주장에 괴롭힘을 당하기는 했어도, 미천한 집안에서 자라나 부족지역의 키베르 행정구역에서 파키스탄 최고의 의사가 되었다.[2]

세계에서 가장 가난한 지역 중 한 곳의 건강 상태를 향상시키려는 그의 헌신을 의심하는 사람은 드물었지만 아프리디는 여성 동료들에게 외설적인 농담을 늘어놓기를 즐겼고 말재주가 좋았으며 가욋돈을 벌기 위해 의료윤리의 경계선을 밀어붙이는 데 다소 지나치게 열성적이었다. 그에게 씌워진 혐의들은 버스 운전을 하다가 키베르 행정구역의 군벌이자 마약 거래상이 된 인물로 라슈카르에이슬람Lashkar-e-Islam이라는 잘 알려지지 않은 조직을 이끄는 만갈 바그의 눈길을 끌었다. 바그의 대원들은 정기적으로 아프리디에게 치료를 받았다. 바그는 아프리디를 자기 집으로 불러, 죄를 지었으니 100만 루피, 약 1만 달러의 벌금을 내라고 요구했다. 아프리디가 거절하자 바그는 그를 납치해 돈을 낼 때까지 1주일을 가둬두었다.

아프리디가 나중에 파키스탄인 조사관에게 한 설명에 따르면, 2009년 11월에 국제 구호단체 세이브더칠드런Save the Children의 파키스탄 책임자라고 주장하는 남자가 접근해왔을 때 그는 페샤와르에서 의학 워크숍에 참석하고 있었다. 마이크 맥그래스라는 이 남자는 아프리디가 하는 일에 즉각 관심을 보이더니 저녁식사를 하며 더 이야기를 나누자고 그를 이슬라마바드로 초대했다. 여기에 숨은 동기가 있다고 아프리디가 의심을 했는지는 불분명하지만 예정된 날에 파키스탄의 수도에 도착한 그는 이슬라마바드의 상류층 거주지에 있는 맥그래스의 집에서 저녁을 먹었다. 이 자리에서 그는 뒤에 "영국적인 외모"를 가졌다고 묘사한 30대 후반의 키 큰 금발머리 여성을 만났다. 자신을 케이트라고 소개한 그 여자는 샤킬 아프리디 박사의 첫 CIA 담당관이 되었다.

세이브더칠드런은 맥그래스는 물론이고 어떤 직원도 CIA를 위해 일하지 않는다고 밝혔다. 미국 관리들도 만약 CIA가 정보원을 모집하는 데 이 거대한 국제 구호단체를 이용한다면 모든 구호 활동가들을 보복의 위험에 처하게 할 것이라면서 세이브더칠드런이 첩보활동에 활용되었다는 주장을 반박했다. 그럼에도, 아프리디가 CIA를 위해 한 일과 맥그래스와의 만남에 관한 파키스탄의 조사 보고서가 공식 발표되자 이슬라마바드 관리들은 파키스탄 안에서 세이브더칠드런의 모든 활동을 금지시켜버렸다.[3]

하지만 미국 관리들이 반박하지 않은 것은 지난 10년간 CIA가 자유로이 움직일 수 있는 일련의 직업들로 위장한 요원들을 파키스탄에 들여보냈다는 점이었다. 아트 켈러가 부족지역에 배치되었던 2005년과 2006년을 출발점으로 CIA 요원들이 파키스탄에 '쇄도'하는 동안 미국 스파이들은 오사마 빈라덴에 관한 단서를 필사적으로 찾아 헤매면서 국제적 첩보활동에서 일반적으로 용인되는 규칙들을 무리하게 잡아늘려 놓았다.

1970년대에 처치위원회의 폭로가 이루어진 뒤 CIA는 그때까지 일상적으로 이 기관의 첩자 노릇을 해온 미국 언론인, 성직자, 평화봉사단 자원봉사자 들을 더 이상 고용하지 않는다는 정책을 시행했다. 그러나 CIA 지도자들은 처치위원회 이후에 생겨난 이 규칙들은 불변적인 것이 아니라고 말했다. 1996년에 CIA 국장 존 도이치는 CIA가 이 정책을 포기해야 할지도 모를 만큼 "국가를 극도로 위협하는" 사례가 있을 수 있다고 상원 정보위원회에서 증언했다. 도이치는 어떤 환경 아래서 "가용한 모든 정보 원천의 의식적인 활용을 배제하는 것은 불합리하다고 믿는다"고 말했다. CIA는 외국 언론인과 외국인 구호 활동가들을 고용하는 데 스스로에게 제한을 두지 않았지만 인도주의 활동가들을 첩자로 활용할 때의 위험성은 오래전부터 이해했다. 그러면서도 CIA는 9.11 공격 이후의 기간에 비밀 감옥 수감자들에게 물고문을 가한다거나 무장 드론으로 전투원 용의자들을 죽이는 일을 포함한 온갖 종류의 활동을 나라를 안전하게 하는 데 필수적이라고 정당화하면서 수행하려 했다. 첩자로 뽑힐 수 있는 사람의 범주를 확대하는 것은 지속되는 전쟁의 와중에서 CIA의 또 다른 전술일 뿐이었다.

키 큰 금발머리 CIA 요원을 처음 만난 이후 2년 동안 아프리디는 부족지역 전투원들의 활동에 관한 정보를 수집하기 위한 책략으로 여러 가지 공중 보건 운동을 벌이곤 했다. 예방접종은 첩보활동에 훌륭한 위장술로 여겨졌다. 어린이들에게 예방접종을 한 그 주사기에서 수집한 DNA 정보는 분석을 거쳐, CIA가 이미 DNA 정보를 확보해둔 알카에다 조직원들의 소재지를 찾는 단서로 쓰일 수 있었다. 이 시기에 아프리디는 키베르 행정구역 근처에서 대여섯 차례의 예방접종 활동을 했고 CIA는 800만 루피를 그에게 지불했다.[4] 아프리디의 말에 따르면 그는 몇 달마다 새로운 담당관에게 넘겨졌고, 케이트, 토니, 사라를 거쳐 최종적으로 2010년 12월에 수가 그를 맡은 것이었다. 그는 노트북 컴퓨터, CIA와 연락할 보안 송신기를 지급받았고 미국인들이 그를 찾을 때는 이 송신기가 삑삑 경보음을 울리게 되어 있었다.[5]

아보타바드에서 예방접종을 벌인 지 한 달이 지났을 때 수는 아프리디 박사에게 이 나라의 웨스트포인트에 해당하는 사관학교 본부에서 멀지 않은 중상류층 거주지 빌랄타운Bilal Town에 활동의 초점을 맞추라고 말했다. B형 간염 예방 프로그램은 신중하고 거주지별로 방침을 달리하는 확립된 예방접종 절차를 무시한 채 날림으로 진행되고 있었다. 아프리디는 15세에서 45세의 모든 접종대상 여성에게 예방에 필수적인 여러 차례의 주사를 맞힐 만큼 충분한 양의 주사액을 구입하지도 못했다. 아프리디가 이런 활동을 벌일 허가를 받지 않았다면서 함께 일하기를 거절하는 현지 관리들마저 있었다. 아보타바드의 공중 보건 담당 공무원 샤히나 맘라이즈는

2011년 3월 아프리디가 검은 신사복 차림으로 그녀의 사무실에 쳐들어와 자신의 예방접종 계획을 자세히 이야기했을 때 그의 공격성에 몹시 놀랐다고 말했다. 그녀는 상사의 독촉을 받은 뒤에야 아프리디에게 협력하는 데 동의했다.[6]

물론 아프리디의 CIA 담당관들에게 아보타바드 안팎의 지역에서 대체 누가 예방접종을 받느냐는 것은 아무 상관도 없는 일이었다. 2011년 봄 랭글리 대테러센터와 이슬라마바드 CIA 지부 요원들의 관심은 오로지 빌랄타운에, 더 구체적으로는 미국 첩보위성이 몇 달째 관찰 중인 파트한 거리의 거대한 담장으로 둘러싸인 집에 쏠려 있었다. 담당관들은 이 집에 누가 숨었다고 의심하는지 아프리디에게 절대 말해주지 않았다. 오사마 빈라덴과 측근들이 그곳에 살고 있는가는 여전히 열띤 추측을 낳는 문제였고 미국 관리들은 그 집으로 들어가서 문제를 매듭짓기를 희망했다. CIA는 예방접종을 위장 삼아 아프리디가 그의 직원 중 한 사람을 집 안에 들여보내 미국 군인들과 첩보원들이 10년 가깝게 미친 듯이 수색을 벌였어도 아직 얻지 못한 것, 곧 빈라덴이 숨은 곳에 대한 견고한 증거를 발견하기를 원했다.

그러나 아프리디도, 그의 직원 중 아무도 그 증거를 제공할 수는 없었다. 4월 21일, 아프리디 박사와 여성 보건 활동가 두 팀이 빌랄타운의 주민들에게 예방접종을 실시했지만 유일하게 들어갈 수 없었던 곳이 바로 파트한 거리의 그 신비로운 집이었다.[7] 아프리디는 그 집에 와지리스탄에서 온 은둔 성향의 두 형제가 가족과 함께 살고 있으며 그들은 이웃 누구와도 만나는 데 흥미가 없다는 말을 전해들었다. 좀 더 조사를 한 뒤에 아프리디 팀의 한 여성 보건 활동가가 간신히 '형제' 중 한 사람의 휴대전화 번호를 알아냈다. 그녀가 아프리디의 전화기로 전화를 걸자 그 인물은 집에서 나와 있으니 저녁에 다시 연락하라고 말했다.[8]

예방접종팀은 결국 그 집에 들어가지 못했고, 아프리디는 계속 밀고 나가면 의심을 불러 그 집 사람들이 행동 방식을 바꾸거나 도주할 수도 있다고 판단했다. 그래서 빌랄타운의 일을 마친 아프리디는 텅 빈 예방접종 도구함을 들고 이슬라마바드의 지정된 장소로 가서 토요타 랜드크루저를 타고 기다리던 수를 만났다. 그는 그 집에 사는 사람들에 관해 아는 것 모두를 이야기했다. 그는 백신 도구함을 건넸고 그녀는 그에게 현금으로 530만 루피를 주었다.

동부 아프가니스탄의 임시 기지에서 이륙한 4대의 미국 헬리콥터가 달빛 없는 하늘을 비스듬히 동쪽으로 날아 수십 명의 중무장한 청년들을 미국이 전쟁을 선포한 바 없는 나라에서 벌어지는 전투 속으로 데려갔다. 네이비실 팀은 오사마 빈라덴을 지키는 열렬한 충성 분자들과, 또 어쩌면 파키스탄군과 유혈 총격전을 벌일 준비를 마친 상태였다. 파키스탄 내에서 미국이 10년간 벌여온 비밀작전이 동맹으로 추정되는 두 나라 사이의 관계를 너덜너덜하게 만든 나머지 아보타바드의 조그만 중산층 마을에서 미군과 파키스탄군 사이에 격렬한 전투가 벌어질 수도 있다는 것이 네이비실 대원들이 담장으로 둘러싸인 오사마 빈라덴의 거주지 안에 착륙할 때 고려한 위험이었다.

헬기들이 목적지에 도착했을 때 불길한 재난의 신호가 있었다. 헬기 중한 대가 소용돌이치는 바람에 휘말려 그 집 담에 꼬리를 부딪친 뒤 경착륙을 하는 수밖에 없었는데, 1980년 이란에서 인질을 구출하려다 실패한 사건을 연상시키는 혼란스러운 상황이었다. 그러나 일단 실 대원들이 C-4 폭약을 사용해 파트한 거리의 집으로 침투한 다음 층계를 올라가자 빈라덴의 최후는 빠르게 다가왔다. 미국 군인들은 알카에다 지도자가 3층의 계단 꼭대기에서 자기 방 바깥을 내다보는 것을 발견했고 특공대원 한 사람이 그의 얼굴 오른편에 총을 쏘았다. 침실 안을 향해 뒤로 넘어진 그는 피바다 속에 경련을 일으키며 누워 있었다. 실 대원들은 빈라덴의 시체를 촬영했고 시신 운반용 부대에 시체를 넣은 뒤 계단을 거쳐 문 밖으로 끌고 나왔다.[9]

헬기들이 아보타바드에 도착한 뒤 40분도 지나지 않아 역사상 가장 비싸고 짜증스러웠던 범인 추적은 끝을 맺었다. 네이비실은 파키스탄 사람들이 헬기 안에 있는 기밀 비행 장비에 접근하는 것을 방지하기 위해 추락한 헬기를 파괴했고, 동체에서 잘려나온 꼬리 부분만 파괴를 면했다. 대원들은 정상적으로 기능하는 블랙호크와 예비로 대기하던 치누크 수송헬기에 포개어 탑승했다. 그들은 빈라덴과 건물 곳곳에 흩어져 있던 수십 개의 컴퓨터 하드드라이브, 휴대전화, 휴대용 자료 저장기를 싣고 서쪽으로 비행해 아프가니스탄으로 돌아갔다.

아보타바드에서 빈라덴이 은신해 있던 집.Warrick Page/The New York Times/Redux.

빈라덴 습격 사건의 상세한 내용은 다음날 늦게까지 파키스탄으로 흘러 나가지 않았다. 소식이 알려졌을 때, 아사드 무니르는 자기 집 거실의 TV 앞에 넋이 나간 채 앉아 있었다. 그는 더 많은 사연이 있을 것이라고 확신 했다. 9.11 공격 후 CIA와 함께 일한 몇 달에 관해 겸손하게 이야기한 전 직 ISI 페샤와르 지부장은 CIA가 파키스탄 군인이나 첩보원 들의 도움 없 이 그의 나라 한복판에서 군사 작전을 벌일 리가 없다고 믿었다. '어떻게 그럴 수 있었지? CIA는 병력이 없는데' 하고 그는 생각했다.

그러나 그날 밤 CIA에게는 병력이 있었다.

임무가 개시되기 전 몇 달 사이, 하늘에서 내려다보는 첩보위성들이 파 트한 거리의 사진을 찍고 아프리디의 팀은 빈라덴이 사는 집 안으로 진입 을 시도할 때, 미군과 정보 관리들은 백악관에 여러 가지 공격 방안을 제출 했다. 가장 덜 위험하게 여겨진 선택, 곧 파키스탄의 레이더를 피해 그 집을 쓸어버리도록 B-2 스텔스 폭격기를 사용하는 방안은 빈라덴이 작전에서 죽었다는 결정적인 증거를 오바마 정부에게 제공하지 못할 것이기에 배제 되었다. 파키스탄 당국이 이 지역을 봉쇄해 잔해를 면밀히 살펴볼 테고, 미 국이 알 수 있는 것이라곤 ISI가 말해주자고 골라낸 사항들뿐일 것이었다.

대신에 오바마 대통령은 네이비실을 빈라덴 살해를 위해 파키스탄 깊숙 이 들여보내는, 좀 더 위험 부담이 큰 방안을 골랐다. 이런 종류의 작전에 따르는 명백한 위험과 별개로 관리들은 미 지상군을 파키스탄 내부로 그 처럼 멀리 파견하는 데 우려를 품었다. 그때까지 파키스탄 영토에서 미군 이 수행한 유일한 전투 임무는 부족지역을 무대로 한 것이었다. 그 임무는 아프가니스탄과의 국경 몇 마일 안에서만 이루어졌고 뭔가 일이 잘못되면 아프가니스탄으로 재빨리 도망칠 수 있었다.

미국 지도자들이 여러 해 동안 붙잡고 씨름해온 질문도 있었다. 미국은 무슨 권한으로 자신과 전쟁을 벌이지 않는 나라에 병력을 보낼 수 있는가?

그것은 도널드 럼스펠드가 9.11 이후 세계 어느 곳이라도 가서 전쟁을 벌일 CIA의 능력을 부러운 눈으로 바라보며 던진 물음이었다. 그 이후로 법률가들과 정책 입안자들은 군인과 첩보원의 업무를 분리하는 벽을 조금씩 꾸준히 깎아내왔다. 국방부와 CIA의 맞수 관계는 지난 10년의 초반 동안 긴장 완화에, 또 전투나 첩보 임무를 수행하는 특전부대원들을 '세탁'해 일시적으로 CIA 공작원으로 전환하는 새로운 조치에 굴복했다.

따라서 지난 10년간 이루어진 전쟁 수행 방식의 진화는 빈라덴 작전에 최종 결정을 내리는 오바마 대통령에게 이전의 미국 대통령들보다 더 많은 선택지를 갖게 했다. 그것은 네이비실 팀들이 수행하는 미국의 군사 임무가 될 것이었다. 그러나 그 팀들 모두는 연방법전 제50편에 나오는 CIA의 비밀공작 권한의 적용을 받아 '세탁'되었다. 오바마 대통령은 CIA 국장리언 패네타에게 작전의 책임을 맡겼다.

블랙호크 헬기들이 잘랄라바드의 기지를 이륙했을 때부터 네이비실 대원들이 파트한 거리에 있는 집의 어두운 층계를 올라가던 긴박한 시간을 지나 빈라덴의 시신을 싣고 하늘로 떠오른 마지막 순간에 이르기까지, 리언 패네타는 백악관 상황실을 가득 메운 채 몰입한 오바마 정부 관리들에게 최신 정보를 중계했다. 캘리포니아의 자유주의적 민주당 의원이자 랭글리에 도착하기 직전에야 제 직무의 많은 부분이 세계 각지 미국의 적들에 대한 사형 선고를 요구한다는 사실을 알게 된 남자가 살인 기계의 통제권을 쥐고 있었다. 작전이 펼쳐지는 동안 패네타는 한 손을 주머니에 넣은 채 묵주를 만지작거렸다.[10]

백악관 상황실의 숨 막히는 긴장은 헬기를 탄 네이비실이 파키스탄 공군과 맞닥뜨리는 일 없이 파키스탄 영공을 벗어나자 겨우 해제되었다. 하지만 아보타바드에서는 블랙호크 헬기 한 대의 잔해가 여전히 불타는 중이었고 네이비실이 난폭한 작업을 마친 그 집 바닥에는 여러 구의 시신이 누워 있었다.

누군가는 파키스탄 사람들에게 무슨 일이 벌어졌는지 말해주어야 했다.

이 임무는 미국과 파키스탄이 하나의 위기에서 다음 위기로 비틀대며 이동할 때 일종의 해결사 노릇을 해온 합참의장 마이크 멀린 제독의 몫이 되었다. 할리우드의 대언론 홍보 담당자의 아들로 태어나 어린 시절부터 인간관계를 잘 맺어두는 일의 가치를 배운 멀린은, ISI 부장을 거쳐 육군참모총장이 된 카야니 장군과 이슬라마바드에 있는 카야니의 집에서 기나긴 만찬을 여러 번 같이하며 친밀한 관계를 형성했다. 두 남자는 인도, 중국, 러시아가 지배하는 지역에 속한 파키스탄의 위태로운 안보에 관해 밤늦게까지 이야기를 나누곤 했고, 카야니는 이들 만찬 때도 내내 줄담배를 피웠다. 멀린은 이슬라마바드에 가는 비행기 속에서 영국 제국으로부터 인도의 독립, 인도와 파키스탄의 분할에 관해 1975년에 씌어진 고전『한밤의 자유』를 읽었다. 멀린의 출장 수행원 중 한 사람은 뒤에서 보면 멀린과 카

마이크 멀린 제독(맨 왼쪽)과 카야니 장군(오른쪽에서 두 번째). ⓒAP Photo/U.S. Navy, Spc. 1st Class William John Kipp Jr.

야니가 매우 닮았다는 사실, 키도 얼추 같고 머리색도 같으며 살짝 구겨진 카키색 군복도 같고 느릿느릿한 걸음걸이도 비슷하다는 점을 알아챘는데, 카야니한테서 피어오르는 담배연기만이 그들을 구별시켜주었다.

멀린은 백악관 상황실 바깥에 있는 전화기로 카야니에게 전화를 걸어 무슨 일이 일어났는지를 알렸다.

카야니는 기본적인 사항은 벌써 알았다. 그 몇 시간 전 보좌관 한 사람이 전화로 헬기 한 대가 아보타바드에 추락했다는 막연한 보고를 했기 때문이다. 카야니에게 처음 든 생각은 파키스탄이 인도의 공격을 받고 있다는 것이었고, 그래서 즉시 침략을 격퇴할 F-16 전투기를 출동시키라고 공군 지휘관들에게 지시했다.[11] 그러나 인도의 공격에 관한 우려는 곧 사라졌고 멀린이 전화했을 무렵 카야니는 미국의 소행임을 알았다.

긴장된 통화를 하는 동안 멀린은 미군이 아보타바드의 가옥에서 빈라덴을 죽였다고 전했다. 현장에 추락한 미군 헬기가 있다는 말도 했다.[12] 그리고 멀린은 오바마의 관리들이 빈라덴의 죽음을 확인한 뒤로 논쟁을 벌이던 주제를 꺼냈다. 오바마 대통령이 그날 밤에 이를 공식 발표하느냐, 아니면 다음날까지 기다려야 하느냐라는 문제였다. 이슬라마바드는 벌써 새벽이었기 때문에 카야니는 미군 헬리콥터가 왜 중부 파키스탄에 가서 불타고 있는지 설명하기 위해서라도 오바마 대통령이 가능한 한 빨리 발표를 해야 한다고 말했다. 몇 분 뒤 통화는 끝났다.

파키스탄군의 우두머리라는 자리 덕에 나라 안에서 가장 강력한 인물이 된 카야니는 오랜 경력에서 가장 심각한 위기를 맞고 있었다. 며칠 내로 계급이 가장 높은 파키스탄 장군들이 미국이 파키스탄의 존엄을 훼손하도록 방치했다며 그를 맹렬히 비난할 터였지만 멀린과의 통화에서 그가 유화적인 어조를 유지한 것은 빈라덴이 파키스탄의 사관학교와 1마일도 안 떨어진 곳에서 죽었기 때문이었다. 카야니가 보기에 그날 밤 멀린을 심하게 다그친다면 파키스탄 정부가 테러리스트들을 숨겨준다는 미국의 의심을 부추겨 두 나라 사이에 영원한 단절을 가져올 수 있었다. 군 경력의 정점에 오른 자존심 강한 남자 카야니는 달갑지 않은 선택을 해야 할 처지였다. 오사마 빈라덴을 숨겨주는 일에 공범으로 드러날 수도 있었고, 세계에서 가장 치열하게 쫓기는 인물이 제 나라 한복판에 은신하는 것을 막지 못한 무능한 인물이 될 수도 있었다. 카야니는 후자를 선택했다.

사실, 미국과 파키스탄 간의 생산적인 관계는 빈라덴이 살해된 시점에 그 마지막 불씨마저 거의 꺼진 상황이었다. 레이먼드 데이비스 사건은 리언 패네타와 ISI 부장 파샤 장군의 관계에 치명상을 입혔고, 워싱턴과 이슬라마바드의 관계를 개선하려고 노력하는 오바마 정부의 관리들은 그렇지 않아도 소수였는데 더더욱 줄어들었다. 캐머런 먼터 대사는 무장 드론 작전의 부정적인 영향에 관한 보고서를 매일 워싱턴에 보냈고, CIA가 파키스탄 정부와 미국의 관계에 드론 공격이 가져오는 결과는 안중에도 없이 진공 상태에서 전쟁을 벌이는 것 같다는 먼터의 견해에 멀린 제독도 대체로 동의했다.

CIA의 표적 설정자들이 자기네가 도대체 누구를 죽이고 있는지 확신하지 못하는 여건에서도 CIA는 파키스탄 내 미사일 공격에 대한 백악관의 승인을 받았다. 이른바 특징타격(signature strikes. 대상의 정확한 신원을 확인하지 않고 행동에 수상한 점이 발견되면 바로 공격하는 것: 옮긴이)의 규칙 아래서 드론으로 미사일을 발사할지 말지에 대한 결정은 의심스럽다고 여겨지는 행동의 양식에 따라 내려질 수 있었다. 치명적인 행동의 장애물은 다시금 높이가 낮아졌다.

예를 들어 만약 젊은 '군인 연령의 남성' 여럿이 의심스러운 군사 훈련장을 들락거리는 모습이 관찰되거나 무기를 운반한다고 여겨질 경우 그들은 합법적 표적으로 간주될 수 있었다.[13] 미국 관리들은 수천 피트 상공에서 사람의 연령을 판단하기란 다소 어려운 것이 사실이라고 인정했고, 파키스탄 부족지역에서 '군인 연령의 남성'은 15세나 16세 정도로 어려질 수도 있었다. 누가 '전투원'이고 따라서 합법적 표적인지에 관해 그처럼 넓은 규정을 적용하는 것은 오바마 정부 관리들로 하여금 파키스탄 내 드론 공격이 어떤 민간인도 죽이지 않았다고 주장하게 했다. 그것은 일종의 논리적 속임수였다. 군사 활동이 벌어진다고 알려진 지역에서 군인 연령의 모든 남성은 적의 전사로 간주되었다. 그리하여 드론 공격으로 사망한 사람은 누구라도 사망 후 그의 결백함을 입증하는 명백한 정보가 나타나지 않는 한 전투원으로 분류되었다.

이런 접근방식의 위험성은 2011년 3월 17일, 레이먼드 데이비스가 '피 묻은 돈' 협상으로 석방되어 파키스탄을 빠져나가고 겨우 이틀 뒤에 석나라하게 드러났다. CIA의 드론이 북부 와지리스탄의 다타 켈 마을에서 부족 회의를 갖던 사람들을 공격해 수십 명의 사망자를 냈다. 먼터 대사와 국방부 관리 일부는 공격의 시기가 너무나 안 좋았다고 생각했고 어떤 사람들은 이 대규모 공격이 데이비스 사건에 대한 CIA의 화풀이가 아닌가 의심했다. 먼터는 파샤 장군이 다른 사람들의 지지 없이 레이먼드 데이비스 사건 종식에 나섰던 만큼 다타 켈 공격을 모욕으로 받아들일 수 있다고 보았다. 그러나 더욱 중요한 것은 많은 미국 관리들이 이 공격은 망했으며 살아야 할 사람들이 죽었다고 믿었다는 점이었다.

다른 관리들은 CIA 변호에 나서서 그 부족 모임이 실은 고위 전투원들의 회동이었고 따라서 합법적인 표적이었다고 주장했다. 하지만 드론 공격은 파키스탄에서 격분에 찬 반응을 불러왔다. 카야니 장군은 작전이 "인간의 생명을 완전히 도외시했다"는 이례적인 공식 성명을 발표했고 라호르, 카라치, 페샤와르의 거리 시위는 이들 도시의 미국 영사관을 잠정 폐쇄하게 만들었다.

먼터는 드론 프로그램에 반대하지 않았지만 CIA가 무모해지고 있으며 자신의 대사 자리도 위태로워지는 중이라고 생각했다. 레이먼드 데이비스 건을 다루는 방식에 대한 이견 탓에 이미 껄끄러웠던 CIA 지부장과의 관계도 미사일 공격을 하기 전에 매번 자신에게 알려 작전을 취소할 기회를 달라고 먼터가 요구하자 더욱 나빠졌다.[14] 어느 날 두 사람 사이에 벌어진 고함지르기 시합에서 먼터는 지부장에게 누가 책임자인지 알려주려 했다가 파키스탄의 진정한 실력자가 누구인지만 깨닫고 말았다.

"당신은 대사가 아니오!" 먼터가 소리쳤다.

"맞습니다. 그리고 저는 대사가 되고 싶지도 않습니다." CIA 지부장의 대꾸였다.

이 영토 싸움은 워싱턴으로 번졌고, 빈라덴 사살 후 한 달이 지나 오바마의 최고 고문들은 국가안전보장회의 모임에서 누가 정녕 파키스탄을 책임지고 있는가를 놓고 공개적인 싸움을 벌였다. 2011년 6월에 열린 그 모임에 보안 장치가 된 화상 연결을 통해 참가한 먼터는 자신이 특정한 드론 공격에 대한 거부권을 가져야 한다고 주장했다.

리언 패네타는 CIA는 파키스탄에서 원하는 일을 할 권한을 가지고 있다면서 먼터의 말을 잘랐다. CIA는 어떤 경우에도 대사의 동의를 얻을 필요가 없다는 소리였다.

"나는 당신 밑에서 일하는 게 아닙니다." 그 자리에 있던 여러 사람에 따르면 패네타는 먼터에게 이렇게 말했다.

그러나 국무장관 힐러리 클린턴은 먼터를 방어하고 나섰다. 그녀는 패네타를 향해, 대사를 강압하여 그의 동의 없이 드론 공격을 벌일 수 있다고 가정한다면 그것은 틀렸다고 말했다,

"아뇨, 힐러리, 전적으로 틀린 것은 당신입니다."[15] 패네타는 대답했다.

좌중은 깜짝 놀라서 침묵했고, 국가안보 보좌관 톰 도닐런은 옥신각신하는 측근들을 조용히 시켜 회의의 통제권을 되찾으려 했다. 도닐런은 이후 몇 주일 동안 중재를 해서 신통찮은 타협안을 만들어냈다. 먼터는 특정한 드론 공격에 반대하는 것이 허용되지만, CIA는 여전히 백악관에 자신의 주장을 강하게 제시하여 대사가 반대할 경우에도 공격 승인을 받을 수 있다는 내용이었다. 이렇게 오바마의 CIA는 또 하나의 전투에서 승리를 거두었다.

　그 뒤 몇 달 동안 먼터는 점점 자신이 고립된다는 것을 알았다. 한때 거의 작동하지 않을망정 이슬라마드와 관계를 유지하자는 입장의 두드러진 옹호자였던 멀린 제독마저 빈라덴 습격 이후에는 파키스탄에 더 어두운 견해를 갖기 시작했다. 멀린은 파키스탄 군대나 정보부의 어떤 간부가 오사마 빈라덴을 숨겨주었으리라는 의심만 품고 있는 것이 아니었다. 그는 한 가지 놀라운 정보도 알게 되었다. ISI와 무장단체들의 연관을 취재하던 파키스탄 언론인 시에드 살림 샤흐자드의 살해를 파키스탄 스파이들이 지시했음을 입증한다고 여겨지는 전화를 미국 첩보원들이 도청한 것이다. 샤흐자드는 죽을 때까지 구타를 당했고 이슬라마바드에서 80마일 떨어진 관개 수로에 던져졌다. 미국 첩보기관의 기밀 평가서에 따르면 이 살인은 ISI 최고위층, 즉 아흐마드 슈자 파샤 장군 본인이 지시한 것이었다.

　얼마 뒤, 비료를 실은 두 대의 수상한 트럭이 파키스탄에서 아프가니스탄으로 통하는 북대서양조약기구(NATO)의 보급로를 달리고 있다는 첩보가 두 군데서 들어왔다. 첩보는 불확실했고 단지 트럭들이 폭탄으로 활용될 수 있으며 아프가니스탄의 미군기지를 공격하러 갈지도 모른다는 경고를 담고 있을 뿐이었다.[16] 아프가니스탄의 미군 관계자들은 카야니 장군에게 전화를 걸어 이 사실을 알렸고 카야니는 아프가니스탄 국경에 닿기 전에 트럭들을 멈춰 세우겠다고 약속했다.

그러나 파키스탄인들은 행동하지 않았다. 두 대의 트럭은 하카니네트워크의 공작원들이 그것들을 수백 명을 넉넉히 죽일 수 있을 만큼 강력한 지살폭탄으로 바꾸어놓는 동안 북부 와지리스탄에 2개월 동안 세워져 있었다. 미국의 정보는 트럭의 위치를 명확히 파악하지 못했지만 멀린 제독은 하카니네트워크와 ISI 사이의 역사를 감안하면 무슨 공격이든 파키스탄 첩보원들이 중지시킬 수 있을 것이라고 확신했다. 2011년 9월 9일 트럭들은 아프가니스탄을 향해 움직이고 있었고 이 지역 미군 최고 지휘관인 존 앨런 장군은 카야니 장군에게 이슬라마바드로 가는 동안 트럭을 멈추라고 촉구했다. 카야니는 어떤 임박한 공격이건 방지하기 위해 자신이 "전화를 하겠다"고 앨런에게 말했는데, 이것은 하카니네트워크와 파키스탄 보안기관 사이의 특별히 긴밀한 관계를 가리키는 것처럼 보였기 때문에 눈썹을 치켜뜨게 만드는 발언이었다.[17]

세계무역센터와 국방부가 공격을 당한 지 10주년이 되기 전날, 트럭 중한 대가 동부 아프가니스탄 와르닥 지역의 미군기지 외곽 담장 옆에 세워졌다. 운전사는 차에 실린 폭발물을 터뜨려 기지의 담장에 구멍을 냈다. 이 폭발은 기지 내의 70명 넘는 미 해병에게 부상을 입혔고 높이 솟아 날아간 파편이 반 마일 떨어진 곳에 서 있던 여덟 살 난 아프가니스탄 여자아이의 목숨을 앗아갔다.[18]

이 공격은 멀린을 격분시켰을 뿐 아니라, 그로 하여금 카야니 장군이 하카니네트워크 같은 무장단체와 파키스탄군이 맺은 유대 관계를 억제하는 데 진실된 관심을 갖지 않았다고 확신하게 만들었다. 다른 미국 최고위 관리들은 이미 몇 년 전부터 그렇게 확신했지만, 멀린은 카야니가 별종에 속하는 파키스탄 장군이며 ISI가 탈레반, 하카니네트워크, 라슈카르에타이바와 맺은 유대를 자살 협정과 다름없다고 보는 인물이라고 믿었던 것이다. 그러나 와르닥 자살폭탄 사건은 멀린에게 파키스탄이 비뚤어지고 치명적인 놀이를 벌이고 있다는 증거였다.

폭탄 공격 며칠 뒤 — 또 하카니네트워크가 또 한 차례의 뻔뻔한 공격을 이번에는 카불의 미국 대사관에 가한 직후에 — 멀린 제독은 미국 의회에 가서 합참의장 자격으로 마지막 의회 증언을 했다. 그는 하고 싶은 말을 직설적으로 전하러 온 것이었는데, 국무부 관리들은 그가 상원 군사위원회에 출두하기 몇 시간 전에 발언을 부드럽게 만들려고 노력했으나 성공하지 못했다.

멀린은 파키스탄 첩보원들이 아프가니스탄 내부에서 반란을 이끌고 있으며 미군과 아프가니스탄 민간인들의 죽음으로 손에 피를 묻혔다고 의원들에게 말했다. "하카니네트워크는 파키스탄 정보부의 진정한 수족으로 움직이고 있다"는 말도 했다.

미국과 파키스탄 사이에 격동의 10년이 흘렀지만 그때까지 어떤 미국 고위 관리도 공개석상에서 그처럼 직접적인 고발을 감행한 적은 없었다. 이 발언은 파키스탄 관리들이 워싱턴에 남아 있는 몇 안 되는 동맹자로 여기는 마이클 멀린 제독의 것이라는 점에서 더욱 힘이 실렸다. 파키스탄에 있는 장성들은 멀린의 말에 기분이 상했고, 다른 누구보다 그의 오랜 친구 아슈파크 파르베즈 카야니가 그러했다.

관계는 끝났다. 두 사람은 멀린의 증언 이후 다시는 서로 이야기하지 않았다. 그들은 저마다 상대방에게 배신당했다고 느꼈다.

오사마 빈라덴이 죽고 며칠 뒤 샤킬 아프리디 박사는 CIA 담당관 수의 긴급 호출을 받았다.[19] 미국이 벌인 작전의 여파가 아직 파키스탄을 휘젓고 있었고, 아보타바드의 집을 네이비실이 습격한 뒤 CIA 사람들은 아무도 아프리디에게 연락을 하지 않았다. 작전의 세부 내용이 흘러나온 뒤에야 아프리디는 자신이 왜 아보타바드에 와 있고 어째서 CIA가 빌랄타운에 작업을 집중하라고 지시했으며 파트한 거리의 그 집에 왜들 그렇게 관심을 보였는지 이해했다. 수는 아프리디에게 당장 이슬라마바드로 와서 접선 장소 중 한 곳에서 자신을 만나라고 말했다.

두 사람이 만났을 때 수가 꺼낸 말은, 당신이 파키스탄에 머물면 안전하지 않다는 것이었다. ISI가 이미 빈라덴을 찾아내는 데 도움을 주었을 가능성이 있는 사람들을 추적하고 있었고, 아프리디가 CIA를 위해 한 일이 발견되는 것은 시간문제였다. 그녀는 그에게 버스를 타고 서쪽으로 가서 국경을 넘어 아프가니스탄으로 들어가라고 말했다. 또 전화번호 하나를 건네며 카불의 버스 정류장에 도착하면 이 번호로 전화를 하라고 했다. 거기서 그는 차후 지시를 받을 예정이었다.

아프리디는 가지 않았다. CIA는 그가 빈라덴 추적에 연루되었다고 말해준 적이 한 번도 없었기 때문에 그는 제 나라에서 안전하게 지낼 수 있을 테고 아보타바드 습격 뒤 파키스탄 보안기관이 쳐놓은 수사망에 걸리지 않을 것이라고 짐작했다. 크나큰 오산이었다. 5월 말에 아프리디 박사는 ISI에 체포되어 감옥에 갔혔다.

중앙정보국과 파키스탄 정보부 사이에 빚어진 다년간의 소란, 양쪽 모두가 행한 이중 거래, CIA 계약자가 라호르에서 두 사람을 죽여 미국이 파키스탄 안에서 벌인 비밀전쟁의 새 전선을 덮고 있던 장막을 열어젖혔을 때 제기된 비난 따위를 겪은 이후에 생겨난 샤킬 아프리디 박사의 사례는 미국과 파키스탄을 둘러싼 상황이 얼마나 나빠졌는지를 그대로 보여주었다. ISI는 세계의 수배자 가운데 최우선 순위를 차지한 테러리스트 추적에 역할을 한 CIA의 핵심 정보원을 체포해 페샤와르의 감옥에 집어넣은 것이다.

물론 외국 첩보기관을 위해 일하다가 발각된 자기네 시민 중 한 사람을 다정한 눈길로 바라볼 나라는 없다. 그러나 기이하게도 아프리디는 반역죄나 간첩 혐의로 기소되지 않았고, 심지어 파키스탄 법률로 기소되지도 않았다. 대신에 그는 파키스탄 부족지역을 다스리는, 잘 알려지지도 않은 영국 식민통치 시대의 '국경 범죄 규정'을 위반한 혐의로 페샤와르 법정에 서게 되었다. 법원은 아프리디가 "국가를 상대로 전쟁을 벌이려는 음모"에 가담했다고 판시했는데, 2008년에 그를 납치했던 버스 운전사 출신의 군벌이 이끄는 무장단체 라슈카르에이슬람과 연계되었다는 것이었다.[20] 바그의 대원들을 치료했다는 점, 또 법원이 "만갈 바그에 대한 그의 사랑"이라고 묘사한 것을 이유로 아프리디는 33년의 징역형을 선고받았다.[21]

판결이 나오자 라슈카르에이슬람은 "그처럼 파렴치한 인간"과는 그 어떤 연관도 없다고 격렬히 부인하는 공개 성명을 발표했다.

성명에 따르면 아프리디가 이 집단의 친구가 아닌 것은 그가 환자들에게 바가지를 씌운 경력을 갖고 있기 때문이었다.[22]

제16장

하늘에서 내리는 불

"모든 게 거꾸로 간다."

조지 제임슨

2011년 늦여름의 어느 아침, 중앙정보국장직을 맡을 날을 며칠 앞둔 데이비드 퍼트레이어스 장군은 부시 정부의 세 번째이자 마지막 CIA 국장 마이클 헤이든을 찾아갔다. 두 사람은 같은 시기에 군에서 진급을 했지만 서로 아주 다른 길을 택했고 특별히 가까워진 적이 없었다. 헤이든은 군사정보 전문가였고 랭글리를 맡기 전 몇 년간 극비에 속한 국가안보국을 운영했다. 퍼트레이어스는 이라크와 아프가니스탄에서 전쟁을 지휘하고 중부사령부를 이끌며 전투부대에서 이력을 쌓았다. 그는 미국 역사에서 가장 칭찬받는 장군들 중 한 명으로 떠올랐다.

그들은 헤이든의 집에서 화기애애한 아침식사를 나누었고, 헤이든은 퍼트레이어스에게 랭글리에서 파벌 관계를 관리하는 방법에 대한 조언을 했다. 헤이든이 겪은 바에 따르면 공작관과 분석관 들은 헌신적일 수도 있었지만 가시가 있었고 똑똑히 인사를 하지 않았으며 때때로 지휘체계에 대한 인내심이 없었다. 식사가 진행되는 동안 논의는 진지해졌고 헤이든은

336

퍼트레이어스에게 경고를 해주었다.

그는 CIA가 어쩌면 영원히 변했으며, 더 작고 더 비밀스러운 유형의 국방부가 될지 모른다는 정말 심각한 위험을 안고 있다고 말했다.

"예전에는 CIA가 OSS에 가까워 보인 적이 없었소." 헤이든은 윌리엄 도노번이 이끌던 첩보대를 거론하며 이렇게 말했다. 10년간의 비밀전쟁과 범인 추적, 표적살인 작전이 CIA를 소모시키고 있으며 이대로 간다면 정보국은 어느 날 본래의 임무로 추정되는 것, 즉 첩보활동을 수행할 능력을 잃을지도 모른다고 헤이든은 말했다.

"CIA는 OSS가 아닙니다. 국가의 국제정보 담당 기관이지요. 그러니까 당신도 대테러 활동 외에 다른 뭔가를 할 시간을 얻어내기 위해서 스스로를 단련해야 됩니다."[1]

헤이든은 물론 이런 변화를 가속화하는 데 자기 몫 이상으로 많은 일을 했다. 2001년 9월 11일 이후, 갈팡질팡할 뿐 아니라 위험 회피적이라고 매도당했던 CIA는 잇따라 재임한 4명의 국장들이 주시하는 가운데 연속 살인에 나섰다. 오사마 빈라덴 사망 후 파키스탄의 길고 무더운 여름 몇 달 동안 CIA는 알카에다 대원들을 여럿 죽였는데, 그중에는 빈라덴이 아보타바드에 은신할 때 바깥 세계와 연결된 밧줄 역할을 한 아티야 압드 알라흐만도 있었다. 워싱턴 사람들 일부는 오바마 대통령을 영화 〈대부〉의 끝부분에서 적들을 계산된 폭력의 폭발 속으로 밀어넣으라고 부하들에게 냉정하게 지시하는 마이클 콜레오네와 견주었다.

35년 전, 외국 지도자들을 암살하려는 CIA의 노력에 관한 유독한 내용이 대중의 눈길에 스며들자 포드 대통령은 후임자들이 너무 쉽게 흑색 작전에 유혹당하는 것을 방지하겠다는 희망을 지니고 암살 금지령을 내린 바 있었다. 그러나 9.11 이후 10년 동안 미국 정부의 법률가 군단은 CIA와 합동특전사령부가 공표된 전쟁지역과 멀리 떨어진 곳에서 수행한 표적살인 작전이 어째서 포드 대통령의 암살 금지령에 대한 위반이 아닌지 해명하는 상세한 의견서를 써냈다. 부시 대통령의 법률가들이 CIA와 군에 극단적인 심문을 허용해주려고 고문을 재정의한 것과 똑같이, 오바마 대통령의 법률가들도 첩보기관들에게 폭넓은 살인 작전을 벌일 자유를 주었다.

그 법률가들 가운데 한 사람이 예일대 법률대학원 학장을 지내고 워싱턴에 온 해럴드 고였다(한국인 부모를 둔 미국인으로, 한국식 이름은 고홍주다: 옮긴이). 그는 부시 정부가 벌인 테러와의 전쟁에 대한 왼편의 사나운 비평가였고 물고문을 포함한 CIA의 심문 방식을 불법적인 고문이라고 꾸짖은 인물이었다. 그러나 국무부의 수석 법률가로 정부에 들어온 그는 자신이 사람들을 죽일지 살릴지에 대한 판단을 제출하기 위해 비밀 정보 서류뭉치를 탐독하며 시간을 보낸다는 것을 깨달았다. 그는 전시 상황에서 미국 정부에게는 용의자들을 살해 목록에 올리기 전에 통상의 정당한 법 절차를 거치게 할 의무가 없다는 연설을 하면서 오바마 정부의 표적살인 작전을 강건하게 방어했다.

그러면서도, 공적인 성찰의 순간에 그는 미국이 죽일 것인가 살릴 것인가를 놓고 논쟁을 벌이는 젊은이들의 전기적 기록을 읽느라 그처럼 많은 시간을 보내는 데 대한 심리적 부담을 토로했다. "예일 로스쿨의 학장으로서 저는 어떤 학생을 합격시켜야 할지 궁리하면서 갓 스무 살 먹은 친구들, 20대 학생들의 이력서를 들여다보며 많고 많은 시간을 보냈지요." 어느 연설에서 그가 한 말이다. "지금 저는 그와 맞먹는 시간을 그 학생들과 나이가 같은 테러리스트들의 이력서를 읽는 데 씁니다. 그들이 어떻게 모병됐는지에 관해 읽습니다. 첫 임무. 두 번째 임무. 종종 그들의 성장 배경을 내 학생들에 관해 아는 만큼이나 친숙하게 알게 됩니다."[2]

드론 공격이 급증하는 동안 오바마 대통령은 국가안보팀의 개편을 지시했다. 그 결과는 군인과 첩보원의 일을 대부분 구별할 수 없게 만든 10

년 세월의 마지막에 딸려나온 꾸밈음飾 비슷한 것이었다. CIA 국장으로서 이 기관을 한층 군대처럼 만든 리언 패네타는 국방부를 책임지게 되었다. 2009년 중동 전역에 군사 첩보 작전을 확대하라는 비밀 지시를 내렸던 4성 장군 퍼트레이어스는 CIA를 맡을 예정이었다.

자신의 전기 작가를 상대로 한 혼외정사 때문에 불명예스럽게 물러날 때까지 랭글리에서 14개월을 보낸 퍼트레이어스는 헤이든이 경고한 그 경향에 더욱 속도를 높였다. CIA의 드론 함대를 증설할 돈을 내라고 백악관을 압박했고, 의회의 의원들에게는 자신의 감시 아래 CIA가 역사상 그 어떤 시점보다 많은 비밀공작 작전을 수행하고 있다고 말했다. 랭글리에 도착한 지 몇 주 만에 퍼트레이어스는 그때까지 CIA 국장 누구도 명령한 적이 없는 작전을 지시했다. 미국 시민을 표적살인하는 작전이었다.

2012년 6월 사우디아라비아 황태자 나이프 빈압둘 아지즈의 추도식에 대규모 사절단을 이끌고 참석한 국방장관 리언 패네타. 그의 왼쪽 어깨 너머로 보이는 사람은 오바마 정부가 예멘에서 벌인 비밀전쟁의 설계자 중 한 사람이었고 2013년 오바마에 의해 CIA 국장으로 임명된 존 브레넌. ⓒAP Photo/Pablo Martinez Monsivais, Pool.

퍼트레이어스가 CIA를 장악했을 때 올빼미 같은 인상에 숱 많은 검은 수염을 기르고 분노의 메시지를 지닌, 안경 긴 설교자가 백악관 대테러 활동 고문인 존 브레넌의 지하 사무실에서 조정된 미국의 살해 목록 맨 위에 올랐다. 빈라덴이 죽고 혹독한 드론 공격이 파키스탄 내 알카에다 구성원들을 솎아내자 워싱턴의 대테러 담당자들은 아라비아 반도의 알카에다와 예멘에서 나오는 위협에 더 큰 관심을 쏟기 시작했다. 이는 안와르 알아울라키를 추적해 죽이는 것을 의미했다.

알아울라키는 이상한 길을 밟아 미국의 적으로 지목되었다. 1971년 뉴멕시코에서 태어난 그는, 저명한 예멘 사람으로 나중에 살레 대통령의 농업부 장관이 된 아버지 나세르 알아울라키가 뉴멕시코주립대에서 농업 경제를 공부하는 동안 미국에서 어린 시절을 보냈다. 나세르는 7년 뒤 가족과 함께 예멘으로 돌아왔고 안와르는 거기서 살다 1990년대 초반 대학에 다니려고 미국으로 다시 갔다.

콜로라도주립대에서 안와르는 무슬림 학생협회의 회장이 되었지만 학우 중 일부가 따르던 이슬람의 융통성 없이 보수적인 요소(섹스와 음주 금지 같은)를 편안하게 여기지 않았다. 졸업 후에는 콜로라도에 머물며 포트콜린스에 있는 사원에서 설교를 시작해 아버지를 번민하게 만들었다. 나세르는 아들이 좀 더 돈을 잘 버는 직업을 갖기 바랐지만 몇 년 뒤 안와르는 샌디에이고에 가서 이 도시 가장자리에 있는 사원에서 이맘imam(이슬람의 성직자, 또는 교단 지도자: 옮긴이) 자리를 얻었다.

견해가 점점 더 보수적으로 변한 그는 순수한 삶을 사는 것에 관해 설교했다. 하지만 사생활에서는 자신의 가르침에서 때때로 벗어났다. 그는 매춘여성과 성매매를 하려다 샌디에이고 경찰에 여러 번 적발되었다.[3] 더 중요한 것으로, 1999년에 FBI는 샌디에이고 지역의 무장단체 용의자들과 알아울라키의 연관을 수사하기 시작했는데 이 혐의의 일부는 작은 이슬람

자선단체에서 그가 행한 일 때문에 생겨난 것이었다. 그는 9.11 때 항공기 납치범들이 된 칼리드 알미흐다르, 나와프 알하즈미와 접촉하기도 했다. 그들은 알아울라키의 사원에 와서 기도를 했고 이 성직자와 함께 회의에 참석했다.[4]

그러나 FBI의 수사는 그의 활동에서 범죄 행위를 찾아내지 못했다. 9.11 공격이 벌어질 무렵 알아울라키는 북부 버지니아에 재정착해 워싱턴 DC 교외의 큰 사원에서 설교를 했다. 그는 설교에 팝 문화와 미국 역사에 대한 이야기를 집어넣었고, 머잖아 미국 신문 독자에게 이슬람의 기초를 설명하는 것을 도와달라는 기자들의 전화를 받기 시작했을 때 처음으로 언론의 스타가 되는 경험을 했다. 〈워싱턴포스트〉의 라마단에 관한 온라인 채팅에 참여하고 국방부 주최 조찬 기도회에 참석하면서 그는 온건함의 대변자 비슷한 인물로 여겨지기까지 했다. 그는 자신을 비롯한 미국의 이맘들을 "미국인과 세계의 10억 무슬림 사이의 가교"라고 부르며 "우리는 파괴가 아닌 건설을 위해 여기에 왔다"고 설교했다.[5]

그러나 그의 메시지는 곧 어두워졌다. 2002년 무슬림 자선단체와 다른 무슬림 소유 기관들에 대한 일제 단속이 벌어진 뒤 알아울라키는 부시 정부의 테러와의 전쟁이 무슬림을 상대로 한 전쟁이 되어버렸다고 공개적으로 맹비난했다. 얼마 지나지 않아 그는 런던으로 갔고 그의 불같은 설교 모임에 참석한 젊은 무슬림들과 포장 세트로 판매되는 CD 강연을 들은 사람들을 사로잡았다. 그러나 명성이 높아졌어도 영국에서 생계를 유지하는 데 곤란을 겪은 그는 2004년에 예멘으로 돌아와 인터넷 채팅방, 나중에는 유튜브를 통해 전 세계로 설교를 전송했다.[6]

설교를 영어로 했다는 사실은 무슬림 세계에 대한 그의 영향력을 제한했지만 매서운 반미적 수사는 추종자들 일부가 행동에 나서도록 박차를 가했다. 그중 하나가 2009년 크리스마스에 디트로이트로 착륙하는 비행기에서 속옷에 숨긴 폭탄을 터뜨리려 했던 나이지리아 학생 우마르 파루크 압둘무탈라브였다. 그 몇 달 전 압둘무탈라브는 자신이 지하드를 벌이려는 이유를 글로 써서 알아울라키에게 보냈다.[7] 미국 수사관들은 실패한 크리스마스의 음모를 짜맞추는 동안 아라비아 반도의 알카에다 안에서 알아울라키가 맡은 역할을 더 잘 이해하게 되었다. 한때 무슬림 세계에 대한 미국의 가교를 자임했던 38살의 미국인 남자는 단순히 디지털 시대에 영감을 주는 예언자, 인터넷 속에서 증오를 팔아먹는 상인이 아니었다. 그는 말을 행동으로 옮겨 테러집단들이 미국에 대항한 테러의 물결을 기획하는 것을 돕기 시작했던 것이다.

사우디 정보 담당자들과 가까운 관계를 유지했고 이미 백악관에서 예멘 내 미국의 비밀전쟁을 지휘해온 존 브레넌은 알아울라키가 알카에다

안와르 알아울라키. ⓒLinda Spillers/The New York Times/Redux.

제휴단체들의 전략 변화에 주된 책임이 있다고 믿었다. 오랫동안 지구적으로 생각해온 알카에다는 행동은 지역적으로 벌여 사우디아라비아 내부 표적에 공격의 초점을 맞추었다. 그러나 빈라덴과 파키스탄 내 그의 추종자들이 포위당하자 AQAP는 미국을 가장 괴롭히는 존재가 될 기회가 왔다고 보았다. 브레넌은 알아울라키가 그 집단을 점점 더 이 방향으로 밀고 나간다고 생각했다.[8]

이것은 옳은 생각일 수도 아닐 수도 있었지만, 국가안전보장회의에 모인 관리들은 비상한 문제를 두고 토론을 벌이기 시작했다. 미국 시민인 알아울라키를 생포하거나 재판에 넘기는 일 없이 비밀리에 죽이는 것을 승인하느냐 마느냐 하는 문제였다. 해럴드 고를 비롯한 정부 내 법률가들은 알아울라키가 예멘 무장단체에서 맡은 역할에 관한 가공되지 않은 정보를 살펴보기 시작했고, 압둘무탈라브의 항공기 폭파 미수 사건 몇 달 뒤 법무부 법률자문실은 나라를 배반한 미국인 성직자를 죽이는 것을 오바마 정부에게 승인해주는 기밀 메모를 작성했다. 이 메모는 알아울라키가 아라비아 반도의 알카에다에서 높은 지위를 차지했고 미국에 대한 전쟁을 선포했기 때문에 정당한 법적 절차를 밟을 헌법적 권리를 더 이상 갖지 못한다고 주장했다.

그렇지만 미국은 알아울라키뿐 아니라 다른 AQAP 지도자 중 누구 한 사람에 대해서도 어디 숨었는지 단서를 갖지 못했다. 합동특수전사령부는 이제야 예멘 안에서 정보를 수집하려는 노력을 늘리기 시작했고 오바마 정부는 알리 압둘라 살레 예멘 대통령과 사우디아라비아 정보기관이 그 나라 안에 심어놓은 첩보원들에게 거의 전적으로 의존하는 실정이었다. 2010년 5월 예멘에서 미국의 공격이 뜻하지 않게 부지사를 죽이며 실패로 돌아간 뒤 살레는 미국의 활동에 더 한층 제한을 가했고 비밀전쟁은 멈추어진 상태였다.

그러나 예멘의 독재자는 서서히 장악력을 잃기 시작했다. 살레 대통령은 나라 안의 다양한 분파들을 교묘히 조종하고, 부시 정부의 한 관리가 '뱀 구덩이 속에서 춤추기'에 비유한 방식으로 종종 그 분파들 서로를 싸움 붙이면서 수십 년 동안 권력을 유지해왔다.⁹ 하지만 2011년 초에 예멘은 아랍 세계에 확산되는 거리의 반란에 봉착했다. 한때 수도 이외의 지역을 거의 통제하지 못했던 정부는 이제 수도 안에서조차 질서를 유지할 수 없었다. 결국 6월에 벌어진 대통령궁 공격에서 로켓의 탄막이 살레 대통령이 숨어 있던 방을 타격해 그를 쓰러트렸다. 그는 두개골에 내출혈을 일으켰고 로켓이 일으킨 불로 몸의 40퍼센트에 화상을 입었다. 살레의 경호원들이 비상 항공기로 부상당한 지도자를 사우디아라비아로 옮겼고 거기서 그는 여러 시간 동안 수술을 받았다.¹⁰ 그는 살아남았지만 대통령으로서의 인생은 끝났다. 알리 압둘라 살레는 더 이상 미국에 무엇은 할 수 있고 어떤 것은 안 된다고 말할 형편에 있지 않았다.

CIA와 JSOC는 부지사 자베르 알샤브와니의 죽음 이후 예멘에서 미국의 공중전이 중지된 1년여의 시간을 예멘 안에 인간첩보망과 전자도청의 거미줄을 설치하는 데 활용했다. 메릴랜드 주 포트미드의 국가안보국은 예멘 내부의 휴대전화를 감시하고 이메일을 가로채기 위해 컴퓨터 네트워크에 침투하는 작업에 더 많은 분석관들을 할당했다.¹¹ 또 CIA는 예멘에서의 알카에다 추적에 중추 역할을 할 드론 기지를 아주 조용히 사우디아라비아에 건설하기 시작했다. 사우디아라비아는 자신들의 역할을 숨기는 조건으로 기지 건설을 허락해주었다. 이 기지를 세운다는 결정에 관여했던 한 미국 관리는 "사우디인들은 작전에 자기네 얼굴을 내세우기를 원치 않았다"고 말했다.

CIA 기지가 완성될 때까지 예멘은 여전히 JSOC의 전쟁터였다. 2011년 5월 국방부는 과거 프랑스 외인부대의 주둔지로 2002년부터 소규모 미국

해병대와 특전부대가 작전을 벌여온 척박한 환경의 기지인 지부티의 캠프 르모니에Camp Lemonnier와 에티오피아에서 출발하는 무장 드론을 예멘에 보내기 시작했다. 드론의 윙윙대는 소음은 예멘의 외진 사막 지대에서 정기적으로 들려오는 소리가 되었고 지하드를 벌이는 사람들과 살인 기계 사이에는 쫓고 쫓기는 게임이 시작되었다.

AQAP와 2주일을 함께 보낸 한 예멘 언론인은 공중 공격을 피하기 위해 이 집단이 만들어낸 보안 절차를 다음과 같이 묘사했다. 예멘 전투기가 접근할 경우 그들은 제자리에 남아 있었다. 전투원들이 기자에게 말한 대로 "예멘 비행기들은 항상 표적을 놓친다"는 것이 그 이유였다. 그러나 미국의 드론이 머리 위에서 윙윙거릴 때는 정반대로 행동했다. 그들은 휴대전화를 끄고 얼른 트럭에 탑승해 이동하기 시작했는데, 왜냐하면 "드론은 움직이는 표적을 폭격하지 못하기 때문"이었다.[12] AQAP 전투원들은 드론의 약점 가운데 하나, 이 비행기가 위성을 통해 움직이는 탓에 생겨난 문제를 알아낸 것이었다. 드론 조종사들은 제 비행기에서 수천 마일 떨어져 있었으므로 그들이 미국의 화면에서 보는 광경은 때때로 실제 드론이 지켜보는 장면보다 몇 초 뒤의 것이었다. '대기 시간'이라는 용어로 알려진 이 문제는 여러 해 동안 CIA와 펜타곤의 표적 담당 요원들이 드론에서 발사되는 미사일을 어디에 조준해야 할지 알기 어렵게 만들었고, 이것은 드론 전쟁에서 민간인 사상자들과 놓쳐버린 표적들이 나온 까닭을 설명해준다.

파키스탄에서 빈라덴을 죽인 특공대의 습격 후 불과 며칠이 지난 2011년 5월, 알아울라키는 움직이는 트럭 안에 있었던 덕분에 가까스로 죽음을 모면했다. 미국을 위해 정탐 활동을 하던 한 정보원이 샤브와 지방에서 알아울라키가 트럭에 타고 있다는 정보를 제공했고 JSOC 팀은 드론과 해병대의 해리어 전투기를 그 지역으로 보냈다. 그러나 첫 번째 미사일은 알아울라키가 탄 트럭을 빗나갔고, 구름이 이동해 비행기의 시야를 가리는 사이에 알아울라키는 뛰어내려 다른 트럭을 타고 반대 방향으로 달렸다. 미국 비행기들은 계속 첫 번째 트럭을 따라갔고 또 한 발의 미사일이 그 차에 탄 현지 알카에다 대원 2명을 죽였다. 알아울라키는 동굴로 대피했다. 예멘 학자 그레고리 욘센에 따르면 알아울라키는 친구들에게 이 사건이 "사람은 자기의 생명력과 정해진 시간을 다할 때까지 죽지 않는다는 내 확신을 더욱 굳혔다"고 말했다 한다.[13]

백악관에서는 JSOC가 알아울라키와 다른 최고 지도자들을 계속 놓치는 데 대한 오바마 대통령과 존 브레넌의 불만이 점점 더 커지고 있었다. 오바마가 예멘에서 미국의 비밀 활동을 확대한 지 1년 반이 지났는데도 AQAP의 고위 지도자들은 아무도 죽임을 당하지 않았을 뿐 아니라 여러 차례의 작전이 잘못된 정보에 따라 벌어졌다. 무장조직 지도자들보다 더 많은 민간인들이 목숨을 잃었다. 예멘에 무장 드론을 날려보내는 것은 크루즈 미사일에 비해 진일보한 방법이었지만 지부티 정부는 자신의 동의를 얻지 않을 경우 미국이 캠프르모니에서 치명적인 임무를 발진시키는 것을 허락하지 않으려 했다. JSOC 지도자들은 이 규제에 발끈했다.

CIA는 이와 비슷한 제약 없이 작전을 벌였고 2011년 9월에는 사우디 사막의 드론 기지가 완공되어 사용이 가능해졌다. 이제 CIA 국장인 데이비드 퍼트레이어스는 프레더터와 리퍼 항공기 함대 일부를 파키스탄에서 사우디아라비아로 옮기라고 지시했다. 첩보기관들은 또 위성의 위치를 재조정했고 드론들이 미국에 있는 조종사들과 교신할 수 있도록 데이터 망을 변경했으며 드론 전쟁의 새 전선을 열기 위해 필요한 또 다른 기술적 작업을 이행했다.

CIA는 예멘 국경 가까이에 세워둔 드론 항공기 이상의 무엇을 갖고 있었다. 알아울라키의 움직임에 관해 정기적인 정보를 제공하기 시작한 아라비아 반도의 알카에다 내부의 정보원原이 그것이었다. 미국은 이미

AQAP의 구조에 대한 정보를 수집했고 이 집단의 번드레한 인터넷 출판물 〈인스파이어Inspire〉가 매번 발간되기 전에 사전 경보를 받을 수 있었다. AQAP는 영어로 씌어진 이 잡지를 제 인지도를 높이고 미국과 영국의 지하드 지망자들에게 집 가까운 곳에서 전쟁을 벌이도록 선동하는 데 활용했다. 그들의 구상은 2009년 11월 텍사스 포트후드의 북적대는 군사 시설에서 13명을 살해한 육군 심리학자 니달 핫산 소령이 저지른 것 같은 공격을 고무한다는 것이었다. 7개월 뒤 코네티컷에 사는 하급 금융분석가 파이살 샤흐자드가 타임스스퀘어 한복판에서 폭발물이 가득 찬 승합차를 폭파하려 했던 것도 그런 공격의 하나였다. 이 잡지의 파키스탄계 미국인 발행자 사미르 칸이 쓴 〈인스파이어〉의 어느 기사는 '엄마의 부엌에서 폭탄 만들기'라는 제목을 달고 있었다.

곧 나올 〈인스파이어〉의 내용을 알게 될 때마다 오바마 정부의 관리들은 이 잡지가 온라인에 출현하지 못하게 방해하거나 AQAP가 당황하도록 잡지의 본문에 메시지를 끼워넣는 방안, 또 이 집단에 사우디나 미국의 첩자가 침투했을지 모른다는 경보를 발하는 방안을 실행할지를 놓고 토론을 벌였다. 그러나 자신들을 돕는다는 의심을 산 누군가가 처형될 수 있다는 우려 때문에 그러지 않기로 했다.[14] 두 번째 이유도 있었다. 〈인스파이어〉는 미국에서 온라인으로 읽을 수 있었으므로 CIA가 어떤 식으로든 잡지의 내용을 조작하려 한다면 이 기관이 미국인들을 상대로 선전 작전을 수행하는 것을 금지한 법을 위반할지도 몰랐다. 이와 똑같은 우려 탓에 CIA는 미국인들이 노트북 컴퓨터 앞에 앉아 수천 마일 바깥에서 작성된 뉴스와 정보를 읽게 된 인터넷의 출현 이후 선전 작전을 거의 포기한 바 있었다. 그래서 생겨난 공백을 국방부, 또 마이클 펄롱 같은 사람이 디지털 시대에 맞추어 재단된 새로운 유형의 정보전으로 메우려 했던 것이다.

파키스탄에서 CIA의 표적살인이 거둔 실적에 깊은 인상을 받은 백악관 관리들은 안와르 알아울라키 추적 임무를 국방부에서 가져와 CIA에게 넘겨주었다. 9월 30일, 사우디아라비아의 기지에서 이륙한 미국익 드론 합대가 예멘으로 날아가 한때 아라비아산 말을 기르는 곳으로 유명했던 사우디 국경 근처의 광대한 사막지대인 알자우프 지역을 지나는 차량 행렬을 추적했다. 목격자들에 따르면 차량에 탄 남자들은 아침식사를 하려고 멈추었다가 드론을 발견하고 다시 차로 달려갔다. 그러나 드론은 이미 자동으로 표적을 추적하는 상태였기 때문에 이후에 벌어진 사태는 세심하게 편곡된 파괴의 교향곡 같은 것이었다. 두 대의 프레더터 드론이 미사일 공격의 정확도를 개선한 전술에 따라 레이저를 차량에 겨누었고, 리퍼 드론 한 대가 여러 발의 미사일을 발사해 1발을 명중시켰다. 차량 대열 속의 모든 사람이 죽었다. 그중에는 미국 시민들인 안와르 알아울라키와 사악한 선전가이자 〈인스파이어〉 배후의 창조력이었던 사미르 칸이 포함되어 있었다.

이맘의 아들로 덴버에서 태어났고 야윈 몸매를 가진 16세의 압둘라흐만 알아울라키는 2주일 전에 가족과 함께 살던 사나의 집에서 부엌 창문으로 몰래 빠져나왔다. 아버지가 선동적인 설교로 미국과 영국에서 유명해진 뒤 예멘으로 이사 왔을 때 아주 어렸던 압둘라흐만에게 그 집은 그가 아는 유일한 자기 집이었다. 그 뒤 오바마 정부가 가장 열심히 뒤쫓는 인물이 된 아버지는 사나를 떠나 예멘의 좀 더 안전한 벽지로 도망을 갔지만 압둘라흐만은 대체로 평범한 사춘기 소년의 삶을 살았다. 스포츠와 음악에 흥미를 갖고 고등학교에 들어갔으며 페이스북 페이지를 정기적으로 업데이트했다.

2011년 9월 중순께 그는 아버지가 어디에 숨었든 찾아야겠다고 결심했다. 집을 몰래 빠져나오기 전에 그는 가족에게 쪽지를 남겼다.

"떠나서 죄송해요, 전 아빠를 찾으러 갈 거예요."[15]

그는 안와르 알아울라키가 숨어 있으리라 생각되는 곳, 미국 전투기와 드론이 지난 5월에 아슬아슬하게 그를 놓쳤던 샤브와로 갔다. 압둘라흐만은 아버지가 벌써 샤브와에서 도망쳐 알자우프로 갔다는 사실을 알지 못했다. 그는 다음에는 뭘 해야 할지 모르는 채 헤매다녔다. 그러다 아버지를 죽인 미사일 공격 소식을 듣고는 사나에 있는 가족에게 전화를 걸어 집으로 돌아가고 있다고 말했다.

그는 집으로 곧장 돌아오지 않았다. CIA 드론이 아버지를 죽인 지 2주가 지난 10월 14일, 압둘라흐만 알아울라키는 샤브와 지방의 아잔 마을에 있는 노천 식당에 친구들과 함께 앉아 있었다.[16] 멀리서, 처음에는 희미하게, 익숙한 윙윙 소리가 들려왔다. 이어 미사일들이 공기를 찢고 날아와 식당을 강타했다. 순식간에 12구 가까운 시신들이 흙바닥 위로 흩어졌다. 압둘라흐만 알아울라키도 그 가운데 하나였다. 그의 사망을 알리는 보도가 나오고 몇 시간 뒤 이 10대 소년의 페이스북 페이지는 추도의 장이 되었다.

미국 관리들은 그 작전을 결코 공개적으로 거론하지 않았으나 사적으로는 압둘라흐만 알아울라키가 실수로 살해됐다고 인정했다. 이 소년은 어떤 표적 목록에도 올라 있지 않았다. 그 드론 공격의 표적은 AQAP의 이집트인 지도자 이브라힘 알반나였다. 미국 관리들은 공격 당시 알반나가 그 식당에서 식사 중이라는 정보를 얻었으나 그것은 오류로 드러났다. 알반나는 공격이 벌어진 곳 근처에도 있지 않았다. 압둘라흐만 알아울라키는 잘못된 시간에 잘못된 장소에 있었던 것이다.

이 공격은 기밀로 남았지만 몇몇 미국 관리들은 소년을 죽인 드론은 그의 아버지를 죽인 것과는 달리 CIA가 운용하지 않았다고 말했다. 압둘라흐만 알아울라키는 CIA가 예멘 내 범죄자 추적에 합세한 뒤에도 계속된 국방부 합동특전사 주도의 또 다른 드론 프로그램에 희생된 것이었다. 두 개의 분리된 드론 전쟁을 벌이던 CIA와 국방부는 세계에서 가장 가난하고 황량한 나라 중 하나의 살육 현장에서 만난 셈이었다. CIA와 JSOC는 각각 별도의 표적 목록을 갖고 있었다. 둘은 예멘에서 거의 같은 임무를 수행했다. 도널드 럼스펠드가 처음 CIA의 손에서 새로운 전쟁의 통제권을 빼앗아오려고 시도했을 때부터 10년이 흘러 국방부와 CIA는 지구 끝에서 똑같은 비밀 임무를 담당하고 있었다.

아들과 손자가 죽고 두 달 뒤에 나세르 알아울라키 박사는 추도 연설 영상을 유튜브에 올려 그들의 죽음을 애도했다. 알아울라키 박사는 7분 가까이 명료하고 신중한 영어로 연설을 했다. 충실한 무슬림들은 아들 안와르가 전한 말을 계속 살아 있게 해야 하며 그의 말에 아직 감동받지 않은 모든 사람에게 그것을 전파해야 한다는 내용이었다. 그는 자세한 언급은 없이, 그러면서도 불길하게, 아들의 "피가 헛되지 않았으며 앞으로도 그러할 것"이라고 다짐했다.

알아울라키 박사는 미국을 세계의 가장 어두운 구석에서의 암살 전략에 사로잡힌 "미쳐버린 국가"라고 묘사했다. 공격이 너무나 일상화한 나머지 자신의 아들과 손자의 죽음은 미국 내부에 거의 알려지지도 않았다고 이야기했다. 이것은 부분적으로 맞는 말이었다. 안와르 알아울라키가 살해당한 날 오바마 대통령은 연설 중에 그의 죽음을 "알카에다와 그 연계세력을 무찌르려는 더 광범위한 노력에서 또 하나의 중대한 초석"이라고 부르며 짧게 언급했다. 그러나 다음 날, 법무부의 메모가 그 죽음을 승인해준 미국 시민이자 선동적인 설교자가 살해당했다는 소식은 심야 네트워크 뉴스 방송에서 찾아볼 수 없었다. 2주가 지나자 야윈 미국인 10대 압둘라흐만 알아울라키의 죽음에 주목하는 사람은 거의 아무도 없게 되었다.

드론 공격은, 적어도 공식적으로는, 비밀로 남아 있었다. 오바마 정부는 CIA와 JSOC의 드론에 관한, 또 그 작전을 지지한 비밀스러운 법률적 견해에 관한 문서들을 공개하라는 도전에 맞서기 위해 법정으로 갔다. 2012년 9월 늦게, 워싱턴 연방법원 법정의 녹색 대리석 담장 앞에 앉은 3명의 판사는 미국시민자유연맹이 CIA를 상대로 표적살인 프로그램 관련 문서를 넘기라며 제기한 소송의 구두 변론을 청취했다. CIA를 대표해 나온 변호사는 CIA가 드론 공격과 관계가 있다는 점을 인정하기를 거부했고, 심지어 판사들이 회의적인 태도로 반대심문을 하면서 전직 CIA 국장 리언 패네타의 공개 발언에 관해 물었을 때도 마찬가지였다. 패네타는 이탈리아의 나폴리에 주둔하는 미군에게, 국방장관으로서 자신은 "CIA에 있을 때보다 죽여주게 많은 무기를 갖고 있지만" "프레더터도 그다지 나쁘지는 않았다"고 말한 바 있었다.

재판 중 어느 시점에, 몹시 화가 치민 머릭 갈런드 판사는 오바마 대통령과 백악관 대테러 활동 고문 존 브레넌이 모두 드론에 관해 공개 발언을 한 사실을 들어 CIA가 취하는 입장의 어리석음을 지적했다. 그는 CIA 법률가에게 이렇게 말했다. "만약 CIA가 황제라면, 황제가 옷을 벗었다고 그의 상관들이 말하는데도 당신은 우리에게 황제가 옷을 입었다고 말하라고 요구하고 있습니다."

그러나 아무리 비밀에 부쳤어도, CIA와 국방부가 비밀전쟁을 벌일 자원을 더 많이 획득하려고 싸우는 동안 두 기관이 맡은 임무들이 계속 더불어 손상을 입게 만들며 드론 전투는 제도화되었다. 어떤 경우 두 기관은 예멘에서처럼 서로 분리되고 경쟁하는 드론 작전을 운영했다. 다른 경우에 그들은 세계를 분할해 원격 통제되는 전쟁의 서로 다른 부분을 책임졌는데, 예컨대 CIA는 파키스탄에서, 국방부는 리비아에서 드론 전쟁을 벌이는 식이었다.

CIA가 준군사적 기능을 포기해야 한다는 9.11위원회의 결론이 나온 것은 2004년 7월의 일이었다. 위원회는 CIA와 국방부가 한꺼번에 비밀전쟁에 종사하는 상황은 말이 되지 않는다고 결론지었다. 위원회의 최종 보고서는 이렇게 적었다. "그 값어치가 돈으로 매겨지든 사람으로 측정되든, 미국은 비밀 군사작전을 수행하고 비밀리에 원격 미사일을 운용하며 비밀리에 외국 군대나 준군사조직을 훈련시키는 두 개의 분리된 역량을 구축할 형편이 아니다."

부시 정부는 이 권고를 거부했고 이후 미국은 정반대 방향으로 움직였다. CIA와 국방부는 이제 각자 빈틈없이 그림자 전쟁의 여러 건축물들(사우디아라비아의 드론 기지, 지부티의 옛 프랑스 외인부대 기지, 그밖의 외진 전초기지들)을 방어했으며, 정치인들이 표적살인 작전을 미국 전쟁의 미래로 받아들이자 어떠한 통제권도 포기하기를 꺼렸다. 그 사이에 국방부는 인간첩보 활동을 계속 밀어붙였다. 국방정보국은 아프리카, 중동, 아시아의 첩보 임무를 위해 수백 명의 비밀 요원들로 이루어진 집단을 꾸린다는 희망을 품고 있었다. CIA에서 33년을 보낸 변호사 조지 제임슨은 "모든 게 거꾸로 간다"고 말했다. "정보기관은 전쟁을 벌이고 군사조직은 현장 정보를 수집하려 애쓰고 있으니."[17]

험난했던 2012년 대통령 선거 기간 동안 오바마 대통령은 억센 면모를 과시하려고 종종 표적살인을 암시적으로 언급했는데, 그의 발언에는 9.11 공격 얼마 뒤의 부시를 연상시키는 허풍이 섞여 있었다. 한번은 기자가 그의 외교 정책이 유화 전략이 되어버렸다는 공화당 대통령 후보들의 비난을 어떻게 생각하느냐고 물었다. "오사마 빈라덴과 현장에서 쫓겨난 알카에다 지도자 30명 중 22명에게 내가 유화 정책에 관여했는지 물어보세요" 하고 오바마는 쏘아붙였다. "혹시 누가 아직도 거기 남아 있다면 그자들한테 물어보시든지요."[18]

2012년 대통령 선거운동 중의 모든 정책적 차이에도 불구하고 오바마와 미트 롬니 주지사는 표적살인에 관한 한 아무런 이견을 찾을 수 없었다. 미트 롬니는 대통령이 된다면 오바마가 가속화한 드론 공격을 지속하겠다고 말했다. 그런 일이 벌어질 것을 두려워한 오바마의 관리들은 자신들이 드론 공격을 작동시킬 수단을 더 이상 갖지 못하는 상황에 대비해 명료한 공격 규칙들을 시행하려고 선거 전 마지막 몇 주 동안 서둘러 움직였다. 표적살인의 절차를 성문화하려는 노력은 비밀작전이 얼마나 임시방편적으로 운영되었는지를 고스란히 드러내주었다. 누구를 어디서 언제 죽일수 있는가에 관한 근본적인 질문들은 대답을 얻지 못했다. 이 물음들에 대답해야 한다는 압박감은 2012년 11월 6일의 결정적인 선거가 오바마 대통령에게 또 다른 4년 임기를 보장하자 완화되었다. 비밀전쟁에 명료함을 가져다주려는 노력은 시들해지고 말았다.[19]

이라크와 아프가니스탄에서 길고 피에 물든 고비용의 전쟁을 치르느라 지친 이 나라는 오바마 대통령의 첫 임기 마지막에 정부가 비밀전쟁을 확대한 데 대해 별다른 걱정을 품지 않았다. 그와 반대였다. 스탠포드대학의 에이미 제가트가 실시한 한 여론조사에 따르면 이 나라는 놀랄 만한 정도로 대테러 관련 사안에서 점점 더 매파가 되었다. 응답자의 69퍼센트에 이르는 다수가 미국 정부가 비밀리에 테러리스트를 암살하는 것을 지지한다고 밝힌 것이다.[20]

표적살인은 CIA를 오바마 정부에 없어서는 안 될 기관으로 만들었을 뿐 아니라 다른 사안과 관련해서도 정보국의 이미지를 개선시켰다. 위 여론조사에서 응답자의 69퍼센트는 미국 첩보기관들이 이란과 북한에서 벌어지는 일에 관해 정확한 정보를 가졌다는 믿음을 표명했다. 이것은 CIA가 이라크의 무기 계획에 대한 엉터리 평가 탓에 두들겨맞고 있던 2005년의 비슷한 조사 때보다 20퍼센트포인트 이상 높았다. 흥미롭게도 2012년의 조사는 북한의 독재자 김정일의 죽음 몇 달 뒤에 이루어졌고 CIA 관리들은 김정일의 사망이 북한 TV에서 발표될 때까지 이 사실을 알지 못했다.[21]

그러나 경직된 근육을 지닌 CIA의 위험 부담과 기회비용은 차츰 명백해지고 있다. 몇 주일간 아랍의 봄이 밀어닥쳤을 때 놀란 CIA는 수십 명의 공작관과 분석관을 재배치해 중동과 북아프리카에서 벌어지는 사태를 연구하게 했다. 그리고 다시 한 번 오바마 정부는 첩보원보다 군인 역할을 하는 CIA에 의존했다. 리비아의 혁명이 공공연한 내전으로 확대되자 CIA는 준군사요원들과 민간 계약인들을 보내 반군 단체와 접촉하게 했고, 리비아로 쏟아져 들어오는 막대한 양의 기관총과 대공 화기가 적절한 반군 지도자들에게 전달되도록 돕게 했다. 카다피를 권좌에서 몰아내는 전쟁에 미국 지상군을 사용해서는 안 된다고 주장한 오바마 대통령은 대신에 그의 정부가 신뢰하게 된 공식에 의지했다. 드론과 비밀 요원들, 그리고 리비아 반군을 대리 군대로 쓸 권한을 부여받은 민간 계약인 집단을 활용하는 것이었다.

그러나 CIA는 반군 단체들에 대한 진짜 정보가 별로 없었고, 미국이 리비아에서 권한을 부여한 반군들 중 일부는 후원자에게 등을 돌렸다.

2012년 9월 11일 밤 10시가 막 지났을 때, 리비아에 있는 CIA의 작은 기지에 정신없이 흥분한 전화가 걸려왔다. 미국 정부가 무아마르 카다피의 몰락 이후 해안 교두보를 세운 리비아 동부 지중해 연안의 항구 도시 벵가지에 자리잡고 있으며 이 도시 다른 편의 CIA 기지와는 고작 1마일 떨어진 미국 대사관에서 온 전화였다. 전화를 건 국무부 직원은 대사관이 공격을 받고 있고 AK-47 소총을 든 공격자들이 정문에 밀어닥치기 시작했다고 알렸다.[22] 이들 무리는 벌써 휘발유 깡통을 들고 와 대사관의 한 건물에 불을 질러놓은 상태였다.

휴대용 미사일이 가득한 카다피의 무기고가 당시 리비아를 장악한 반군에게서 분리된 무장단체들의 손에 들어가는 것을 막기 위해 벵가지에 와 있던 CIA 기지의 공작원들은 무기를 챙겨 차량 2대에 나눠 타고 대사관으로 달렸다. 그들은 리비아 민병대원들을 구조 임무에 합세하라고 설득했으나 실패했고, 대사관에 도착했을 때 불은 거세게 타오르고 있었다. 리비아 주재 미국 대사 크리스토퍼 스티븐스는 한 건물 안에 갇혀 있었다. 천장이 이미 무너져 CIA 팀은 심한 연기에 질식한 스티븐스에게 접근할 도리가 없었다. 다른 임무를 맡았다가 투입된 군용 드론이 머리 위를 맴돌면서 총격전의 영상을 독일의 미 아프리카사령부 본부에 전송하고 있었다. 그러나 이 프레더터는 비무장이어서 턱없이 수가 적은 미국인들에게 아무 도움도 줄 수 없었다.

더 이상 위치를 고수하기가 불가능했던 CIA 공작원과 국무부 보안요원들은 대사관 건물을 비우고 1마일 떨어진 CIA 기지로 갔다. 그러나 도착한 지 오래지 않아 기지는 AK-47과 로켓 추진 수류탄의 일제 사격에 휩싸였다. 새벽 5시가 되어서야 트리폴리에서 온 미국 증원대가 옥상에 있던 CIA 공작원들과 합류했다. 그때 침입자들은 또 한 차례 공격을 준비하고 있었고 박격포탄이 옥상에서 터지기 시작했다. 네이비실 출신이었던 두 CIA 공작원, 타이론 우즈와 글렌 도허티가 죽었다. 동이 틀 때 미국인들은 기지에서 철수해 프레더터가 감시하는 가운데 공항으로 차를 몰았다. 습격에서 사망한 4명의 시신과 함께 미국인 전원은 트리폴리로 날아갔다. 리비아에서 정보 수집을 위한 주된 거점이었던 벵가지에서의 미국의 작전은 정지되었다.

이 공격은 문자 그대로 리비아 내 CIA의 눈을 멀게 했다. 지난 10년간 정보국이 준군사작전을 축으로 움직여온 상태에서 전현직 CIA 첩보원들은 이 기관이 다른 한 가지 이유로 나머지 수많은 곳에서도 눈이 멀지 모른다고 걱정했다. CIA의 폐쇄적인 사회는 근본적으로 변화했고 이제 CIA 요원의 한 세대 전체가 전쟁과 어울려 있었다. 한 세대 전 로스 뉴랜드와 그의 훈련반이 어떤 대가를 치르더라도 살생을 삼가야 한다는 당부를 들었듯이 2001년 9월 11일 이후 정보국에 들어온 CIA 요원들 다수는 오직 사람을 추적하고 죽이는 일'밖에' 경험하지 못했다. 이 새로운 세대는 정보를 수집하고 염탐하는 참을성 있고 '신사적인' 업무를 할 때보다 전선에 서 있을 때 더 많은 아드레날린이 분출되는 것을 느꼈다. 전자는 따분하고 지루한 일일 수 있으며, 한 전직 CIA 최고위 인사의 말처럼 "도시의 휘황한 불빛을 보아버린 사람들을 어찌 농장에 가두어두겠는가?"

CIA 간부들 일부는 파키스탄 내 드론 공격이 어떻게 알카에다를 섬멸했고 점점 줄어드는 오사마 빈라덴의 추종자 집단으로 하여금 예멘이나 북아프리카, 소말리아, 기타 제대로 통치되지 않는 지역을 새 은신처 삼아 숨어들도록 강제했는지를 자랑스럽게 이야기한다. 많은 사람들이 드론 공격은 CIA 역사상 가장 효과적인 비밀공작 프로그램이라고 믿는다.

그러나 2001년 이후 살생의 세월이 흐르는 동안 CIA의 드론 프로그램이 탄생하는 자리에 있었던 — 또 9.11 공격 후 정보국이 넘겨받은 치명적 권한에 환호했던 — 사람들 중 일부는 매우 양면적인 태도를 갖게 되었다. 로스 뉴랜드는 미국이 적 영토를 융단폭격하거나 파키스탄의 외딴 마을들에 무차별적으로 포탄을 쏴대는 일 없이 전쟁을 벌이게 해주는 이 무기를 여전히 칭송하지만, CIA가 벌써 몇 년 전에 프레더터와 리퍼를 포기했어야 한다고 생각한다. 그는 원격 조종으로 사람을 죽이라는 유혹은 "가짜 마리화나"와 같으며, 드론은 정보 수집을 위한 관계를 양성하는 것이 첩보 기관의 업무가 되어야 할 파키스탄 같은 나라들에서 CIA를 악당으로 만들어버렸다고 말했다. "프레더터는 결국 CIA를 다치게 합니다. 그건 정보 임무가 아닙니다."[23]

리처드 블리는 드론 시대의 여명에 더욱 중대한 역할을 했다. CIA 대테러센터 안에서 빈라덴을 찾아내는 구체적인 임무를 띤 조직이었던 알렉 지부의 책임자로서 그는 9.11 이전 정보국에 내려져 있던 제한 조치에 짜증이 난 대테러 열성분자들의 작은 집단에 속했다. 상관인 코퍼 블랙과 더불어 블리는 CIA에 빈라덴과 그 졸개들을 죽일 치명적 권한을 달라고 강하게 요구했다. 2001년 여름에는 캘리포니아의 모하비 사막에 서서 프레더터에서 발사된 미사일이 빈라덴의 타르나크 농장 훈련소의 모형을 파괴하는 것을 지켜보았다. 그는 몇 주일 뒤인 9월 11일에 수천 명이 죽는 것을 고통스럽게 바라보면서 자신과 동료들이 이 공격을 방지하기 위해 더 세게 밀어붙일 수도 있지 않았나 고민했다. 그는 파괴된 타르나크 농장 모형의 파편을 책상 위에 아직도 올려놓고 있다.

CIA를 떠난 그는 은퇴 후에도 CIA의 표적살인 임무의 타당성에 관한 의문을 짊어지고 있었다. 치명적 행동을 수행하기 위한 장벽은 낮아지고 정보국은 첩보원들 자신이 누구를 죽이고 있는지조차 확신하지 못하는 가운데 — 특징타격이라는 이름 아래 — 파키스탄에서 미사일을 발사할 허가를 얻는 것을 보며 그는 점점 더 실망했다. 본래 미국이 선별적으로 사용하려고 구상한 도구가 남용되고 있다고 블리는 생각했다.

"예전에 우리는 방아쇠를 당기기 전에 양심상 우리가 누굴 죽이는지 알고 싶어 했지요. 그런데 지금 우린 이 사람들에게 사방에서 불을 질러버리고 있어요."

그에 따르면 살인 기계의 피스톤은 전적으로 저항 없이 작동한다. "모든 드론 공격은 처형입니다. 우리가 사형 선고를 내리려 한다면 거기엔 이 모든 것에 관한 어떤 공공의 책임과 공적인 토론이 있어야 돼요."

그는 잠시 말을 멈추었다. "그리고 그건 미국인들이 이해할 수 있는 토론이어야 합니다."

라스베이거스를 벗어나서 한 시간쯤 지나 도시 교외의 치장용 벽토를 바른 집들이 사라지고 풍경이 키 작은 크레오소트 관목들과 뾰족한 조슈아 나무들로 바뀌면, 고속도로는 서쪽으로 돌아 계곡으로 내려간다. 낮은 베이지색 건물 몇 채가 멀리서 나타나고 그 위로는 벌레를 닮은 작은 비행기가 천천히, 게으르게 하늘을 선회한다. 이 비행기는 언덕 몇 개를 넘어 고속도로 오른쪽으로 가서 왼쪽으로 회전한 다음 모래 사막을 깎아 만든 활주로에 착륙한다.

고도 3,123피트에 위치한 네바다의 인디언스프링스 마을은 차로 3분만 더 가면 눈에 들어온다. 주로 레저용 차량 캠핑장과 이동 주택으로 이루어진 이 마을에는 2개의 주유소, 모텔 한 곳, '모Moe 아줌마의 교역소'라는 이름이 붙은 가게도 곁들여져 있다. 우체국 위의 광고판은 '데니스(Denny's), 서브웨이, 모텔6 — 1시간 거리'라는 내용을 담아 가장 가까운 편의점 체인들을 광고한다. 커트 호스의 팀이 2001년 2월에 프레데터에서 처음 미사일을 발사하는 역사를 만든 뒤 자축하는 아침식사를 했던 자그마한 카지노는 여전히 마을 가장자리에 들어앉아 있다. 그러나 인디언스프링스의 나머지와 마찬가지로 이 카지노는 대개 비어 있다. 새로 생긴 우회도로 덕분에, 마을은 라스베이거스에서 죽음의계곡(Death Valley)으로 가는 관광객들이 멈추는 곳이 더 이상 아니다.[24]

이 외로운 마을은 고속도로를 바로 건너 몇 마일에 걸친 울타리와 경계 초소 뒷편에 자리잡은, 무장한 병사들이 호기심 어린 사람들에게 진입을 불허하는 곳에서 발생하는 탄탄한 성장의 혜택을 아무것도 누리지 못했다. 지난 10년의 중반에 인디언스프링스 공군 보조비행장은 크리치Creech 공군기지로 개명했다. 초기 프레데터 시험 조종사들이 새로운 전쟁 방식에 어설프게 손을 댄 현장이자 금세 무너질 듯 허술하고 강한 바람에 노출돼 있던 기지는 미국의 해외 살인 작전을 위한 중심부로 변신하기 시작했다. 2,300에이커의 사막에 들어선 크리치 기지는 지금 너무 붐비는 탓에 공군은 지역 업체들에게서 토지를 구입하여 확장하기를 바랄 정도이고, 그렇게 되면 인디언스프링스 마을은 더더욱 유령 마을이 될 가능성이 있다.

국방부와 CIA는 모두 크리치 기지 바깥으로 드론을 날려보내는 임무를 수행한다. 드론 프로그램과 관련된 군 인력과 민간 계약인들은 여전히 라스베이거스 교외에서 기지로 통근하며, 단정하게 줄지어 선 모래 빛의 기다란 트레일러들 안에서 교대 근무를 한다. 간혹 그들은 프레데터와 리퍼를 기지 근처로 비행시켜 훈련 임무를 수행하는데, 그럴 때면 드론들은 외로운 도로를 따라 달리는 민간인 승용차와 트럭을 뒤쫓으면서 치명적인 기술을 연마한다. 그러나 조종사들은 대부분 수천 마일 바깥의 아프가니스탄, 파키스탄, 예멘에서, 또 북아프리카의 광막한 사막을 가로지르며 전쟁을 치르는 중이다. 2012년 9월 리비아 주재 미국 대사관에 대한 공격 몇 주 뒤 벵가지의 하늘은 그 공격의 범인들을 뒤쫓기 위해 파견된 드론의 윙윙거리는 소리로 가득 찼다.

네바다 기지 가장자리의 빛 바랜 붉은 시멘트 장벽에는 자부심 넘치는 글귀가 적혀 있다.

크리치 공군기지: 사냥꾼들의 집

한가로운 세상의 스파이

"여긴 사업이 이뤄지는 곳입니다."
듀이 클래리지

듀이 클래리지는 넘어졌다. 국방부가 그의 민간 첩보 작전을 폐쇄하고 1년이 지났을 때 클래리지는 샌디에이고 근처의 자기 집에서 발을 헛디뎌 몇 군데 뼈가 부러졌다. 이 사고로 그는 평소보다 성질을 더 고약하게 만든 병원 생활을 했고 가족과 더 가까이 있기 위해 동해안으로 이사를 할 수밖에 없었다. 정보국 대테러리스트센터 창설자이자 이란-콘트라 사건의 주된 공공의 악당 중 하나였으며, 한때 진을 마시면서 니카라과의 항구에 기뢰를 부설할 생각을 해낸 것을 자랑했던 79세의 전직 CIA 요원은 레저월드Leisure World(계획적으로 조성된 미국의 노년층 공동체 가운데 한 곳으로, 이 장의 제목은 여기서 가져온 것이다: 옮긴이)로 이주했다.

그는 워싱턴 DC에서 25마일 떨어져 있고 스스로를 '늙지 않는 세대의 도착지'라고 홍보하며 베이비부머를 끌어들이려 하는 은퇴인 마을 레저월드의 나뭇잎 우거진 구내에서 중심지 역할을 하는 고층 아파트에 세를 들었다. 대공황 시기에 태어난 북부 출신 공화당 지지자 클래리지는 베이비부머의 일원이 아니었을 뿐 아니라 그 세대가 대표하는 많은 것을 싫어했다.

2012년 6월, 나는 어떤 종류의 대접을 받을지 모르는 가운데 차를 몰아 그를 만나러 갔다. 나는 클래리지에 관해 꽤 많은 글을 썼고, 그 대부분을 그가 좋아하지 않는다는 것을 알고 있었다. 그러나 내가 은퇴인 마을 소유의 이탈리아 식당 앞에 차를 세웠을 때 그 식당의 유일한 손님으로 탁자 하나를 차지하고 늦은 오후의 햇볕을 즐기던 클래리지는 따뜻하게 맞아주었다. 그는 여느 은퇴자들과 다르지 않아 보였다. 연어 빛깔 셔츠를 입었고 목에 두른 금목걸이가 보이도록 맨 윗단추를 잠그지 않았다. 스니커즈 운동화와 흰 양말을 신었고 샌디에이고에 살 때보다 약간 더 햇볕에 그을려 있었다. 그는 새로운 환경에 적응했다고 내게 말했지만 자기 고양이들은 덜 좋아한다고 불평을 했다. "여기 사람들은 전부 개를 길러요. 작은 개 말이죠."

자신이 대체로 경멸 어린 시선으로 바라보는 CIA와 몇 마일 떨어지지 않은 곳에 산다는 점은 약간 반어적이었지만 그가 캘리포니아를 그리워하거나 동해안으로 되돌아온 일을 후회하는 것 같지는 않았다.

"여긴 사업이 이뤄지는 곳입니다."

그가 말하는 '사업'이란 민간 정보 사업을 의미했다. 그리고 그의 말은 옳았다. 워싱턴을 빠져나와 준교외의 은퇴인 마을로 가노라면 번쩍이는 유리로 둘러싸인 탑 같은 북부 버지니아의 건물들과 넓은 복합 상업지구를 지나게 되는데, 이것들은 지난 십 년간 거의 아무것도 없던 곳에서 싹을 틔운 존재들이었다. 한때 남캘리포니아와 미드웨스트 같은 곳에 산재하던 미국의 방위 및 정보 산업체들은 차츰 통합되어 워싱턴 지역으로 이전했다. 그 업체들은 자기네가 '고객'이라고 부르는 이들에게 더 가까이

가기로 결정한 것이다. 국방부, CIA, 국가안보국과 그밖의 정보기관이 그 고객이었다. 이제 정부의 크고 작은 계약인들이 마치 군대가 중세의 마을을 포위하듯 수도를 둘러싼 고리를 형성한다.

민간 군사 및 정보 사업은 호황을 누리고 있었다. 2012년, 지구적인 전쟁터는 미국의 비밀 군대를 미국의 역량을 넘어서는 수준으로 늘렸다. CIA를 비롯한 정보기관들은 가장 본질적인 임무들 중 일부를 정탐과 정보 분석을 위해 고용된 민간 계약인들에게 위탁했다. 그들은 CIA의 드론 작전을 지원하는 일에도 고용되었다. 네바다의 지상 통제실에 앉아 있거나 아프가니스탄과 파키스탄의 기밀 기지에서 미사일과 폭탄을 드론에 싣는 것이 그들의 업무였다.

CIA의 법무 자문위원을 지냈고 지금은 워싱턴의 명망 높은 법률사무소의 공동대표인 제프리 스미스는 군사 및 정보 업무를 수행할 검은 계약을 따낸 몇몇 회사를 대변한다. 스미스는 자신들이 연방 공무원들보다 일을 더 잘할 수 있다고 약속하는 사적 계약인들(많은 회사의 대표가 CIA와 특전부대 출신이었다)에게 미국 정부가 첩보활동의 기본적 기능들을 얼마나 많이 위탁했는지 충격적일 정도라고 나에게 말했다. 에릭 프린스는 블랙워터를 팔아치우고 아랍에미리트로 갔지만 언론의 눈길을 피하는 데 블랙워터보다 훨씬 뛰어난 솜씨를 보이는 다른 업체들이 그 자리를 물려받았다. 미국의 전쟁 방식이 전차 행렬 간의 충돌에서 이동해, 공표된 전쟁지역을 벗어나 그림자 속으로 들어감에 따라 가내 공업이 새로운 군-정보 복합체의 불가결한 일부로 자리잡게 되었다.

스미스는 민간 계약인들을 가차 없이 부정적으로 묘사하는 데 발끈할 때도 있지만 그 역시 임무의 필요와 이윤을 내야 한다는 회사의 지상명령이 갈등할 경우에는 문제가 발생할 가능성이 있다고 본다. "계약인이 어디에 충성을 바치느냐에 관해서는 불가피한 긴장이 있습니다. 깃발과 함께

할 것인가? 아니면 기업의 실적을 우선할 것인가?”

2012년 중반, 여전히 아프리카에 벌여놓은 일을 위해 또 다른 장기적 정부 계약을 따내려고 애쓰던 미셸 발라린은 대륙의 북부로 확산되는 혼란에서 기회를 발견했다. 급진 이슬람주의자들이 북부 말리의 광대한 사막 지대를 장악한 뒤, 또 워싱턴이 오랫동안 무시해온 이 나라에서 정보를 얻어내려고 발버둥치고 있다는 점이 분명해진 뒤에 발라린은 자신이 말리 동부 지역의 투아레그 반군과 접촉 중이며 이슬람주의자들을 말리에서 몰아낼 계획을 짜고 있다고 나에게 말했다. 자세한 설명은 하지 않았다.

그녀의 계획은 아프리카에 국한된 것이 아니었다. 그녀는 그루먼 G-21 구스Grumman G-21 Goose(1937년 미국에서 만들어진 수륙양용 수송기: 옮긴이)를 본딴 수상 비행기 함대를 만든다는 새로운 기획에 투자할 사람들을 찾고 있었는데, 그녀 생각에 이 비행기들은 제대로 기능하는 활주로가 없는 외진 장소에 미군 병력을 착륙시키는 데 사용할 수 있었다. 그녀는 심지어 피델 카스트로가 마침내 사망하고 쿠바 공산주의가 종식될 경우에 그녀를 부자로 만들어줄 쿠바 안에서의 사업 기회를 찾아다니고 있기도 했다.

2012년의 그 여름날, 듀이 클래리지가 정보 계약인들에게 흘러가는 정부 돈의 물줄기에 다시금 자신의 잔을 담글 것처럼 보이지는 않았다. 마이클 펄롱과 함께 벌인 작전은 불명예스럽게 종결되었고 펄롱은 조용히 강제 은퇴를 했다. 클래리지는 일이 그런 식으로 끝난 데에 아직도 화가 나 있었다. 그가 보기에 그것은 CIA에 대한 의존만 피했다면 그가 제공할 수 있었을 정보가 절실히 필요했던 현장의 군인들을 희생시켜 워싱턴의 관료들이 제 영토를 방어한 또 하나의 본보기였다. 그러나 그는 게임을 계속하기로 작정했다고 말했다. 그는 그들 가운데 일부는 쥐꼬리만 한 예산으로도 유지할 수 있는 정보제공자들의 조직망을 아프가니스탄과 파키스탄에 여전히 보유하고 있다고 나에게 말했다. 만약 워싱턴이 이 사람들을 이용

하기에 너무 어리석다면 다른 우호적인 정부는 좀 더 깨우친 존재가 될 수
도 있다고 했다.

그는 시가에 불을 붙였고 철학적으로 변했다.

"난 베스트팔렌 조약은 끝났다고 생각해요"하고 그는 말했다. 왕과 황
제 들이 때때로 주요 전투에 용병을 대포밥으로 써먹은 피비린내 나는 싸
움이었던 30년전쟁을 종결시킨 17세기 유럽의 평화 협정을 이야기하는
것이었다. 베스트팔렌 조약은 근대 국가와 상비군, 국가적 정체성의 탄생
을 이끌어냈다는 데 대부분의 역사가들이 동의한다.

"국민국가는 더 이상 군사력을 독점하지 않습니다." 이어 그는 미국이
벌이는 전쟁의 미래가 될 존재는 기업이고 사적 이익이라고 말했다. "우리
시스템을 봐요. 유일하게 외부에 위탁되지 않은 건 직접 총을 쏘는 친구들
뿐입니다."

그것은 듀이 클래리지가 실제로 어떤 상황을 축소해서 말하는 드문 순
간이었다. 2001년 9월 11일의 공격 이후로 미국은 방아쇠를 당기는 일마
저 외부에 위탁했던 것이다. 그것이 테러리스트를 쫓기 위해 CIA에 고용
된 에릭 프린스와 엔리케 프라도와 블랙워터이든, 아니면 글록 반자동 권
총을 자동차 사물함에 싣고 라호르의 거리를 운행하던 레이먼드 데이비스
처럼 고용된 완력이든, 또는 벵가지의 CIA 기지 지붕 위에서 밤새 총격전
이 벌어지는 동안 박격포 공격을 피하던 민간 군인들이든, 미국은 그림자
전쟁의 혼란스러운 초기 몇 년 동안 국가를 보호한다는 정부의 가장 기본
적인 기능을 기꺼이 외부에 맡기려 한다는 것을 보여주었다.

시간이 늦었기에 나는 떠나려고 일어섰다. 클래리지는 남아서 시가를
마저 피우기로 했다. 우리는 악수를 나누었고 나는 차를 향해 걸어갔다.
운전을 하면서 뒤돌아보니 듀이는 은퇴인 주거지의 텅 빈 식당 탁자 앞에
홀로 앉아 있었다. 사라져가는 빛 속으로 시가 연기의 가느다란 자취가 말

려올라갔다.

주석

서장

1 라호르 경찰이 레이먼드 데이비스를 심문하는 장면은 휴대전화 동영상으로 촬영되었다. [저자는 유튜브에 오른 이 영상의 주소를 여기에 밝혔으나 지금은 삭제된 상태다: 옮긴이]]

2 Mark Mazzetti et al., "American Held in Pakistan Worked With CIA," *The New York Times* (February 21, 2011).

3 2011년 2월 15일 버락 오바마 대통령의 기자회견.

4 2명의 미국 관리와 가진 저자의 면담.

5 OSS에 관한 이 구성원의 견해는 Douglas Waller, *Wild Bill Donovan: The Spymaster Who Created the OSS and Modern American Espionage* (New York: Free Press, 2011) 188-189쪽에 인용되어 있다.

6 리처드 디어러브 경의 CIA 본부 방문에 관한 자세한 사항은 프레데터 공격이 벌어지는 동안 디어러브 옆에 있었던 전직 CIA 최고위 요원 로스 뉴랜드가 전해주었다.

제1장

1 파키스탄 주재 미국 대사 웬디 체임벌린이 2001년 9월 14일 미 국무부에 보낸 비밀 전문. 이 전문은 기밀 해제되었고 나중에 국가안보기록보관소가 공개했다.

2 백악관 상황실의 CIA 보고회에 관한 묘사는 이 자리에 참석했던 한 인물과 전직 미국 관리로 이날 모임에서 이루어진 일을 직접 알고 있는 또 다른 인물의 증언에 따른 것이다.

3 Jose A. Rodriguez Jr., *Hard Measures: How Aggressive CIA Actions After 9/11 Saved Lives* (New York: Threshold Editions, 2012) 75쪽.

4 George J. Tenet, *At the Center of the Storm* (New York: HarperCollins, 2007) 165쪽.

5 2012년 5월 13일 〈60분〉(60 Minutes)과 가진 코퍼 블랙의 인터뷰.

6 Bob Woodward, *Bush at War* (New York: Simon & Schuster, 2002) 52쪽.

7 여기에 대해서는 다음 글이 더욱 깊이 파고들었다. Philip Zelikow, "Codes of Conduct for a Twilight War," *Houston Law Review* (April 16, 2012).

8 "Intelligence Policy," National Commission on Terrorism Attacks Upon the United States, 9/11 Commission Staff Statement No. 7 (2004).

9 블랙과 패빗은 서로 말도 잘 하지 않았다. 몇몇 CIA 전직 관리들에 따르면 2002년 초 백악관 내의 인기를 배경 삼아 블랙은 랭글리의 상관들을 무시했고 종종 "나는 대통령을 위해 일한다"고 말했다. 블랙은 국무부에서 일한 뒤에는 블랙워터USA의 고위 관리직을 맡았다.

10 Rodriquez Jr., 20쪽.

11 David Wise, "A Not So Secret Mission," *Los Angeles Times* (August 26, 2007).

12 David Johnston and Mark Mazzetti, "A Window into CIA's Embrace of Secret Jails," *The New York Times* (August 12, 2009).

13 자와르 킬리 개척 작전의 자세한 내용은 2002년 7월 네이비실의 임무사(史)에 밝혀져 있다. 이 기록의 제목은 다음과 같다. "The Zhawar Kili Cave Complex: Task Force K-Bar and the Exploitation of AQ008, Paktika Province, Afghanistan".

14 이 작전의 구체적인 양상은 미 특전사령부의 내부 기록과 칸다하르에 주둔한 특수전 특수임무대원들의 여러 인터뷰가 전해주고 있다.

15 도널드 럼스펠드가 조지 테닛에게 보낸 각서 "JIFT-CT" (2001년 9월 26일).

16 Donald H. Rumsfeld, "Memorandum for the President," (September 30, 2001).

17 물라 카이르콰 추적 및 체포에 관한 세부 서술은 미 특전사령부의 기밀 기록물, 또 칸다하르 주둔 특수전 특임대원들의 인터뷰에 의존했다.

18 2008년 3월 6일자 미 남부사령부의 지휘관을 위한 각서, "Recommendation for Continued Detention Under DoD Control for Guantánamo Detainee, ISNUS9AF-000579DP(S)". 이 문서는 다음 주소에서 찾아 읽을 수 있다. http://projects.nytimes.com/guantanamo/detainees/579-khirullah-said-wali-khairkhwa.

제2장

1 마흐무드 아흐메드가 리처드 아미티지에게 한 이 발언의 출처는 2001년 9월 12일자 국무부 전문 "Deputy Secretary Armitage's Meeting with Pakistan Intel Chief Mahmud: You're Either with US or You're Not". 이 문서와 이 장에 인용된 다른 여러 문건들은 기밀 해제되어 2011년 9월 11일 국가안보기록보관소에 의해 공개되었다.

2 도널드 럼스펠드가 조지 W. 부시에게 보낸 "Memorandum for the President: My Visits to Saudi Arabia, Oman, Egypt, Uzbekistan, and Turkey" (October 6, 2001).

3 이슬라마바드 주재 미 대사관이 미국 국무부에 보낸 전문 "Usama bin Ladin: Pakistan seems to be leaning against being helpful," State Department cable, December 18, 1998.

4 John R. Schmidt, *The Unraveling: Pakistan in the Age of Jihad* (New York: Farrar, Straus and Giroux, 2011) 109쪽.

5 샤우캇 카디르(Shaukat Qadir)와 저자의 면담.

6 포터 고스와 저자의 면담.

7 리처드 아미티지와 마흐무드 아흐메드의 만남을 자세히 기술한 2001년 9월 12일자 국무부 진문 "Deputy Secretary Armitage's Meeting with Pakistan Intel Chief Mahmud".

8 미 국무부가 이슬라마바드 주재 미 대사관에 보낸 2001년 9월 13일자 전문 "Deputy Secretary Armitage's Meeting with Pakistan Intel Chief Mahmud: Actions and Support Expected of Pakistan in Fight Against Terrorism".

9 Pervez Musharraf, *In the Line of Fire* (New York: Simon & Schuster, 2006) 206쪽.

10 같은 책, 202쪽.

11 2001년 9월 19일 페르베즈 무샤라프의 연설을 번역한 글.

12 이슬라마바드 주재 미 대사관이 미국 국무부에 보낸 전문 "Mahmud Plans 2nd Mission to Afghanistan," State Department cable, September 24, 2001.

13 John F. Burns, "Adding Demands, Afghan Leaders Show Little Willingness to Give Up Bin Laden," *The New York Times* (September 19, 2001).

14 George J. Tenet, *At the Center of the Storm* (New York: HarperCollins, 2007) 140-141쪽.

15 Henry A. Crumpton, *The Art of Intelligence: Lessons from a Life in the CIA's Clandestine Service* (New York: Penguin Press, 2012) 194쪽.

16 미 국무부가 2001년 10월 5일 이슬라마바드 주재 미 대사관에 보낸 전문 "Message to Taliban".

17 콜린 파월이 2001년 11월 5일 조지 W. 부시 대통령에게 보낸 "Memorandum to the President: Your Meeting with Pakistan President Musharraf".

18 에흐산 울 하크 장군과 저자의 면담.

19 ISI 통신문의 내용에 대해서는 이를 읽은 파키스탄의 전직 고위 관리에게 전해들었다.

20 아사드 두라니와 저자의 면담.

21 이 대화 내용은 저자가 에흐산 울 하크 장군과 가진 면담에서 들은 것이다.

22 같은 곳.

23 처칠의 특보는 나중에 그의 첫 책에 포함되었다. Winston Churchill, *The Stroy of the Malakand Field Force: An Episode of Frontier War* (New York: W. W. Norton, 1989).

24 Mark Mazzetti and David Rohde, "Amid U.S. Policy Disputes, Qaeda Grows in Pakistan," *The New York Times* (June 30, 2008).

25 Christina Lamb, "Bin Laden Hunt in Pakistan Is 'Pointless'," *London Sunday Times* (January 23, 2005).

26 아사드 무니르와 저자의 면담.

27 같은 곳.

28 알자자이리가 영국의 정보원이었다는 정보는 관타나모 만의 심문 중 그의 배경에 관해 작성된 정보 문서들에서 나왔다. 이 문서들은 위키리크스 그룹이 공개했고, www.guardian.co.uk/world/guantanamo-files/PK9AG-001452DP에서 읽을 수 있다.

제3장

1 "National Security Act of 1947," United States Congress, July 26, 1947. NSA 1947
   은 미국연방법전(U.S.C) 제50편 제15장 제1조 403-4a항에 성문화되었다. 트루먼 대통
   령의 CIA에 대한 견해는 다음 책에 묘사되어 있다. Tim Weiner, *Legacy of Ashes: The
   History of the CIA* (Maine: Anchor, 2008) 3쪽.

2 Richard H. Schultz Jr., *The Secret War Against Hanoi* (New York: HarperCollins,
   1999) 337쪽.

3 Douglas Waller, *Wild Bill Donovan: The Spymaster Who Created the OSS and
   Modern American Espionage* (New York: Free Press, 2011) 316쪽.

4 L. Britt Snider, *The Agency and the Hill: CIA's Relationship with Congress 1946-
   2004* (CreateSpace, 2008) 275쪽.

5 United States Senate, "Final Report of the Select Committee to Study Governmental
   Operations with Respect to Intelligence Activities," April 26, 1976.

6 같은 곳.

7 로스 뉴랜드와 저자의 면담.

8 T. Rees Shapiro, "Nestor D. Sanchez, 83; CIA Official Led Latin American
   Division," *The Washington Post* (January 26, 2011).

9 Duane R. Clarridge with Digby Diehl, *A Spy for All Seasons* (New York:
   Scribner, 1997) 23-39쪽.

10 같은 책, 26쪽.

11 국가안보기록보관소가 소장한 두에인 클래리지의 CNN 인터뷰(1999년).

12 Richard N. Gardner, *Mission Italy: On the Front Lines of the Cold War* (Maryland:
   Rowman & Littlefield, 2005) 291쪽.

13 Clarridge with Digby Diehl, 197쪽.

14 같은 책, 234쪽.

15 Richard A. Best Jr., "Covert Action: Legislative Background and Possible Policy
   Questions," *Congressional Research Service* (December 27, 2011). '케이시 협정'
   (Casey Accords)으로 알려진 이 제한 조치는 1986년에 이루어졌다. 그러나 말 잃고 마
   굿간 고치는 격이었는데, 레이건 대통령이 이란으로 은밀히 미사일을 이송하는 것을 승
   인하는 비밀 인가서에 서명하고 몇 달 뒤에야 성사되었기 때문이다.

16 Robert Chesney, "Military-Intelligence Convergence and the Law of the Title 10/
   Title 50 Debate," *Journal of National Security Law and Policy* (2012). 이 글은 CIA
   와 펜타곤의 활동을 지탱해주는 법률들에 관한, 또 군인과 첩보원의 업무 경계가 9.11 공
   격 후 어떻게 점점 더 흐려졌는지에 대한 탁월한 연구다.

17 Joseph Persico, *Casey: From the OSS to the CIA* (New York: Penguin, 1995) 429쪽.

18 Timothy Naftali, *Blind Spot: The Secret History of American Counterterrorism*

(New York: Basic Books, 2005) 152쪽.

19 같은 책, 150쪽.

20 직진 요원 빈센트 카니스트라로(Vincent Cannistraro)는 "케이시는 악랄한 소련이 세계의 모든 테러리즘 배후에 있다고 믿으면서 CIA에 왔다"고 말했다. 같은 논리로 카니스트라로 는 한 인터뷰에서 모스크바 당국은 언제든 자신이 선택한 시기에 테러리스트 공격을 다시 불러낼 수 있다고 주장했다.

21 Naftali, 위의 책 180쪽. 나프탈리는 후일 CTC 부센터장이 된 프레드 터코(Fred Turco) 가 테러리즘의 폭력에 관한 케이시의 견해를 묘사하며 한 발언을 인용한다.

22 테러리즘에 관해 '뭔가를 하라는' 백악관의 압력을 받던 케이시는 클래리지에게 CIA를 위한 새 비밀 전략을 만들어내라고 말했다. 언제나처럼 클래리지는 최대한 자유롭게 활 동할 수 있는 공간을 원했다. 그는 임박한 공격을 방지할 수 있다면 지구 전역에서 테러리 스트들을 추적, 살해할 2개의 팀을 구성하게 해줄 새로운 법적 권한을 강하게 요구했다. 그중 한 팀은 중동 도시의 시장과 번잡한 거리에서 활동이 용이한 외국인들, 다른 한 팀은 미국인들로 구성될 예정이었다. 팀의 구성원들은 외국어 구사력, 무기를 다루는 능력, 기타 전문화된 기량에 따라 선발되었다. 한 팀은 아프리카의 내전에서 싸운 용병들 이었고 다른 팀은 네이비실 출신이었다. Steve Coll, *Ghost Wars: The Secret History of the CIA, Afghanistan and Bin Laden, from the Soviet Invasion to September 10, 2001* (New York: Penguin Press, 2005) 139-140쪽을 볼 것. 또 다음 책도 참조. Clarridge with Digby Diehl, *A Spy for All Seasons* (New York: Scribner, 1997) 325, 327쪽.

23 Naftali, 183쪽.

24 같은 책, 199-200쪽.

25 미국 고위 정보 관리와 저자의 면담.

26 2012년 9월 13일 제임스 울시가 메이슨대학교에서 한 공개 발언.

27 Intelligence Oversight Board, "Report on the Guatemala Review," June 28, 1996.

28 데니스 블레어와 저자의 면담.

29 같은 곳.

제4장

1 1982년 5월에 작성되었고, 정보자유법에 의거한 국가안보기록보관소의 요청에 따라 2001년에 기밀 해제된 Frank C, Carlucci, "Memorandum to the Deputy Under Secretary for Policy Richard Stillwell," Washington DC. 국가안보기록보관소 의 제프리 리첼슨(Jeffrey T. Richelson)과 바버라 일라이어스(Barbara Elias)는 이 장에 서 사용된 다른 기밀 해제 문서들도 수집했다. 이 장에서는 또 다음 글을 귀중하게 활용했

다. Robert Chesney, "Military-Intelligence Convergence and the Law of the Title 10/Title 50 Debate," *Journal of National Security Law and Policy* (2012).

2 Donald Rumsfeld, "SECRET Memo to Joint Chiefs Chairman General Richard Meyers," October 17, 2001.

3 로버트 앤드루스와 저자의 면담. 또 Rowan Scarborough, *Rumsfeld's War: The Untold Story of America's Anti-Terrorist Commander* (District of Columbia: Regnery, 2004) 8-10쪽.

4 토머스 오코넬과 저자의 면담.

5 Richard H. Schultz Jr., *The Secret War Against Hanoi: Kennedy's and Johnson's Use of Spies, Saboteurs, and Covert Warriors in North Vietnam* (New York: Harper Collins, 1999) ix쪽.

6 로버트 앤드루스와 저자의 면담.

7 Donald H. Rumsfeld, *Known and Unknown: A Memoir* (New York: Sentinel, 2011) 392쪽.

8 Mark Bowden, *Guests of the Ayatollah: The Iran Hostage Crisis: The First Battle in America's War with Militant Islam* (New York: Grove Press, 2006) 122쪽. 작전이 벌어지기 전에 CIA가 거둔 한 가지 성공은 행운이었는데, 테헤란에서 나오는 비행기에 탄 CIA 요원이 우연히도 최근까지 미 대사관 건물 안에서 일한 파키스탄인 요리사 옆에 앉은 것이었다. 이 요리사는 인질들이 모두 대사관 건물 내 한 곳에 갇혀 있다는 중대한 정보를 제공했다.

9 Philip C. Gast 중장, "Memorandum for Director, Defense Intelligence Agency," Washington DC, December 10, 1980.

10 Steven Emerson, *Secret Warriors: Inside the Covert Military Operations of the Reagan Era* (New York: Putnam, 1988) 39쪽.

11 이러한 움직임 중 가장 중요한 것은 157특수임무대(Task Force 157)라는 이름을 가진 비밀 해군 부대였다. 157특수임무대 첩보원들은 전자 도청 장비를 갖추고 호화 요트로 위장한 선박들을 동원하여 파나마 운하의 입구, 지브롤터 해협 내부, 기타 해상 '요충지'에 자리를 잡고 소련 선박의 행로를 뒤쫓았다. 국방부는 이 부대의 활동을 공개적으로 거론하지 않았고, 1973년에 해군 작전차장이 의회 증언을 할 때도 어떻게 "해군의 인간 정보 수집 프로그램이 민감한 지역에서 작전을 확대하고 있는지"에 관한 불투명한 언급을 단 한 번 했을 뿐이다. 듀이 클래리지는 CIA 이슬라마바드 지부장일 때 보스포러스 일대의 선박 교통을 감시하던 157특수임무대 첩보원들과 함께 일했다. 이 부대를 가장 잘 다룬 글로는 다음을 참조할 것. Jeffrey T. Richelson, "Truth Conquers All Chains: The U.S. Army Intelligence Support Activity, 1981-1989," *International Journal of Intelligence and Counterintelligence* 12, no. 2 (1999).

12 같은 책, 171쪽.

13 같은 책, 172쪽.

14 Emerson, 78쪽.

15 같은 책, 79쪽.

16 Seymour H. Hersh, "Who's In Charge Here?" *The New York Times* (November 22, 1987).

17 Emerson, 81쪽.

18 Frank C, Carlucci, "Memorandum to the Deputy Under Secretary for Policy Richard Stillwell".

19 Tim Weiner, *Legacy of Ashes: The History of the CIA* (New York: Doubleday, 2007) 454쪽에서 재인용.

20 Duane R. Clarridge with Digby Diehl, *A Spy for All Seasons: My Life in the CIA* (New York: Scribner, 2002) 229쪽.

21 로버트 앤드루스와 저자의 면담.

22 어떤 정부 기관이든 기술적으로는 비밀공작을 수행할 수 있지만 이들 공작은 일반적으로 CIA의 전유물로 받아들여져 왔는데, 이것은 미국 정부가 공식적으로 부인하는 임무를 수행하는 데 정보국이 좀 더 유능해 보였기 때문이다.

23 Jennifer D. Kibbe, "The Rise of the Shadow Warriors," *Foreign Affairs* (March/April 2004).

24 Bradley Graham, *By His Own Rules: The Ambitions, Successes, and Ultimate Failures of Donald Rumsfeld* (New York: Public Affairs, 2009) 584쪽.

25 토머스 오코넬과 저자의 면담.

26 Graham, 585쪽.

27 같은 곳.

28 Thomas W. O'Connell, "9/11 Commission Recommendation for Consolidated Paramilitary Activities," August 30, 2004.

29 Stephen A. Cambone, "Memorandum for Secretary of Defense," September 30, 2004.

30 에드워드 넴과 저자의 면담.

제5장

1 미군의 예멘 배치는 도널드 럼스펠드와 합참의장 리처드 마이어스 장군이 서명한 '시행명령'(Execute Order)에 의해 승인받았다. 이 명령은 저자가 입수한 2001년 9월 11일부터 2002년 7월 10일까지의 미군 중부사령부(CENTCOM) 기밀 작전연보에서 논의되었다.

2 살레와의 만남에 관한 설명을 해준 사람은 전직 미국 고위 관리다.

3 James Bamford, "He's in the Backseat!" *The Atlantic* (April 2006).

4　Rowan Scarborough, *Rumsfeld's War: The Untold Story of America's Anti-Terrorist Commander* (Washington DC: Regnery, 2004) 25쪽. 또 Michael Smith, *Killer Elite* (Great Britain: Weidenfeld and Nicolson, 2006) 237쪽.

5　James Bamford, "He's in the Backseat!"

6　"U.S Missile Strike Kills al Qaeda Chief," *CNN World* (November 5, 2002).

7　"Intelligence Policy," National Commission on Terrorism Attacks Upon the United States, 9/11 Commission Staff Statement No. 7 (2004).

8　같은 곳. 9.11위원회의 직원 성명서는 "전직 대테러센터장 한 사람"이 자신은 오사마 빈라덴을 죽이라는 명령을 거부했을 것이라고 말했다는 점만 언급했다. 위원회 직원 중 한 사람은 그 센터장이 제프 오코넬(Geoff O'Connell)이라고 확인했다.

9　"The 9-11 Commission Report: National Commission on Terrorist Attacks Upon the United States" (2004).

10　리처드 클라크와 저자의 면담.

11　같은 곳. 그리고 전직 CIA 간부와 저자의 면담.

12　2012년 9월 13일 메이슨대학교에서 제임스 울시가 공개적으로 한 발언.

13　같은 곳.

14　커트 호스와 저자의 면담.

15　블리의 1999년 아프가니스탄 방문에 대한 더 자세한 설명은 Henry Crumpton, *The Art of Intelligence*, 그리고 Steve Coll, *Ghost Wars: The Secret History of the CIA, Afghanistan, and Bin Laden, from the Soviet Invasion to September 10, 2001*을 볼 것. 두 책에서 블리는 '리치'라는 이름으로만 나온다.

16　James Risen, "David H. Blee, 83, CIA Spy Who Revised Defector Policy," *The New York Times* (August 17, 2000).

17　리처드 클라크와 저자의 면담.

18　클린턴 행정부 시절 백악관 관리였던 이와 저자의 면담.

19　Crumpton, *The Art of Intelligence*, 154쪽.

20　커트 호스와 저자의 면담.

21　Richard Whittle, "Predator's Big Safari," Mitchell Institute for Airpower Studies, Paper 7 (August 2011).

22　커트 호스와 저자의 면담.

23　2001년 2월 27일자 공군의 보도자료. 다음 인터넷 주소에서 읽을 수 있다. www.fas.org/irp/program/collect/docs/man-ipc-predator-010228.htm.

24　Jane Mayer, "The Predator War," *The New Yorker* (October 26, 2009).

25　National Commission on Terrorist Attacks Upon the United States, "9-11 Commission Report" (2004).

26　로스 뉴랜드와 저자의 면담.

27　전직 미 고위 관리와 저자의 면담.

제6장

1 Zahid Hussain, *The Scorpion's Tail* (New York: Free Press, 2010) 73쪽.

2 Shaukat Qadir, "Understanding the Insurgency in FATA." 이 글은 다음 인터넷 주소 에서 읽을 수 있다. http://shaukatqadir.info/pdfs/FATA.pdf.

3 Muhammad I. Khan, "Nek Muhammad Wazir," *The Herald* (September 16, 2005).

4 Syed Saleem Shahzad, "The Legacy of Nek Mohammed," *Asia Times* Online (July 20, 2004).

5 Christine C. Fair and Seth Jones, "Pakistan's War Within," Survival 51, no. 6 (December 2009-January 2010) 168쪽.

6 같은 곳, 169쪽.

7 Hussain, *The Scorpion's Tail*, 71쪽.

8 "Making Deals with the Militants", *Return of the Taliban* 제4부, 미국 공영방송망 (PBS) *Frontline*, October 3, 2006.

9 같은 곳.

10 Iqbal Khattak, "I Did Not Surrender to the Military," *Friday Times* (April 30-May 6, 2004).

11 아사드 무니르와 저자의 면담.

12 Dilawar K. Wazir, "Top Militant Vows to Continue Jihad," *Dawn* (April 26, 2004).

13 전직 CIA 이슬라마바드 지부장과 저자의 면담.

14 미국 정보 담당 고위 관리와 저자의 면담.

15 Hussain, *The Scorpion's Tail*, 73쪽.

16 Syed Shoaib Hasan, "Rise of Pakistan's Quiet Man," *BBC News* (June 17, 2009).

17 전직 CIA 관리와 저자의 면담.

18 Ashfaq Parvez Kayani 소령, "Strengths and Weaknesses of the Afghan Resistance Movement". 카야니의 미군 지휘참모대학 군사학 석사 논문(Fort Leavenworth, 1988).

19 카야니의 논문에서 '정치적 해결'이라는 제목을 단 마지막 장의 종결부는 '소련'을 '미국' 으로, '모스크바'를 '워싱턴'으로 바꿔볼 경우 각별히 계몽적이다. "소련이 아프가니스탄 자체에 관해 협상을 할 것 같지는 않지만 그들의 아프가니스탄 주둔은 일괄 거래의 일부 로서 다른 어떤 지역에서 양보를 받아내기 위한 협상 카드나 흥정의 지렛대가 될 수 있다. 이런 일이 '발생할 때 모스크바에 핵심적인 문제는 소련군이 없는 상태에서 아프가니스탄 체제가 생존할 능력이 없다는 점일 것이다. 논리적으로 소련은 아프가니스탄 정부 안에 자신들의 영향력을 존속시킬 수 있는 양보 조처를 얻어내려 할 것이다. 그들이 수용하리 라 기대할 수 있는 최대치는 아프가니스탄저항운동(ARM)이 카불의 정권과 권력을 공유 하되 힘이 약한 동반자가 되는 방안이다."

제7장

1 알카에다의 모임과 파키스탄 내 군사작전 계획을 둘러싼 상황은 전직 CIA 요원 4명이 묘사해주었다.

2 Peter L. Bergen, Manhunt: *The Ten-Year Search for Bin Laden—from 9/11 to Abbottabad* (New York: Crown, 2012) 160쪽.

3 전직 CIA 이슬라마바드 지부장과 저자의 면담.

4 스티븐 브래드버리가 2005년 5월 30일 존 리초에게 작성한 각서.

5 CIA Inspecor General, "Special Review: Counterterrorism Detention and Interrogation Activities (September 2001-October 2003)," May 7, 2004, 102쪽.

6 David Johnston and Mark Mazzetti, "A Window into CIA's Embrace of Secret Jails," *The New York Times* (August 12, 2009).

7 같은 곳.

8 부시 정부 고위 관리와 저자의 면담.

9 CIA Inspecor General, "Special Review: Counterterrorism Detention and Interrogation Activities (September 2001-October 2003)," 101쪽.

10 퇴직한 CIA 요원 2명과 저자의 면담.

11 Henry A. Crumpton, *The Art of Intelligence: Lessons from a Life in the CIA's Clandestine Service* (New York: Penguin Press, 2012) 173쪽.

12 암살 프로그램에서 블랙워터가 맡은 자세한 역할은 전직 CIA 관리 3명이 알려주었다. 또 Adam Ciralsky, "Typoon, Contractor, Soldier, Spy," *Vanity Fair* (January 2010) 참조.

13 2명의 전직 CIA 간부와 저자의 면담.

14 Ciralsky.

15 2명의 전직 CIA 관리와 저자의 면담.

16 2007년 10월에 작성된 엔리케 프라도의 이메일은 상원 군사위원회의 조사가 벌어지는 동안 공개되었다.

17 Ciralsky.

18 같은 곳.

19 Jose A. Rodriguez Jr., Hard Measures: How Aggressive CIA Actions After 9/11 Saved Lives (New York: Threshold Editions, 2012) 194쪽.

20 해들리와 고스 사이에 오간 언쟁에 대해서는 전직 CIA 관리 2명과 부시 정부 백악관 관리 1명이 알려주었다.

21 앤드루 카드와의 만남에 참석했던 3명의 CIA 요원들이 회의실에서 벌어진 일을 묘사했다.

22 Dana Priest and Ann Scott Tyson, "Bin Laden Trail 'Stone Gold'," *The Washington Post* (September 10, 2006). 또 Wayne Downing, "Special Opereations Forces Assessment" (국방장관과 합참의장에게 보낸 2005년 11월 9일의 각서)를 볼 것.

23 Stanley A. McChrystal, "It Takes a Network," *Foreign Policy* (March/April 2011).

24 Dana Priest and William M. Arkin, "'Top Secret America': A Look at the Military's Joint Special Operations Command," *The Washington Post* (September 2, 2011).

25 Downing.

26 같은 곳.

27 전직 국방부 고위 관리 2명 및 은퇴한 CIA 요원 1명과 저자의 면담.

28 CIA와 국방부의 협상에 관한 자세한 사항은 저자가 면담한 전직 CIA 요원 2명과 로버트 앤드루스가 제공했다.

29 필리핀 내 미사일 공격에 대한 정보는 전현직 CIA 요원 4명이 제공했다.

30 감시 임무에 참여한 한 고위 군 장교와 저자의 면담.

31 2006년의 다마돌라 작전에 관한 정보는 전직 CIA 요원 2명이 제공했다.

제8장

1 CIA, 국무부, 의회의 관계자들과 저자의 면담. 또 Mark Mazzetti, "Efforts by CIA Fail in Somalia, Officials Charge," *The New York Times* (June 8, 2006)를 볼 것.

2 Director of National Intelligence, "Trends in Global Terrorism: Implications for the United States" (2006년 4월 국가정보판단의 기밀해제된 핵심 결정).

3 Robert Worth, "Is Yemen the Next Afghanistan?" *The New York Times* (July 6, 2010).

4 인터폴의 공고는 다음 글에 인용되었다. Bill Roggio, "Al Qaeda Jailbreak in Yemen," *Long War Journal* (February 8, 2006).

5 David H. Shinn, "Al Qaeda in East Africa and the Horn," *The Journal of Conflict Studies* 27, no. 1 (2007).

6 Bronwyn Bruton, "Somalia: A New Approach," *Council on Foreign Relations*, Council Special Report no. 52 (March 2010) 7쪽.

7 전직 CIA 고위 간부 3명과 저자의 면담.

8 Clint Watts, Jacob Shapiro, and Vahid Brown, "Al-Qa'ida's (Mis)Adventures in the Horn of Africa," Harmony Project Combating Terrorism Center at West Point, July 2, 2007, 19-21쪽.

9 저자와 면담한 국무부 및 의회 공무원들이 나이로비에서 보낸 전문들에 관해 알려주었다.

10 탄자니아 주재 미국 대사관이 국무부에 보낸 전문, "CT in Horn of Africa: Results and Recommendations from May 23-24 RSI," July 3, 2006.

11 "Miscellaneous Monongalia County, West Virginia Obituaries: Edward Robert Golden," Genealogybuff. com. 그리고 Edgar Simpson, "Candidates Promise to

Liven Last Days Before Election," *The Charleston Gazette* (October 26, 1986).

12 United Press International, "Braille Playboy Criticized," September 27, 1986. 또 "Debate with Stand-In Short in Fayetteville," *The Charleston Gazette* (August 19, 1986).

13 Ellen Gamerman, "To Know if you're anybody, check the list: In Washington the snobby old Green Book is relished as a throwback to less-tacky times," *The Baltimore Sun* (October 22, 1997).

14 미셸 발라린과 저자의 면담.

15 이 이메일들은 높이 평가받는 소식지 〈아프리카 컨피덴셜〉(Africa Confidential) 2006년 9월 8일자에 패트릭 스미스가 처음 보도했다. 더 많은 이메일 발췌본이 2006년 9월 10일 영국 〈옵저버〉(Observer)지의 기사에 소개되었다.

16 같은 곳.

17 같은 곳.

18 브론윈 브루턴과 저자의 면담.

19 아비자이드의 아디스아바바 방문에 관해서는 당시 그곳 대사관에 근무하던 미국 관리가 이야기해주었다.

20 United Nations Office for the Coordination of Humanitarian Affairs, "OCHA Situation Report No. 1: Dire Dawa Floods - Ethiopia occurred on August 06, 2006," August 7, 2006.

21 디레 다와를 향한 비밀 수송 작업은 이 작전에 참여했던 2명의 전직 군 관계자들이 전해주었다. 88특수임무대의 구성에 관해 말해준 사람도 이들이다.

22 Michael R. Gordon and Mark Mazzetti, "U.S. Used Base in Ethiopia to Hunt Al Qaeda," *The New York Times* (February 23, 2007).

23 Human Rights Watch, "So Much to Fear: War Crimes and the Devastation of Somalia," December 8, 2008. 또 Bronwyn Bruton, "Somalia: A New Approach," 9쪽을 볼 것.

제9장

1 북부와 남부 와지리스탄에서 아트 켈러가 겪은 일에 대한 이 장의 정보는 그와 저자의 면담에서 나온 것이다.

2 아트 켈러와 저자의 면담.

3 Amir Latif, "Pakistan's Most Wanted," *Islam Online* (January 29, 2008).

4 Lisa Myers, "U.S. Posts Wrong Photo of 'al-Qaida Operative'," *MSNBC* (January 26, 2006).

5 아프가니스탄과 파키스탄에 주재하는 CIA 요원들 간에도 갈등이 분출하고 있었는데, 허술한 국경을 맞댄 두 나라 사이의 적개심을 반영하는 싸움이었다. 2005년 내내 카불 지부장 그레그는 아프가니스탄 내 폭력의 발작에 관한 보고서를 쓰면서 무장집단이 부족지역에서 아프가니스탄으로 넘어오는 것을 통제하지 못하는 파키스탄의 무능을 비난했다. 카불의 CIA 요원들은 또 무장집단들의 공격에 파키스탄이 연루되었다고 경고하는 아프가니스탄 정보국장 아므룰라 살레의 보고서도 받고 있었으며, 그는 북부연맹 전사 출신으로 파키스탄뿐 아니라 그 나라와 탈레반의 역사적 유대도 경멸하는 사람이었다. 그레그는 하미드 카르자이 대통령과 각별히 가까운 사이였고, 카르자이는 그레그에게 생명을 빚졌다고 여기고 있었다. 그레그는 2001년 미국의 침공 개시 시점에 특전부대 팀과 더불어 아프가니스탄에 투입되었을 때 카르자이가 탈레반의 폭탄에 날아갈 뻔한 것을 구해주었던 것이다. 반면 CIA 이슬라마바드 지부장인 숀은 그레그와 카르자이의 돈독한 관계가 아프가니스탄 내 CIA의 분석을 왜곡해왔다고 생각했고 아프가니스탄 정보기관이 자아낸, 파키스탄이 아프가니스탄에 간섭한다는 음모론을 수용함으로써 "현지인처럼 되고 있다"고 그레그를 비난했다. 숀은 또 CIA가 훈련시키고 대테러 추적팀이라는 이름을 붙여준 아프가니스탄 민병대와 JSOC 양자가 파키스탄 부족지역 안에서 비밀 임무를 수행하는 것은 불필요한 위험 부담이며 CIA가 파키스탄에서 쫓겨나도록 위협한다고 믿었다. 두 조직의 갈등이 악화되자 포터 고스가 개입했고, 두 사람을 만나게 하여 반목하는 CIA 전초기지들 사이의 긴장을 완화하려고 숀과 그레그를 7월 카타르의 미 중부사령부 본부에서 열리는 회의에 불렀다.

6 Greg Miller, "At CIA, a Convert to Islam Leads the Terrorist Hunt," *The Washington Post* (March 24, 2012).

7 Earthquake Engineering Research Institute, "EERI Special Earthquake Report," February 2006.

8 2006년 3월 30일자 합참의장 피터 페이스(Peter Pace) 장군의 방문 보고서.

9 마이클 헤이든과 저자의 면담.

10 Jose A. Rodriguez Jr., *Hard Measures: How Aggressive CIA Actions After 9/11 Saved Lives* (New York: Threshold Editions, 2012) 8쪽.

11 전령 조직망 추적을 '뱅크샷'에 비유한 헤이든의 발언은 다음 책에 나온다. Peter L. Bergen, Manhunt: The Ten-Year Search for Bin Laden—from 9/11 to Abbottabad (New York: Crown, 2012) 104쪽.

12 같은 책, 100쪽.

13 5명의 전현직 미국 정보 관리 및 1명의 파키스탄인 관리와 저자의 면담.

14 2008년 국가안보국이 하카니네트워크가 저지른 카불 주재 인도 대사관 폭탄 공격에 ISI 공작원들이 연루되었음을 알리는 통신을 도청한 직후, 파키스탄 대통령 아시프 알리 자르다리는 ISI가 "다스려질 것"이라고 다짐했다. 그는 전임자들과 달리 자신은 테러집단과의 유대를 발전시키는 데 ISI를 활용하는 정책을 갖고 있지 않다고 미국 관리들에게 확언했다. "우리는 무샤라프처럼 겉 다르고 속 다른 행동을 하지 않습니다."

15 David E. Sanger, *The Inheritance: The World Obama Confronts and the Challenges to American Power* (New York: Crown, 2009) 248쪽.

16 Mark Mazzetti and David Rohde, "Amidst U.S. Policy Disputes, Qaeda Grows in Pakistan," *The New York Times* (June 30, 2008).

17 같은 곳.

18 같은 곳.

19 Pir Zubair Shah, "US Strike Is Said to Kill Qaeda Figure in Pakistan," *The New York Times* (October 17, 2008).

제10장

1 프랭크 위스너의 발언은 다음 책에 인용돼 있다. Richard H. Schultz, *The Secret War Against Hanoi: Kennedy's and Johnson's Use of Spies, Saboteurs, and Covert Warriors in North Vietnam* (New York: HarperCollins, 1999) 129쪽. '윌리처' 발언을 처음 인용한 것은 다음 책이다. John Ranelagh, *The Agency: The Rise and Decline of the CIA* (New York: Touchstone, 1986) 218쪽.

2 이 장의 자료 대부분은 12명 이상의 유턴미디어/IMV 전직 경영진과 가진 면담, 수백 장의 기업 문서, 군과 정부에서 정보를 담당한 전현직 관리들과의 토론에 기초하고 있다. 유턴/IMV의 피고용인 대부분은 지금은 없어진 회사와 맺은 기밀 유지 협약 탓에 그들의 이름을 사용하는 데 동의하려 하지 않았다. 마이클 펄롱도 국방부를 위한 정보작전 기획에 관해 면담을 가졌다.

3 로버트 앤드루스와 저자의 면담. 애국자동맹의 신성한 칼(The Sacred Sword of the Patriots League)에 관한 더 자세한 논의는 Richard H. Schultz, *The Secret War Against Hanoi*, 139-148쪽.

4 로버트 앤드루스와 저자의 면담.

5 이전에 해오던 작업들은 중단되어 있었고, 2004년 국방장관에게 조언을 하는 국방부 국방과학위원회의 한 보고서는 해외에 자신의 생각을 전달하려는 미국의 시도가 "위기"에 빠졌다는 결론을 내렸다. 보고서는 테러와의 전쟁이 흙집에 폭탄을 떨어뜨리고 테러 용의자를 감옥에 가두며 원격 조종을 통해 발사된 헬파이어 미사일로 사람들을 죽이는 일에 한정될 수 없다고 결론지었다. 전쟁의 부드러운 측면, 미국이 심각하게 인기 없는 지역에서 "폭력적인 극단주의에 맞서는" 노력이 필요했다. 의회는 이 문제를 해결하는 데 쓸 돈을 국방부에 주었다.

6 유턴미디어가 SOCOM에서 발표한 파워포인트 자료.

7 SOCOM에 제출한 유턴미디어의 제안서(2006년 5월 8일).

8 SOCOM 계약서 H92222-06-6-0026.

9 2007년 5월 29일 SOCOM에서 발표한 JD 미디어의 자료.

10 2007년 6월 22일 마이클 펄롱이 SOCOM 관계자들에게 보낸 이메일.

11 Joseph Heimann and Daniel Silverberg, "An Ever Expanding War: Legal Aspects of Online Strategic Communication," *Parameters* (summer 2009).

12 CIA 프라하 지부에서 보낸 전문들에 관해서는 미국인 정보 공무원 2명이 이야기해주었다.

제11장

1 아프팍스 계약에 매키어넌이 품었던 욕망은 당시 아프가니스탄에 있었던 전현직 군 장교 5명과 민간 계약인 3명에게 전해들었다. 이 장에 연대순으로 서술된 사건들의 시간 배열은 대부분 마이클 펄롱이 운영한 민간 첩보전에 대한 국방부의 조사 결과에 따랐다. 이 조사의 최종 보고서 「국방부 인력과 계약인이 행한 의심스러운 정보 활동에 관한 조사」는 M. H. 데커(Decker)가 작성해 2010년 6월 25일 국방장관 로버트 게이츠에게 전달되었다. 아래에서 '데커 보고서'라고 표기될 이 보고서는 기밀로 분류돼 있지만 저자는 사본을 입수했다.

2 Mark Mazzetti, "Coalition Deaths in Afghanistan Hit a Record High," *The New York Times* (July 2, 2008).

3 데커 보고서, A-2.

4 마이클 펄롱과 저자의 면담.

5 데커 보고서, A-3.

6 같은 곳.

7 데커 보고서, A-7.

8 마이클 펄롱의 이메일.

9 마이클 펄롱의 이메일.

10 *The War on Democracy*, directed by Christopher Martin and John Pilger, 2007.

11 Douglas Waller, *Wild Bill Donovan: The Spymaster Who Created the OSS and Modern American Espionage* (New York: Free Press, 2011) 353쪽.

12 클래리지의 조직망에 속한 정보원 일부는 파키스탄과 아프가니스탄에서 여전히 비밀리에 활동하며 때로는 미국 정부를 위해 일하기도 하는데, 저자는 이들의 신원이나 직업을 밝히지 않는 데 동의했다.

13 도청된 대화는 위키리크스가 공개한 아프가니스탄군 상황 보고서에 실려 있다.

14 마이클 펄롱의 이메일.

15 같은 곳.

16 데커 보고서, A-5.

17 데커 보고서, A-6.

18 같은 곳, A-9.

19 "Afghan President's Brother, Ahmed Wali Karzai Killed," *BBC News* (July 12, 2011).

20 U.S. Central Command, "Joint Unconventional Warfare Task Force Execute Order," September 30, 2009. 이 명령은 기밀로 남아 있지만 저자는 사본을 입수했다.

21 같은 곳.

22 데커 보고서, A-6.

23 이 전문의 내용은 그것을 직접 알고 있는 전직 군 장교 3명과 계약인 2명에게 들은 것이다.

24 마이클 펄롱과 저자의 면담.

25 데커 보고서, A-9.

제12장

1 사나 주재 미 대사관이 국무부에 보낸 전문, "General Petraeus Meeting with President Saleh on Security Assistance, AQAP Strikes," January 4, 2010.

2 Michael Slackman, "Would-Be Killer Linked to al Qaeda, Saudis Say," *The New York Times* (August 28, 2009).

3 리야드 주재 미 대사관이 국무부에 보낸 전문, "Special Advisor Holbrooke's Meeting with Saudi Assistant Interior Minister Prince Mohammed Bin Nayef," May 17, 2009.

4 "Profile: Al Qaeda 'Bomb Maker' Ibrahim al-Asiri," *BBC* (May 9, 2012).

5 "Al Qaeda Claims Attempted Assassination of Saudi Prince Nayef," NEFA Foundation (August 28, 2009).

6 같은 곳.

7 브레넌은 오바마 선거운동에 참여한 뒤 CIA의 감옥 프로그램을 비난했다. 그러나 2002년에 그와 함께 일한 몇몇 CIA 간부들은 그가 복무하던 당시에 이 프로그램에 반대하는 의사를 입 밖에 냈다는 기억을 갖고 있지 않다.

8 리야드 주재 미 대사관이 국무부에 보낸 전문, "Special Advisor Holbrooke's Meeting with Saudi Assistant Interior Minister Prince Mohammed Bin Nayef," May 17, 2009.

9 CIA 모임에 참석했던 2명의 오바마 정부 관리와 가진 면담.

10 존 리초와 저자의 면담.

11 존 브레넌이 2010년 5월 26일 워싱턴의 전략및국제연구센터에서 행한 연설.

12 Bob Woodward, Obama's Wars (New York: Simon & Schuster, 2010) 377쪽.

13 CIA의 드론 공격에 관해 알게 된 패네타의 반응은 2명의 미국 고위 공무원에게 들었다.

14 심문 관련 메모의 공개에 관한 패네타와 CIA 간부들의 논의는 이 논의에 참여한 미국 공무원 2명이 알려주었다.

15 백악관의 토론과 패네타 편을 들기로 한 이매뉴얼의 결정은 토론에 참여했던 두 사람이 증언했다. 메모의 공개에 관한 논쟁은 다음 책에서 폭넓게 다루어졌다. Daniel Klaidman, *Kill or Capture: The War on Terror and the Soul of the Obama Presidency* (New York: Houghton Mifflin Harcourt, 2012).

16 블레어와 패네타의 대화에 관한 설명은 패네타의 사무실에 있던 두 관리가 해주었다.

17 데니스 블레어와 저자의 면담.

18 저자는 블레어와 게이츠가 작성한 원칙의 전체 목록을 입수했다. 이 목록은 밥 우드워드의 Obama's Wars 말미에 달린 주석에 처음 소개되었다.

19 데니스 블레어와 저자의 면담.

20 존스 메모의 내용은 전직 오바마 행정부 공무원 2명이 알려주었다.

21 전직 파키스탄 정부 관리와 저자의 면담.

22 리언 패네타가 〈뉴욕타임스〉와 가진 미발표 인터뷰.

23 전직 오바마 정부 고위 관리와 저자의 면담.

24 Daniel Klaidman, Kill or Capture, 121쪽.

25 퍼트레이어스는 전직 예멘 주재 미국 대사 에드먼드 헐에게 조언을 구했다. 이 나라에서 여러 해 동안 무장 분쟁이 증가하는 것을 지켜본 헐은 9.11 공격 직후부터 몇 년간 대테러 활동이 성공을 거두었는데도 예멘은 혼란 속으로 빠져드는 것 같아 화가 났다. 그는 퍼트레이어스에게 예멘이 계속 무시당할 경우 또 하나의 아프가니스탄, 다른 나라들을 공격하기 위한 안전한 피난처가 될 것이라고 말했다. 몇 달 뒤 빈나이프 왕자에 대한 암살 기도는 이 예측을 무서운 선견지명으로 만들어주었다.

26 예멘 내 군사작전에 관한 논의에 참여했던 전직 미군 특수전 지휘관과 저자의 면담.

27 같은 곳.

28 Scott Shane with Mark Mazzetti and Robert Worth, "Secret Assault on Terrorism Widens on Two Continents," *The New York Times* (August 14, 2010).

29 사나 주재 미 대사관이 국무부에 보낸 전문, "General Petraeus Meeting with President Saleh on Security Assistance, AQAP Strikes," January 4, 2010. 회담에 관한 설명은 전적으로 이 전문에 따랐다.

제13장

1 미 대사관이 국무부에 보낸 전문, "Wither the M/V Faina's Tanks?" October 2, 2008. 이 전문은 무기가 남부 수단으로 가는 경로를 적어놓았다. 몸바사에 도착한 무기는 열차편으로 우간다에 갔다가 다시 남부 수단을 향했다.

2 하룬 마루프(Harun Maruf)가 미셸 발라린과 가진 〈미국의소리〉 인터뷰(2010년 8월 2일).

3 "Ukraine Ship Owners Object to U.S. Woman's Role in Pirate Talks," *Russian*

News Room, December 19, 2008.

4 우크라이나 주재 미 대사관이 국무부에 보낸 전문, "Faina: Letter from Foreign Minister Ohryzko," February 5, 2009.

5 같은 곳.

6 걸프보안그룹이 2007년 8월 17일 중앙정보국에 보낸 편지. 저자는 사본을 입수했다.

7 존 맥퍼슨이 2007년 8월 27일 미셸 발라린에게 보낸 편지. 저자는 사본을 입수했다.

8 CTTSO 회의에 대한 설명은 이 자리에 참석했던 군의 대테러 프로그램 관계자가 제공한 것이다.

9 Peter J. Pham, "Somali Instability Still Poses Threat Even After Successful Strike on Nabhan," *World Defense Review* (September 17, 2009).

10 Robert Young Pelton, "An American Commando in Exile," *Men's Journal* (December 2010).

11 프린스가 푼틀란드에서 해적에 대항하는 민병대에 관여한 일은 유엔 소말리아·에리트레아 감시단이 작성한 2건의 보고서에 기록되어 있다.

12 푼틀란드 민병대에 관한 정보는 이 작전에 직접 관여한 세 사람에게서 나왔다. 이와 별도로 유엔 감시단은 사라센과 스털링에 대한 광범위한 조사를 벌였고 이 두 회사가 에릭 프린스 및 아랍에미리트와 관련이 있음을 확인했다.

13 알샤바브 기지를 타격하자는 JSOC의 제안에 대해서는 한 퇴역 군 간부, 또 오바마 정부 민간 최고위직을 지낸 한 인사가 확인해주었다. 이 작전의 손익에 관한 오바마 정부 내부의 논의는 Eric Schmitt and Thom Shanker, Counterstrike: The Untold Story of America's Secret Campaign Against Al Qaeda (New York: Times Books, 2011)에 자세히 실려 있다. 이 책에 따르면 대부분의 관리들은 기지 타격이 알샤바브 지도자 몇 명을 죽일 수 있다는 이득 이상의 가치가 없을 것이라고 보았다.

14 "Kids Awarded Guns in Somali Recruitment Game," *Der Spiegel* (September 26, 2011).

15 SITE Intelligence Group, "Shabaab Official Offers Rewards for Information on Obama, Clinton," June 9, 2011.

16 Daniel Klaidman, *Kill or Capture: The War on Terror and the Soul of the Obama Presidency* (New York: Houghton Mifflin Harcourt, 2012) 123~124쪽에 윌리엄 맥레이븐 제독이 제시한 다양한 선택지에 관한 첫 토론이 다루어져 있다. 이 화상회의와 맥레이븐의 제안에 관해서는 여러 관리들에게 각각 별도로 확인을 받았다.

17 파이나의 승무원들은 우크라이나 장관이 힐러리 클린턴에게 편지를 보내고 바로 며칠 뒤에 석방되었지만 발라린의 협상 관여가 인질 석방을 이끌어냈다는 증거는 없다. 해적들은 선박 소유자들에게서 3백만 달러 이상을 몸값으로 받아 챙겼다. 모든 인질들이 '풀려나는 것'을 언급한 발라린의 인터뷰는 2008년 11월 25일자 Mitilary.com 기사에 실렸다. 그녀가 협상에 관여해서 돈을 벌었다면 얼마나 벌었는지는 알기 어렵다.

18 과거 발라린의 회사들에 고용되었던 8명과 저자의 면담.

19 미셸 발라린의 〈미국의소리〉 인터뷰.

20 이후에 이어지는 이야기의 출처는 미셸 발라린과 저자가 가진 면담이다. 그녀의 이야기는 소말리아 암살대를 활용해 알샤바브 공작원들을 죽이는 계획을 국방부에게 떠안기려던 그녀의 노력을 아는 한 전직 미국인 관리가 보강해주었다.

21 BBC World Service, "Somali Rage at Grave Destruction," June, 8, 2009.

22 미셸 발라린과 저자의 면담.

23 "정보 분석관 수백 명"이라는 말은 아랍의 봄이 시작된 뒤 정보 공동체 내 분석관들의 움직임을 잘 아는 전직 고위 정보 관리가 사용한 것이다.

24 Ben Wedeman, "Documents Shed Light on CIA, Gadhafi Spy Ties," CNN.Com, September 3, 2011.

25 오사마 빈라덴이 아티야 압드 알라흐만에게 보낸 2011년 4월 26일의 편지. 이 편지의 원문은 웨스트포인트의 테러방지센터가 공개했다.

제14장

1 데이비스가 감옥에서 처한 상황을 알고 있는 한 미국 관리의 증언.

2 Matthew Teague, "Black Ops and Blood Money," *Men's Journal* (June 1, 2011), 그리고 Mark Mazzetti et al., "American Held in Pakistan Worked With CIA," *The New York Times* (February 21, 2011).

3 CIA에서 데이비스가 받은 연봉에 관한 정보는 그가 체포된 뒤 파키스탄 외무부가 공개한 문서들이 출처다.

4 라슈카르에타이바의 작전 배경에 관한 정보는 이 단체에 관한 전문가인 조지타운대학의 크리스틴 페어(C. Christine Fair)와 가진 면담에서 얻었다.

5 미국인들이 파키스탄 비자를 발급받는 체계는 이 절차를 잘 아는 이슬라마바드 주재 미국 관리가 설명해주었다. 아보타바드위원회의 보고서는 215쪽에서 비자 발급 건수가 2010년 전반기에 월 평균 276건이었다가 하반기에는 414건으로 급증했다고 지적한다.

6 같은 곳.

7 1979년의 대사관 방화에 관한 가장 뛰어난 설명은 다음 책을 볼 것. Steve Coll, *Ghost Wars: The Secret History of the CIA, Afghanistan, and Bin Laden, from the Soviet Invasion to September 10, 2001.*

8 CIA 이슬라마바드 지부장의 신원은 비밀로 남아 있다.

9 CIA 이슬라마바드 지부장과 캐머런 먼터 대사의 역학관계는 5명의 미국 관리가 묘사한 것이다. 두 사람의 싸움에 관한 설명, 그리고 레이먼드 데이비스 사건에 관한 심사숙고의 좀 더 폭넓은 묘사는 많은 부분 이들 관리들에게서 나왔다.

10 2011년 2월 15일 오바마 대통령의 기자회견.

11 패네타와 파샤의 만남에 관한 세부사항은 2명의 파키스탄 공무원, 그리고 위키리크스가 공개한 사설 정보회사 스트래트포(Stratfor)의 내부 기록을 통해 알게 되었다.

12 이 기밀 CIA 문서에 대한 설명은 2명의 미국 고위 정보 관리가 제공했다.

13 보고회에 참석한 한 고위 장교와 저자의 면담.

14 CIA 보고에 대한 부시의 반응은 Bob Woodward, Obama's War (New York: Simon & Schuster, 2010) 4-5쪽에서 찾아볼 수 있다. 2008년 7월 CIA의 이 보고회에 관한 가장 자세한 설명은 다음 책에 나와 있다. Eric Schmitt and Thom Shanker, Counterstrike: The Untold Story of America's Secret Campaign Against Al Qaeda (New York: Times Books, 2011).

15 물라 바라다르 생포에 관한 설명은 5명의 미국 및 파키스탄 정보 관리들이 제공했다.

16 미국 정보 관리 2명과 저자가 가진 면담, 그리고 Peter L. Bergen, *Manhunt: The Ten-Year Search for Bin Laden—from 9/11 to Abbottabad* (New York: Crown, 2012) 122-124쪽.

17 Peter L. Bergen, *Manhunt*, 123쪽.

18 Peter L. Bergen, *Manhunt*, 4쪽.

19 오사마 빈라덴을 사살한 2011년 5월 2일의 미국 작전을 조사할 책임을 맡은 아보타바드 위원회의 보고서(이하 Abbottabad Commission report) 59-60쪽.

20 미국의 고위 정보 관리 2명과 저자의 면담.

21 Ahtishamul Haq, "Raymond Davis Case: Wife of Man Killed Commits Suicide," *The Express Tribune* (February 7, 2011).

22 후사인 하카니와 저자의 면담.

23 먼터와 파샤의 논의, 또 데이비스의 석방에 이르는 사건들에 관해 서술한 내용은 미국과 파키스탄 관리들과의 면담을 통해 들은 것이다.

24 대화가 늘어지자 미국 공무원들은 예비 계획을 마련했다. 스위스에 거주하는 국제중재재판소의 한 위원에게 이 문제를 호소하는 방안이었다. 제네바 주재 미국 관리들은 스위스 변호사들과 상의하기 시작했지만 그러면서도 스위스의 중재위원이 레이먼드 데이비스를 감옥에서 빼낸다는 것은 거의 가망 없는 일이라고 생각하고 있었다.

25 Carlotta Gall and Mark Mazzetti, "Hushed Deal Frees CIA Contractor in Pakistan," *The New York Times* (March 16, 2011).

26 2명의 미국 관리와 저자의 면담.

27 Sara Burnett, "Charges Upgraded Against Ex-CIA Contractor in Parking-Spot Dispute," *The Denver Post* (October 4, 2011).

28 "CIA Contractor in Court Over Felony Assault Charges," *CBS Denver* (October 4, 2011). 이 책의 출간 시점에 이 사건의 법적 절차는 아직 완결되지 않았다. [레이먼드 데이비스는 2013년 3월 재판에서 집행유예 2년을 선고받았다: 옮긴이]

29 "Getting Rid of US Saboteurs," *The Nation* (August 11, 2011).

30 Abbottabad Commission report, 176쪽.

31 저자는 2012년 7월 이슬라마바드에서 열린 이 집회에 참석했다.

제15장

1 샤킬 아프리디 박사와 CIA 담당관들의 만남에 관한 내용은 대부분 빈라덴 작전에서 그가 한 역할을 탐문하는 파키스탄 조사단에게 아프리디가 진술한 것이다. 그밖의 내용은 아프리디가 2009년부터 2011년까지 CIA를 위해 한 일을 알고 있는 미국 정부 관리들에 의해 채워졌다.

2 Aryn Baker, "The Murky Past of the Pakistani Doctor Who Helped the CIA," *Time* (June 13, 2012).

3 Declan Walsh, "Pakistan May Be Expelling Aid Group's Foreign Staff," *The New York Times* (September 6, 2012). 아보타바드위원회는 "비정부기구들의 현행 등록 체계가 당장 주목해야 할 변칙과 허점, 결함으로 가득하다"고 말하면서도 세이브더칠드런의 활동에 대한 확정적인 판단은 내리지 않았다. 위원들은 이 단체의 파키스탄 지부 책임자 데이비드 토머스 라이트를 면담했는데, 그는 CIA가 세이브더칠드런에 침투했을 것 "같지 않지만" 그 가능성도 배제할 수는 없다고 말했다.

4 아프리디가 파키스탄 조사단에게 한 진술.

5 같은 곳.

6 Sami Yousafzai, "The Doctor's Grim Reward," *Newsweek* (June 11, 2012).

7 Abbottabad Commission report, 119-121쪽.

8 아프리디가 파키스탄 조사단에게 한 진술.

9 Matt Bissonnette (일명 Mark Owen), *No Easy Day: The Firsthand Account of the Mission That Killed Osama Bin Laden* (New York: Dutton) 254쪽.

10 리언 패네타가 〈뉴욕타임스〉와 가진 미발표 인터뷰.

11 Peter L. Bergen, *Manhunt*, 235쪽.

12 멀린이 카야니와 나눈 대화에 대해서는 통화 내용에 관해 직접 아는 2명의 미국 관리가 전해주었다. 민간 정부가 대부분 까맣게 모르는 상황에서 그날 밤 카야니가 정부의 모든 결정을 내리고 있었다는 데는 의심의 여지가 없다. 파키스탄 국방장관은 다음날 아침 뉴스 보도를 볼 때까지, 그리고 딸이 뉴욕에서 전화를 걸어왔을 때까지 미국의 기습에 관해 듣지 못했다고 아보타바드위원회에 진술했다. 위원회는 장관의 증언이 "그가 부하들에게 있으나 마나 한 존재로 취급받는 것을 개의치 않음을 드러냈"으며 자신이 민간인으로서 국방과 보안 문제에 간섭할 "아무런 권한"이 없다고 인식했음을 보여준다고 밝혔다.

13 CIA의 '특징타격'을 지배하는 규칙에 대해서는 4명의 정부 관리가 이야기해주었다.

14 미국 정부 관리 2명과 저자의 면담.

15 국가안전보장회의 모임에서 있었던 일은 2명의 참석자가 알려준 것이다.

16 미군 관계자 2명과 저자의 면담.

17 Declan Walsh, "US Bomb Warning to Pakistan Ignored," *The Guardian* (September 11, 2011).

18 Ray Rivera and Sangar Rahimi, "Deadly Truck Bomb Hits NATO Outpost in Afghanistan," *The New York Times* (September 11, 2011).

19 파키스탄 조사단에게 아프리디가 한 진술. 아프리디의 설명은 아보타바드 습격 이후 그가 CIA와 접촉한 사실을 알고 있는 미국 관리에 의해 별도로 확인되었다.

20 법원의 서류는 키베르 행정구역의 보조 주재관이 페샤와르의 경찰 특수부 합동수사대 (JIT) 고위 관리자에게 보내는 메모를 포함하고 있다. 저자는 이 서류들을 입수했다.

21 같은 곳.

22 Agence France Press, "Lashkar-I-Islami Denies Links with Shakil Afridi," May 31, 2012.

제16장

1 한 전직 미국 관리와 저자의 면담.

2 해럴드 고가 2011년 12월 미국변호사협회의 '법과 국가안보에 관한 상임위원회'를 상대로 행한 연설.

3 Scott Shane and Souad Mekhennet, "From Condemning Terror to Preaching Jihad," *The New York Times* (May 8, 2010).

4 같은 곳.

5 같은 곳.

6 같은 곳.

7 Gregory Johnsen, *The Last Refuge: Yemen, al-Qaeda, and America's War in Arabia* (New York: W. W. Norton, 2012) 257쪽.

8 Johnsen, 262쪽.

9 "U.S. Intelligence on Arab Unrest Draws Criticism," Associated Press (February 6, 2011).

10 BBC News, "Yemen: Saleh 'Gravely Wounded' in Rocket Attack," June 7, 2011.

11 국방부 고위 관리 1명 및 퇴직한 대테러 관리 1명과 저자의 면담.

12 SITE Intelligence Group, "Yemeni Journalist Documents Experiences with AQAP in Abyan," October 21, 2011.

13 Johnsen, 276쪽.

14 〈인스파이어〉에 사전 경고하는 문제를 CIA가 어떻게 다루었는지 알고 있는 1명의 현직, 2명의 전직 미국 관리와 저자의 면담.

15 알아울라키 가족의 변호인인 자밀 자페르, 히나 샴시와 저자의 면담.

16 '나세르 알아울라키 등 대(對) 리언 패네타 등'의 소송에 관한 미 컬럼비아 특별구 담당 연빙지빙법원의 서류철 13.

17 제임슨의 발언은 미국변호사협회의 공개회의 도중에 나왔다.

18 2011년 12월 8일 오바마 대통령의 기자회견.

19 Scott Shane, "Election Spurred a Move to Codify U.S. Drone Policy," *The New York Times* (November 24, 2012).

20 에이미 제가트가 주도한 이 여론조사는 유거브(YouGov)가 실행했다. 저자는 조사 테이터를 공유해준 제가트 교수에게 감사한다.

21 Mark Landler and Choe Sang-Hun, "In Kim Jong-Il Death, an Extensive Intelligence Failure," The New York Times (December 19, 2011).

22 벵가지 공격에 관한 묘사는 기본적으로 국무부 책임검토위원회의 조사 보고서에 포함된 상세한 시간대별 기록에서 가져온 것이다. 추가된 내용은 여러 미국 관리들과 가진 면담이 출처다.

23 로스 뉴랜드와 저자의 면담.

24 저자는 네바다주 인디언스프링스에 가서 기사를 쓴 티모시 프라트(Timothy Pratt)에게 감사를 표한다.

참고문헌

책

• Bergen, Peter L. *The Longest War: The Enduring Conflict Between America and Al-Qaeda*. New York: Free Press 2011.

• ——. *Manhunt: The Ten-Year Search for Bin Laden—from 9/11 to Abbottabad*. New York: Crown, 2012.

• Bissonnette, Matt(aka Mark Owen). *No Easy Day: The Firsthand Account of the Mission That Killed Osama Bin Laden*. New York: Dutton, 2012.

• Boucek, Christopher, and Marina Ottaway. *Yemen on the Brink*. Washington DC: Carnegie Endowment for International Peace, 2010.

• Bowden, Mark. *Guests of the Ayatollah: The Iran Hostage Crisis: The First Battle in America's War with Militant Islam*. New York: Grove Press, 2006.

• Clarke, Richard. *Against All Enemies: Inside America's War on Terror*. New York: Simon & Schuster, 2004.

• Clarridge, Duane R., with Digby Diehl. *A Spy for All Seasons: My Life in the CIA*. New York: Scribner, 1997.

• Coll, Steve. *Ghost Wars: The Secret History of the CIA, Afghanistan, and Bin Laden, from the Soviet Invasion to September 10, 2001*. New York: Penguin Books, 2004.

• Crumpton, Henry A. *The Art of Intelligence: Lessons from a Life in the CIA's Clandestine Service*. New York: Penguin Press, 2012.

• Emerson, Steven. *Secret Warriors: Inside the Covert millitary Operations of the Reagan Era*. New York: Putnam, 1988.

• Gardner, Richard N. *Mission Italy: On the Front Lines of the Cold War*. New York: Rowman & Littlefield Publishers, 2005.

• Graham, Bradley. *By His Own Rules: The Ambitions, Successes, and Ultimate Failures of Donald Rumsfeld*. New York: Public Affairs, 2009.

• Gunaratna, Rohan, and Khuram Iqbal. *Pakistan: Terrorism Ground Zero*. London; Reaktion Books, 2011.

• Hull, Edmund J. *High Value Target: Countering al Qaeda in Yemen*. Washington DC: Potomac Books, 2011.

• Hussain, Zahid. *Frontline Pakistan: The Struggle with Militant Islam*. New York: Columbia University Press, 2008.

•—. The Scorpion's Tail: The Relentless Rise of Islamic Militants in Pakistan–and How It Threatens America. New York: Free Press, 2010.

•Johnsen, Gregory D. *The Last Refuge: Yemen, al-Qaeda, and America's War in Arabia*. New York: W. W. Norton & Company, 2012.

•Jones, Seth. *Hunting in the Shadows: The Pursuit of al Qa'ida Since 9/11*. New York: W. W. Norton & Company, 2012.

•Kean et al. *The 9/11 Commission Report*. Washington DC: U.S. Government Printing Office, 2004.

•Klaidman, Daniel. *Kill or Capture: The War on Terror and the Soul of the Obama Presidency*. New York: Houghton Mifflin Harcourt, 2012.

•Martin, Matt J., and Charles W. Sasser. *Predator: The Remote-Control Air War over Iraq and Afghanistan: A Pilot's Story*. Minneapolis: Zenith Press, 2010.

•Mayer, Jane. *The Dark Side: The Inside Story of How the War on Terror Turned into a War on American Ideals*. New York: Doubleday, 2008.

•Musharraf, Pervez. *In the Line of Fire: A Memoir*. New York: Simon & Schuster, 2006.

•Naftali, Timothy. *Blind Spot: The Secret History of American Counterterrorism*. New York: Basic Books, 2005.

•Nawaz, Shuja. *Crossed Swords: Pakistan, Its Army, and the Wars Within*. Oxford: Oxford University Press, 2008.

•Norris, Pat. *Watching Earth from Space: How Surveillance Helps Us–and Harms Us*. New York: Praxis, 2010.

•Persico, Joseph. *Casey: The Lives and Secrets of William J. Casey: From the OSS to the CIA*. New York: Penguin, 1995.

•Pillar, Paul R. *Intelligence and U.S. Foreign Policy: Iraq, 9/11, and Misguided Reform*. New York: Columbia University Press, 2011.

•Priest, Dana, and William M. Arkin. *Top Secret America: The Rise of the New American Security State*. New York: Little, Brown and Company, 2011.

•Ranelagh, John. *The Agency: The Rise and Decline of the CIA*. New York: Simon & Schuster, 1986.

•Rashid, Ahmed. Taliban: *Militant Islam, Oil and Fundamentalism in Central Asia*. London: Yale University Press, 2001.

•—. *Descent into Chaos: The U.S. and the Disaster in Pakistan, Afghanistan, and Central Asia*. New York: Viking, 2008.

•Riedel, Bruce. *Deadly Embrace: Pakistan, America, and the Future of the Global Jihad*. Washington DC: Brookings, 2011.

•Rodriguez Jr., Jose A., and Bill Harlow. Hard Measures: How Aggressive CIA Actions After 9/11 Saved American Lives. New York: Threshold Editions, 2012.

- Rohde, David, and Kristen Mulvihill. *A Rope and a Prayer: A Kidnapping from Two Sides*. New York: Viking, 2010.
- Rumsfeld, Donald. *Known and Unknown: A Memoir*. New York: Sentinel, 2011.
- Sanger, David E. *The Inheritance: The World Obama Confronts and the Challenges to American Power*. New York: Crown, 2009.
- ——. *Confront and Conceal: Obama's Secret Wars and Surprising Use of American Power*. New York: Crown, 2012.
- Scarborough, *Rowan. Rumsfeld's War: The Untold story of America's Anti-Terrorist Commander*. New York: Regnery, 2004.
- Schmidt, John. *The Unraveling: Pakistan in the Age of Jihad*. New York: Farrar, Straus and Giroux, 2011.
- Schmitt, Eric, and Thom Shanker. *Counterstrike: The Untold Story of America's Secret Campaign Against Al Qaeda*. New York: Times Books, 2011.
- Schultz, Richard. *The Secret War Against Hanoi: The Untold Story of Spies, Saboteurs, and Covert Warriors in North Vietnam*. New York: HarperCollins, 1999.
- Singer, Peter W. *Wired for War: The Robotics Revolution and Conflict in the 21st Century*. New York: Penguin Books, 2009.
- Smith, Michael. *Killer Elite: The Inside Story of America's Most Secret Special Operations Team*. New York: St. Martin's Press, 2007.
- Snider, L. Britt. *The Agency and the Hill: CIA's Relationship with Congress 1946-2004*. Washington DC: Center for the Study of Intelligence, 2008.
- Tenet, George. *At the Center of the Storm: My Years at the CIA*. New York: HarperCollins, 2007.
- Waller, Douglas. *Wild Bill Donovan: The Spymaster Who Created the OSS and Modern American Espionage*. New York: Free Press, 2011.
- Warrick, Joby. *The Triple Agent: The al-Qaeda Mole Who Infiltrated the CIA*. New York: Vintage Books, 2011.
- Weiner, Tim. *Legacy of Ashes: The History of the CIA*. New York: Anchor Books, 2007.
- Woodward, Bob. *Veil: The Secret Wars of the CIA, 1981-1987*. New York: Simon & Schuster, 1987.
- ——. *Bush at War*. New York: Simon & Schuster, 2002.
- ——. *Obama's Wars*. New York: Simon & Schuster, 2011.
- Wright, Lawrence. *The Looming Tower: Al-Qaeda and the Road to 9/11*. New York: Random House, 2006.

신문과 잡지 기사

- Baker, Aryn. "The Murky Past of the Pakistani Doctor Who helped the CIA." *Time* (June 13, 2012).
- Bamford, James. "He's in the Backseat!" *The Atlantic* (April 2006).
- Chesney, Robert. "Military-Intelligence Convergence and the Law of the Title 10/ Title 50 Debate." *Journal of National Security Law and Policy* (2012).
- Ciralsky, Adam. "Tycoon, Contractor, Soldier, Spy." *Vanity Fair* (January 2010).
- Fair, Christine C., and Seth Jones. "Pakistan's War Within." *Survival* 51, no. 6 (December 2009-January 2010).
- Kibbe, Jennifer D. "The Rise of the Shadow Warriors." *Foreign Affairs* (March/April 2004).
- Mayer, Jane. "The Predator War." *The New Yorker* (October 26, 2009).
- McChrystal, Stanley A. "It Takes a Network." *Foreign Policy* (March/April 2011).
- Pelton, Robert Young. "Erik Prince, an American Commando in Exile." *Men's Journal* (November 2010).
- Pham, J. Peter. "Somali Instability Still Poses Threat Even After Successful Strike on Nabhan." *World Defense Review* (September 17, 2009).
- Richelson, Jeffrey T. "Truth Conquers All Chains: The U.S. Army Intelligenc Support Activity, 1981-1989." *International Journal of Intelligenc and Counterintelligence* 12, no. 2 (1999).
- ——. "Task Force 157: The US Navy's Secret Intelligence Service 1966-77." *Intelligence and National Security* 11, no. 1 (January 1996).
- Teague, Matthew. "Black Ops and Blood Money." *Men's Journal* (June 1, 2011).
- Whittle, Richard. "Predator's Big Safari." Mitchell Institute for Airpower Studies, Paper 7 (August 2011).
- Yousafzai, Sami. "The Doctor's Grim Reward." *Newsweek* (June 11, 2012).
- Zelikow, Philip. "Codes of Conduct for a Twilight War." *Houston Law Review* (April 2012).

자료에 관하여

　적어도 공식적으로는 비밀로 남아 있는, 현재 진행 중인 전쟁에 관해 설명하는 글을 쓰는 일은 커다란 도전이다. 이 책은 내가 〈뉴욕타임스〉의 국가안보 담당 기자로 일할 때와 책을 쓰기 위해 신문사를 쉴 때 미국과 해외에서 가진 수백 차례 인터뷰의 결과물이다. 나는 기록을 위한 말을 남겨달라고 면담 상대를 모든 힘을 다해 설득했고 여기에 동의한 이들은 본문과 책 뒤편의 주석에 실명으로 인용되었다. 나는 취재원들이 대부분 기밀로 분류된 미국의 군사 및 정보 작전에 관해 이야기해주는 대신 그들에게 익명으로 발언하는 것을 허용한 수십 번의 '이면'(background) 면담도 진행했다. 이상적이라고 할 수는 없지만 이 방법은 신뢰할 만한 취재원들이 솔직하게 이야기하도록 보장해주는 필요악이라고 나는 생각했다.

　익명의 취재원을 활용하는 것은 언제나 위험을 감수하는 일인데, 국가안보 기자로서 나는 어떤 취재원들은 다른 이들보다 훨씬 더 신뢰할 수 있다는 점을 배웠다. 이 책에서 나는 여러 해가 지나는 동안 그들이 주는 정보를 신뢰하기에 이른 인물들에게 크게 의존했다. 나는 비록 실명은 명시하지 않더라도 구체적인 제보를 해준 인물에 관한 더 많은 정보를 세시하는 데 책 뒤편의 주석을 최대한 활용했다. 자료가 특별히 민감한 몇몇 경우에는 별도의 주를 달지 않고 정보를 제시하기도 했다. 이런 경우에는 여기 나온 정보들을 복수의 취재원에게 확인할 수 있었다는 점을 분명히 했다. 2명 이상의 인물들이 주고받은 대화를 서술할 때는 내 취재원들이 그 대화를 정확히 기억한다고 확신될 경우에만 인용 부호 안에 넣었다.

나는 공개 자료와 기밀 해제된 정부 문서도 되도록 많이 책에 끌어들이려고 노력했다. 그러면서 여러 조직의 작업에 도움을 받았다. 조지워싱턴대학의 국가안보기록보관소(National Security Archive)는 정보자유법에 따라 기밀 해제된 정부 문서를 받아내는 작업을 지칠 줄 모르고 벌이고 있으며, 나는 그들의 노고에 크게 감사한다. 파키스탄, 소말리아, 예멘을 비롯한 국가들 내부에 존재하는 무장단체의 저술과 공개성명서를 감시하는 일에서 최고의 정보 원천인 SITE 정보그룹의 작업에 나는 광범위하게 의지했다. 이 책에 인용된 수많은 미국 정부 문서는 비밀 유지에 대항하는 조직 위키리크스WikiLeaks가 처음으로 공개했다. 위키리크스의 데이터베이스는 미국 정부의 내부 작동 방식을 더 잘 이해하려고 노력하는 언론인들과 역사가들에게 중요한 자원이 되었다.

나와 면담하느라 헤아릴 수 없는 시간을 포기한 여러 대륙의 많은 인물들에게 나는 큰 빚을 졌다. 그들은 나를 믿고 이야기를 해주었고, 이 책은 내 책일 뿐 아니라 그들의 책이기도 하다.

마크 마제티
워싱턴 DC
2012년 12월

감사의 말

책을 쓰는 작업은 수백 가지 결정을 내리는 일을 포함하며, 첫 책일 경우 그중 훌륭한 결정이 얼마나 되는지 알기란 몹시 어렵다. 내가 가장 먼저 내린 결정 가운데 하나가 최선의 것이었다는 점에서 나는 비상하게 운이 좋았는데, 그것은 애덤 아흐마드를 내 연구 보조자로 고용한다는 결정이었다. 그가 석사 과정을 끝내는 중이던 시카고에서 커피를 마시며 처음 만난 이래 애덤은 똑똑하고 호기심 많고 헌신적이었다고 나는 말할 수 있다. 그는 그 점들을 모두 입증했을 뿐 아니라 그 훨씬 이상이었다. 그는 이 책의 모든 구절들이 씌어지는 동안 확고하게 책의 불가결한 일부였다. 그는 서류를 조사했고 배경 설명서를 썼으며 책 뒤에 들어갈 주석을 정리했는데, 우리가 이해하지 못하는 문서와 녹음을 번역해줄 우르두어 사용자를 여러 번 힘들여 물색하기도 했다. 내가 우드로 윌슨 국제학술센터에 도착했을 때는 제시카 슐버그가 이 기획에 참여하여 아담이 해준 것 못지않게 귀중한 연구 지원을 남김 없이 제공했다. 제시카는 아프리카에 각별한 관심을 지녔고, 소말리아와 북아프리카에 관한 정보를 발굴하는 그녀의 능력은 경외감을 불러일으켰다. 그녀는 명석한 사유인(thinker)이었고 나이를 뛰어넘어 현명한 인물이었다. 이 책을 쓰는 동안 나는 애덤과 제시카가 나를 인도해준 일뿐만 아니라 그들의 우정도 소중히 여기게 되었다. 어떤 길을 선택하든 그들 앞에는 길고 밝은 경력이 기다린다.

워싱턴 최고의 연구기관 윌슨센터에서 15개월을 보낸 것은 나에게 대단한 행운이었다. 윌슨센터는 직업상의 집, 매력적이고 도움을 아끼지 않는 동료들, 고도로 전문화된 팀이 운영하는 방대한 도서관에 들어갈 권리를 안겨주었다. 제인 하먼과 마이클 반 두젠이 나를 공공정책 학자로 받아들이고 그처럼 멋지게 움직여준 데 감사드린다. 내가 이 책 초고를 작성하는 괴로운 과정을 통과하고 있을 때 통찰력과 유머의 끊임없는 원천이 되어준 로버트 리트와크에게 매우 특별한 감사를 전한다.

〈뉴욕타임스〉의 기자가 된 것은 나에게 커다란 영예였고, 나는 이 책 작업을 위해 회사를 쉬도록 허락해준 질 에이브럼슨, 딘 바케이, 데이비드 리언하트에게 감사하는 마음을 품고 있다. 워싱턴에서 내 상사였던 딘은 비밀전쟁의 탐구되지 않은 양상들을 살펴보고 다른 이들이 쓰지 않는 이야기를 써보라고 격려해주었다. 그 시기에 내가 〈뉴욕타임스〉에 쓴 몇 가지 쟁점들은 이 책에서 좀 더 깊이 탐구되었다. 친구이자 동료인 헬렌 쿠퍼, 스콧 셰인, 에릭 슈밋은 이 과정에서 격려와 안내를 제공했으며 스콧과 에릭은 내가 책을 쓰느라 떠나 있는 동안 온갖 가욋일을 떠맡아주었다. 아무리 고마워해도 충분치 않다. 이들 세 사람을 포함한 워싱턴 지국의 국가안보팀은 언론계 어느 곳보다 뛰어난 기자들이 — 또 가장 재미난 인물들이 — 모인 곳이다. 피터 베이커, 엘리자베스 버밀러, 마이클 고든, 빌 해밀턴, 마크 랜들러, 에릭 리히트블라우, 에릭 립턴, 스티브 마이어스, 짐 라이즌, 데이비드 생어, 찰리 새비지, 톰 생커에게 특별한 감사를 보낸다. 그들과, 또 워싱턴 지국과 함께 일한 나는 매우 운이 좋았다. 정보 관련 보도에 풍부한 경험을 지닌 두 옛 상사, 필 타우브먼과 더글러스 젤이 내가 새로운 영역을 담당하기 시작했을 때 커다란 도움을 준 것을 감사드린다.

그가 저작권 대리인으로 일하던 시절 내가 〈뉴욕타임스〉에 기사로 쓰던 주제에 관해 좀 더 깊이 파고들라고 촉구한 스콧 모이어스가 없었다면 이 책은 나오지 않았을 것이다. 스콧이 펭귄출판사(Penguin Press)의 출판인이 되자 나는 그를 내 책의 편집자로 두는 행운을 누렸다. 그는 문제를 거시적으로 보았고, 미국이 벌이는 전쟁의 변화하는 본성과 그 영향에 관하여 최대한 포괄적으로 쓰라고 나를 채근했다. 이 책에 담길 보도가 올바른 것이 되도록 그가 나에게 시간을 주고 편집 과정에서 견실한 솜씨를 보여준 데 감사한다. 그는 빠듯한 마감 시한의 압박 아래서도 책의 편집이 탁월하게 이루어질 수 있음을 증명했다. 이 기획을 기꺼이 맡았을 뿐 아니라 책에서 다루는 쟁점들이 훨씬 더 많은 공적인 논의를 요구하는 시점에 신속히 출판되게 해준 펭귄출판사 대표이자 편집장 앤 고도프에게도 감사드린다. 펭귄출판사의 몰리 앤더슨은 책의 각 구성 부분이 마감 기일을 어기지 않게 했고, 매우 신비로웠던 그 과정에서 그녀가 인내심 깊게 안내해준 것을 대단히 고맙게 생각한다. 전화로 그녀의 조용한 목소리를 듣는 것은 즐거운 일이었다. 책이 광범한 독자들에게 다가가도록 지치지 않고 일한 비범한 홍보 담당자 리즈 캘러머리에게 감사한다.

친구이며 〈뉴욕타임스〉 편집자인 레베카 코빗은 그녀의 안내와 인내, 기지 덕분에 이 책이 얼마나 더 나아졌는지 아마 모를 것이다. 책의 초고 여러 곳을 자세히 읽은 그녀는 취재할 때는 더욱 깊게 파고들고 글을 쓸 때는 논지를 더 잘 설명하라고 나를 재촉했다. 그녀는 세부적인 것, 인물을 생생하게 형상화하는 일에 예리한 안목을 지니고 있다. 우리가 바텀라인에서 함께한 점심식사 자리는 취재한 내용을 정리하는 데는 물론이고 이 책의 서술 방식을 구성하는 데에도 지대한 도움을 주었다. 그날의 토론은 음식보다 훨씬 좋았다.

이 책의 제안서를 쓴 초기 단계부터 자신감에 차 있던 내 출판대리인 앤드루 와일리가 나를 의뢰인으로 삼아준 점을 감사한다. 그는 진정한 전문가였고 출판사를 정하는 문제로 내가 뉴욕에서 안절부절못하는 시기를 보낼 때 각별히 현명한 조언을 해주었다. 배짱 있게 밀고 나가라는 이야기였다. "걱정하지 말아요, 인생은 너무 짧거든요." 그는 옳았다.

이슬라마바드에 주재하는 〈뉴욕타임스〉 동료 데클런 월시는 친절하게도 내가 파키스탄에 머무는 동안 재워주었다. 그는 걸출한 기자이고 세계에서 가장 복잡한 나라일 파키스탄에 관한 무궁무진한 지혜의 원천일 뿐더러, 파키스탄에서 의심할 나위 없이 가장 멋진 여행자 숙소의 주인이기도 했다. 나의 취재 여행을 그처럼 생산적으로 만들어준 점을 이슬라마바드 지국의 모든 이들에게 감사드린다.

다른 뉴스 매체에서 국가안보 문제를 다루는 친구들에게도 큰 빚을 졌다. 어두운 구석에 빛을 비추는 그들의 작업은 이 책에 엄청나게 많은 것을 알려주었다. 특히 〈워싱턴포스트〉의 그레그 밀러, 조비 워릭, 피터 핀, 줄리 테이트, 다나 프리스트, 〈AP〉(Associated Press)의 애덤 골드먼, 맷 아푸조, 킴벌리 도저, 〈월스트리트저널〉의 쇼번 고먼, 줄리언 반스, 애덤 앤터우스에게 고마움을 전한다. 우리는 모두 서로 맹렬히 경쟁하며 밤 10시까지 상대방에 필적하는 기사를 써내라고 내몰릴 때면 서로를 저주할지도 모르지만, 결국 우리는 전부 같은 편에 서 있다.

가족에게 진 빚은 내가 갚을 엄두도 못 내는 것이다. 부모님, 조지프와 진 마제티는 호기심 많고 겸손한 사람이 되라고 나를 가르치셨다. 그러나 두 분의 가장 큰 가르침은 정직하라는 것이었고, 내가 부모님을 자랑스러워하는 만큼 그분들이 나를 자랑스럽게 여길 수 있기를 바란다. 내 누이

엘리스와 케이트는 최상의 두 친구이고 그들과 남편 수디프, 크리스가 인생을 사는 법과 식구들을 거두는 방식은 나에게 좋은 본보기다.

이 책에 가장 크게 기여한 단 한 사람은 나의 놀라운 아내 린지다. 뉴욕의 리버사이드 공원을 거닐다가 내가 이 책을 써보면 어떨까 처음 의논한 순간부터 린지의 지원은 흔들림이 없었다. 그녀는 초고를 읽고 편집했으며 여러 제안을 내놓았고 내 불면증을 견뎌주었을 뿐 아니라 내가 벅찬 일을 떠맡았다는 생각이 들 때면 격려를 해주었다. 그녀 없이는 이 일을 해낼 수 없었을 것이며, 나는 그녀를 너무나 사랑한다.

그리고 내 아들 맥스에게. 맥스는 책의 기획이 초기 단계에 있을 때 태어났는데, 이 아이가 내 삶을 어떻게 바꾸어놓았는지를 나는 이제야 이해하기 시작했다. 나는 맥스가 이 책을 읽을 나이가 될 때까지 기다리지 못한다. 나는 아이의 생후 몇 개월간 우리가 함께 보낸 아침의 기억, 내가 책을 쓰며 좌절의 하루를 보내고 집에 돌아왔을 때마다 아이가 보여준 웃음의 기억을 소중하게 간직하고 있다. 그 기억은 사물을 넓은 관점에서 보게 한다. 세상에는 수많은 고통과 비통함이 있지만 맥스와 함께라면 세상은 훨씬 더 나은 곳이다.

추천의 말

정보활동은 인류의 역사만큼이나 오랜 기간 동안 지속되어 왔으며, 시간과 공간에 따라 다양한 역할을 수행해왔다. 지도층이 자신들의 권력을 유지·강화하거나 국민들의 생명과 안전을 보장하는 데에도 정보활동이 필요했다. 현대적 의미의 정보 시스템이 태동된 20세기 이후 국가 정보활동은 '적의 의도와 능력을 평가하고 전략적 기습을 방지'하는 데 주안을 두고 있다.

제2차 세계대전과 냉전을 거치면서 대부분의 국가들은 정보를 국가안보에 필수적인 요소로 인식하면서 정보기관을 창설하거나 활동을 강화하였다. 정보 시스템과 활동방식은 탈냉전 이전까지 그 골격이 유지되었다. 그러나 소련·동구의 붕괴와 세계화의 진전으로 국제사회에서 테러조직, NGO, 개인 등 국가 이외 다양한 행위자가 등장함에 따라 정보기관은 익숙하지 않은 환경에 직면하게 되었다. 미국 정보기관의 경우 소련이라는 주적이 사라진 이후 테러가 새로운 안보위협으로 부상함에 따라 전통적인 정보활동과 조직 운영 방식에서 변화가 불가피하였다. 그동안 국가를 상대로 정보활동을 펼쳐온 정보기관들이 자살테러, 항공기 폭파 등 예측하기 어려운 새로운 유형의 도전에 직면하게 되었다. 이 같은 맥락에서 여기 번역된 책은 몇 가지 중요한 의미를 갖는다.

첫째, 테러 행위가 정보 조직과 정보활동 변화에 미치는 영향을 설득력 있게 설명하고 있다는 점이다. 국경을 초월하여 발생하는 테러나 자생적 테러조직을 추적하는 일은 기존의 법 집행기관과 정보기관, 그리고 군과의 관계를 모호하게 만든다는 사실을 잘 지적하고 있다. 이는 정보기관의 역할과 활동 범위를 이해하는 데 통찰력을 제공해준다. 또한, CIA의 역할과 관련하여 대테러 정보활동을 기준으로 냉전기와 탈냉전·9/11 이후의 역할을 구분하는 것도 적절한 분석적 시도가 아닐 수 없다.

둘째, 정보의 유용성과 한계를 이해하는 데 더없이 훌륭한 지침서가 된다는 점이다. 정보는 국가의 안보위협을 평가, 판단하고 국가의 생존과 번영을 도모하려면 필수불가결한 요소이다. 그러나 아랍과 아프리카 국가들의 문화와 국내 정치에 대한 정보기관의 이해 부족과 지역 정세 오판으로 인해 정보 실패가 발생하였다. 정보는 그 자체로는 만병통치약이 아닌 것이다. 이는 정책결정자들에게 정보의 선택과 활용범위에 대한 시사점을 제공해준다.

셋째, 자료의 객관성과 내용상의 일관성을 유지했다는 점이다. 비밀 정보의 확보와 자료의 신뢰성 문제는 정보연구 발전에 걸림돌로 작용해왔다. 일부 저작들이 근거가 미약한 폭로성 기사나 흥밋거리 위주로 저술되는 경우가 있다. 저자 마제티가 별도의 지면을 할애하여 언급할 정도로, 복수 출처를 통한 검증, 해제된 기밀자료, 실명 인터뷰 등을 통해 이 책은 신뢰성을 제고시켰다. 또한, 단일 저자가 집필한 관계로 각 장의 내용과 문체의 일관성을 유지했다는 점도 주목할 만하다.

역자 이승환 군은 대학에서 아랍어와 정치학을 전공하고 있는 학생이다. 책을 감수해달라는 부탁을 받았을 때 즐거운 마음으로 흔쾌히 승낙했다. 기존 학자들도 해내기 쉽지 않은 번역을 한다는 자체가 대견스럽고 그의 열정을 높이 평가했기 때문이다. 그의 노력으로 우리는 대테러 정보활동을 새롭게 인식할 수 있는 또 하나의 인식의 틀과 프리즘을 갖게 되었다. 아무쪼록 한국어판 출판이 정보기관의 성찰성과 정보학 발전에 기여할 수 있기를 기대하며 성원을 보낸다.

건국대학교 안보·재난관리학과 교수
석재왕

옮긴이 후기

미국은 우리 사회에 큰 영향을 미치는 나라다. 그런데 미국을 움직이는 조직 중 하나인 중앙정보국(CIA)에 관한 우리의 관심과 지식은 생각보다 적은 것 같다. CIA가 워낙 베일에 싸인 비밀 기관이라 그 활동 대부분이 알려지지 않은 탓이 커 보인다. 국내적으로는 남북 분단에 따른 여러 가지 제약이 있었으리라 여겨진다. 하지만 우리 현대사와도 깊은 관계를 맺어 온 이 조직에 대해 잘 모르고, 알려주는 책도 쉽게 찾아지지 않는다는 것은 '한국인의 교양'을 위해서 매우 아쉬운 일이 아닐까.

그 점을 안타까워하는 독자라면 이 책 『CIA의 비밀전쟁』(원제 The Way of the Knife: the CIA, a Secret Army, and a War at the Ends of the Earth, Penguin Press, 2013. 번역은 Penguin Books에서 나온 2014년판을 텍스트로 삼았다)을 반갑게 만날 수 있을 것이다. CIA가 어떤 조직이며 무슨 일을 해왔는지를 자세하게 파고들어 우리의 빈 곳과 갈증을 채워주기 때문이다. 미국의 가장 영향력 있는 신문 〈뉴욕타임스〉에서 일하며 퓰리처상을 받은 저명한 기자

마크 마제티는 정말 발로 뛰면서 이 책을 써냈다는 느낌을 준다. 수많은 사람들을 만나고 헤아릴 수 없는 자료를 뒤적여 지자가 그려내고 있는 것은 주로 2001년 9.11 테러 이후 미국이 시작한 대테러 전쟁에서 선봉으로 나선 CIA의 모습이다. 마제티는 CIA가 어떤 과정을 거쳐 그런 모습을 갖게 되었는지를 탐구하는 일도 게을리하지 않는다. 그래서 이 책에는 원래 미국 대통령의 정책 결정을 도와줄 정보를 제공하기 위해 만들어진 CIA가 냉전시대에는 미국의 '적'을 쓰러트려야 할 긴급한 필요와 애초의 창립 목적 사이에서 혼란을 겪다가 냉전이 끝나자 테러리스트들을 뒤쫓아 서슴없이 처단하는 군사 조직으로 탈바꿈해온 역사가 생생하게 드러나 있다.

저자는 이런 과정을 치우침 없이 묘사하면서도 CIA가 벌여온 작업의 정당성에 관해 질문을 던진다. 정보기관이 군사 조직을 겸하는 일이 바람직한지, 테러와 맞선다는 명분 아래 죄 없는 민간인들까지 드론이나 장거리 미사일 공격으로 희생시키는 일이 옳은지, CIA가 내세우는 '국익'이 인간의 보편적 윤리보다 앞서는지, 국익의 관점에서 보더라도 미국이 군사력에 일방적으로 의존하는 방식은 이웃 나라들과의 관계를 해침으로써 고립을 가져오고 국익을 손상시키는 것이 아닌지, 이 책은 여러 가지 중요한 질문으로 가득 차 있다. 미국이 세계에서 가장 힘센 나라이고 대한민국의 최대 동맹국인 만큼 이 질문들을 남의 일로 한가하게 바라볼 독자는 없지 않을까.

책에 등장하는 다양하고 개성 있는 인물들도 이 책을 흥미롭게 하는 요소라고 생각된다. 이들의 움직임은 몇 발자국 떨어져서 보면 기계처럼 메마르게 돌아가는 것 같은 국제 정세, 또 수많은 목숨이 걸린 중대한 사안의 뒷면에는 평범한 사람들의 작고 사사로운 욕망과 갈등과 다툼이 있다는 것을 때로는 비극적인 배경 속에서, 때로는 희극적인 상황 묘사를 통해서 전해준다. 옮긴이에게는 사람과 사람의 일에 관해 곰곰 생각하고 배우는 기회가 되었다.

처음부터, 배우고 공부하는 마음으로 시작한 번역이었다. 책을 옮기는 동안 많은 분들의 격려와 도움을 받았다. 특히 바쁘신 가운데 원고를 감수하고 추천사를 써주신 석재왕 교수님께 고개 숙인다. 또 번역가 김균하 선생님이 초고의 허점을 일일이 바로잡고 가다듬어주시지 않았다면 이 번역서는 지금 모습을 갖추지 못했을 것이다. 어떤 말로도 고마움을 표현할 길이 없는 부모님께 사랑과 감사를 드린다.

2017년 1월
이승환

찾아보기